中国房地产估价师与房地产经纪人学会

地址：北京市海淀区首体南路 9 号主语国际 7 号楼 11 层

邮编：100048

电话：（010）88083151

传真：（010）88083156

网址：http://www.cirea.org.cn

http://www.agents.org.cn

全国房地产估价师职业资格考试辅导教材

房地产估价基础与实务
上编：房地产估价专业基础

（2025）

中国房地产估价师与房地产经纪人学会　编写

刘洪玉　　陶满德　主编

中国建筑工业出版社
中国城市出版社

图书在版编目（CIP）数据

房地产估价基础与实务. 上编, 房地产估价专业基础
. 2025 / 中国房地产估价师与房地产经纪人学会编写;
刘洪玉, 陶满德主编. -- 北京 ：中国城市出版社,
2025. 5. -- (全国房地产估价师职业资格考试辅导教材
). -- ISBN 978-7-5074-3821-5

Ⅰ . F299. 233.5

中国国家版本馆 CIP 数据核字第 20257HY991 号

责任编辑：李闻智　毕凤鸣　刘婷婷
责任校对：王　烨

全国房地产估价师职业资格考试辅导教材
房地产估价基础与实务
上编：房地产估价专业基础（2025）
中国房地产估价师与房地产经纪人学会　编写
刘洪玉　陶满德　主编
*
中国建筑工业出版社、中国城市出版社出版、发行（北京海淀三里河路 9 号）
各地新华书店、建筑书店经销
国排高科（北京）人工智能科技有限公司制版
建工社（河北）印刷有限公司印刷
*
开本：787 毫米×960 毫米　1/16　印张：25½　字数：482 千字
2025 年 6 月第一版　2025 年 6 月第一次印刷
定价：**60.00** 元
ISBN 978-7-5074-3821-5
（904843）

本书编写人员

刘洪玉　陶满德　郝俊英　刘章生　王洪明

目　录

第一章　建筑基础知识

建筑物是主要的房地产估价对象之一或载体,估价师应具备一定的建筑构造、建筑装饰装修、建筑设备及建筑材料知识,熟悉建设工程造价及房屋面积等相关知识,并运用这些知识做好房地产估价中估价对象的实地查勘、实物状况描述、价格价值分析测算等工作。

第一节　建　筑　分　类

建筑是根据人们物质生活和精神生活要求,为满足各种不同社会过程需要而建造的有组织的内部和外部的空间环境。建筑包括建筑物和构筑物,满足功能要求并提供活动空间和场所的建筑称为建筑物,供人们生活、学习、工作、居住以及从事生产和文化活动,如工厂、住宅、学校、影剧院等;仅满足功能要求的建筑称为构筑物,如水塔、纪念碑等。建筑物通常按使用性质分为生产性建筑和非生产性建筑两大类。生产性建筑分为工业建筑和农业建筑,其中,工业建筑是为生产服务的各类建筑,也称厂房类建筑;农业建筑是用于农业、畜牧业生产和加工的建筑。非生产性建筑指民用建筑,是供人们从事非生产性活动的建筑物。

一、民用建筑分类

（一）按使用功能分类

民用建筑根据使用功能,可分为居住建筑和公共建筑两大类。

1. 居住建筑

居住建筑是供人们居住使用的场所,按居住特点和管理方式分为住宅类和非住宅类,有普通住宅、公寓、别墅、集体宿舍、老年公寓、敬老院等。

2. 公共建筑

公共建筑是供人们进行各种公共活动的场所,包括教育、办公科研、商业服务、公众活动、交通、医疗、社会民生服务、综合等场所。

（1）教育类建筑，是指供基础、技能及素质教育的教学场所，包括学龄前儿童教育场所、中等专业教育场所、高等院校教育场所、特殊人员教育场所（如盲人学校、工读学校）等。

（2）办公科研类建筑，是指供机关、团体和企事业单位办理行政事务和从事商谈、接洽、处理、服务性交易等业务活动的场所，包括办公、业务类建筑，科学实验建筑等。

（3）商业服务类建筑，是指供人们进行商业活动、娱乐、休憩、餐饮、消费、日常服务等的场所，包括商业建筑（如售卖、休闲、维修服务、快递、培训、保健场所）、饮食建筑、旅馆建筑等。

（4）公众活动类建筑，是指供休闲、运动、参观、观演、集会、社交、宗教信徒聚会的场所，包括文化建筑、文旅建筑、园林建筑、广电制播建筑、体育建筑、宗教建筑等。

（5）交通类建筑，是指供旅客等候或运输、交通工具停放、交通管理的场所，包括交通场站、交通场库、交通管理等建筑。

（6）医疗类建筑，是指对疾病进行诊断、治疗与护理，承担公共卫生的预防与保健，从事医学教学与科学研究的场所，包括医疗场所、康养场所、卫生防疫场所、特殊医疗场所（如传染病医院、精神病医院）等。

（7）社会民生服务类建筑，是指社会民生服务场所，包括城市服务场所（如政务中心、游客中心、市民中心）、救援场所（如消防站、应急中心、城市避难所）、殡葬场所、救助场所（如儿童福利院、孤儿院、残疾人福利中心、戒毒所）、老年人活动场所（如老年日间照料中心、托老所、社区养老中心）、监管场所（如监狱、看守所、劳改场所）等。

（8）综合类建筑，是指不同业态共处一个场所。

（二）按建筑层数和高度分类

根据《城市居住区规划设计标准》GB 50180—2018，1～3层为低层住宅，4～9层为多层住宅，10层及10层以上为高层住宅。

根据《民用建筑设计统一标准》GB 50352—2019，建筑高度不大于27.0m的住宅建筑、建筑高度不大于24.0m的公共建筑及建筑高度大于24.0m的单层公共建筑为低层建筑或多层民用建筑。建筑高度大于27.0m的住宅建筑和建筑高度大于24.0m的非单层公共建筑，且高度不大于100.0m的，为高层民用建筑。建筑高度大于100.0m为超高层建筑。

2020年4月27日，住房和城乡建设部、国家发展和改革委员会发布的《关于进一步加强城市与建筑风貌管理的通知》（建科〔2020〕38号）要求，严格限制各地盲目规划建设超高层"摩天楼"，一般不得新建500m以上建筑。严格限制新建250m以上建筑。各地新建100m以上建筑应充分论证、集中布局，严格执行超限高层建筑工程抗震设防审批制度，与城市规模、空间尺度相适宜，与消防救援能力相匹配。中小城市要严格控制新建超高层建筑，县城住宅要以多层为主。

（三）按建筑物承重结构和材料分类

1. 木结构

木结构由木材或主要由木材承受荷载，通过各种金属连接件或榫卯结构进行连接和固定。传统木结构主要由天然材料组成，受材料本身条件限制，多用在民用和中小型工业厂房的屋盖中。现代木结构建筑是指建筑的主要结构部分由木方、集成材、木质板材构成的结构系统，主要构件采用工程木材（经过现代工业加工手段和先进技术，加工成适合建筑用的梁、柱等部品部件），构件连接节点采用金属连接件连接，从结构形式上，一般分为重型梁柱木结构和轻型桁架木结构。

2. 砖木结构

主要承重构件用砖木做成，其中竖向承重结构的墙体、柱子采用砖砌，水平承重结构的楼板、屋架采用木材。砖木结构建造简单，材料容易准备，费用较低，一般适用于低层建筑。

3. 砖混结构

砖混结构是以小部分钢筋混凝土及大部分砖墙承重的结构。砖混结构建筑中的竖向承重的墙、柱等采用砖或砌块砌筑，横向承重的梁、楼板、屋面板等采用钢筋混凝土构件。砖混结构的建筑造价较低，但抗震性能较差，开间和进深尺寸都受一定限制，其层高也受到限制，适合开间进深较小、房间面积小、多层或低层建筑。

4. 钢筋混凝土结构

由钢筋和混凝土两种材料结合成的整体共同受力的工程结构，其中主要承重构件，如梁、板、柱等均采用钢筋混凝土材料，而非承重墙采用砖砌或其他轻质材料做成。

5. 钢结构

主要承重构件均由钢材构成的结构，特点是强度高、自重轻、整体刚性好、变形能力强，抗震性好，适用于建造大跨度和超高、超重型的建筑物。

6. 型钢混凝土组合结构

它是把型钢埋入混凝土中的一种独立的结构形式，具备了传统钢筋混凝土结构的承载力大、刚度大、抗震性能好的优点，与钢结构相比，还具有防火性能好，结构局部和整体稳定性好，节省钢材的优点。型钢混凝土组合结构应用于大型结构中，具有截面小、承重力大、节约空间的优点，但造价比较高。

（四）按施工方法分类

1. 现浇、现砌式建筑

房屋的主要承重构件均在现场砌筑或浇筑而成。

2. 装配式建筑

装配式建筑是指由预制部品部件在工地装配而成的建筑。

（1）装配式混凝土结构建筑。按照预制构件的预制部位不同，可以分为全预制装配式混凝土结构和预制装配整体式混凝土结构，其是建筑工业化最重要的方式，具有提高质量、缩短工期、节约能源、减少消耗、清洁生产等优点。

（2）装配式钢结构建筑。适用于工厂化生产，可以将设计、生产、施工、安装一体化。具有自重轻、基础造价低、安装容易、施工快、施工污染环境少、抗震性能好、可回收利用、经济环保等特点，适用于软弱地基。

（3）装配式木结构建筑。包括装配式纯木结构、装配式木组合结构、装配式木混合结构等。

民用建筑的装配化程度采用装配率评价。根据《装配式建筑评价标准》GB/T 51129—2017，民用建筑装配式建筑评价分为预评价和项目评价。预评价在设计阶段进行，并应按设计文件计算装配率。项目评价应在工程竣工验收后进行，并应按竣工验收资料计算装配率和确定评价等级。项目评价是装配式建筑评价的最终结果。装配率计算和装配式建筑等级评价以单体建筑作为计算和评价单元。单体建筑的层数不大于 3 层，且地上建筑面积不超过 500m² 时，可由多个单体建筑组成建筑组团作为计算和评价单元。装配式建筑等级评价主要考虑建筑主体结构、围护墙和内隔墙、装修和设备管线等方面所采用的装配比例，划分为 A 级、AA 级、AAA 级，对应的装配率分别为 60%～75%、76%～90%、91%及以上。

（五）按承重体系分类

建筑物按结构支承系统的类型可分为墙体结构体系、骨架结构体系和空间结构体系。

1. 墙体结构体系

墙体结构体系根据建筑物的建造材料及高度、荷载等要求，主要分为砌体墙承重的混合结构系统和钢筋混凝土墙承重系统。

混合结构房屋一般是指楼盖和屋盖采用钢筋混凝土或钢木结构，而墙和柱采用砌体结构建造的房屋。根据承重墙所在的位置，可分为纵墙承重和横墙承重两种。由于砌体的抗压强度高而抗拉强度很低，不宜建造大空间的房屋，大多用在住宅、办公楼、教学楼建筑中。

2. 骨架结构体系

骨架结构体系内外墙均不承重，主要包括框架结构体系、剪力墙体系、筒体结构体系、桁架结构体系，以及单层钢架结构、拱结构等。其中：

（1）框架结构体系。是利用梁、柱组成的纵、横墙两个方向的框架形成的结构体系，同时承受竖向荷载和水平荷载。其主要优点是建筑平面布置灵活，可形成较大的建筑空间，建筑立面处理也比较方便；缺点是侧向刚度较小，当层数较多时，会产生较大侧移，易引起非结构性构件（如墙、装饰灯）的破坏。

（2）剪力墙体系。是利用建筑物的墙体（内墙和外墙）来抵抗水平力，剪力墙既承受垂直荷载，也承受水平荷载。高层建筑主要荷载为水平荷载，墙体既受剪又受弯，所以称为剪力墙。剪力墙一般为钢筋混凝土墙，适用于小开间的住宅和旅馆等。其中，在框架结构中设置适当剪力墙的结构体系称为框剪结构体系，具有框架结构平面布置灵活、空间和侧向刚度较大的优点。

（3）筒体结构体系。是抵抗水平荷载最有效的结构体系，整个建筑犹如一个固定于基础上的封闭空心的筒式悬臂梁来抵抗水平力。筒体结构可分为框筒结构、筒中筒结构和多筒结构等。框筒结构由密排柱和窗下裙梁组成，也可视为开窗洞的墙体，内筒一般由电梯间、楼梯间组成，内筒与外墙由楼盖连接成整体，共同抵抗水平荷载及竖向荷载，这种结构体系适用于高度不超过 300m 的建筑。多筒结构是将多个筒组合在一起，使结构具有更大的抵抗水平荷载的能力。

（4）桁架结构体系。是由杆件组成的结构体系，优点是利用截面较小的杆件可组成截面较大的构件。一般屋架为平面结构，平面外刚度非常弱。

3. 空间结构体系

常见的有薄壳、网架、悬索、膜结构等，以及它们的混合形式。

二、工业建筑分类

（一）按层数分类

（1）单层厂房。指层数仅为 1 层的工业厂房，适用于有大型机器设备或有重型起重运输设备的厂房。

（2）多层厂房。指层数在 2 层及以上的厂房，常用的层数为 2~6 层。适用于生产设备及产品较轻，可沿垂直方向组织生产的厂房，如食品、电子精密仪器等工业用厂房。

（3）混合层数厂房。指同一厂房内既有单层又有多层的厂房。多用于化学工业、热电站的主厂房等。

（二）按建筑跨数分类

按建筑跨数，可以将工业建筑分为单跨厂房、多跨厂房和纵横跨厂房。

（三）按建筑跨度尺寸分类

（1）小跨度厂房。指跨度小于或等于 12m 的单层工业厂房，以砌体结构为主。

（2）大跨度厂房。指跨度在 15m 以上的单层工业厂房，其中跨度为 15～30m 的厂房以钢筋混凝土结构为主，跨度在 36m 及以上的厂房以钢结构为主。

（四）按主要承重结构的形式分类

（1）排架结构型。是将厂房承重柱的柱顶与屋架或屋面梁做铰接连接，而柱下端则嵌固于基础中，构成平面排架，各平面排架再经纵向结构构件连接组成一个空间结构，是目前单层厂房中最基本、应用最普遍的结构形式。

（2）刚架结构型。刚架结构型的基本特点是柱和屋架合并为一个刚性构件。柱与基础的连接通常为铰接，若吊车吨位较大，也可做成刚接。一般重型单层厂房多采用刚架结构。

（3）空间结构型。是一种屋面体系为空间结构的结构体系。

（五）按建筑用途分类

（1）生产厂房。指进行备料、加工、装配等主要工艺流程的厂房。如机械制造厂中的铸造车间、电镀车间、热处理车间、机械加工车间和装配车间等。

（2）生产辅助厂房。指为生产厂房服务的厂房。如机械制造厂的修理车间、工具车间等。

（3）动力用厂房。指为生产提供动力源的厂房。如发电站、变电所、锅炉房等。

（4）储存用厂房。指为生产提供储备各种原材料、半成品、成品的房屋。如金属材料库、木材库、油料库、半成品库、成品库等。

（5）运输用厂房。指管理、停放及检修交通运输工具的房屋。如汽车库、机车库、消防车库等。

（6）其他建筑。如水泵房、污水处理站等。

（六）按车间生产状况分类

（1）冷加工车间。指在常温状态下，加工非燃烧物质和材料的生产车间。如机械制造类的金工车间、修理车间。

（2）热加工车间。指在高温和熔化状态下，加工非燃烧物质和材料的生产车间。如机械制造类的铸造、锻压、热处理等车间。

（3）恒温恒湿车间。指满足产品生产需要的稳定温度、湿度的车间。如精密仪器、纺织等车间。

（4）洁净车间。指满足产品生产需要的空气净化、无尘甚至无菌条件的车间，如药品生产车间、集成电路车间等。

（5）其他特种状况的车间。有的产品生产对环境有特殊的需要，如放射性物质、防电磁波干扰等车间。

三、节能建筑及其他

（一）节能建筑

节能建筑是指遵循气候设计和节能的基本方法，对建筑规划分区、群体和单体、建筑朝向、间距、太阳辐射、风向以及外部空间环境进行研究后，设计出的低能耗建筑。节能建筑主要指标有：建筑规划和平面布局要有利于自然通风，绿化率不低于35%；建筑间距应保证每户至少有一个居住空间在大寒日能获得满窗日照2小时等。建筑节能应在建筑材料生产、房屋建筑和构筑物施工及使用过程中，满足同等需要或达到相同目的的条件下，尽可能降低能耗。减少能源需求的方法有建筑规划与设计、围护结构、提高终端用户用能效率、提高总的能源利用效率。

节能建筑根据节能水平，可分为一般节能建筑、被动式节能建筑、零能耗建筑和产能型建筑。被动式节能建筑不需要主动加热，基本上依靠被动收集来的热量使房屋本身保持舒适的温度，使用太阳、人体、家电及热回收装置等带来的热能，不需要主动热源供给。零能耗建筑不消耗常规能源，完全依靠太阳能或者其他可再生能源。产能型建筑一般被定义为建筑所产生的能量超过其自身运行所需要能量的建筑。

（二）低碳建筑

低碳建筑是指在建筑材料与设备制造、施工建造和建筑物使用的整个生命周期内，减少化石能源的使用，提高能效，降低二氧化碳排放量。低碳建筑主要分为两方面：一是，低碳材料；二是，低碳建筑技术。

（三）绿色建筑

绿色建筑是指在全寿命期内，节约资源、保护环境、减少污染，为人们提供健康、适用、高效的使用空间，最大限度地实现人与自然和谐共生的高质量建筑。"绿色建筑"的"绿色"代表一种概念或象征，指建筑对环境无害，能充分利用环境自然资源。绿色建筑在建设期不破坏环境基本生态平衡条件，在生存期所消耗物质和能源明显少于传统建筑，其基本内涵可归纳为：减轻建筑对环境的负荷，即节约能源及资源；提供安全、健康、舒适的生活和工作空间；与自然环境亲和，做到人和建筑与环境和谐共处、永续发展。

为了提高建设绿色建筑的积极性，国家及有关地区出台了包括财政补贴、优先评奖、金融支持、减免费用等激励政策。根据《绿色建筑评价标准（2024年版）》

GB/T 50378—2019，绿色建筑评价以单栋建筑或建筑群为评价对象，应在建筑工程竣工后进行。在建筑工程施工图设计完成后，可进行预评价。绿色建筑评价指标体系由安全耐久、健康舒适、生活便利、资源节约、环境宜居五类指标组成，每类指标均包括控制项和评分项，统一设置加分项。绿色建筑评价结果划分为基本级、一星级、二星级、三星级4个等级。

（四）生态建筑

生态建筑是指尽可能利用当地的环境和自然条件，不破坏当地的环境，确保生态体系健全运行的建筑。生态建筑基于生态学原理规划、建设和管理群体和单体建筑及其周边的环境体系，其设计、建造、维护与管理必须以强化内外生态服务功能为宗旨，达到经济、自然和人文三大生态目标，实现生态健康的净化、绿化、美化、活化、文化的"五化"需求。

（五）可持续建筑

可持续建筑是指以可持续发展观规划建设的建筑，与环境相融合、有利于居住者健康的建筑。可持续建筑的理念就是追求降低环境负荷，与环境相结合，且有利于居住者健康。其目的在于减少能耗、节约用水、减少污染、保护环境、保护生态、保护健康、提高生产力。

四、建筑等级

（一）建筑物耐久等级

建筑物的耐久性等级主要根据建筑物的重要性和规模大小划分，并以此作为基建投资和建筑设计的重要依据。耐久等级的指标是耐久年限，耐久年限的长短依据建筑物的性质决定（表1-1）。

建筑物耐久等级　　　　　　　　　　　　　　　　　　表1-1

等级	建筑物性质	耐久年限
1	具有历史性、纪念性、代表性的重要建筑物（如纪念馆、博物馆、国家会堂等）	100年以上
2	重要的公共建筑（如一级行政机关办公楼、大城市火车站、国际宾馆、大体育馆、大剧院等）	50～100年
3	比较重要的公共建筑和居住建筑（如医院、高等院校以及主要工业厂房等）	40～50年
4	普通建筑物（如文教、交通、居住建筑以及工厂等）	15～40年
5	简易建筑和使用年限在5年以下的临时建筑	15年以下

影响建筑寿命长短的主要因素是结构构件的选材和结构体系。《建设工程质量管理条例》（2019年4月23日修正文本）第二十一条规定："设计文件应当符合

国家规定的设计深度要求，注明工程合理使用年限。"《建筑结构可靠性设计统一标准》GB 50068—2018 规定，建筑结构的设计基准期应为 50 年；建筑结构的设计使用年限，应符合表 1-2 规定。

建筑结构的设计使用年限　　　　　　　　　　　　　　表 1-2

类别	设计使用年限（年）
临时性建筑结构	5
易于替换的结构构件	25
普通房屋和构筑物	50
标志性建筑和特别重要的建筑结构	100

（二）建筑物耐火等级

建筑物的耐火等级是由其组成构件的燃烧性能和耐火极限决定的。燃烧性能是指建筑构件在明火或高温的作用下，燃烧的难易程度。建筑材料根据燃烧性能可分为非燃烧体、难燃烧体、燃烧体 3 类。

耐火极限是指建筑构件遇火后能支承荷载的时间。即从起火燃烧到建筑失掉支承能力，或发生穿透性裂缝，或其背面温度升高到 220℃以上时所需要的时间。

民用建筑的耐火等级根据其建筑高度、使用功能、重要性和火灾扑救难度等确定。民用建筑和工业建筑的耐火等级均分为四级，不同耐火等级建筑相应构件的燃烧性能和耐火极限应符合《建筑设计防火规范（2018 年版）》GB 50016—2014 等标准规范的规定。

五、建筑识图基础

建筑工程施工图是建筑设计和建筑施工中使用的"工程语言"，表明了建筑物本身的构造、特点和适用范围。一套完整的建筑施工图包括建筑总平面图、建筑施工图、结构施工图、暖通及空调施工图、给水排水施工图（通常暖通空调、给水排水作为一套图纸）、电气施工图等。各工种的施工图又分为基本图和详图两部分。

（一）建筑制图的基本规定

为了统一建筑工程图样的画法，提高制图效率，便于工程建设和技术交流，国家建设行政主管部门颁布了有关建筑制图的国家标准。

1. 图纸幅面规定

幅面内应有标题栏和会签栏。幅面规格分别为 0、1、2、3、4 号，共 5 种，其尺寸大小见表1-3。

图纸幅面规格   表 1-3

单位：mm

幅面代号	0 号	1 号	2 号	3 号	4 号
$b \times l$	841×1 189	594×841	420×594	297×420	297×210
c	10	10	10	5	5
a	25				

注：b、l分别为图纸宽度和长度；c、a为图框线与图纸边缘的距离，其中a为图框线与图纸左边缘的距离，c为图框线与图纸上、下、右边缘的距离。

2. 图标和会签栏

常用图标格式及内容见表1-4。其中，工程名称指某建筑物的名称；项目指建设项目中的具体工程；图名常用以表明本张图的主要内容；设计号是设计部门对该工程的编号；图别表明本图所属工种和实际阶段；图号是指图纸的编号。

图标   表 1-4

设计单位全称			
工程名称		项目	
审定		校核	
设计		制图	
图名		设计号	
图别		图号	
日期			

会签栏是各工种负责人签字的表格，其格式与内容见表1-5。

会签栏   表 1-5

工种名称	姓名	签字

3. 比例尺的选用

一套完整的施工图，既有总图也有细部大样详图，这就要根据图纸的具体内容选择恰当的比例尺。常用的比例尺见表1-6。

施工图常用比例尺　　　　　　　　　　　　表 1-6

图名	常用比例尺
总平面图	1：500，1：1 000，1：2 000
基本图	1：50，1：100，1：200，1：300
详图	1：1，1：2，1：10，1：20，1：25，1：50

4. 轴线

施工图中的轴线是施工中定位、放线的重要依据。凡承重墙、柱子、大梁或屋架等主要承重构件的位置必须画上轴线并编上轴线号，凡需要确定位置的建筑局部或构件都应注明与附近轴线的尺寸关系。

轴线用点画线表示，端部画圆圈，圆圈内注明编号，水平方向用阿拉伯数字由左至右编号，垂直方向用英文字母由下而上编号。

5. 尺寸及单位

尺寸由数字及单位组成，例如 100mm。总图以米为单位，其余均以毫米为单位。为了图纸简明，尺寸的数字后面可不写单位。

6. 标高

标高分绝对标高和相对标高两种。我国青岛附近的黄海平均海平面定为绝对标高的零点，其他各地以它为基准所定标高即绝对标高，即一般所说的"海拔标高"。但为简明起见，工程图纸一般都用相对标高。即把室内首层地面的绝对标高定为相对标高的零点，以"±0.000"表示，读作正负零。高于它的为正值，一般不注"+"号；低于它的为负值，必须注"−"号。

相对标高与绝对标高的关系，一般在工程总说明及基础图中加以说明，例如，某建筑物的 ±0.000 = 42.500，即室内地面标高 ± 0.000 相当于绝对标高 42.500。若某建筑物 ±0.000 = 42.500，设计楼顶标高 29.000m，则楼顶绝对标高 = 42.500 + 29.000 = 71.500m。施工时可以根据当地水准点（绝对标高）测定该建筑物首层的标高。

标高符号以等腰直角三角形（▽——或▽）表示，用细实线绘制。总平面图室外地坪标高符号，用涂黑的三角形（▼）表示。标高符号的尖端指至被注高度的位置，尖端向下或向上，标高数字注写在标高符号的左侧或右侧的横线上。标高单位以米（m）计，注写到小数点后第三位；总平面图上注写到小数点后第二位。

7. 索引号

索引号的用途是索引，便于查找相互有关的图纸内容。索引号的表示方法是把图中所需要另画详图的部位编上索引号。索引号中的内容有两个：一是，详图编号；二是，详图所在的图纸的编号。将详图编注上详图号，就可以根据对应关系，查找详图。

（二）建筑施工图

建筑施工图是根据正投影原理绘制的，用总平面图表示建筑物的位置，用立面图及屋顶平面图表示建筑物的外部，用平面图及剖面图表示其内部，用详图表示其细部做法的建筑工程图。

1. 总平面图

总平面图是用来说明建筑物所在具体位置和其周围环境关系的水平投影图。总平面图的内容包括：

（1）拟建建筑和原有建筑的外形、层数及其相对位置。

（2）建筑物周围的地形、道路（包括拟建的道路）、水源、桥梁和绿化等。

（3）室内地坪、室外场地和道路的绝对标高。

（4）指北针或风玫瑰图等。

2. 建筑平面图

建筑平面图是建筑工程施工图纸中具有引导作用的图纸，它不仅反映了建筑的使用空间、装修等情况，而且是其他各工种图纸设计的基础，是室内外装修设计的重要依据。建筑平面图的内容包括：

（1）由外围可以了解建筑的外形、总长、总宽以及面积，首层平面图上还有散水、台阶、外门、窗的位置，外墙的厚度，轴线标法，有的还可能有变形缝、外用铁爬梯等图示。

（2）从图的边墙外边线往内看可以看到内墙位置、房间名称、楼梯间、卫生间等布置。

（3）从平面图上还可以了解到开间尺寸、内门窗位置、室内地面标高、门窗型号尺寸以及表明所用详图等符号。

平面图根据建筑的层数不同分为首层平面图、二层平面图、三层平面图、标准层平面图、屋顶平面图等。平面图原则上每层一张，若有两层或更多层的平面布置完全相同，可合用一张平面图，称为标准层平面图。屋顶平面图是用来说明屋顶建筑构造的平面布置、雨水泛水及坡度等情况的平面图。

3. 建筑立面图

建筑立面图是建筑物的各个侧面向竖直平面作正投影所形成的投影图。根据立面图的位置不同，立面图分为正立面、背立面和侧立面；有时按朝向分为南立面、北立面、东立面、西立面。建筑立面图的内容包括：

（1）反映了建筑物的外貌，如外墙上的檐口、门窗套、出檐、阳台、腰线、门窗外形、雨篷、花台、落水管、附墙柱、勒脚、台阶等构造形状。

（2）标明各层建筑标高、层数，建筑的总高度或突出部分最高点的标高尺寸。有的立面图还在侧边采用竖向尺寸，标注窗口的高度、层高尺寸等。

（3）标明外墙装修所用的材料、色彩及分格，出入口处的做法及其装修等。

（4）标注立面详图索引号。

4. 建筑剖面图

建筑剖面图主要用以简要表示建筑物的内部结构形式、空间关系。建筑剖面图的内容包括：

（1）各层楼面的标高，窗台、窗洞口顶部、顶棚的高度，以及室内净高尺寸。

（2）建筑从屋面至地面的内部构造特征，如屋面保温、隔热构造、楼板构造、隔墙构造、室内门洞口高度等。

（3）注明墙身做法，楼、地面做法，对其所用材料加以说明。

（4）有时也可以标明屋顶电梯设备间、女儿墙、烟囱等构造做法。

5. 建筑详图

从建筑的平、立、剖面图上虽然可以看到建筑的外形、平面布置和内部构造情况，以及主要的造型尺寸，但是由于图幅有限，局部细节的构造在这些图上不能明确表示出来。为了清楚地表达这些构造，把局部细节放大比例（如 1：20，1：10，1：5，1：1 等）绘制成较详细的图纸，称为建筑详图。

建筑详图是各建筑部位具体构造的施工依据，所有平、立、剖面图上的具体做法和尺寸均以详图为准，因此详图是建筑图纸中不可缺少的一部分。

建筑详图的内容包括：建筑的屋檐及外墙身构造大样，楼梯间、厨房、厕所、阳台、门窗、建筑装饰、雨篷、台阶等的具体尺寸、构造和材料做法。

（三）结构施工图

结构施工图用来表示各种承重构件（基础、承重墙、柱、梁、板、屋架等）的布置、形状、大小、材料、构造及其相互关系的建筑工程图。

结构施工图主要表明建筑结构专业的设计内容，同时也反映建筑、给水排水、暖通、电气等专业对结构的要求，是指导结构施工、编制预算、施工组织设计和施工进度计划的依据。

1. 基础施工图

基础施工图是反映标高在±0.000以下建筑基础构造的图纸，是施工放线、开挖基坑、砌筑基础及编制施工图预算的依据。基础施工图一般包括基础平面图和基础详图。

（1）基础平面图主要表示基础（柱基或墙基）的位置、轴线，以及基础内预留洞口、构件、管沟、地基变化的台阶、基底标高等平面布置情况。

（2）基础详图主要说明基础的具体构造。一般墙体的基础往往取中间某一平面处的剖面来说明其构造；柱基则单独绘成单个柱基详图。基础详图上标有所在轴线位置，基底标高，基础防潮层面标高，垫层尺寸与厚度等。墙基还有大放脚的收放尺寸，柱基有钢筋配筋和台阶尺寸构造。墙基上还有防潮层做法和其他与管沟相连部分的尺寸构造等。

2. 主体结构施工图

主体结构施工图一般是指标高在±0.000 以上的主体结构构造的图纸。

1）砖混结构施工图

包括结构平面图和结构详图。其中结构平面图反映平面位置布置，标出有关结构的位置、轴线、距离尺寸、梁号与板号，以及剖面及详图的剖切标志。砖混结构平面图一般标有墙身、楼板、梁或过梁、楼梯的平面位置，以及阳台、雨篷的位置。结构详图反映楼梯、阳台、雨篷的详细构造尺寸，配置的钢筋数量、规格、等级；梁的断面尺寸、钢筋构造；预制多孔板采用的标准图集等。

2）钢筋混凝土框架结构施工图

分为结构平面图和结构构件的施工详图。结构平面图主要标明框架的平面位置、柱距、跨度，梁的位置、间距、梁号，楼板的跨度、板厚，以及围护结构的尺寸、厚度和其他需在结构平面图上标明的内容。框架结构平面图有时还分划成模板图和配筋图两部分。

3）工业厂房结构施工图

一般单层工业厂房的建筑装饰相对比较简单，建筑平面图基本上已将厂房构造反映清楚，因而结构平面图绘制有时就很简单，只要用轴线和其他线条标明柱子、吊车梁、支撑、屋架、天窗等的平面位置就可以。

结构平面图主要内容为柱网的布置、柱子位置、柱轴线和柱子的编号；吊车梁及编号、支撑及编号等，它是结构施工和建筑构件吊装的依据。

工业厂房的结构剖面图，往往与建筑剖面图相一致，可以互相套用。

工业厂房的结构详图，主要说明各构件的具体构造及连接方法。如柱子的具体尺寸、配筋；梁的尺寸、配筋；吊车梁与柱子的连接，柱子与支撑的连接等。

（四）给水排水施工图

给水和排水系统均通过平面图和透视图来表明，给水排水的透视图是把管道变成线条，绘成竖向立体形式的图纸。在透视图上标出轴线、管径、标高、阀门位置、排水管的检查口位置以及排水出口处的位置等。给水排水施工图一般分为室内给水排水和室外给水排水两部分。室内部分表示一栋建筑物的给水和排水工程，其施工图的组成主要包括给水排水平面图、系统轴测图和节点详图。室外部分则表示一个区域的给水和排水管网，其施工图主要包括平面图、纵断面图及节点详图等。

给水排水总平面图亦称给水排水外线图，是指在建筑物（一群或单个）以外的给水排水线路的平面布置图。图上标出给水管的水源（干管），引进建筑物水管的起始点，闸门井、水表井、消火栓井以及管径、标高等内容；同样标出排水管的出口、流向、检查井（窨井）、坡度、埋深标高以及流入的指定去向（如流入城市干管或化粪池）。

（五）采暖施工图

采暖施工图一般分为室内和室外两部分。室内部分表示一栋建筑物的采暖工程，其施工图的组成主要包括采暖平面图、立管图（或叫透视图）和节点详图。室外部分则表示一个区域的采暖管网，其施工图的组成包括总平面图、管道横剖面图、管道纵剖面图和节点详图等。

图纸设计及施工说明书主要说明采暖设计概况、热指标、热源供给方式（如区域供暖或集中供暖；水暖或汽暖）、散热器的型号、安装要求（如保温、挂钩、加防风等）、检验和材料的做法、要求，以及非标准图例的说明和采用什么标准图的说明等。

总平面图主要表示热源位置，区域管道走向的布置，暖气沟的位置走向，供热建筑物的位置，入口的大致位置等。

管道纵、横剖面图主要是表示供暖管在暖气沟内的具体位置，供暖管的纵向坡度、管径、保温情况、吊架装置等。

平面图表明建筑物内供暖管道和设备的平面位置。如散热器的位置、数量、水平干管、立管、阀门、固定支架及供热管道入口的位置，并注明管径和立管编号。

立管图（透视图）表示管子走向、层高、层数，立管的管径，立管、支管的连接和阀门位置，以及其他装置，如膨胀水箱、泄水管、排气装置等。

（六）通风施工图

通风是把空气作为介质，使之在室内的空气环境中流通，用来消除环境中的危害的一种措施。主要指送风、排风、除尘、排毒方面的工程。

通风施工图纸分为：

（1）平面图。主要表示通风管道、设备的平面位置，与建筑物的尺寸关系等。

（2）剖面图。表示管道竖直方向的布置和主要尺寸，以及竖向和水平管道的连接，管道标高等。

（3）系统图。表明管道在空间的曲折和交叉情形，可以看出上下关系，用线条表示。

（4）详图。主要为管道、配件等加工图，图上表示详细构造和加工尺寸。

（七）电气施工图

电气施工图主要有系统图和接线原理图。根据不同的系统又可以分为电气动力系统图、照明系统图、空调供电与控制系统图、消防供电及控制信号系统图、电话系统图、广播系统图、电气自备电源系统图、防雷系统图、闭路电视及共享天线系统图、建筑物监测信号系统图等。各系统一般根据建筑物的建造标准，按各个系统单独成图或按强电、弱电等归类绘图，通常用平面图配合大样图来表示。

第二节　建　筑　构　造

建筑构造是指建筑物各组成部分基于科学原理的材料选用及做法，其任务是根据建筑物的功能、材料性质、受力情况、施工方法和建筑形象等要求选择合理的构造方案，以作为建筑设计中综合解决技术问题及进行施工图设计的依据。

一、民用建筑构造

民用建筑一般由基础、墙或柱、楼板与地面、楼梯、屋顶和门窗等部分组成。建筑物还有一些附属部分，如阳台、雨篷、散水、勒脚、防潮层等，有的还有特殊要求，如楼层之间要设置电梯、自动扶梯或坡道等。

（一）基础

基础是将结构所承受的各种作用传递到地基上的结构组成部分。基础是建筑物的组成部分，承受建筑物的全部荷载，并将其传给地基。地基不是建筑物的组成部分，是指承受基础的土体或岩体，承受由基础传递来的建筑的荷载。地基承受荷载的能力是有一定限度的。地基单位面积所能承受的最大压力，称为地基容许承载力。当基础对地基的压力超过地基容许承载力时，地基将出现较大的沉降变形，甚至地基土层会滑动挤出而破坏。为了保证建筑物的稳定与安全，需要根据基底压力不超过地基容许承载力的原则，适当扩大基础底面积。

1. 基础类型

基础的类型与建筑物上部结构形式、荷载大小、地基的承载能力、地质、水文情况、材料性能等有关。

（1）按材料及受力特点分类。①刚性基础。刚性基础所用的材料如砖、石、混凝土等，抗压强度高，但抗拉及抗剪强度偏低。砖基础具有就地取材、价格较低、施工简便等特点，在干燥和温暖地区应用广泛。砖基础的强度及抗冻性较差，因此砂浆和砖的强度等级，根据施工地区潮湿程度和寒冷程度有不同要求。砖基础适用于地基土好、地下水位较低、5 层以下的砖木结构或砖混结构。混凝土基础具有坚固、耐久、刚性角大、可根据需要任意改变形状的特点，常用于地下水位高、受冰冻影响的建筑。②柔性基础。刚性基础受其刚性角的限制，要想获得较大的基底宽度，相应的基础也应加大，但会增加材料消耗和挖方量，也会影响工期。在混凝土基础底部配置受力钢筋，利用钢筋抗拉，这样基础可以承受弯矩，也就不受刚性角的限制，所以钢筋混凝土基础也称为柔性基础。在相同条件下，采用钢筋混凝土基础比混凝土基础可节省大量的混凝土材料和挖土工程量。

（2）按基础的构造形式分类。①独立基础。也称为单独基础，为独立的块状，形式有台阶形、锥形、杯形等。一般多为柱下独立基础。独立基础适用于多层框架结构或厂房排架柱下基础。独立基础大多用钢筋混凝土材料做成，上面为钢筋混凝土柱或钢柱，有的也可以用砖柱。当柱为预制时，则将独立基础做成杯形基础。②条形基础。也称为带形基础，是指基础长度远大于其宽度的一种基础形式。按上部结构形式，可分为墙下条形基础和柱下条形基础。基础的材料可以是砖石砌体、素混凝土材料，也可以是钢筋混凝土材料。条形基础适用于砖混结构建筑，如住宅、教学楼、办公楼等多层建筑。③柱下十字交叉基础。也称为井格基础，当地基条件较差，如土质较弱，为了增加基础的整体刚度，减少不均匀沉降，可以沿柱网纵横方向设置钢筋混凝土条形基础，形成十字交叉基础。④筏形基础。如地基较弱而荷载又很大，采用十字基础仍不能满足要求或相邻基槽距离很小时，可采用钢筋混凝土做成的筏形基础。按构造不同，可分为平板式和梁板式两类。平板式筏形基础一般是一块厚度相等的钢筋混凝土平板。梁板式筏形基础又分为两类：一类是在底板上做梁，柱子支承在梁上；另一类是将梁放在底板的下方，地板上面平整，可做建筑物底层地面。⑤箱形基础。箱形基础由顶板、底板及若干纵横墙组成，是筏形基础的进一步发展。箱形基础一般由钢筋混凝土建造，减少了基础底面的附加应力，适用于地基软弱、土层厚、荷载大和建筑面积不太大的重要建筑物，目前高层建筑中多采用箱形基础。为了充分利用空间，通常把该部分做成地下室。⑥桩基础。当建筑物荷载较大，地基的软弱土层厚度在 5m 以上，基础不能埋在软弱土层内，或对软弱土层进行人工处理困难和不经济时，常采用桩基础。桩基由桩身和桩承台组成。桩的种类很多，根据材料分为木桩、钢筋混凝土桩和钢桩等；根据断面形式分为圆形桩、方形桩、环形桩、六角桩及工字桩等；根据施工方法分为预制桩及灌注桩；根据荷载传递方式分为端承桩和摩擦桩。

除上述常见的基础形式外，还有壳体基础、圆环基础、沉井基础、沉箱基础等其他基础形式。

2. 基础埋深

从室外设计地面至基础底面的垂直距离称为基础的埋深。建筑物上部荷载大小、地基土质好坏、地下水位高低、土壤冰冻深度及新旧建筑相邻交接等，都影响基础的埋深。埋深大于或等于 5m，或埋深大于或等于基础宽度 4 倍的，称为深基础；埋深浅于 0.5～5m 或埋深小于基础宽度 4 倍的，称为浅基础。基础埋深的原则是在保证安全可靠的前提下尽量浅埋，除岩石地基外，不应浅于 0.5m。靠近地表的土体，一般受气候变化影响较大，性质不稳定，且又是生物活动、生长的场所，一般不宜作为地基的持力层。基础顶面应低于设计地面 100mm 以上，避免基础外露，遭受外界的破坏。

3. 地下室防潮与防水构造

建筑物底层以下的房间叫地下室。按功能分为普通地下室和人防地下室；按形式分为全地下室和半地下室。

（1）地下室防潮。当地下室位于常年地下水位以上时，需做防潮处理。对于砖墙，其构造要求是：墙体必须采用水泥砂浆砌筑，灰缝要饱满；在墙外侧设垂直防潮层。地下室的所有墙体都必须设两道防潮层，一道设置在地下室地坪附近，一道设置在室外地面散水以上 150～200mm 的位置，以防地下潮气沿地下室或勒脚渗入室内。凡在外墙穿管、接缝等处，均应嵌入油膏填缝防潮。当地下室使用要求较高时，可在围护结构内侧涂防水涂料，以消除或减少潮气渗入。地下室地面主要借助混凝土材料的憎水性能来防潮，但当地下室的防潮要求较高时，地面应做防潮处理，一般设在垫层和地面层之间，且与墙身水平防潮层在同一水平面上。

（2）地下室防水。当地下室地坪位于最高设计水位以下时，地下室四周墙体及底板均受水压影响，应有防水功能。根据防水材料与结构基层的位置关系，有内防水和外防水两种。防水结构层设置于主体结构外侧的称为外防水；防水结构层设置于主体结构内侧的称为内防水。地下室防水的做法根据材料不同常用的有防水混凝土防水、水泥砂浆防水、卷材防水、涂料防水、防水板防水、膨润土防水等。防水材料应根据地下室的使用功能、结构形式、环境条件等因素合理选用。

（二）墙

1. 墙体的类型

墙在建筑物中主要起承重、围护及分隔作用。按在建筑物中的位置，分为外墙、内墙、横墙和纵墙。按受力方式不同，分为承重墙和非承重墙。按构造方式不同，分为实体墙、空体墙和组合墙。按所用材料不同，分为由砖墙、石墙、土墙、混凝土墙或工业废料制成的砌块墙、板材墙等。

建筑物内部只起分隔作用的非承重墙称为隔墙。隔墙不承受任何外来荷载，且本身的重量还要由楼板或墙下小梁来承受，应满足自重轻、厚度薄、便于安装和拆卸，具有一定隔声能力，同时还要能够满足特殊使用部位（如厨房、卫生间等）的防火、防水、防潮等要求。隔墙的类型很多，按其构造方式分为块材隔墙、骨架隔墙、板材隔墙三大类。

2. 墙体的细部构造

（1）防潮层。墙身防潮层一般有油毡防潮层、防水砂浆防潮层、细石混凝土防潮层等。

（2）勒脚。是指外墙与室外地坪接近的部分，其作用是防止地面水、屋檐滴下的雨水对墙面的侵蚀，还有美化建筑外观的作用。勒脚采用水泥砂浆、水刷石，或在勒脚部位将墙体加厚，或用坚固材料来砌，如石块、天然石材、人造板贴面。

（3）散水和暗沟（明沟）。为了防止地表水对建筑基础的侵蚀，在建筑物的四周地面上设置暗沟（明沟）或散水。外墙与暗沟（明沟）之间应做散水。暗沟（明沟）可利用混凝土现浇，也可用有弹性的防水材料嵌缝，以防渗水。

（4）窗台。窗洞口的下部应设置窗台。窗台根据窗子的安装位置可形成内窗台和外窗台。外窗台是防止在窗洞底部积水，并流向室内；内窗台是为了排出窗上的凝结水，以保护室内地面。外窗台外挑部分应设置滴水线，窗框与窗台交接缝处不能渗水，以防窗框受潮腐烂。

（5）过梁。门窗洞口超过 300mm 的洞口上部应设置过梁，承受洞口上部墙体与其他构件（楼板、屋顶）传来的荷载，其部分自重可以直接传给洞口两侧墙体，而不由过梁承受。

（6）圈梁。是在房屋的檐口、窗顶、楼层、吊车梁顶或基础顶面标高处，沿砌体墙水平方向设置的封闭状混凝土梁式构件。可以提高建筑物空间刚度和整体性，增加墙体稳定，减少由于地基不均匀沉降引起的墙体开裂，并防止较大振动荷载对建筑物的不良影响。在抗震设防地区，设置圈梁是减轻震害的重要构造措施，对有抗震要求的建筑物，圈梁不宜被洞口截断。

（7）构造柱。是指在砌体房屋墙体的四角、错层部位、横墙和纵墙交接处、较大洞口两侧等部位，按规定配筋，并按先砌墙后浇混凝土柱的施工顺序制成的混凝土柱。圈梁在水平方向上将楼板与墙体连接，构造柱则从竖向加强墙体的连接，与圈梁一起构成空间骨架，提高建筑物的整体刚度和墙体的延性，约束墙体裂缝的开展从而增加建筑物承受地震作用的能力。有抗震设防要求的建筑物中须设置钢筋混凝土构造柱。

（8）变形缝。包括伸缩缝、沉降缝和防震缝，其作用是保证房屋在温度变化、基础不均匀沉降或地震时能有一些自由伸缩，以防止墙体开裂，结构破坏。①伸缩缝。又称温度缝，主要作用是防止房屋因气温变化产生裂缝。伸缩缝沿建筑物长度方向每隔一定距离预留，将建筑物从屋顶、墙体、楼板等地面以上构件全部断开，基础因受温度变化影响较小，不必断开。伸缩缝内应填保温材料。②沉降缝。当房屋相邻部分的高度、荷载和结构形式差别很大而地基又较软弱时，房屋有可能产生不均匀沉降，致使某些薄弱部位开裂，为此应在适当位置如复杂的平面或体形转折处、高度变化处、荷载、地基的压缩性和地基处理方法明显不同处设置沉降缝。沉降缝与伸缩缝的不同之处是基础部分也要断开。③防震缝。地震区建设多层房屋，为防止地震使房屋破坏，应用防震缝将房屋分成若干形体简单、结构刚性均匀的独立部分。防震缝一般从基础顶面开始，沿房屋全高设置。

（9）烟道与通风道。烟道用于排出燃煤灶的烟气，设置于厨房内。通风道主要用来排出室内的污浊空气，通常设置于暗厕内。烟道和通风道的构造基本相同，主要不同之处是烟道道口靠墙下部，通风道道口靠墙上方。烟道与通风道不能共用，以免串气。

3. 墙体保温隔热

外墙的保温构造，按其保温层所在位置分为单一保温外墙、外保温外墙、内保温外墙和夹心保温外墙4种类型。外墙外保温是在建筑物外墙的外表面上设置保温层，是一种最科学、最高效的保温节能技术。常用的外保温材料有：膨胀聚苯乙烯板（EPS）、挤塑聚苯乙烯板（XPS）、岩棉板、玻璃棉毡以及超轻保温浆料等。外墙内保温是在建筑物外墙的内表面上设置保温层，保温结构由保温板和空气层组成。常用的保温板有 GRC 内温板、玻纤增强石膏外墙内保温板、P-GRC 外墙内保温板等。空气层既能防止保温材料变潮，也能提高墙体的保温能力。

（三）楼板与地面

楼板是建筑中沿水平方向分隔上下空间的结构构件，主要由楼板结构层、楼面面层、板底顶棚三部分组成。它除了承受并传递竖向荷载和水平荷载外，还具有一定程度的隔声、防火、防水等能力。同时，建筑物中的各种水平设备管线，也可能在楼板内安装。

1. 楼板的类型

楼板根据结构层采用材料不同，可分为木楼板、钢筋混凝土楼板、压型钢板组合楼板等。

木楼板具有自重轻、表面温暖、构造简单等优点，但不耐火、不隔声，且耐久性较差。

钢筋混凝土楼板强度高、刚度好、耐久性好、防火性能好，且具有良好的可塑性、便于机械化施工等特点，是目前我国工业和民用建筑楼板的基本形式。按施工方式不同分为现浇钢筋混凝土楼板和预制钢筋混凝土楼板。

压型钢板组合楼板是指截面为凹凸形的压型钢板与钢筋混凝土面层组合形成整体性很强的一种楼板结构，主要有组合板和非组合板。组合板是由螺栓将钢筋混凝土、压型钢板和钢梁组合成整体，其压型钢板除用作现浇混凝土的永久性模板外，还充当板底受拉钢筋。由于结构跨度加大，梁的数量较少，楼板自重减轻，施工速度加快，其在高层建筑中广泛应用。非组合板的压型钢板仅作为混凝土楼板的永久性模板，不参与结构受力。

2. 现浇钢筋混凝土楼板

现浇钢筋混凝土楼板是在施工现场支模，绑扎钢筋，浇筑混凝土并养护，当钢筋混凝土强度达到规定的拆模强度拆除钢模板后形成的楼板。主要分为板式楼板、梁板式肋形楼板、井字形肋楼板、无梁楼板四种。

（1）板式楼板。整块板为厚度相同的一块平板。根据周边支承情况及板长短边长比值，可分为单向板、双向板和悬挑板。房屋中跨度较小的房间（如厨房、厕所、储藏室、走廊）及雨篷、遮阳等常采用现浇钢筋混凝土板式楼板。

（2）梁板式肋形楼板。由主梁、次梁（肋）、板组成。当房屋的开间、进深较大，楼板承受弯矩较大，常采用这种楼板。梁板式肋形楼板的主梁沿房屋的短跨方向布置，次梁与主梁垂直，并把荷载传递给主梁。梁和板搁置在墙上，当梁上的荷载较大时，为了防止梁下墙体因局部抗压强度不足而被破坏，需设置混凝土梁垫或钢筋混凝土梁垫。

（3）井字形肋楼板。井字形肋楼板没有主梁，都是次梁（肋），且肋与肋间的跨度较小。当房间的平面形状近似正方形，跨度在10m以内时，常采用这种楼板。井字形密肋楼板具有顶棚整齐美观、有利于提高房屋净空高度等优点，常用于门厅、会议厅等处。

（4）无梁楼板。对于平面尺寸较大的房间或门厅，也可以不设梁，直接将板支撑于柱上，这种楼板称为无梁楼板。无梁楼板分无柱帽和有柱帽两种类型，当荷载较大时，为避免楼板太厚，应采用有柱帽无梁楼板。

3. 预制混凝土楼板

预制混凝土楼板分为预制装配式钢筋混凝土楼板和装配整体式钢筋混凝土楼板两种类型。预制装配式钢筋混凝土楼板又分为普通型和预应力型两类；装配整体式钢筋混凝土楼板可分为叠合楼板和密肋填充块楼板两种类型。

4. 地面构造

地面主要由面层、垫层和基层三部分组成，还可根据使用或构造要求，增加结合层、隔离层、找平层、防水层、隔声层、保温层等附加层。

（1）面层。是地面上表面的铺筑层，也是室内空间下部的装修层，起着保证室内使用条件和装饰地面的作用。

（2）垫层。位于面层之下承受并传递荷载的部分，起到承上启下的作用。根据垫层材料性能，垫层分为刚性垫层和柔性垫层。

（3）基层。是地面的最下层，承受垫层传来的荷载，要求坚固、稳定。实铺地面的基层为地表回填土，应分层夯实，其压缩变形量不得超过允许值。

5. 地面保温构造

地面按是否直接与土壤接触分为两类：一类是，直接接触土壤的地面；一类是，不直接接触土壤的地面。对不直接与土壤接触的地面，由于建筑室内地面下部土壤层温度的变化范围不太大，因此对一般性的民用建筑，房间中部的地面可以不做保温隔热处理；但是靠近外墙边缘部分的地面，因下部的土壤温度变化相当大，必须进行保温处理。对特别寒冷的地区或保温性能要求较高的建筑，可对整个地面利用聚苯板进行保温处理。对直接与室外空气接触的地板（如骑楼、过街楼的楼板）以及不供暖地下室上部的地板等，应采取保温隔热措施，使这部分地板满足建筑节能的要求。

（四）阳台和雨篷

1. 阳台

阳台主要由阳台板和栏杆扶手组成。阳台板是承重结构，栏杆扶手是围护安全构件。按其与外墙的相对位置分为挑阳台、凹阳台、半凹半挑阳台、转角阳台。

（1）阳台的承重构件。阳台承重构件的支撑方式有墙承式、悬挑式。墙承式是将阳台板直接搁置在墙上，其板型和跨度与房间楼板一致，这种支撑方式多用于凹阳台。悬挑式是将阳台板挑出外墙，适用于挑阳台和半凹半挑阳台。

（2）阳台细部构造。阳台栏杆的形式可分为空花栏杆、实心栏杆和混合栏杆。栏板按材料可分为混凝土栏板、砖砌栏板等。

2. 雨篷

雨篷是设置在建筑物外墙出入口上方用以挡雨并有一定装饰作用的水平构件。雨篷的支承方式多为悬挑式，其悬挑长度一般为0.9~1.5m。按结构形式，雨篷有板式和梁板式两种，板式雨篷多做成变截面形式；梁板式雨篷为使其底面平整，常采用翻梁形式。当雨篷外伸尺寸较大时，其支承方式可采用立柱式，即在入口两侧设柱支承雨篷，形成门廊，立柱式雨篷的结构形式多为梁板式。雨篷顶面通常采用柔性防水。雨篷表面的排水有两种：一种是，无组织排水，雨水经雨篷边缘自由泻落，或经滴水管直接排至地表；另一种是，有组织排水，雨篷表面积水经地漏、雨水管有组织地排至地下。

（五）楼梯

建筑空间的竖向交通联系，主要依靠楼梯、电梯、自动扶梯、台阶、坡道以及爬梯等设施进行。其中，楼梯作为竖向交通和人员紧急疏散的主要交通设施，使用最为广泛。楼梯的宽度、坡度和踏步级数应满足人们通行和搬运家具、设备的要求。楼梯的数量，取决于建筑物的平面布置、用途、大小及人流多少。楼梯应设置在明显易找和通行方便的地方，以便于室内人员在紧急情况下能迅速安全地疏散到室外。

1. 楼梯的组成

楼梯一般由梯段、平台、栏杆与扶手三部分组成。

（1）梯段。楼梯的梯段是联系两个不同标高平台的倾斜构件。梯段的踏步步数一般不宜超过 18 级，且一般不宜少于 2 级，以防行走时踩空。

（2）平台。按平台所处位置和高度不同，分为中间平台和楼层平台。两楼层之间的平台称为中间平台，用来供人们行走时调节体力和改变行进方向；而与楼层地面标高齐平的平台称为楼层平台，除起着与中间平台相同的作用外，还用来分配从楼梯到达各楼层的人流。

（3）栏杆与扶手。栏杆是布置在楼梯梯段和平台边缘处有一定安全保障作用的围护构件。扶手一般附设于栏杆顶部，作依扶用；也可附设于墙上，称为靠墙扶手。

2. 楼梯的类型

楼梯按所在位置，分为室外楼梯和室内楼梯；按使用性质，分为主要楼梯、辅助楼梯、疏散楼梯、消防楼梯等；按所用材料，分为木楼梯、钢楼梯、钢筋混凝土楼梯等；按形式，分为直跑式、双跑式、双分式、双合式、三跑式、四跑式、曲尺式、螺旋式、圆弧形、桥式、交叉式等。楼梯的形式应根据使用要求、在房屋中的位置、楼梯间的平面形状等条件确定。

3. 钢筋混凝土楼梯构造

钢筋混凝土楼梯按施工方法不同，主要有现浇整体式和预制装配式两类。

（1）现浇整体式钢筋混凝土楼梯。楼梯段与休息平台整体浇筑，整体刚性好，坚固耐久。按楼梯段传力的特点，可以分为板式和梁式两种。板式楼梯由梯段板、平台梁和平台板组成，梯段板承受梯段的全部荷载，然后通过平台梁将荷载传给墙体或柱子；梁式楼梯的梯段由斜梁和踏步组成，踏步为水平受力构造，踏步把荷载传递给左右斜梁，斜梁把荷载传递给与之相连的上下休息平台梁，最后平台梁将荷载传给墙体或柱子。

（2）预制装配式钢筋混凝土楼梯。根据构件尺度的差别，大致可分为小型构件装配式、中型构件装配式和大型构件装配式。

4. 楼梯的细部构造

（1）踏步面层及防滑构造。楼梯踏步面层应便于行走、耐磨、防滑并保持清洁，包括水泥砂浆、水磨石、大理石和防滑砖等。表面光滑的楼梯踏步表面应有防滑措施，通常在接近踏口处设置防滑条，防滑条的材料主要有金刚砂、陶瓷锦砖、橡皮条和金属材料等。

（2）栏杆、栏板和扶手。栏杆、栏板是楼梯的安全防护设施，既有安全防护作用，又有装饰作用。栏杆多采用方钢、圆钢、扁钢、钢管等金属型材焊接而成，下部与楼梯段锚固，上部与扶手连接。栏板多由现浇钢筋混凝土或加筋砖砌体制作，栏板顶部可另设扶手，也可直接抹灰作扶手。楼梯扶手可以用硬木、钢管、塑料、现浇混凝土抹灰或水磨石制作。

5. 台阶与坡道

因建筑物构造及使用功能的需要，建筑物的室内外地坪有一定的高差，在建筑物的入口处，可以选择用台阶或坡道来衔接。

（1）室外台阶。室外台阶一般包括踏步和平台两部分。台阶一般由面层、垫层及基层组成。面层材料包括水泥砂浆、水磨石、天然石材或人造石材等块材；垫层材料包括混凝土、石材或砖砌体；基层材料为夯实的土壤或灰土。在严寒地区，为了防止冻害，在基层与混凝土垫层之间设砂垫层。

（2）坡道。考虑车辆通行或有特殊要求的建筑物，室外台阶处应设置坡道或用坡道与台阶组合。坡道应采用耐久、耐磨和抗冻性好的材料，坡道对防滑要求较高或坡度较大时可设置防滑条或做成锯齿形。

（六）门与窗

门和窗是建筑物中的围护构件。门在建筑中的作用主要是交通联系，并兼有采光、通风的作用；窗的作用主要是采光和通风。门窗的形状、尺寸、排列组合以及材料，对建筑物的立面效果影响很大；门窗还要有一定的保温、隔声、防雨、防风沙等能力；在构造上，应满足开启灵活、关闭紧密、坚固耐久、便于擦洗、符合模数等方面的要求。

1. 门窗的类型

（1）按所用的材料分，有木、钢、铝合金、玻璃钢、塑料、钢筋混凝土门窗等。

（2）按开启方式分类，门分为平开门、弹簧门、推拉门、转门、折叠门、卷门、自动门等；窗分为平开窗、推拉窗、悬窗、固定窗等。

（3）按镶嵌材料，窗可以分为玻璃窗、百叶窗、纱窗、防火窗、防爆窗、保温窗、隔声窗等。按门板的材料，门可以分为镶板门、拼板门、纤维板门、胶合板门、百叶门、玻璃门、纱门等。

2. 门窗的构造组成

（1）门。一般门的构造主要由门樘和门扇两部分组成。门樘又称门框，由上槛、中槛和边框等组成，多扇门还有中竖框。门扇由上冒头、中冒头、下冒头和边梃等组成。为了通风采光，可在门的上部设腰窗（俗称上亮子），有固定、平开及上、中、下悬等形式，门框与墙间的缝隙常用木条盖缝，称门头线，俗称贴脸。门上还有五金零件，常见的有铰链、门锁、插销、拉手、停门器、风钩等。

（2）窗。窗主要由窗樘和窗扇两部分组成。窗樘又称窗框，一般由上框、下框、中横框、中竖框及边框等组成。窗扇由上冒头、中冒头、下冒头及边梃等组成。窗扇与窗框用五金零件连接，窗框与墙的连接处，为满足不同的要求，有时加有贴脸、窗台板、窗帘盒等。

3. 门窗的尺度

（1）门的尺度。房间中门的最小宽度，是由人体尺寸、通过人流股数及家具设备的大小决定的。门的最小宽度一般为 700mm，常用于住宅中的厕所、浴室。房间面积较大，使用人数较多时，单扇门宽度小，不能满足通行要求，为了开启方便和少占使用面积，当门宽大于 1 000mm 时，应采用双扇门、四扇门或者增加门的数量。

（2）窗的尺度。窗的尺度主要取决于房间的采光、通风、构造做法和建筑造型等要求，并应符合现行国家标准《建筑模数协调标准》GB/T 50002—2013 的规定。

4. 门窗节能

门窗是建筑节能的薄弱环节，通过门窗损失的能量由门窗构件的传热耗热量和通过门窗缝隙的空气渗透耗热量两部分组成。提高建筑门窗的节能效率应从改善门窗的保温隔热性能和加强门窗的气密性两个方面进行。如通过控制窗户面积、提高窗的气密性、减少窗户传热等途径提高窗户节能效率。

建筑遮阳是防止太阳直射光线进入室内引起夏季室内过热及避免产生眩光而采取的一种建筑措施，是建筑节能的一项重要内容。建筑遮阳的形式和种类非常多，遮阳设施从总体上可以分为永久性和临时性两大类。临时性遮阳是指在窗口设置的布帘、竹帘、软百叶、帆布篷等；永久性遮阳是指在建筑围护结构上各部分安装的长期使用的遮阳构件。在建筑外表面设置的遮阳板不仅可以遮挡太阳辐射，还可以起到挡雨和美观的作用。由建筑方法设置在建筑物外表面，长久性使用的遮阳板称为构件遮阳。窗户遮阳板根据其外形可分为水平式遮阳、垂直式遮阳、综合式遮阳和挡板式遮阳四种基本形式。

（七）屋顶

屋顶是房屋最上层起承重和覆盖作用的构件。屋顶（从下到上）主要由结构层、找平层、隔汽层、找坡层、隔热层（保温层）、找平层、结合层、防水层、保护层等部分组成。

1. 屋顶的类型

（1）平屋顶。是指屋面坡度在 10% 以下的屋顶，需要专门设置屋面防水层，多层房屋常采用。

（2）坡屋顶。坡屋顶是指屋面坡度在 10% 以上的屋顶，包括单坡、双坡、四坡、歇山式、折板式等多种形式。这种屋顶的屋面坡度大，屋面排水速度快。其屋顶防水可以采用构件自防水（如平瓦、石棉瓦等自防水）。

（3）曲面屋顶。屋顶为曲面，如球形、悬索形、鞍形等。这种屋顶外部形状独特，但施工工艺较复杂。

2. 平屋顶的构造

（1）平屋顶的排水。要使屋面排水通畅，平屋顶应设置不小于 1% 的屋面坡度。屋面排水方式应根据建筑物屋顶形式、气候条件、使用功能等因素确定。可分为有组织排水和无组织排水两种方式。

（2）平屋顶柔性防水。屋面防水工程应根据建筑物的类别、重要程度、使用功能要求确定防水等级，并按相应等级进行防水设防，对防水有特殊要求的建筑屋面，应进行专项防水设计。

（3）平屋顶的保温、隔热。在寒冷地区，为防止冬季室内热量通过屋顶向外散失，一般需设保温层，即在结构层上铺一定厚度的保温材料。保温层分为板状材料、纤维材料、整体材料三种类型，隔热层分为种植、架空、蓄水三种形式。

3. 坡屋顶的构造

坡屋顶的屋面构造层次主要由屋顶顶棚、承重结构层及屋面面层组成，必要时还应增设保温层、隔热层、防水垫层等。

（1）坡屋顶的承重结构，根据材料不同分为砖墙承重、屋架承重、梁架结构和钢筋混凝土梁板承重。

（2）坡屋顶的屋面有平瓦屋面、波形瓦屋面和小青瓦屋面等。

（3）坡屋顶的顶棚及保温、隔热与通风。坡屋顶房屋，为室内美观及保温隔热的需要，多数均设顶棚（吊顶），把屋面的结构层隐蔽起来。吊顶棚的面层材料较多，常见的有抹灰顶棚（板条抹灰、芦席抹灰等）、板材顶棚（纤维板顶棚、胶合板顶棚、石膏板顶棚等）。坡屋顶应设置保温隔热层，当保温层在结构层底部时，保温材料应采用泡沫玻璃、微孔硅酸钙板等，保温板应固定牢固，板底应采用薄抹灰；坡屋顶的隔热与通风方式有通风屋面和吊顶隔热通风。

二、工业建筑构造

（一）单层厂房的结构组成

单层厂房的骨架结构由支承各种竖向和水平荷载作用的构件组成。厂房依靠各种结构构件合理地连接为一体，组成一个完整的结构空间以保证坚固、耐久。

1. 承重结构

（1）横向排架：由基础、柱、屋架组成，主要是承受厂房的各种竖向荷载。

（2）纵向连系构件：由吊车梁、圈梁、连系梁、基础梁等组成，与横向排架构成骨架，保证厂房的整体性和稳定性。

（3）支撑系统构件：支撑系统包括柱间支撑和屋盖支撑两大部分。支撑构件设置在屋架之间的称为屋架支撑；设置在纵向柱列之间的称为柱间支撑。支撑构件主要传递水平荷载，保证厂房空间刚度和稳定性。

2. 围护结构

单层厂房的围护结构包括外墙、屋顶、地面、门窗、天窗、地沟、散水、坡道、消防梯、吊车梯等。

（二）单层厂房承重结构构造

1. 屋盖结构

（1）屋盖结构类型。根据构造不同可分为两类：有檩体系屋盖或无檩体系屋盖。有檩体系屋面的刚度差，配件和接缝多，在频繁振动下易松动，但屋盖重量较轻，适用于中小型厂房；无檩体系屋面板直接搁置在屋架或屋面梁上，整体性好，刚度大，大中型厂房多采用这种形式。

（2）屋盖的承重构件。屋盖结构的主要承重构件直接承受屋面荷载。按制作材料分为钢筋混凝土屋架或屋面梁、钢屋架、木屋架和钢木屋架。钢筋混凝土屋架或屋面梁，构造简单、高度小、重心低、较稳定、耐腐蚀、施工方便，但构件重、费材料。钢屋架，分为无檩钢屋架和有檩钢屋架，一般中型以上特别是重型厂房，因对横向刚度要求较高，采用无檩方案比较合适；对于中小型厂房，特别是不需要设保温层的厂房，采用有檩方案比较合适。对于温度高、湿度大、结构跨度较大和有较大振动荷载的场所，不宜采用木屋架结构，一般全木屋架适用的跨度不超过15m。钢木屋架的下弦受力状况好，刚度也较好，适用跨度为18～21m。

2. 柱

厂房中的柱由柱身（包括上柱和下柱）、牛腿及柱上预埋铁件组成，是厂房中的主要承重构件之一，在柱顶上支承屋架，在牛腿上支承吊车梁。柱按材料分为砖柱、钢筋混凝土柱、钢柱等，目前采用较多的是钢筋混凝土柱。

（1）钢筋混凝土柱。按截面的构造尺寸分为矩形柱、工字形柱、双肢柱、管柱等。矩形柱截面有方形和长方形两种，多采用长方形，但柱截面中间部分受力较小，不能充分发挥混凝土的承载能力，自重也重，仅适用于小型厂房。工字形柱因将矩形柱截面受力较小的中间部分的混凝土省去做成腹板，可节约混凝土30%～50%，但制作比矩形柱复杂，在大、中型厂房内采用较为广泛。双肢柱由两根承受轴向力的肢杆和连系两肢的腹杆组成，其腹杆有平腹杆和斜腹杆两种布置形式。钢筋混凝土管柱有单肢管柱和双肢管柱之分，在工厂预制，可采用机械化方式生产，在现场拼装，受气候影响较小；但因外形是圆的，设置预埋件较困难，与墙的连接也不如其他形式的柱方便。

（2）钢—混凝土组合柱。当柱较高，自重较重，因受吊装设备的限制，为减轻柱重量时一般采用钢—混凝土组合柱。其组合形式是上柱为钢柱，下柱为钢筋混凝土双肢柱。

（3）钢柱。一般分为等截面和变截面形式两类柱，可以是实腹式的，也可以是格构式的。钢柱适用于吊车吨位大的重型厂房。

（4）柱牛腿。单层厂房结构中的屋架、托梁、吊车梁和连系梁等构件，常由设置在柱上的牛腿支承。钢筋混凝土牛腿有实腹式和空腹式之分，通常多采用实腹式。

3. 基础

基础类型的选择主要取决于建筑物上部结构荷载的性质和大小、工程地质条件等。单层厂房一般采用预制装配式钢筋混凝土排架结构，柱距与跨度较大，基础一般多采用独立式基础。

4. 吊车梁

当厂房设有桥式或梁式吊车时，需要在柱牛腿上设置吊车梁，吊车的轮子在吊车梁铺设的轨道上运行。吊车梁直接承受吊车起重、运行和制动时的各种往返移动荷载；还要承担传递厂房纵向荷载（如山墙上的风荷载），保证厂房纵向刚度和稳定性。

钢筋混凝土吊车梁的类型很多，按截面形式分，有等截面的 T 形、工字形吊车梁，元宝式吊车梁、鱼腹式吊车梁、空腹鱼腹式吊车梁等。

5. 支撑

单层厂房的支撑分为屋架支撑和柱间支撑两类。屋架支撑构件主要有上弦横向支撑、上弦水平系杆、下弦横向水平支撑、下弦垂直支撑及水平系杆、纵向支撑、天窗架垂直支撑、天窗架上弦横向支撑等。柱间支撑的作用是加强厂房纵向刚度和稳定性，将吊车纵向制动力和山墙抗风柱经屋盖系统传来的风力，通过柱间支撑传至基础，一般用钢材制作。

三、地下工程构造

（一）地下工程的分类

1. 按用途分类

地下工程按用途分为地下交通工程、地下人防工程、地下国防工程、地下贮库工程、地下工业工程、地下商业工程、地下农业工程、地下居住工程、地下旅游工程、地下宗教工程、地下市政管线工程等。

2. 按存在环境及建造方式分类

（1）岩石中地下工程。包括三种形式：一是，现代城市在岩石中建设的各种地下工程；二是，将开发地下矿藏、石油而形成的废旧矿井空间加以改造利用而形成的地下工程；三是，利用和改造天然溶洞形成的地下工程。

（2）土中地下工程。根据建造方式分为单建式和附建式两类。单建式地下工程，是指地下工程独立建在土中，在地面以上没有其他建筑物；附建式地下工程，是指各种建筑物的地下室部分。

3. 按开发深度分类

按开发深度分为三类：浅层地下工程、中层地下工程和深层地下工程。浅层地下工程是指地表至$-10m$深度空间建设的地下工程，主要用于商业、文娱和部分业务空间。中层地下工程是指$-30\sim-10m$深度空间内建设的地下工程，主要用于地下交通、地下污水处理场及城市水、电、气、通信等公用设施。深层地下工程是指在$-30m$以下建设的地下工程，如高速地下交通轨道、危险品仓库、冷库、油库等。

（二）地下停车场

地下停车场按设置形态、利用方法、设置场所等分类如下：

（1）公路式地下停车场。设置于公路下方，形态狭长，多为汽车自行方式，规模较大。

（2）公园式地下停车场。占用公园的地下空间建造车库，规模较大，规划设计容易，但原则上应保持公园的功能，更好地保护好地面园林。

（3）广场式地下停车场。充分利用广场的地下空间，可与地下街、地下商场一起规划，修建地下停车场。

（4）建筑物地下室式停车场。是利用建筑物的地下室部分作停车场。

汽车停车场的构造基准是设计的基础尺寸，包括直线车道宽度、净高、弯道处车道宽度、车道坡度等。车库的有关技术要求及其构造要求应符合现行行业标准《车库建筑设计规范》JGJ 100—2015规定。

（三）地下贮库工程

贮库按其储藏品的不同有很多类别。按照用途与专业可分为国家储备库、城市民用库、运输转运库等。这些贮库有的相对集中布置在居住区内，有的则布置在居住区以外专门的贮库区中。按照民用贮库储存物品的性质，分为一般性综合贮库、食品贮库、粮食和食油贮库、危险品贮库和其他类型的贮库。

地下贮库必须依靠一定的地质条件才能存在。从宏观上看，存在条件有岩层和土层两类，一般地下贮库都是通过在岩层中挖掘洞室或在土层中建造地下建筑来实现的。城市地下贮库的布局，应处理好与交通、居住区及工业区的关系。

（四）地下公共建筑工程

1. 地下公共建筑工程的种类

地下公共建筑工程可以分为城市地下商业建筑工程、城市地下行政办公建筑工程、城市地下文教与展览建筑工程、城市地下文娱与体育建筑工程等类型。

2. 城市地下综合体

随着城市集约化程度的不断提高，单一功能的单体公共建筑逐渐向多功能和综合化发展。一个建筑空间在不同条件下适应多种功能的需要，成为多功能建筑。由多种不同功能的建筑空间组合在一起的建筑，称为建筑综合体。经过进一步发展，不同城市功能也被综合布置在大型建筑物中，成为城市综合体。地下综合体，是随着城市立体化再开发、建设沿三维空间发展的，地面、地下连通的，综合交通、商业、贮存、娱乐、市政等多用途的大型地下公共建筑工程。当城市中若干地下综合体通过铁道或地下步行道系统连接在一起时，形成规模更大的综合体群。

城市地下综合体的主要类型包括：

（1）新建城镇的地下综合体。在新建城镇或大型居住区的公共活动中心，与地面公共建筑相配合，将一部分交通、商业等功能放到地下综合体中，使中心区步行化，并克服了不良气候的影响。这种地下综合体布置紧凑，使用方便，地面、地下空间融为一体，很受居民欢迎。

（2）与高层建筑群相结合的地下综合体。附建在高层建筑地下室中的综合体，其内容和功能与该高层建筑的性质和功能有关，可视为地面建筑功能向地下空间的延伸。

（3）城市广场和街道下的地下综合体。在城市的中心广场、文化休闲广场、购物中心广场、交通集散广场，以及交通和商业高度集中的街道和街道交叉口，都适合建设地下综合体。

第三节　建筑装饰装修

建筑装饰装修是为了保护建筑物主体结构，完善建筑物的使用功能和美化建筑物，增加或附加装饰材料或饰物，对建筑物内外表面和空间进行的各种处理。建筑装饰装修可分为建筑装饰和建筑装修。其中，建筑装修是为了满足功能需要，在建筑物主体结构工程表面所进行的装饰和修饰，如对门窗、栏杆、楼梯、隔断等构配件的装饰，以及对墙面、地面、顶棚、柱、梁等表面的修饰。建筑装饰则是为了满足视觉要求对建筑物进行的艺术加工，如在建筑物的内外表面加设雕塑、壁画、壁饰、图案等。随着设计水平的不断提高、技术手段的日益完善以及装饰材料的丰富和发展，建筑装饰与建筑装修之间相互渗透、相互包容，表现出整合倾向。同时，随着经济发展水平和人们生活水平的提高，建筑装饰装修档次越来越高，用于装饰装修的投资和消费也越来越多，目前的一些装饰装修已超出了其本身的含义，甚至把设备、家具都包括在内。

一、建筑装饰装修概述

（一）装饰装修构造的类别

1. 按位置分类

（1）墙面装饰。也称饰面装修，分为室内和室外两部分，对改善建筑物的功能质量、美化环境等都有重要作用。

（2）楼地面装饰。楼面和地坪的面层，是人们日常生活、工作、学习必须接触的部分，也是建筑中直接承受荷载，经常受到摩擦、清扫和冲洗的部分。

（3）顶棚装饰。顶棚本身往往具有保温、隔热、隔声、吸声等作用，此外人们还经常利用顶棚来处理人工照明、空气调节、音响、防火等技术问题。顶棚的高低、造型、色彩、照明和细部处理，对人们的空间感受具有相当重要的影响。

2. 按材料分类

（1）灰浆材料类装饰装修。如水泥砂浆、混合砂浆、石灰砂浆等，这类材料用于室内外墙面、楼地面、顶棚等部位的一般装饰装修。

（2）水泥石渣材料类装饰装修。即以各种颜色、质感的石渣做骨料，以水泥做胶凝剂的材料，如水刷石、干粘石、剁斧石、水磨石等。

（3）天然、人造石材类装饰装修。如天然大理石、天然花岗石、青石板、人造大理石、人造花岗石、预制水磨石、釉面砖、外墙面砖、陶瓷锦砖、玻璃马赛克等。

（4）卷材类装饰装修。如各种纸基壁纸、塑料壁纸、玻璃纤维墙布、织锦缎等。

3. 按用途分类

装饰装修按用途可分为保护性装饰、功能装饰、饰面装饰、空间利用装饰等。保护性装饰，用于保护建筑结构；功能装饰，如保温、隔热、防火等的装饰装修；饰面装饰，可改善人类工作生活环境；空间利用装饰，如隔板、壁柜、吊柜的装饰装修等。

（二）建筑装饰装修风格

1. 建筑装饰装修风格的内涵

建筑装饰装修风格是建筑物通过装饰装修所表现出来的主要艺术特点或个性。建筑装饰装修风格虽然通常多表现在建筑物外表和形式上，但一般都具有丰富的艺术、文化、社会因素等深刻内涵。从这个角度来看，建筑装饰装修风格（或流派）一旦形成，不仅停留于形式，还能积极或者消极地影响文化、艺术以及诸多的社会因素，成为一种艺术的形式表现和视觉上的感受。

在不同的时代、不同的地域和不同的人文环境下，建筑装饰装修通常有着不同的风格、特点和文化内涵。

2. 影响建筑装饰装修风格的因素

影响建筑装饰装修风格的因素可分为外在因素和内在因素。外在因素包括民族特性、社会体制、生活方式、文化潮流、科技发展、风俗习惯、宗教信仰、气候特点、地理位置等。内在因素包括个人或群体创作与构思，决定了建筑装饰装修在内容、视觉上的愉悦感和文化内涵，使人们在心理和精神上得到平衡；同时内在因素体现艺术特点和创作个性，创造出功能合理、舒适优美、满足人们物质和精神生活需要的环境。

3. 室外装饰装修风格类型

室外装饰装修也称外立面装饰装修，是建筑物的外部与空间直接接触的界面及其展现出来的形象和构造方式。一般情况下，室外装饰装修包括屋顶在内的所有外围护部分。室外装饰装修风格根据不同时期，分为古典主义风格、现代主义风格和后现代主义风格。

1）古典主义风格建筑

在世界建筑体系中，中国古代建筑以木结构为代表独树一帜，其主要特点是结构灵巧、风格优雅，基本形式是在地面立好柱，在柱上架设木梁和木枋，梁、枋上再用木料做成屋顶的构架，最后在这些构架上铺设瓦屋顶面，围绕柱的四周用砖或其他材料筑造墙体。中国古代建筑的外立面一般由台基、屋身、屋顶三大部分组成。台基通常由砖石砌成，承托着整个建筑物，一方面保护木柱不受雨水和潮气侵蚀；另一方面与柱、墙结合，增加建筑物的稳定感，使其显得庄严、雄伟。屋身通常采取明间面阔略大、两侧面阔逆减的方式，既满足功能要求，又使外观主次分明。由于墙体一般不承受屋顶重量，所以可灵活处理，可以是实体墙，北方寒冷地区可以用厚墙，南方炎热地区可以用木板或竹编薄墙，也可以不用墙只安装门窗，甚至四周临空。屋顶是中国古代建筑最具特色的造型要素之一，对建筑物的美观和风格起着决定性作用，其常见形式有硬山顶、悬山顶、歇山顶、攒尖顶、庑殿顶等。就西方古典建筑，2000多年前希腊人就利用石材建造房屋，产生了柱廊和三角形山墙的外立面形式。古希腊风格建筑以挺拔的柱式及简洁的形式使人感觉亲切，其柱顶通常做出装饰花纹。古罗马风格建筑，罗马人利用混凝土建造了大跨度的拱券，创造出柱式和叠柱式多层建筑形式。其中，罗马式拱券有着古朴的风格和动感的造型，拱券与优美柱子的组合成为建筑的经典。这种风格装饰精致，内容丰富。哥特式风格建筑大量采用直线条和尖塔装饰，尖券比例瘦长，飞扶壁凌空动感强，全部柱墩垂直向上，给人以挺拔向上之势、直冲云霄之感。哥特式风格建筑的外立面多大量采用彩色玻璃和高浮雕技术，使整个建筑显得轻巧玲珑、光彩夺目。文艺复兴时期建筑采用古典柱式，将力学上的成就、绘画的透视规律以及新的施工机具都运用到建筑立面实践中，使这个时期建筑的外立面有繁、有简，拱券、门窗、柱式、基座、屋顶等比例协调，相互呼应。

2）现代主义风格建筑

现代主义风格建筑（20世纪20—50年代）的特征是反映当代建筑工业化时代精神，建筑外观成为新技术的体现，尤其突出建筑造型自由且不对称，外立面简洁、明亮、轻快。

3）后现代主义风格建筑

后现代主义风格建筑起源于20世纪60年代，活跃于20世纪七八十年代，注重地方传统，强调借鉴历史，建筑内容丰富。如现代化办公楼的钢结构形式与玻璃幕墙结合，简洁而朴素，外观比例和谐，细部处理得当，具有强烈的视觉感染力。

4. 室内装饰装修风格

室内装饰装修风格主要分为传统风格、现代风格、自然风格和混合型风格。

1）传统风格

传统的室内装饰装修风格是在吸取了传统装饰中"形"与"神"特征的基础上，通过对室内布置、线形、色调、家具、陈设的造型等方面的处理，给人以浓郁的历史延续和地域文脉的感受。例如，以宫廷为代表的中国古典传统风格气势恢弘、壮丽华贵、雕梁画栋、金碧辉煌；突出体现了建筑物高空间、大进深，造型讲究对称，色彩对比鲜明的特点；装饰材料以木材为主，图案多为龙、凤、云锦、如意、牡丹、菱花等，在私家住宅中，颜色以蓝、绿、黑色为主，图案多采用松鹤、莲花、梅兰竹菊等，精雕细琢、瑰丽奇巧。

在西方传统风格中，以古典主义风格为例，主要是以柱式和雕刻为重点，突出轴线、强调对称、注重式例、讲究主从关系。西方室内装饰装修的传统风格主要有古罗马风格、哥特式风格、意大利风格、巴洛克风格、洛可可风格、伊斯兰风格、和式风格等。

2）现代风格

现代风格产生于 19 世纪末，重视功能和空间组合，注意发挥结构构成的形式美，强调造型简洁，尊重材料的性能，讲究材料自身质地和色彩的配置效果。

狭义的现代风格观点认为，建筑"美的观念随着思想和技术的进步而改变""建筑没有终极，只有不断的变革"，这种观点还认为，建筑的外在表现不能抹杀现代建筑技术的作用，建筑的表现应当是前所未有的形象。广义的现代风格是指造型简洁新颖，建筑形象和室内环境具有时代感。

3）自然风格

自然风格在建筑装饰装修中倡导"回归自然"，强调在审美上推崇自然、与自然和谐。这种风格的室内装饰装修多用木料、织物、石材等天然材料，突出天然材料的纹理、质感、色彩和肌理。田园风格属于自然风格的范畴，在室内环境中力求表现悠闲、舒畅，通过运用天然的木、石、藤、竹等材质的纹理，配以精巧的室内绿化，创造出自然、简朴、高雅的意境。

4）混合型风格

混合型风格提倡室内装饰装修在总体上呈现多元化和兼容并蓄，强调室内布置既要趋于现代实用，又要吸取传统的特征，在装饰装修与陈设中融古今中外于一体。例如，传统的屏风、沙发和茶几，配以现代风格的墙面、门窗和简洁的吊顶；欧式古典的琉璃灯具和壁面装饰，配以东方传统的家具等。混合型风格虽然在设计中不拘一格，汲取各种风格之所长，但需匠心独运，深入推敲室内装饰装修的形体、色彩、材质等方面的总体构图和视觉效果。

（三）室内装饰装修流派

室内装饰装修流派是指室内装饰装修效果（或设计）的艺术派别。根据室内装饰装修所表现的艺术特点，主要有白色派、光亮派、新洛可可派、高技派、风格派和超现实派。

1. 白色派

白色派也称为平淡派，其主要特点是朴实无华，室内各界面乃至家具等常以白色或乳白色为基调，简洁明确，不提倡加设装饰物。白色派所形成的室内环境，综合考虑了居住者在室内的活动以及透过门窗可见的室外景物。

2. 光亮派

光亮派也称为银色派，在室内装饰装修中突出新型材料及现代加工工艺的精密细致及光亮效果，如在室内大量采用镜面及平曲面玻璃、不锈钢、光面铝材、磨光的花岗石、大理石和玉石等作为装饰面材。在室内环境的照明方面，通常使用投射、折射等各类新型光源和灯具，通过金属和镜面材料的烘托，形成光彩照人、绚丽夺目的室内环境。

3. 新洛可可派

洛可可原为18世纪盛行于欧洲宫廷的一种建筑装饰风格，以精细轻巧和繁复的雕饰为特征。新洛可可派秉承了洛可可繁复的装饰特点，但装饰造型的"载体"和加工技术却运用现代新型装饰材料和现代工艺手段，从而使室内空间具有华丽而略显浪漫、传统仍不失时代气息的装饰氛围。

4. 高技派

高技派也称为重技派，突出当代工业技术成就，并在建筑形体和室内环境设计中加以渲染，崇尚"机械美"，如在室内暴露梁板、网架等结构构件以及暖通风管、线缆桥架等各种设备和管道，强调工艺技术与时代感。高技派典型的实例如北京鸟巢、巴黎乔治·蓬皮杜国家艺术与文化中心等。

5. 风格派

风格派的室内装饰装修，在色彩及造型方面都具有鲜明的特征与个性。这种流派在总体上常以几何方块为基础，对建筑物采用内部空间与外部空间穿插构成为统一体的手法，并以屋顶、墙面的凹凸和强烈的色彩对块体进行处理。风格派对室内装饰和家具经常采用几何形体以及红、黄、青三原色，或以黑、灰、白等色彩相配置。

6. 超现实派

超现实派追求超越现实的艺术效果，在室内布置中通常采用异常的空间组织，曲面或具有流动弧线形的界面，浓重的色彩，变幻莫测的光影，造型奇特的家具和设备，有时还以现代绘画或雕塑来烘托超现实的室内环境气氛。在室内处理方式上，有的也喜欢用兽皮、树皮等作为室内点缀装饰品。超现实派的室内环境较适合具有视觉形象特殊要求的某些展示或娱乐的室内空间。

（四）装饰装修工程的特点

1. 工程量大、面广、项目繁多

装饰装修施工工序有各种粉刷抹灰、勾缝、铺贴、干挂、油漆涂饰、架设、安装、测试、校正等，而且往往是前后交叉、反复交替、穿插配合、衔接施工。

2. 施工工期长

一般来讲，建筑装饰装修工程占工程总工期的 30%～40%，高级装饰装修工程甚至要占到总工期的 50%～60%。

3. 耗用劳动力多

装饰装修工程施工工种繁多，常为多工种流水作业，各种工序需要各类施工人员；具有工程机械化程度不高、用工量大、手工操作多、湿作业多的特点，操作人员的劳动强度大、生产效率低。一般建筑装饰装修工程所耗用的劳动量占施工总劳动量的 20%～30%。

4. 造价高

一般装饰装修工程的造价约占建筑物总造价的 30%，一些装饰装修要求高的建筑则达 50%以上。

5. 作业场所环境复杂，危险性大

作业场所涵盖外墙、屋面、露台、地下室、电梯井、过道楼梯、机房等，有室内、室外作业，有平面、斜坡、临边作业，有登高、立体、交叉作业，互相干涉影响多，转换节奏快，反复交替变化频繁。许多单间封闭、窄小，通风透气的环境流动性差，气体粉尘污染不易扩散，油漆类气体挥发，一方面，直接影响人体健康，也影响作业质量；另一方面，挥发性、易燃性气体聚集容易引发火灾。

二、室外装饰装修

（一）室外装饰装修的基本要求

（1）保护墙体、装饰立面。室外装饰装修的主要功能是保护墙体和装饰立面，主要作用是保护建筑主体，保证建筑的使用条件，强化建筑的空间序列，增加建筑的意境和气氛。

（2）与工程技术密切配合。室外装饰装修除了满足功能要求外，还要求建筑材料与工程技术密切配合，无论是建筑物主体装饰还是辅助工程项目的装饰，都必须具有一定的强度、耐久性和施工工艺的可行性。

（3）满足人们精神需要和艺术欣赏要求。建筑物外部形象反映建筑的用途和特点，要求美观与功能紧密结合，一个良好的建筑形象，美观是一种基本要求。与其他造型艺术一样，建筑外形涉及文化传统、民族风格、社会思想意识等多个方面，并不单纯是美观问题。

（4）与整体环境保持一致。建筑环境主要是指基地特性，包括有形环境和无形环境。有形环境分为两类，一是，基地自然环境，如绿地、水面、山坡及农田等；二是，人工环境，如建筑群体、大型广场、人工造林、大面积草坪等。无形环境是指人文环境，包括历史的、社会的因素，如文化、传统、观念、政治等。由于建筑物以物质的表现形式体现文化，所以无论是有形环境还是无形环境，都必须从环境的整体出发，全面考虑环境因素及功能要求，正确处理室外装饰装修与环境之间的关系，使单个建筑的装饰装修与群体及自然空间组成有机的整体。

（5）结合经济条件量力而行。不同的建筑类型、不同的使用要求，在不同的经济条件下进行的装饰装修，所使用的材料和构造要求不尽相同。高标准的装饰材料会给建筑的美观增色，但应摒弃那种认为只要材料用得高级，建筑物就必然美观的错误观念。建筑作为社会物质产品，其体型与外观装饰材料的运用应在限定的经济条件下，通过精心设计和施工创造优美的建筑形象。

（二）外墙面装饰构造

根据选用的材料及施工方式，外墙面装饰分为抹灰类、贴面类、涂刷类、铺钉类、清水墙及幕墙饰面。

1. 抹灰类外墙面装饰

抹灰类外墙面装饰是指用各种加色、不加色的水泥砂浆或石灰砂浆、混合砂浆、石膏砂浆等做成的各种装饰抹灰层。这类装饰属于中、低档装饰，在墙面装饰中应用广泛。如在普通住宅中，一般外墙面抹水泥砂浆，挑檐板底部、阳台和雨篷底部等可抹石灰砂浆。

抹灰的构造层次通常由底层、中间层和面层三部分组成。底层主要起着与墙体基层粘结和初步找平的作用；中间层主要起着进一步找平和弥补底层砂浆的干缩裂缝的作用；面层表面应平整、均匀、光洁，以取得良好的装饰效果。按照建筑标准及不同墙体，抹灰可分为普通抹灰和高级抹灰。

2. 贴面类外墙面装饰

贴面类外墙面装饰是指将各种天然的或人造板材通过构造连接或镶贴的方法形成墙体装饰面层。常用的贴面材料可分为三类：①天然石材，如花岗石、大理石等；②陶瓷制品，如瓷砖、面砖、陶瓷锦砖等；③预制块材，如仿大理石板、水磨石、水刷石等。

3. 涂刷类外墙面装饰

涂刷类外墙面装饰是指将建筑涂料涂刷于墙基表面并与之很好粘结，形成完整而牢固的膜层，以对墙体起到保护与装饰的作用。建筑涂料的品种繁多，应结合使用环境与不同装饰部位，合理选用，如外墙涂料应有足够的耐水性、耐碱性、耐污染性和耐久性。

4. 铺钉类外墙面装饰

铺钉类外墙面装饰是指将各种装饰面板通过镶、钉、拼贴等构造手法固定于骨架上构成的墙面装饰。采用不同的装饰面板，能取得不同的装饰效果，常用的面板有玻璃和金属薄板等。骨架多为木骨架和金属骨架。

5. 清水墙饰面

清水墙饰面是指墙面不加其他覆盖性装饰面层，只在墙体材料外表面进行勾缝或模纹处理，利用墙面材料的质感和颜色，以取得装饰效果的一种墙体装饰方法。主要有砖墙面、石墙面和混凝土墙面。

6. 幕墙饰面

建筑幕墙是建筑物主体结构外围的围护结构，是一种广泛运用于现代建筑的结构构件。按幕墙材料可分为玻璃幕墙、石材幕墙、金属墙、混凝土幕墙和组合幕墙。其中，玻璃幕墙是国内外目前最常用的一种幕墙，广泛运用于现代化高档公共建筑的外墙装饰，是用玻璃板片做墙面板材、与金属构件组成悬挂在建筑物主体结构上的非承重连续外围护墙体。

三、室内装饰装修

（一）室内装饰装修的基本要求

室内空间的环境或总体效果是由多种元素决定的，如空间的具体形态，界面（墙面、地面、顶面）材质、色彩、图案，室内灯光配置及采光效果，室内隔断、楼梯、护栏、服务台、吧台配套设施等。一般来说，室内装饰装修应综合考虑各方面的因素，通过选配、设计界面构造方式与材质，才能取得总体效果的协调和统一。

1. 满足室内各界面功能要求

从长期使用的角度出发，室内墙面应能够遮挡视线，满足隔声、吸声、保温、隔热等要求；地面应耐磨，满足防滑、易清洁、防水、防潮、防静电等要求；顶棚应质轻、隔声、吸声、保温、隔热，顶棚的光线要符合不同视觉要求。

2. 满足室内界面物理要求

（1）满足空间的使用要求。不同的建筑部位对装饰材料的物理、化学性质及观赏效果等要求差别较大。例如，计算机机房需要铺设防静电地板，一方面，可以消除静电；另一方面，地板下面的空间可以敷设各种线路。

（2）满足相应部位尺寸、性能要求。例如，为满足在住宅的起居室、卧室墙面悬挂电视机、空调机的需要，应在墙体内部指定位置预埋防腐木砖或砌筑一定高度的实心墙。

（3）满足建筑物理方面的特殊要求。例如，保温、隔热、隔声、防火、防水、防潮等，应根据功能需要和当地条件选择装饰材料。

3. 满足审美要求

（1）各界面要服从整体美观效果的要求。例如，界面的色彩不能过分突出，每个界面在整个环境中都是背景之一，在选择色彩、纹理和图案时，视觉上不能超过其前面摆放的设施和物体。但对于需要营造特殊气氛的空间，如舞厅、咖啡厅、餐饮包间等，有时需要进行重点装饰处理，以强化效果。

（2）充分利用材料的质感。例如，粗糙的表面显得稳重、浑厚，还可以吸收光线，使人感到光线柔和；细腻的表面使人感到轻巧、精致；光滑的表面可以反射光线，使人感到光亮。因此，较大的空间适宜选用质地粗糙的材质，较小的空间适宜选用质地细腻的材质。

（3）充分利用色彩的效果。色彩是对人的生理、心理产生影响效果显著、工艺简单且成本低的装饰手段。确定室内环境基调，创造室内气氛，色彩具有很强的表现力。一般来说，室内色彩应以低纯度为主，局部位置可做高纯度装饰处理。

（4）充分利用自然采光和室内灯光的设置获得理想效果。例如，住宅的卧室、宾馆的客房属于安静及私密性的空间，光线需要较暗淡些；而热闹及公共空间，则光线应明亮些。

（5）装饰构造要尽可能做到简洁、经济、合理。

（二）室内装饰装修构造

1. 室内墙面装饰装修的作用

（1）保护墙体。室内墙体经装饰装修后能免受人体、机械碰撞，免遭风吹、日晒以及腐蚀性气体和微生物的侵蚀，从而提高墙体的耐久性。

（2）改善墙体的物理性能。对墙面进行保温隔热处理，可提高墙体的保温、隔热能力。选用白色或浅色饰面材料反射太阳光，能减少热辐射，从而节约能源，调节室内温度。室内墙面采用吸声材料，可有效控制混响时间，改善音质。增大饰面材料的面密度或增加吸声材料，可提高墙体的隔声性能。

（3）装饰功能。墙体材料的面层和色彩是集中体现装饰装修特点和风格的主要因素。室内墙面属于近距离观赏范畴，甚至和人体直接接触，因此应选用质感、触感较好的装饰材料，特别是墙裙、踢脚线、窗帘盒、门窗套、窗台、暖气罩及挂镜线等特殊部位，可采用特殊的构造措施，使之与室内整体环境相协调。

2. 室内地面装饰装修

室内地面是建筑物底层地面和楼层地面的总称。底层地面的基本构造层次为面层、垫层和基层；楼层地面的基本构造层次为面层、基层（楼板）。其中，面层的主要作用是满足使用要求，基层的主要作用是承担面层传来的荷载。为满足找平、防水、防潮、隔声、弹性、保温、隔热、管线敷设等功能的要求，室内地面通常还要在基层与面层之间增加相应的中间层。

（1）室内地面装饰装修的作用。地面通过找平、防水、防潮、防渗措施以及增加垫层，使楼板结构层、首层地面垫层得到加强和保护，保证隔声、保温、防水等功能，满足人们的使用要求。地面一般应具备坚固性和耐久性、安全性、舒适性、装饰性等性能。

（2）室内地面装饰装修的种类。室内地面的种类很多，根据面层材料，分为水泥砂浆地面、细石混凝土地面、水磨石地面、涂料地面、塑料地面、橡胶地面、花岗石地面、大理石地面、地砖地面、木竹地面、复合材料地面和地毯地面等；根据使用功能，分为防滑地面、防静电地面、防腐蚀地面、供暖地面等；根据装饰效果，分为美术地面、席纹地面和拼花地面等；根据构造方法，分为整体类地面、铺贴类地面、木竹类地面、橡胶塑胶类地面等。

（3）室内地面的基本构造。①整体（现浇）类地面，是指直接施工在混凝土垫层上的整体式面层，主要有：水泥砂浆地面，根据面层做法，分为单层水泥砂浆地面和双层水泥砂浆地面，该类地面的优点是造价低、施工方便、使用耐久，适用于住宅室内地面；混凝土地面，根据面层做法有两种，一是，30～40mm 厚 C20 细石混凝土，二是，C15 混凝土提浆抹光，面层兼垫层，该类地面的优点是施工方便、坚硬耐久、造价低，适用于库房、设备间等室内地面；水磨石地面，也称磨石子地面，根据施工方法，分为现浇水磨石地面和预制水磨石地面，该类地面的优点是坚硬耐久、耐磨、易清洗美观，适用于教学楼、办公楼等室内地面。②铺贴类地面，是指将块状材料粘贴在水泥砂浆找平层上的面层。根据面层材料，分为陶瓷类地面和石材类地面。常见的陶瓷类地面为陶瓷地砖地面和陶瓷锦砖地面，常见的石材类地面为天然大理石地面和天然花岗石地面。③木地板类地面，是指采用木质板材铺设的地面，常见的木地板种类有实铺式木地板地面和复合地板地面。④其他地面，例如塑料地面（根据面层厚度，分为单层塑料地面和多层塑料地面）、涂料地面、地毯地面（根据材质，分为纯毛地毯、混纺地毯、化纤地毯、塑料地毯、剑麻地毯；根据规格，分为方块地毯和成卷地毯）。

3. 室内墙面装饰装修

（1）室内墙面装饰装修的种类。根据选用的材料及施工方式，室内墙面装饰分为抹灰类、贴面类、涂刷类、裱糊类和罩面类墙面。①抹灰类墙面包括一般抹灰饰面和装饰抹灰饰面。②贴面类墙面包括陶瓷制品、天然石材、人造石材和预制板材等饰面装饰。③涂刷类墙面包括涂料和刷浆等饰面装饰。④裱糊类墙面包括壁纸和墙布等饰面装饰。⑤罩面类墙面包括木质、金属、玻璃及其他板材饰面装饰。

（2）室内墙面装饰装修的基本构造。根据构造层次，室内墙面由下列部分组成：①抹灰底层。是室内墙体抹灰的基本层次，不同房间的墙体选用不同的材料和构造做法，如卧室、起居室的墙体，抹灰底层通常为水泥石灰砂浆；厨房、卫生间的墙体，抹灰底层通常为水泥砂浆。②中间层。室内墙体除了为了找平和粘结面层设中间层外，根据位置及功能的要求，还可增加防潮、防腐、保温、隔热、隔声等中间层。③面层。为满足使用功能和装饰功能，室内墙面材料可以是各类涂料、油漆、抹灰、块材、卷材、板材等。

4. 顶棚装饰装修

顶棚是空间围合的重要元素，在室内装饰装修中占有重要的地位，与墙面、地面构成了室内空间的基本要素，对室内空间的整体视觉效果具有很大影响。根据饰面与基层的关系，顶棚分为直接式顶棚和悬吊式顶棚。

1）直接式顶棚

直接式顶棚是在屋面板或楼板结构底面直接做饰面材料的顶棚，具有构造简单、构造层厚度小、施工方便、可取得较高的室内净空以及造价低等特点，但由于不能敷设隐蔽管线，这种顶棚多用于普通建筑或空间高度受到限制的房间。

直接式顶棚根据施工方法，分为直接抹灰式顶棚、直接喷刷式顶棚、直接粘贴式顶棚、直接固定装饰板顶棚及结构顶棚。直接抹灰式或直接喷刷式顶棚常用于普通住宅的卧室或书房、宾馆的标准间客房、设备部品存放室等。

2）悬吊式顶棚

悬吊式顶棚俗称吊顶，是装饰面悬吊于屋面板或楼板下并与屋面板或楼板留有一定距离的顶棚。悬吊式顶棚可以结合灯具、通风管道、音响、消防设施等进行整体设计，形成变化丰富的立体造型，以改善室内环境，满足不同使用功能的要求。

悬吊式顶棚的类型很多。根据外观，分为平滑式顶棚、井格式顶棚、阶梯式顶棚、悬浮式顶棚、锯齿式顶棚；根据龙骨材料，分为木龙骨悬吊式顶棚、轻钢龙骨悬吊式顶棚、铝合金龙骨悬吊式顶棚、金属网架吊顶；根据饰面层与龙骨的关系，分为活动装配式悬吊式顶棚、固定式悬吊式顶棚；根据顶棚结构层的显露状况，分为开敞式悬吊式顶棚、封闭式悬吊式顶棚；根据顶棚面层材料，分为木质悬吊式顶棚、塑料板悬吊式顶棚、石膏板悬吊式顶棚、矿棉板悬吊式顶棚、金属板悬吊式顶棚、玻璃板悬吊式顶棚、织物软吊顶棚；根据顶棚受力大小，分为上人悬吊式顶棚、不上人悬吊式顶棚；根据施工工艺，分为暗龙骨悬吊式顶棚和明龙骨悬吊式顶棚。

悬吊式顶棚常用于住宅起居室、餐厅、酒店大堂、餐饮包间、舞厅、会议室、多功能厅等。

四、装饰装修防火

许多火灾都是起因于装修材料的燃烧。建筑内部采用可燃、易燃材料装修，会增大建筑失火的概率，传播火焰使火势迅速蔓延，造成室内轰燃提前发生，增大建筑内的火灾荷载，严重影响人员疏散和扑救，因此，建筑内部装修应符合有关设计防火规范规定的防火要求。装饰装修中应正确处理装修效果和使用安全的矛盾，积极选用不燃材料和难燃材料，对于达不到难燃材料的可燃或易燃材料，可以通过阻燃处理的方式提高燃烧性能等级。

（一）装饰装修材料的燃烧性能等级及应用范围

装饰装修材料按其燃烧性能应划分为 A、B_1、B_2、B_3 四级，如表 1-7 所示。

装饰装修材料燃烧性能等级   表 1-7

等级	装饰装修材料燃烧性能	等级	装饰装修材料燃烧性能
A	不燃性	B_2	可燃性
B_1	难燃性	B_3	易燃性

装饰装修材料的燃烧性能等级应按现行国家标准《建筑材料及制品燃烧性能分级》GB 8624—2012 的有关规定，经检测确定。天然材料的燃烧性能等级划分是建立在大量试验数据积累的基础上形成的结果；人造材料或制品是在常规生产工艺和常规原材料配比下生产出的产品，其燃烧性能的等级划分同样是在大量试验数据积累的基础上形成的。

（二）建筑装饰装修防火要求

建筑的防火性能和设防标准应与建筑的高度（埋深）、层数、规模、类别、使用性质、功能用途、火灾危险性等相适应。建筑防火应达到下列目标要求：保障人身和财产安全及人身健康；保障重要使用功能，保障生产、经营或重要设施运行的连续性；保护公共利益；保护环境、节约资源。为此，建筑内部装修不应擅自减少、改动、拆除、遮挡消防设施或器材及其标识、疏散指示标志、疏散出口、疏散走道或疏散横通道，不应擅自改变防火分区或防火分隔、防烟分区及其分隔，不应影响消防设施或器材的使用功能和正常操作；建筑的外部装修和户外广告牌的设置，应满足防止火灾通过建筑外立面蔓延的要求，不应妨碍建筑的消防救援或火灾时建筑的排烟与排热，不应遮挡或减小消防救援口。

根据《建筑防火通用规范》GB 55037—2022，建筑的内部和外部装修防火有关要求包括：

（1）下列部位不应使用影响人员安全疏散和消防救援的镜面反光材料：①疏

散出口的门；②疏散走道及其尽端、疏散楼梯间及其前室的顶棚、墙面和地面；③供消防救援人员进出建筑的出入口的门、窗；④消防专用通道、消防电梯前室或合用前室的顶棚、墙面和地面。

（2）下列部位的顶棚、墙面和地面内部装修材料的燃烧性能均应为 A 级：①避难走道、避难层、避难间；②疏散楼梯间及其前室；③消防电梯前室或合用前室。

（3）消防控制室地面装修材料的燃烧性能不应低于 B_1 级，顶棚和墙面内部装修材料的燃烧性能均应为 A 级。

（4）下列设备用房的顶棚、墙面和地面内部装修材料的燃烧性能均应为 A 级：①消防水泵房、机械加压送风机房、排烟机房、固定灭火系统钢瓶间等消防设备间；②配电室、油浸变压器室、发电机房、储油间；③通风和空气调节机房；④锅炉房。

（5）歌舞娱乐放映游艺场所内部装修材料的燃烧性能应符合下列规定：①顶棚装修材料的燃烧性能应为 A 级；②其他部位装修材料的燃烧性能均不应低于 B_1 级；③设置在地下或半地下的歌舞娱乐放映游艺场所，墙面装修材料的燃烧性能应为 A 级。

（6）下列场所设置在地下或半地下时，室内装修材料不应使用易燃材料、石棉制品、玻璃纤维、塑料类制品，顶棚、墙面、地面的内部装修材料的燃烧性能均应为 A 级：①汽车客运站、港口客运站、铁路车站的进出站通道、进出站厅、候乘厅；②地铁车站、民用机场航站楼、城市民航值机厅的公共区；③交通换乘厅、换乘通道。

（7）除有特殊要求的场所外，下列生产场所和仓库的顶棚、墙面、地面和隔断内部装修材料的燃烧性能均应为 A 级：①有明火或高温作业的生产场所；②甲、乙类生产场所；③甲、乙类仓库；④丙类高架仓库、丙类高层仓库；⑤地下或半地下丙类仓库。

第四节　建　筑　设　备

建筑设备是建筑工程的重要组成部分，包括暖卫通风工程和建筑电气工程两大部分。其中，暖卫通风工程包括建筑给水系统（生活用水、消防用水、热水供应、建筑中水等）、建筑排水系统（生活污水、生产污废水、雨水雪水等）、采暖系统、燃气系统、通风与空气调节系统。建筑电气工程包括建筑照明系统、建筑动力系统和智能建筑系统（共用电视天线、通信系统、广播系统和火灾报警系统等）。

一、给水排水系统

（一）室外给水系统

1. 室外给水系统组成

（1）取水构筑物。用于从选定的水源（包括地下水源和地表水源）取水。

（2）水处理构筑物。将取来的原水进行处理，使其符合用户对水质的要求。

（3）泵站。用于将所需水量提升到要求的高度，可分为抽取原水的一级泵站、输送清水的二级泵站和设于管网中的加压泵站。

（4）输水管渠和配水管网。输水管渠是将原水输送到水厂的管渠，当输水距离 10km 以上时为长距离输送管道。配水管网将处理后的水配送到各个给水区的用户。

（5）调节构筑物。包括高地水池、水塔、清水池等。用于贮存和调节水量，高地水池和水塔兼有保证水压的作用。

2. 室外给水管网安装

室外给水管网有树状网和环状网两种形式。树状网是从水厂泵站或水塔到用户的管线布置成树枝状，只是一个方向供水，供水可靠性较差，但省投资。环状网中的干管前后贯通，连接成环状，供水可靠性好，适用于供水不允许中断的地区。输送生活给水的管道一般采用塑料管、复合管、镀锌钢管或给水铸铁管。给水管道一般埋地敷设，应在当地的冰冻线以下；若必须在冰冻线以上敷设时，应做可靠的保温防潮措施。在无冰冻地区，埋地敷设时管顶的覆土厚度不得小于500mm，穿越道路部位的埋深不得小于 700mm。住宅小区及厂区的室外给水管道也可采用架空或在地沟内敷设。塑料管道不得露天架空敷设，必须露天架空敷设时应有保温和防晒措施。给水管道不得直接穿越污水井、化粪池、公共厕所等污染源。

（二）室内给水系统

室内给水系统按用途可分为生活给水系统、生产给水系统和消防给水系统三类。各给水系统可以单独设置，也可以采用合理的共用系统。

1. 室内给水系统的组成

（1）引入管（进户管）：室外给水管网与室内给水管网之间的连接管段。

（2）水表节点：给水引入管上装设的水表及其前后设置的阀门。

（3）配水管道系统：室内给水水平或垂直干管、立管、配水支管等组成的管道系统。

（4）给水附件：为了检修和调节方便，装设在给水管道上的各类阀门和附件。包括阀门、过滤器、减压孔板等。

（5）加压贮水设备：当室外管网压力、流量不满足要求或室内对供水安全、稳定有特殊要求时，要设置加压贮水设备，如水泵、水箱、贮水池、气压给水装置等。

（6）用水设备：生活、生产和消防给水系统管网终端用水点上的装置。生活给水系统主要指卫生器具的给水配件或配水龙头，生产给水系统主要指生产用水设备，消防给水系统主要指室内消火栓和自动喷水灭火系统中的各种喷头。

2. 室内给水系统的给水方式

（1）直接供水。建筑物由室外供水管网直接供给用户，内部无需贮水设备。适用于外网水压、水量能满足用水要求，室内给水无特殊要求的建筑。

（2）单设水箱供水。建筑物内给水管道与室外给水管网直接连接，当室外给水管网水压足够时，利用外网压力直接向水箱供水，再由水箱向各配水点连续供水；当外网水压较小时，则由水箱向室内给水系统补充水量。适用于外网水压周期性不足，室内要求水压稳定，允许设置高位水箱的建筑。

（3）贮水池加水泵供水。建筑物内除设有给水管道系统外，还增设了升压（水泵）的辅助设备。适用于外网的水量满足室内的要求，但水压大部分时间不足的建筑。

（4）水泵、水箱联合供水。建筑物内除设有给水管道系统外，还增设了升压（水泵）和贮存水量（水池、高位水箱）的辅助设备。水泵自贮水池抽水加压，利用高位水箱调节流量，在外网水压高时也可以直接供水。适用于外网水压经常或间断不足，允许设置高位水箱的建筑。

（5）气压罐供水。密闭罐内空气具有可压缩性，可用于供水系统中贮存、调节供水，其作用相当于高水箱或水塔。水泵自贮水池或外网抽水加压送至气压罐内，由气压罐向用户供水。并由气压罐调节、贮存水量及控制水泵运行。适用于室外管网水压经常不足，建筑物不易设置水箱的情况。

（6）竖向分区供水。高层建筑中，室外给水管网中水压往往只能供应到下面几层，而不能满足上面几层的需要，为了充分有效地利用室外给水管网中提供的水压，减少水泵、水箱的调节量，可将建筑物分为上下两个区域或多个区域，再分别采用适当的给水系统供水。

3. 室内给水系统安装

给水系统有下行上给式、上行下给式和环状式三种管网敷设方式。

（1）下行上给式。水平配水干管敷设在底层（明装、埋设或沟敷）或地下室天花板下。居住建筑、公共建筑和工业建筑，在利用外网水压直接供水时多采用这种方式。

（2）上行下给式。水平配水干管敷设在顶层天花板下或吊顶内，对于非冰冻地区，也有敷设在屋顶上的，高层建筑也可以设在技术夹层内。设有高位水箱的居住、公共建筑，机械设备或地下管线较多的工业厂房多采用这种方式。

（3）环状式。水平配水干管或配水立管互相连接成环，组成水平干管环状或立管环状。在有两个引入管时，也可将两个引入管通过配水立管和水平配水干管相连通，组成贯穿环状。高层建筑、大型公共建筑和工艺要求不间断供水的工业建筑常采用这种方式，消防管网有时也要求按环状式敷设。

（三）排水系统

室内排水系统根据所接纳的污废水类型不同，可分为生活污水管道系统、工业废水管道系统和屋面雨水管道系统三类，又分合流制和分流制两种排水体制。住宅小区及厂区的室外排水系统应根据城镇排水体制、环境要求等，确定采取合流制或分流制。当小区或小区附近有合适的雨水排放体系，小区有独立的排水体系或城镇排水系统为分流制的情况下，宜采用分流制排水系统；当居住小区的排水需进行中水回用时，应设分质、分流排水系统。

1. 室外排水系统

室外排水系统由排水管道、检查井、跌水井、雨水口和污水处理厂等组成。室外排水管道应采用混凝土管、钢筋混凝土管、排水铸铁管及塑料管；穿越管沟、过河等特殊地段或承压的地段可采用钢管或铸铁管；输送腐蚀性污水的管道必须采用耐腐蚀性的管材，其接口及附属构筑物也必须采取防腐措施。排水管道与建筑物内排水管连接处、管道交汇处、转弯、跌水、管径或坡度改变处，以及直线管段上每隔一定距离应设检查井。

2. 室内排水系统

室内排水系统的基本要求是迅速通畅地排除建筑内部的污废水，保证排水系统在气压波动下水封不被破坏。其组成包括：

（1）排水管道系统，由排水横支管、排水立管、埋地干管和排出管组成。排水横支管将卫生器具或其他设备汇集的污水排到立管；排水立管是连接各排水支管的垂直总管；埋地干管连接各排水立管；排出管将室内污水排到室外第一个检查井。

（2）通气管道系统，其作用是使室内排水管与大气相通，减少排水管内空气的压力波动、保护存水弯的水封不被破坏。常用的形式有器具通气管、环形通气管、安全通气管、专用通气管、结合通气管等。

（3）卫生器具或生产设备受水器，是排水系统的起点。

（4）存水弯，是连接在卫生器具与排水支管之间的管件，防止排水管内腐臭、有害气体、虫类等通过排水管进入室内。如果卫生器具本身有存水弯，则不再安装。

（5）清通设备，是疏通排水管道的设备。包括检查口、清扫口和室内检查井。

3. 雨水排放系统

雨水排放系统一般是由受水器（雨水斗）、集水管、悬吊管、立管及排出管组成。雨水管道宜使用塑料管、铸铁管、镀锌和非镀锌钢管或混凝土管等；悬吊式雨水管道应选用钢管、铸铁管或塑料管；易受振动的雨水管道（如锻造车间等）应使用钢管；雨水管道不得与生活污水管道相连接。

屋面雨水系统按设计流态可划分为（虹吸式）压力流雨水系统、（87型斗）重力流雨水系统、（堰流式斗）重力流雨水系统；按管道设置的位置，可分为内排水系统和外排水系统；按屋面的排水条件，可分为檐沟排水、天沟排水和无沟排水；按出户横管（渠）在室内部分是否存在自由水面，可分为密闭系统和敞开系统。根据建筑结构形式、气候条件及生产使用要求，在技术、经济合理的条件下，屋面雨水应尽量采用外排水。

（四）热水供应系统

热水供应系统是为满足人们在生活和生产过程中对水温的某些特定要求，由管道及辅助设备组成的输送热水的网络。

1. 热水供应系统的组成

（1）热源供应设备。主要是城市集中供热网，区域锅炉房锅炉。有条件时也可以利用工业余热、废热、地热等为热源。

（2）加热设备和热水贮存设备。系统加热器常用的有容积式热交换器、管式换热器、螺旋式换热器、板式换热器等；局部加热设备有电热水器、燃气热水器、太阳能热水器等。热水贮存设备用于贮存热水，分为热水箱和热水罐。

（3）管道系统。分为冷水供应和热水供应管道系统。管道系统除管道外，还在管道上安装有阀门、补偿器、排气阀、泄水装置等附件。

（4）其他设备。在全循环、半循环热水供应系统中，循环管道上安装有循环水泵。为控制水温，在换热设备的进热媒管道上安装温度自控装置，在蒸汽管道末端安装疏水阀。

2. 热水供应管道及附件

热水管网应采用耐压管材及管件，一般可采用热浸镀锌钢管或塑钢管、铝塑管、聚丁烯管、聚丙烯管、交联聚乙烯管等。宾馆、高级公寓和办公楼等宜采用铜管和铜管件。热水供应系统中的加热器、贮水器、热水箱及配水干管、回水管等应进行保温。常用的保温材料有超细玻璃棉、玻璃棉、膨胀珍珠岩、石棉、岩棉、聚氨酯现场发泡、矿渣棉等。

（五）建筑中水系统

中水是指各种排水经过处理后，达到规定的水质标准，可在生产、市政、环境等范围内杂用的非饮用水。其水质比生活用水差，比污水、废水好。中水系统是由中水原水的收集、储存、处理和中水供给等工程设施组成的有机结合体，是建筑物或建筑小区的功能配套设施之一。

1. 中水系统的基本类型

（1）建筑物中水系统。原水取自建筑物内的排水，经处理达到中水水质指标后回用，是目前使用较多的中水系统。考虑到水量的平衡和事故，可利用生活给水补充中水水量。

（2）建筑小区中水系统。原水取自居住小区的公共排水系统（或小型污水处理厂），经处理后回用于建筑小区。在小区内建筑物较集中时，宜采用此系统。

（3）城市区域中水系统。城市区域中水系统是将城市污水经二级处理后再经深度处理作为中水使用。目前采用较少。该系统中水的原水主要来自城市污水处理厂，雨水或其他水源作为补充水。

2. 建筑中水系统的组成

建筑中水系统由中水原水系统、中水原水处理系统、中水供水系统组成。中水原水指核选作为中水水源而未经处理的水，中水原水系统包括室内生活污、废水管网，室外中水原水集流管网及相应分流、溢流设施等。中水原水处理系统包括原水处理系统设施、管网及相应的计量检测设施。中水供水系统包括中水供水管网及相应的增压、贮水设备，如中水贮水池、水泵、高位水箱等。建筑物中水系统由中水管道（引入管、干管、立管、支管）及用水设备等构成。

中水系统中的原水管道管材及配件应使用塑料管、铸铁管或混凝土管。中水供水系统必须独立设置。中水供水管道严禁与生活饮用水给水管道连接，不宜暗装于墙体和楼板内，如必须暗装于墙槽内时，必须在管道上有明显且不会脱落的标志。中水给水管道不得装设取水嘴。

二、采暖系统

采暖系统由热源（热媒制备）、热网（热媒输送）和散热设备（热媒利用）三个主要部分组成。目前应用最广泛的热源是锅炉房和热电厂，此外也可以利用核能、地热、太阳能、电能、工业余热作为采暖系统的热源；热网是由热源向热用户输送和分配供热介质的管道系统；散热设备是将热量传至所需空间的设备。

（一）热源

1. 热媒的选择

采暖系统常用热媒是水、蒸汽和空气。热媒的选择应根据安全、卫生、经济、建筑物性质和地区供暖条件等因素综合考虑。

2. 供热设备

（1）供热锅炉。供热锅炉是最常见的为采暖及生活提供蒸汽或热水的设备。锅炉设备包括锅炉本体及辅助设备两部分。

（2）地源热泵。可分为土壤源热泵、地表水源热泵以及地下水源热泵。

（二）热网的组成和分类

热网包括管道系统和附件。主要附件有管件、阀门、补偿器、支座和部件（放气、放水、疏水、除污等）等。

热网按布置形式可分为枝状管网、环状管网、辐射状管网。枝状管网是呈树枝状布置的管网，是热水管网最普遍采用的形式。环状管网是干线一般构成环形的管网，当输配干线某处出现事故时，可以断开故障段后，通过环状管网由另一方向保证供热。辐射状管网是从热源源头的集配器上引出多根管道将介质送往各管网，比较适用于面积较小、厂房密集的小型工厂。

（三）室内采暖系统的组成和分类

1. 室内采暖系统的组成

室内采暖系统（以热水采暖系统为例），一般由主立管、水平干管、支立管、散热器横支管、散热器、排气装置、阀门等组成。热水由入口经主立管、供水干管、各支立管、散热器供水支管进入散热器，放出热量后经散热器回水支管、立管、回水干管流出系统。排气装置用于排出系统内的空气，阀门起调节和启闭作用。

2. 室内采暖系统的分类

（1）按热媒种类分类：热水采暖系统、蒸汽采暖系统、热风采暖系统。

（2）按循环动力分类：重力循环系统、机械循环系统。

（3）按供暖范围分类：局部采暖系统、集中采暖系统、区域采暖系统。①局部采暖系统：热源、热网及散热设备三个主要组成部分在一起的供暖系统。以煤火炉、户用燃气炉、电加热器等作为热源，适用于分散平房或是别墅（独立小楼）的采暖系统。②集中采暖系统：热源和散热设备分开设置，由管网将其之间连接。以锅炉房为热源，适用于一栋或几栋建筑物的采暖系统。③区域采暖系统：以热电厂、热力站或大型锅炉房为热源，适用于群楼、住宅小区等大面积供暖的采暖系统。

（4）按管道连接方式分类：①按并联环路水的流程分为同程式系统、异程式系统；②按连接散热器的立管数量分为单管系统、双管系统；③按与散热器连接方式分为垂直式采暖系统、水平式采暖系统；④按供水和回水方式分为上供下回式、上供上回式、下供下回式、下供上回式和中供式系统。

（5）辐射采暖系统：辐射采暖是利用建筑物内的屋顶面、地面、墙面或其他表面的辐射散热器设备散出的热量来达到房间或局部工作点采暖要求的采暖方法。

民用建筑中常用的辐射采暖形式为低温热水地板辐射采暖系统，它以温度不高于60℃的热水为热媒，通过地面以辐射和对流的传热方式向室内供暖。供水、回水温差宜小于或等于10℃。系统主要由调节阀、过热表、集水器、分水器、排气阀、加热管等组成。加热管可采用铝塑复合管等热量型管材，分水器、集水器（含连接件等）的材料宜为铜质。一般，地暖供、回水温度为35～55℃，地暖系统的工作压力不宜大于0.8MPa，当建筑物高度超过50m时宜竖向分区设置。

（6）高层建筑采暖系统。目前，国内高层建筑热水供暖系统常用的形式有：竖向分区式供暖系统、双线式供暖系统、单双管混合式供暖系统。

三、燃气工程

（一）燃气供应系统

燃气供应系统主要由气源、输配系统和用户三个部分组成。

1. 燃气输配系统

燃气输配系统主要由燃气输配管网、储配站、调压装置、运行监控、数据采集系统等组成。

2. 燃气输配管网

（1）燃气系统压力分级。根据《城镇燃气设计规范（2020版）》GB 50028—2006，管道按燃气设计压力P（MPa）分为7级：①高压燃气管道A级：压力为2.5MPa < P ≤ 4.0MPa；②高压燃气管道B级：压力为1.6MPa < P ≤ 2.5MPa；③次高压燃气管道A级：压力为0.8MPa < P ≤ 1.6MPa；④次高压燃气管道B级：压力为0.4MPa < P ≤ 0.8MPa；⑤中压燃气管道A级：压力为0.2MPa < P ≤ 0.4MPa；⑥中压燃气管道B级：压力为0.01MPa ≤ P ≤ 0.2MPa；⑦低压燃气管道：压力为P < 0.01MPa。

（2）输配管网形式分为街道燃气管网、庭院燃气管网。大城市的街道燃气管网布置成环状、枝状。城市（城镇）一般采用中—低压或低压燃气管网。庭院燃气管网是指连接街道燃气管网和用户的建筑物前的户外管路。

（3）燃气输送系统由输气干管、中压输配干管、低压输配干管、配气支管、用气管道组成。

3. 燃气储配站

燃气储配站的主要功能是储存燃气、加压和向城市燃气管网分配燃气，主要由压送设备、储存装量、燃气管道、控制仪表以及消防设施等辅助设施组成。

4. 燃气调压装置

燃气调压装置的主要功能是按要求将上一级输气压力降至下一级输气压力；当系统负荷发生变化时，保持调压后的输气压力稳定在要求的范围内。主要包括燃气调压站（调压计量站）、组合式燃气调压柜、燃气调压箱等。

5. 燃气系统附属设备，如凝水器、补偿器、过滤器等。

（二）用户燃气系统

1. 室外燃气管道

室外燃气高压、中压管道通常采用钢管，中压和低压采用钢管或铸铁管，塑料管多用于工作压力小于或等于 0.4MPa 的室外地下管道。天然气输送钢管为无缝钢管和螺旋缝埋弧焊接钢管等。燃气用球墨铸铁管适用于输送设计压力为中压 A 级及以下级别的燃气（如人工煤气、天然气、液化石油气等）。适用于燃气管道的塑料管主要是聚乙烯(PE)管，目前国内聚乙烯燃气管分为 SDR11 和 SDR17.6 两个系列。SDR11 系列宜用于输送人工煤气、天然气、液化石油气（气态）；SDR17.6 系列宜用于输送天然气。

2. 室内燃气管道

室内低压管道，当管径 DN ≤ 50mm 时，一般选用镀锌钢管，螺纹连接；当管径 DN > 50mm 时，选用无缝钢管，连接方式为焊接或法兰连接。中压管道选用无缝钢管，连接方式为焊接或法兰连接。按安装位置，明装采用镀锌钢管，螺纹连接；埋地敷设采用无缝钢管，焊接的管，要求防腐。家内燃气管道严禁敷设在易燃、易爆品的仓库、有腐蚀性介质的房间、配电间、变电室、电缆沟、暖气沟、烟道和进风道等部位。燃气管道敷设高度（从地面到管道底部或管道保温层部），在有人行走的地方，不应小于 2.2m，在有车通行的地方，不应小于 4.5m。

3. 燃气器具

包括燃气灶具、燃气热水器、燃器采暖炉等。家用燃气灶按气源的种类可分为：人工煤气灶、天然气灶、液化石油气灶和适用于两种以上燃气的灶具。安装方式有嵌入式灶和台式灶两种。燃气热水器应安装在厨房、室外或适宜的房间，室内净高不低于 2.6m，并具有良好自然通风的条件。

4. 计量装置

燃气用户应根据燃气的最大工作压力和周期用量等选择燃气表。燃气表应与燃具错位安装，不得安装在燃具的正上方。

四、电气照明工程

电力系统是由发电、变电、送配电和用电构成的一个整体。建筑供配电系统是电力系统的组成部分，该系统确保建筑物所需电能的供应和分配。发电厂是把其他形式的能量，如水能、热能、太阳能、风能、核能等转换成电能的工厂。变电所是接收电能和变换电压的场所，主要由电力变压器和控制设备等组成。电力线路是输送电能的通道，由不同电压等级和不同类型的线路组成。建筑供配电的额定电压等级多为 10kV 线路和 380V 线路，通常分为架空线路和电缆线路。配电系统由配电装置（配电盘）及配电线路组成，配电方式有放射式、树干式及混合式等。根据国际电工委员会标准 IEC439-1 规定，AC ≤ 1kV、DC ≤ 1.5kV 为低压；AC > 1kV、DC > 1.5kV 为高压。6～10kV 电压用于向输电距离为 10km 左右的工业与民用建筑供电，380V 电压用于建筑物内部或向工业生产设备供电，220V 电压多用于向生活设备、小型生产设备及照明设备供电。

（一）变配电工程

变配电工程指为建筑物供应电能、分配电能和变换电压的电气工程。由于变配电工程的中间枢纽（核心）是变配电所，所以变配电工程也称变配电所工程。变配电所（以下简称变电所）按其在供配电系统中的地位和作用以及装设位置可分为：

（1）总降压变电所。对于大中型企业，由于负荷较大，往往采用 35kV（或以上）电源进线，一般降压至 10kV 或 6kV，再向各车间变电所和高压用电设备配电，这种降压变电所称为总降压变电所。

（2）车间变电所。变压器室位于车间的单独房间内或是利用车间的墙壁进行安装的变电所。

（3）独立变电所。是相对于车间变电所而言的，是指整个变电所设在与车间建筑物有一定距离的单独区域内，通常是户内式变电所，向周围几个车间或向全厂供电。

（4）杆上变电所。变电器安装在室外电杆上或在专门的变压器台墩上，一般用于负荷分散的小城市居民区和工厂生活区以及小型工厂和矿山等。变压器容量较小，一般在 315kV · A 及以下。

（5）建筑物及高层建筑物变电所。是民用建筑中经常采用的变电所形式，变压器一律采用干式变压器，高压开关一般采用真空断路器，也可采用六氟化硫断路器，但通风条件要好，从防火安全角度考虑，一般不采用少油断路器。

（二）电气线路工程

电气线路是电力系统的重要组成部分。电气线路可分为电力线路和控制线路，电力线路主要是完成电能输送任务，而控制线路是供保护和测量的连接之用。电气线路种类很多，按照敷设方式，分架空线路、电缆线路、穿管线路等；按照导体的绝缘，分塑料绝缘线、橡皮绝缘线、裸线等。室内配线种类繁多，母线有硬母线和软母线之分；干线有明线、暗线和地下管配线之分；支线有护套线直敷配线、瓷夹板或塑料夹板配线、鼓型绝缘子或针式绝缘子配线、钢管配线、塑料管配线等多种形式。室内配线方式应与环境条件、负荷特征、建筑要求相适应。

（三）电气照明

电气照明是通过照明电光源将电能转换成光能，在夜间或天然采光不足的情况下，创造一个明亮的环境，以满足生产、生活的需要。衡量照明质量的好坏，主要有照度合理、照度均匀、照度稳定、避免眩光、光源的显色性、频闪效应的消除等。

1. 照明方式

照明方式分为一般照明、局部照明和混合照明。建筑物各场所应设置一般照明，并应满足该场所视觉活动性质的需求；当同一场所内的不同区域有不同照度要求时，应采用分区一般照明；对于作业面照度要求较高，只采用一般照明无法满足需求的场所，宜采用混合照明；在一个工作场所内不应只采用局部照明；当需要提高特定区域或目标的照度时，宜采用重点照明。

2. 照明种类

照明的种类包括正常照明、应急照明（备用照明、安全照明、疏散照明）、值班照明、警卫照明、障碍照明、装饰照明、艺术照明等。

3. 光源选择

常用的电光源有热致发光电光源（如白炽灯、卤钨灯等）；气体放电发光电光源（如荧光灯、汞灯、钠灯、金属卤化物灯、氙灯等）；固体发光电光源（如 LED 和场致发光器件等）。气体放电光源一般比热辐射光源光效高、寿命长，能制成各种不同光色，在电气照明中应用日益广泛。而由于热辐射光源结构简单，使用方便，显色性好，故在一般场所仍被普遍采用。根据常用电光源的特点、照明方式、照明要求等，对其进行选择及安装是电气安装工程的重要部分。

4. 建筑电气照明配电系统

按照电能量传送方向，建筑电气照明低压配电系统由进户线、总配电箱、干线、分配电箱、支线和照明用电器具组成。

照明线路的敷设有明敷和暗敷两种，明敷是在建筑物墙、板、梁、柱的表面敷设导线或穿导线的槽、管，暗敷是在建筑物墙、板、梁、柱里敷设导线。灯器具安装应符合《建筑电气工程施工质量验收规范》GB 50303—2015 要求。

（四）建筑防雷系统

根据《建筑物防雷设计规范》GB 50057—2010，建筑物根据其重要性、使用性质、发生雷电事故的可能性和后果，防雷要求分为三类，住宅、办公楼等一般民用建筑物属于第三类防雷建筑。

建筑物防雷系统一般由接闪器、引下线和接地装置三部分组成。接闪器是专门用来接受雷击的金属导体，其形式分为避雷网、避雷针、独立避雷针等。建筑物防直击雷可采用避雷针、避雷带或避雷网，一般优先考虑采用避雷针。当建筑物上不允许装设高出屋面的避雷针，同时屋顶面积不大时，可采用避雷带；若屋顶面积较大，应采用避雷网。所有接闪器必须经接地引下线与接地装置连接，高层建筑大多以建筑物的深基础作为接地装置。

五、通风空调工程

通风工程是送风、排风、除尘、气力输送以及防、排烟系统工程的总称。通风方式可以分为：①局部排风，即在生产过程中由于局部地方产生危害空气，而用吸气罩等排除有害空气的方法；②局部送风，工作地点局部需要符合一定要求的空气，可以采用局部送风的方法；③全面通风，整个生产或生活空间均需进行空气调节，可以采用全面通风的办法。空调工程是空气调节、空气净化与洁净空调系统的总称。

（一）通风工程

建筑通风包括从室内排除污浊的空气（排风）和向室内补充新鲜空气（送风）。通风系统分为送风系统和排风系统。送风系统是将清洁空气送入室内，排风系统是排除室内的污浊气体。通风系统包括进风口、排风口、送排风管道、风机、降温及采暖、过滤器、控制系统以及其他附属设备。

1. 除尘净化系统

工业建筑的除尘系统是一种局部机械排风系统。除尘分为就地除尘、分散除尘和集中除尘三种形式。有害气体净化方法主要有洗涤法、吸附法、吸收法、袋滤法、静电法、燃烧法、冷凝法。

2. 空气幕系统

利用条形空气分布器喷出一定速度和温度的幕状气流，来封闭大门、通道等。空气幕由空气处理设备、风机、风管系统及空气分布器组成。按照空气分布器的安装位置可以分为上送式、侧送式和下送式三种。下送式空气幕系统送风口在地面下，容易被脏物堵塞，而且下送风的气流容易将衣裙扬起不受人们欢迎，目前已很少使用。

3. 通风除尘设备

通风除尘设备主要包括通风机、除尘器、消声器、空气幕设备、空气净化设备以及风阀、风口和风帽、局部排风罩等附件。

（二）空调工程

空气调节是通风的高级形式，任务是采用人为的方法，创造和保持室内一定的温度、湿度、气流速度及一定的室内空气洁净度，满足生产工艺和人体的舒适要求。

1. 空调系统的组成

空调系统包括送风系统和回风系统。在风机的作用下，室外空气进入新风口，与回风管中的回风混合，经空气处理设备处理达到要求后，由风管输送并分配到各送风口，由送风口送入室内。回风口将室内空气吸入并进入回风管（回风管上也可设置风机），一部分回风经排风管和排风口排到室外，另一部分回风经回风管与新风混合。空调系统基本由空气处理、空气输配、冷热源三个部分组成，另外还有自控系统等。空气处理部分包括能对空气进行热湿处理和净化处理的各种设备，如过滤器、表面式冷却器、喷水室、加热器、加湿器等。空气输配部分包括通风机（送、回、排风机）、风道系统、各种阀门、各种附属装置（如消声器等），以及为使空调区域内气流分布合理、均匀而设置的各种送风口、回风口和空气进出空调系统的新风口、排风口。冷热源部分包括制冷系统和供热系统。

2. 空调系统的分类

按空气处理设备的设置情况分类：①集中式系统。空气处理设备及通风机集中设置在空调机房内，空气经处理后，由风道送入各房间。按送入每个房间的送风管的数目可分为单风管系统和双风管系统。②半集中式系统。是集中处理部分或全部风量，然后送往各房间（或各区），在各房间（或各区）再进行处理的系统。如风机盘管加新风系统为典型的半集中式系统。③分散式系统（也称局部系统）。是将整体组装的空调机组（包括空气处理设备、通风机和制冷设备）直接放在空调房间内的系统。集中式、半集中式空气调节系统，一般统称为中央空调系统，由被空调对象、空气处理设备、空气输送设备和分配设备、冷（热）源设备以及控制系统组成。

3. 太阳能空调系统

太阳能空调系统是利用先进的超导传热贮能技术，集成了太阳能、生物质能、超导地源制冷系统等优点的、高效节能的冷暖空调系统。由太阳能集热系统、热力制冷系统、蓄能系统、空调末端系统、辅助能源系统以及控制系统六部分组成。太阳能空调系统分为太阳能制冷系统（指利用太阳能提供动力来驱动制冷机制取冷量，并最终实现建筑物内的空气调节）和太阳能供暖系统（利用太阳能集取热量，直接或间接为建筑提供热量）。

六、消防工程

火灾是各种灾害中发生最频繁且极具毁灭性的灾害之一。火的形成必须具备可燃物、氧气及热源三大要素，因此灭火或控制火势就必须至少消除这三者中的任何一个要素。建筑消防工程一般包括灭火系统、火灾报警系统、火灾事故广播及通信系统、疏散指示标志及应急照明系统、机械防排烟系统等。

（一）水灭火系统

水灭火系统包括消火栓灭火系统和喷水灭火系统。消火栓灭火系统可分为室外消火栓灭火系统和室内消火栓灭火系统。室外消火栓灭火系统主要由室外消火栓、消防水泵接合器、供水管网和消防水池组成，室内消火栓灭火系统主要由消火栓、水带和水枪组成。

1. 水泵

消防水泵是消防给水系统的心脏，主要是指水灭火系统中的消防给水泵，如消火栓泵、喷淋泵、消防转输泵等。目前消防给水系统中使用的水泵多为离心泵。消火栓给水系统与自动喷水系统宜分别设置消防水泵，当与消火栓系统合用消防水泵时，系统管道应在报警阀前分开。

2. 消防水箱

采用临时高压给水系统的建筑物应设消防水箱：一类高层公共建筑，不应小于 36m²；多层公共建筑、二类高层公共建筑和一类高层住宅，不应小于 18m²；二类高层住宅，不应小于 12m²；建筑高度大于 21m 的多层住宅，不应小于 6m²；总建筑面积大于 10 000m² 且小于 30 000m² 的商店建筑，不应小于 36m²；总建筑面积大于 30 000m² 的商店建筑，不应小于 50m²。

3. 消防水池

在市政给水管道、进水管或天然水源不能满足消防用水量，以及市政给水管道为枝状或只有一条进水管的情况下，且室外消火栓设计流量大于 20L/s 或建筑高度大于 50m 的建筑物应设消防水池。当建筑群共用消防水池时，消防水池的容积应按消防用水量最大的一栋建筑物的用水量计算确定。

（二）喷水灭火系统

1. 自动喷水灭火系统

自动喷水灭火系统的分类如图 1-1 所示。

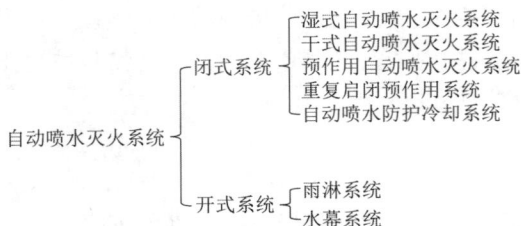

图 1-1　自动喷水灭火系统分类

（1）湿式自动喷水灭火系统。湿式系统是指在准工作状态时管道内充满有压水的闭式系统。该系统由闭式喷头、水流指示器、湿式自动报警阀组、控制阀及管路系统组成。具有控制火势或灭火迅速的特点，其使用环境温度为 4～70℃，不适用于寒冷地区。

（2）干式自动喷水灭火系统。其供水系统、喷头布置等与湿式系统完全相同，所不同的是平时在报警阀（此阀设在供暖房间内）前充满水，而在阀后管道内充以压缩空气。该系统适用于环境温度低于 4℃或高于 70℃，并不宜采用湿式喷头灭火系统的地方。

（3）预作用自动喷水灭火系统。该系统具有湿式系统和干式系统的特点，预作用阀后的管道系统内平时无水，呈干式，充满有压或无压的气体。适用于建筑装饰要求高，不允许有水渍损失的建筑物、构筑物。

（4）雨淋系统。系统包括开式喷头、管道系统、雨淋阀、火灾探测器和辅助设施等。雨淋系统一旦动作，系统保护区域内将全面喷水，可以有效控制火势发展迅猛、蔓延迅速的火灾。

（5）水幕系统。是能喷出幕帘状水流的管网设备，主要由水幕头支管、自动喷淋头控制阀、手动控制阀、干支管等组成。水幕系统不具备直接灭火的能力，一般情况下与防火卷帘或防火幕配合使用，起到防止火灾蔓延的作用。

2. 水喷雾灭火系统

水喷雾灭火系统由水源、供水设备、管道、雨淋报警阀、过滤器和水雾喷头等组成。常用的水雾喷头分为高速水雾喷头和中速水雾喷头。水喷雾灭火系统通过改变水的物理状态，利用水雾喷头使水从连续的洒水状态转变成不连续的细小水雾滴喷射出来，具有较高的电绝缘性和良好的灭火性能，主要用于保护火灾危险性大、火灾扑救难度大的专用设备或设施。

（三）气体灭火系统

目前常用的气体灭火系统主要有二氧化碳灭火系统、IG541 混合气体灭火系统、七氟丙烷灭火系统和热气溶胶预制灭火系统。气体灭火系统较传统的喷水灭火系统、消火栓灭火系统的优点在于灭火后不留任何痕迹，无二次污染，但由于气体灭火系统大多采用高压贮存、高压输送，相比水喷淋系统危险系数要大。

（四）泡沫灭火系统

泡沫灭火系统是采用泡沫液作为灭火剂，主要用于扑救非水溶性可燃液体和一般固体火灾，如商品油库、煤矿、大型飞机库等。泡沫灭火系统的主要设备包括泡沫比例混合器、空气泡沫产生器、泡沫喷头、泡沫贮藏罐以及火灾报警系统等。

（五）干粉灭火系统

干粉灭火系统由干粉灭火设备和自动控制两部分组成。干粉灭火设备由干粉储存容器、驱动气体瓶组、减压阀、管道及喷嘴组成。自动控制由火灾探测器、信号反馈装置、报警控制器等组成。干粉灭火系统造价低，占地小，不冻结，对于无水及寒冷地区尤为适宜。

（六）固定消防炮灭火系统

固定消防炮灭火系统是由固定消防炮和相应配置的系统组件组成的固定灭火系统。按喷射介质可分为水炮系统、泡沫炮系统、干粉炮系统；按控制装置可分为远控消防炮灭火系统、手动消防炮灭火系统。

（七）火灾自动报警系统

火灾自动报警系统由火灾探测器、火警信号传输线路、火灾报警控制器三部分组成。火灾自动报警系统可分为区域报警系统、集中报警系统和控制中心报警系统。区域报警系统由火灾探测器、区域控制器、火灾报警装置等构成，适用于小型建筑等单独使用；集中报警系统由火灾探测器和集中控制器等组成，适用于高层的宾馆、商务楼、综合楼等建筑使用；控制中心报警系统由设置在消防控制室的集中报警控制器、消防控制设备等组成，适用于大型建筑群、超高层建筑，可对建筑中的消防设备实现联动控制和手动控制。

七、通信工程

通信是人类实现从一地向另一地进行信息传递和交换的过程，信息传递和交换是通过通信网络实现的。通信网络由终端设备、传输链路和交换设备三要素构成。

（一）网络工程

网络工程是集语音、数据、图像、监控设备、综合布线于一体的系统工程，是通信、计算机网络以及智能大厦的基础。

1. 网络的分类

网络一般分为局域网、城域网和广域网三种。

（1）局域网（LAN）：将彼此距离很近的计算机连接起来，如在一个办公室内两台连接在一起的计算机和用线缆连接起来的两栋建筑物等。

（2）城域网（MAN）：是介于广域网与局域网之间的一种高速网络。满足几十公里范围内的大量企业、机关、公司等多个局域网互联的需求。

（3）广域网（WAN）：也称远程网，覆盖一个国家、地区或横跨几个洲，形成国际性的远程网络。

2. 网络传输介质

常见的网络传输介质包括双绞线、同轴电缆、光纤等。网络信息还利用无线电系统、微波无线系统和红外技术等传输。与其他传输介质比较，光纤的电磁绝缘性能好、信号衰减小、频带宽、传输速度快、传输距离大，主要用于要求传输距离较长、布线条件特殊的主干网连接。

3. 网络设备

（1）网卡，是主机和网络的接口，用于提供与网络之间的物理连接，分为有线网卡和无线网卡。一般根据接口总线与传输速率等条件来选择。

（2）集线器（HUB），是对网络进行集中管理的重要工具，是各分支的汇集点。

（3）交换机，是网络节点上话务承载装置、控制和信令设备以及其他功能单元的集合体。根据工作位置的不同，可以分为广域网交换机和局域网交换机。

（4）路由器（Router），是连接因特网中各局域网、广域网的设备，它根据信道的情况自动选择和设定路由，以最佳路径，按前后顺序发送信号。路由器分本地路由器和远程路由器。

（5）服务器，是指局域网中运行管理软件，以控制对网络或网络资源（磁盘驱动器、打印机等）进行访问的计算机，并能够为在网络上的计算机提供资源，使其犹如工作站那样进行操作。通常分为文件服务器、数据库服务器和应用程序服务器。

（6）网络防火墙，是位于计算机及其所连接的网络之间的软件或硬件。

（二）有线电视和卫星电视接收系统

1. 有线电视系统

有线电视系统用同轴电缆、光缆或其组合作为信号传输介质，传输图像信号、声音信号和控制信号。这些信号在封闭的线缆中传输，不向空间辐射电磁波，所以称为闭路电视系统。

有线电视系统一般由天线、前端装置、传输干线和用户分配网络组成。而系统规模的大小决定了所用设备与器材的多少。电缆在室内敷设，在新建或有内装修要求的已建建筑物内，可采用暗管敷设方式；对无内装修要求的已建建筑物，可采用线卡明敷方式；不得将电缆与电力线同线槽、同出线盒、同连接箱安装。

2. 卫星电视接收系统

卫星电视接收系统由接收天线、高频头和卫星接收机三大部分组成。接收天线与高频头通常放置在室外，称为室外单元设备；卫星接收机与电视机相接，称为室内单元设备。室外单元设备与室内单元设备之间通过一根同轴电缆相连，将接收的信号由室外送给室内接收机。接收机解调出来的图像和伴音信号，经调制到 VHF 或 UHF 频段，再经混合器将多路节目送入有线电视系统中。

（三）音频和视频通信系统

1. 电话通信系统

电话通信系统由用户终端设备、传输系统和电话交换设备三大部分组成。用户终端设备用来完成信号的发送和接收，主要有电话机、传真机及计算机终端等。电话传输系统按传输媒介分为有线传输（电缆、光纤等）和无线传输（短波、微波中继、卫星通信等）。有线传输按传输信息工作方式又分为模拟传输和数字传输两种。普通电话采用模拟语音信息传输。数字传输具有抗干扰能力强、保密性高及电路集成化等优点，程控电话交换采用数字传输信息。

2. 扩声和音响系统

扩声和音响系统的基本功能就是对声音进行处理、放大和重放，由信号源设备、信号的处理和放大设备、扬声器系统组成。信号源通过电声设备转换成系统能处理的电信号，如通过传声器（话筒）把声音信号转换成电信号，通过激光唱机和录音卡座把碟片和录音带上的音乐转换成电信号，通过 FM/AM 调谐器接收广播电台发送的无线广播信号。信号处理和放大设备的基本任务是对信号进行放大（电压放大和功率放大），其次是对信号的选择、加工，设备包括均衡器、调音台和前置放大器等。扬声器是广播音响系统的终端，是声音的还原设备，使用时要根据播放信号的性质、环境要求、具体用途来选取，如公共广播系统使用的声柱、吸顶喇叭，歌舞厅音响系统使用的各种音箱等。

3. 视频会议系统

视频会议系统是一种互动式的多媒体通信。是利用图像处理技术、计算机技术及通信技术，进行点与点之间或多点之间双向视频、音频、数据等信息的实时通信。视频会议系统由视频会议终端 VCT（Video Conference Terminal）、数字传输网络、多点控制单元 MCU（Multipoint Control Unit）等构成。视频会议终端设备 VCT 由视频/音频输入接口、视频/音频输出接口、视频编解码器、音频编解码器、附加信息终端设备以及系统控制复用设备、网络接口和信令等部分组成。终端设备主要完成会议电视的发送和接收任务。

八、建筑智能化工程

智能建筑是以建筑物为平台，兼备信息设施系统、信息化应用系统、建筑设备管理系统、公共安全系统等，集结构、系统、服务、管理及其优化组合于一体，向人们提供安全、高效、便捷、节能、环保、健康的建筑环境。智能建筑系统由上层的智能建筑系统集成中心（SIC）和下层的建筑自动化系统（BAS）、通信自动化系统（CAS）和办公自动化系统（OAS）三个智能化子系统构成。BAS、CAS 和 OAS 三个子系统通过综合布线系统（PDS）连接成一个完整的智能化系统，由 SIC 统一监管（图 1-2）。综合布线系统（PDS）是建筑物或建筑群内部之间的传输网络，能够使建筑物或建筑群内部的电话、电视、计算机、办公自动化设备、通信网络设备、各种测控设备以及信息家电等设备之间彼此相连，并能接入外部公共通信网络。在综合布线系统中，可以传输多种信号，包括语音、数据、视频、监控等信号。

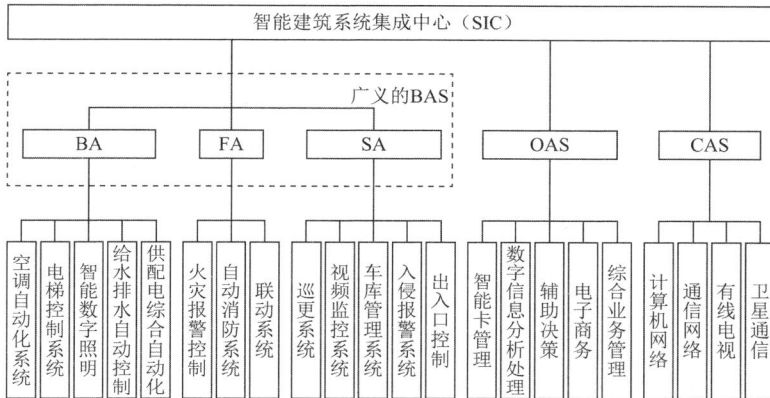

图 1-2　智能建筑系统组成

从用户服务功能角度看，智能建筑可提供三大方面的服务功能，即安全功能、舒适功能和便利高效功能。

（一）建筑自动化系统

建筑自动化系统（BAS）是一套采用计算机、网络通信和自动控制技术，对建筑物中的设备、安保和消防进行自动化监控管理的中央监控系统，可分为设备运行管理与监控子系统（BA）、消防（FA）子系统和安全防范（SA）子系统。建筑自动化系统包括供配电、给水排水、暖通空调、照明、电梯、消防、安全防范、车库管理等监控子系统，各种系统的协调控制需要在 BAS 控制中心通过计算机和值班人员的相互配合来实现。

其中，安全防范系统包括防盗报警、电视监控、出入口控制、访客对讲、电子巡更等。在安全防范系统中，如出入口的控制系统、巡更系统、停车场的管理系统，常用的身份确认方式有三类：一是，人体生理特性识别，即用人体特有的生物特性如人脸、掌静脉、指纹、掌纹、视网膜进行识别；二是，代码，如身份证号码、学生证号码，开锁密码等；三是，卡片，如用磁卡、射频卡、IC 卡、光卡中数据代码来识别。现在采用的智能卡（集成电路卡，Integrated Circuit Card，简称 IC 卡）存储容量大，存储区域多，每个区域相互独立，可自带密码，多重双向的认证保证了系统的安全性，被广泛应用在出入口控制、停车场管理等系统中，在安全防范范围外也得到充分应用。

（二）通信自动化系统

通信自动化系统（CAS）主要通过综合布线系统实现。综合布线系统（PDS）能使数据、语音、图像设备和交换设备相连接，也能与其他信息管理系统相连，并使这些设备与外部通信网络相连接。综合布线系统包括传输介质、相关连接硬件（如配线架、连接器、插座、插头、适配器）以及电气保护设备等。

根据通信线路和接续设备的整体性及国际标准化组织/国际电工委员会标准《信息技术　用户建筑群的通用布缆》ISO/IEC 11801:2017，综合布线划分为建筑群主干布线子系统、建筑物主干布线子系统和水平布线子系统三个部分。根据通信线路和接续设备的分离及美国国家标准学会/美国电子工业协会/美国通信工业协会标准 ANSI/EIA/TIA 568-A，把综合布线系统划分为建筑群子系统和工作区子系统。建筑群子系统包括干线（垂直）子系统、配线（水平）子系统、设备间子系统、管理子系统；工作区子系统共包含 6 个独立的子系统。但不管怎么区分，综合布线的结构是开放性的，它由各个相对独立的部件组成，改变、增加或重组其中一些布线部件并不会影响其他子系统。综合布线系统是一个极其灵活的、模块化的布线系统。

建筑工程信息化是建筑智能化在施工阶段的具体应用。将建筑工程信息数字化、参数化、模块化并整合至建筑信息模型（Building Information Modeling，BIM）中，即为建筑工程信息化。建筑信息模型是通过数字化技术仿真模拟建筑物所具有的真实信息，其作用是：①反映三维几何形状信息；②反映非几何形状信息，如建筑构件的材料、重量、价格、进度和施工等；③将建筑工程项目的各种相关信息的工程数据进行集成；④为设计师、建筑师、水电暖铺设工程师、开发商乃至最终用户等各环节人员提供"模拟和分析"。BIM 具有可视化、协调性、模拟性、优化性及可出图性等特点。

（三）办公自动化系统

办公自动化是应用计算机技术、通信技术、系统科学、行为科学等先进科学技术，使办公业务借助各种办公设备，由这些设备与办公人员构成服务于某种目标的人机信息系统。办公自动化使用的设备包括计算机设备、文字处理设备、语音处理设备、图形图像处理设备、数据传输及通信设备、信息存储设备及其他机电办公工具，如电子黑板、点钞机、收款机等。办公自动化系统（OAS）按处理信息的功能划分为三个层次：事务型办公系统、信息管理型办公系统、决策支持型办公系统（即综合型办公系统）。

九、电梯工程

电梯是指服务于建筑物内若干特定的楼层，其轿厢在至少两列垂直于水平面或与铅垂线倾斜角小于15°的刚性导轨运动的永久运输设备。

（一）电梯的分类和参数

电梯按不同的分类标准，有不同的分类形式。例如，按用途可分为乘客、载货、医用、观光、汽车、船用、冷库、电站、防爆、防暴、矿井、消防、杂物电梯等；按速度可分为低、中、高、超高速电梯等；按操纵控制方式可分为手柄开关、按钮、信号、集选、并联、群控电梯等；按机房可分为上置式、下置式、侧置式、有/无机房电梯等；按轿厢可分为单或双轿厢电梯等。

决定电梯输送能力的主要参数为电梯数量、承载能力与额定速度。常用载重量为450kg、630kg、800kg、1 000kg、1 250kg、1 600kg。最多乘客人数应按额定载重量（kg）除以75（kg/人）的计算结果向下取整到最近的整数，为6人、8人、11人、13人、16人、21人。

（二）电梯系统构成

电梯一般由曳引系统、导向系统、轿厢系统、门系统、重量平衡系统、电力拖动系统、电气控制系统和安全保护系统等组成。曳引系统是电梯的动力设备，包括曳引机、曳引绳、导向轮和反绳轮。导向系统用于限制轿厢对重的活动自由度，使轿厢只能沿着导轨作升降运动，包括导轨、导靴、导轨架。轿厢是用以运送乘客和货物的电梯组件，轿厢内设有操纵装置、位置指示器、应急装置、通风设备、照明设备及电梯规格铭牌等；乘客电梯均设有轿厢超载装置。门系统用来封住层站入口和轿厢入口，包括轿厢门、层门、开门机和门锁装置；门按其运动方式分为中分门、旁开式门、闸开式门。重量平衡系统在电梯工作中能使轿厢与对重间的重量差保持在某一个限额之内，保证电梯的曳引传动正常，包括对重和重量补偿装置。电力拖动系统为电梯提供动力，控制电梯的速度，包括供电系统和速度反馈装置。电气控制系统对电梯的运行进行操纵和控制，包括位置显示装置、控制柜和平层装置。安全保护系统用来保证电梯的安全使用，防止事故发生，包括限速器、安全钳、缓冲器、端站保护装置。

（三）建筑设置电梯要求

新建住宅建筑最高入户层为4层及以上，或最高入户层楼面距室外设计地面高度超出9m的，每个住宅单元应至少设置1台电梯；最高入户层为12层及以上，或最高入户层楼面距室外设计地面高度超过33m的，每个住宅单元应至少设置2台电梯。既有住宅建筑加装电梯，不应影响建筑结构安全性和正常使用，加装电梯的载重量不应小于320kg，轿厢门净宽不应小于0.80m。电梯井应独立设置，且不应敷设与电梯无关的电缆、电线等。电梯井井壁上除开设电梯门洞、检修门洞和通气孔洞外，不应开设其他洞口。

办公建筑，六层及六层以上应设电梯，建筑高度超过 75m 的办公建筑电梯应分区或分层使用；宿舍建筑，居住层距入口层地面高度大于 20m 时，应设电梯；老年人建筑，四层及四层以上应设电梯；疗养院建筑，超过四层应设置电梯；二层及二层以上的书库应有提升设备，四层及四层以上提升设备宜不少于两套，六层及六层以上的书库宜另设专用电（货）梯；综合医院建筑，四层及以上门诊、病房楼应设电梯，且不少于 2 台，病房楼高度超过 24m，应设污物梯，供病人使用的电梯和污物梯，应采用病床梯；四层及四层以上设有阅览室的图书馆宜设乘客电梯或客货两用梯；五层及五层以上设有群众活动、学习辅导用房的文化馆应设电梯；档案馆建筑，查阅档案、业务和技术用房为五层和五层以上时应设电梯；超过二层的档案库应设垂直运输设备。

消防电梯，即消防员专用电梯，应根据防火规范的要求选配。消防电梯不是防火电梯，只能用于消防救生，不能用作疏散，乘客在火灾时搭乘是不安全的。高层建筑消防电梯可与客梯或工作电梯兼用，但应符合消防电梯要求。

（四）自动扶梯

自动扶梯的提升高度一般在 10m 以内，特殊情况可到几十米；倾斜角度一般为 27.3°、30°、35°，其中 30° 是优先选用的角度。速度一般为 0.5m/s，有的梯型可达到 0.65m/s、0.75m/s。

室内自动扶梯的梯级上方，应有不小于 2.3m 的垂直净通过高度。扶手带中心线与相邻建筑物墙壁或障碍物之间的水平距离，在任何情况下均不得小于 0.5m，该距离应保持到自动扶梯梯级上方至少 2.1m 的高度处。如果采取适当措施可避免伤害的危险，则此 2.1m 的高度可适当减少。自动扶梯水平板上面不允许加装护栏，自动扶梯水平段与楼梯倾斜段或自动扶梯水平段与自动扶梯倾斜段不允许交叉布置。

地铁应采用公共交通型自动扶梯和自动人行道，应具备变频调速的节电功能。设置于室外的自动扶梯应选用室外型产品，上下平台应配有防滑措施；严寒地区应配有防止冰雪积聚设施。

第五节   建 筑 材 料

建筑材料是用于工程建设的各种材料及其制品。工程材料品种繁多，性能各异，价格相差悬殊，而且用量巨大，因此，正确选择和合理使用建筑材料，对建筑工程的安全、适用、美观、耐久及经济性都有着重要的意义。建筑材料根据来源，可分为天然材料和人造材料；按化学成分不同，可以分为无机材料、有机材料和复合材料；按所在建筑部位不同，可以分为承重材料、屋面材料、墙体材料、顶棚材料、地面材料、内墙材料及外墙材料；按使用功能不同，可以分为结构材料、装饰材料和功能材料。

一、建筑结构材料

（一）建筑钢材

钢材是建筑工程中使用量最大的材料品种之一，与水泥、木材一起并称建筑工程的三大基础材料。常用的钢材品种有普通碳素结构钢、优质碳素结构钢和低合金高强度结构钢。建筑钢材可分为钢筋混凝土结构用钢、钢结构用钢、钢管混凝土结构用钢和建筑装饰用钢材制品等。

1. 钢筋混凝土结构用钢

钢筋混凝土结构用钢主要有热轧钢筋、冷加工钢筋、预应力混凝土热处理钢筋、预应力混凝土钢丝和钢绞线。热轧钢筋是建筑工程中用量最大的钢材之一，主要用于钢筋混凝土结构和预应力混凝土结构。热轧钢筋分为热轧光圆钢筋和热轧带肋钢筋。冷加工钢筋是在常温下对热轧钢筋进行机械加工（冷拉、冷拔、冷轧、冷扭、冲压等）而成，常见的品种有冷拉热轧钢筋、冷轧带肋钢筋和冷拔低碳钢丝。预应力混凝土用钢丝是用优质碳素结构钢经冷加工及时效处理或热处理等工艺过程制得，具有高强度、安全可靠，便于施工等优点。

2. 钢结构用钢

钢结构用钢主要是热轧成型的钢板、型钢等，其中型钢又分热轧型钢和冷弯薄壁型钢。钢材所用的母材主要是普通碳素结构钢及低合金高强度结构钢。

3. 钢管混凝土结构用钢

钢管混凝土结构即采用钢管混凝土构件作为主要受力构件的结构，是指在钢管内填充混凝土的构件，包括实心和空心钢管混凝土构件，截面可为圆形、矩形及多边形，简称 CFST 构件。

钢材的主要性能包括力学性能和工艺性能。其中，力学性能是钢材最重要的使用性能，包括抗拉性能、冲击性能、硬度、耐疲劳性能等。工艺性能表示钢材在各种加工过程中行为的性能，包括弯曲性能和焊接性能等。

（二）胶凝材料

在建筑材料中，经过一系列物理作用、化学作用，能从浆体变成坚固的石状体，并将其他固体物料胶结成整体而具有一定机械强度的物质，统称为胶凝材料。根据化学组成的不同，胶凝材料可分为无机与有机两大类。石灰、石膏、水泥等属于无机胶凝材料；而沥青、天然或合成树脂等属于有机胶凝材料。无机胶凝材料按其硬化条件的不同又可分为气硬性和水硬性两类。只能在空气中硬化，也只能在空气中保持和发展其强度的称为气硬性胶凝材料，如石灰、石膏等；既能在空气中，还能更好地在水中硬化、保持和继续发展其强度的称为水硬性胶凝材料，如各种水泥。气硬性胶凝材料一般只适用于干燥环境，而不宜用于潮湿环境，更不可用于水中。

1. 水泥

水泥的生产是以石灰石和黏土为主要原料，经破碎、配料、磨细制成生料，放入水泥窑中煅烧成熟料，加入适量石膏（有时还掺加混合材料或外加剂）磨细而成。通过对各种原材料的配比控制，可以制成不同种类的水泥。根据其主要水硬性物质名称，常用的有 6 种：硅酸盐水泥、铝酸盐水泥、硫铝酸盐水泥、磷铝酸盐水泥、氟铝酸盐水泥，以及以火山灰或潜在水硬性材料及其他活性材料为主要组分的水泥。按其用途及性能又可分为通用水泥和特种水泥。在建筑工程中，硅酸盐水泥是最常用的水泥，其主要特性有水化凝结硬化快，早期强度高，抗冻性好、干缩小，水化热较大，脑腐蚀性较差，耐热性差。

2. 沥青

沥青是一种有机胶凝材料，主要用于生产防水材料和铺筑沥青路面等。常用的沥青主要是石油沥青，另外还使用少量的煤沥青。根据《建筑石油沥青》GB/T 494—2010，建筑石油沥青按针入度不同分为 10 号、30 号和 40 号三个牌号，主要用于制造油纸、油毡、防水涂料和沥青嵌缝膏。绝大部分用于屋面及地下防水、沟槽防水防腐蚀及管道防腐等工程。

改性沥青是指添加了橡胶、树脂、高分子聚合物、磨细了的橡胶粉等改性剂，或采用对沥青进行轻度氧化加工，从而使沥青的性能得到改善的沥青混合物。主要包括：

（1）橡胶改性沥青。常用的橡胶改性沥青有氯丁橡胶改性沥青、丁基橡胶改性沥青、热塑性弹性体（SBS）橡胶改性沥青、再生橡胶改性沥青等。

（2）树脂改性沥青。常用的树脂有古马隆树脂、聚乙烯、乙烯—乙酸乙烯共聚物（EVA）、无规聚丙烯（APP）等。

（3）橡胶和树脂改性沥青。主要有卷材、片材、密封材料、防水涂料等。

（4）矿物填充料改性沥青。常用的矿物填充料大多是粉状的和纤维状的，主要有滑石粉、石灰石粉、硅藻土和石棉等。

（三）混凝土

混凝土是指以胶凝材料将骨料胶结成整体的工程复合材料的统称。按所用胶凝材料的种类不同，混凝土可分为水泥混凝土、沥青混凝土、树脂混凝土、聚合物混凝土等。水泥混凝土是以水泥、骨料和水为主要原料，也可加入外加剂和矿物掺和料等材料，经拌和、成型、养护等工艺制成的、硬化后具有强度的工程材料。建筑工程中主要使用预拌混凝土，是指在搅拌站（楼）生产的、通过运输设备送至使用地点的、交货时为拌和物的混凝土。预拌混凝土作为商品出售时，也称商品混凝土。预拌混凝土分为常规品和特制品。

1. 普通混凝土

普通混凝土（以下简称混凝土）一般是由水泥、砂、石和水组成，为改善混凝土的某些性能，还常加入适量的外加剂和掺和料。外加剂种类繁多，功能多样，按其主要功能分为四类：①改善混凝土拌和物流变性能的外加剂，包括各种减水剂、引气剂和泵送剂等；②调节混凝土凝结时间、硬化性能的外加剂，包括缓凝剂、早强剂和速凝剂等；③改善混凝土耐久性的外加剂，包括引气剂、防水剂、防冻剂和阻锈剂等；④改善混凝土其他性能的外加剂，包括加气剂、膨胀剂、着色剂等。

2. 特种混凝土

（1）高性能混凝土。高性能混凝土是具有高耐久性、高工作性和高体积稳定性的混凝土，是一种新型高技术混凝土，特别适用于高层建筑、桥梁以及暴露在严酷环境中的建筑物。

（2）高强混凝土。高强混凝土是用普通水泥、砂石作为原料，采用常规制作工艺，主要依靠高效减水剂，或同时外加一定数量的活性矿物掺和料，使硬化后强度等级不低于 C60 的混凝土。

（3）轻骨料混凝土。轻骨料混凝土是指用轻砂（或普通砂）、水泥和水配制而成的干表观密度不大于 1 950kg/m³ 的混凝土。

（4）防水混凝土。防水混凝土又叫抗渗混凝土，结构混凝土抗渗等级根据其工程埋置深度来确定。

（5）碾压混凝土。碾压混凝土经振动碾压等工艺能达到高密度、高强度，是道路工程、机场工程和水利工程中性能好、成本低的新型混凝土材料。

（6）纤维混凝土。掺入纤维的目的是提高混凝土的抗拉强度与降低其脆性。纤维混凝土目前已逐渐应用在高层建筑楼面、高速公路路面，以及荷载较大的仓库地面、停车场、贮水池等处。

（7）聚合物混凝土。聚合物混凝土是由有机聚合物、无机胶凝材料、集料有效结合而形成的一种新型混凝土材料的总称，主要分为聚合物浸渍混凝土、聚合物水泥混凝土和聚合物胶结混凝土（树脂混凝土）三类。

（四）沥青混合料

沥青混合料是由矿料（粗集料、细集料和填料）与沥青拌和而成的混合料，是一种黏弹塑性材料，具有良好的力学性能和一定的高温稳定性与低温柔性，修筑路面无需设置接缝，行车较舒适，而且施工方便、速度快，能及时开放交通，并可再生利用。因此，沥青混合料是高等级道路修筑中的一种主要路面材料。

（五）砌筑材料

1. 砖

1）烧结砖

经焙烧制成的砖称为烧结砖，常结合主要原材料命名，如烧结黏土砖、烧结粉煤灰砖、烧结页岩砖等。按规格尺寸及空心率，烧结砖有烧结普通砖、烧结多孔砖、烧结空心砖等。

烧结普通砖的外形为直角六面体，其标准尺寸为 240mm × 115mm × 53mm。烧结普通砖强度划分为五个等级：MU30、MU25、MU20、MU15、MU10。烧结普通砖可用作墙体材料，砌筑柱、拱、窑炉、烟囱、沟道及基础等。

烧结多孔砖是以黏土、页岩、煤矸石、粉煤灰等为主要原料烧制的主要用于结构承重的多孔砖，主要用于六层以下建筑物的承重墙体。

烧结空心砖是以黏土、页岩、煤矸石、粉煤灰等为主要原料烧制的主要用于非承重部位的空心砖，多用于非承重墙，如多层建筑内隔墙或框架结构的填充墙等。

2）蒸养（压）砖

蒸养（压）砖属于硅酸盐制品，是以石灰和含硅原料（砂、粉煤灰、炉渣、矿渣、煤矸石等）加水拌和，经成型、蒸养（压）制成的。目前使用的主要有粉煤灰砖、灰砂砖和炉渣砖。

蒸压灰砂砖以石灰和砂为原料，经制坯成型、蒸压养护而成，与烧结普通砖尺寸规格相同。按抗压、抗折强度值可划分为 MU25、MU20、MU15、MU10 四个强度等级。MU15 等级以上的砖可用于基础及其他建筑部位；MU10 砖可用于防潮层以上的建筑部位。但蒸压灰砂砖无论是何强度等级，均不得用于长期经受200℃高、急冷、急热或有酸性介质侵蚀的建筑部位。

2. 砌块

砌块按主规格尺寸可分为小砌块、中砌块和大砌块；按其空心率大小可分为空心砌块和实心砌块两种；砌块可按其所用主要原料及生产工艺命名，如水泥混凝土砌块、加气混凝土砌块、粉煤灰砌块、石膏砌块、烧结砌块等。常用的砌块有普通混凝土小型空心砌块、轻骨料混凝土小型空心砌块和蒸压加气混凝土砌块等。

3. 砌筑砂浆

砂浆是由胶凝材料、细骨料、掺和料和水配制而成的材料，在建筑工程中起粘结、衬垫和传递应力的作用。按用途可分为砌筑砂浆、抹面砂浆、其他特种砂浆等；按所用胶凝材料可分为水泥砂浆、石灰砂浆、水泥石灰混合砂浆等；按生产形式可分为现场拌制砂浆和预拌砂浆。

按生产方式，可将预拌砂浆分为湿拌砂浆和干混砂浆两大类。因特种用途的砂浆黏度较大，无法采用湿拌的形式生产，因而湿拌砂浆仅包括普通砂浆。

二、建筑装饰材料

（一）建筑饰面材料

常用的饰面材料有天然石材、人造石材、陶瓷与玻璃制品、塑料制品、石膏制品、木材以及金属材料等。

1. 饰面石材

1）天然饰面石材

常用的天然饰面石板有花岗石板、大理石板等。天然石材的放射性是引起普遍关注的问题，绝大多数的天然石材中所含放射物质极低，不会对人体造成任何危害；但部分花岗石产品放射性指标超标，会在长期使用过程中对环境造成污染。

花岗石因不易风化，其外观色泽可保持百年以上，主要应用于大型公共建筑或装饰等级要求较高的室内外装饰工程。其中，粗面和细面板材常用于室外地面、墙面、柱面、勒脚、基座、台阶；镜面板材主要用于室内外地面、墙面、柱面、台面、台阶等，特别适宜用作大型公共建筑大厅的地面。

大理石板按质量分为优等品（A）、一等品（B）和合格品（C）三个等级。天然大理石易加工，开光性好，常被制成抛光板材。其色调丰富、材质细腻、极富装饰性，用于宾馆、展览馆、影剧院、商场、图书馆、机场、车站等公共建筑工程的室内柱面、地面、窗台板、服务台、电梯间门脸的饰面等，是理想的室内高级装饰材料。此外，还可制作大理石壁画、工艺品、生活用品等；但因其抗风化性能较差，故除个别品种（以石英为主的砂岩及石曲岩）外一般不宜用作室外装饰。

2）人造饰面石材

人造石材是以大理石、花岗石碎料，石英砂、石渣等为骨料，树脂或水泥等为胶结料，经拌和、成型、聚合或养护后，研磨抛光、切割而成。常用的人造饰面石材有人造花岗石、大理石和水磨石三种。

2. 饰面陶瓷

凡是用于砖石墙面、地面及卫生间的装备等的各种陶瓷及其制品统称建筑陶瓷。用作饰面的建筑陶瓷主要有釉面砖、陶瓷锦砖、瓷质砖等。

釉面砖又称瓷砖，是建筑装饰工程中最常用、最重要的饰面材料之一。按釉面颜色分为单色（含白色）、花色及图案砖三种；按形状分为正方形、长方形和异形配件砖三种；按外观质量分为优等品、一等品与合格品三个等级。釉面砖因砖体多孔，吸收大量水分后将产生湿胀现象，而釉吸湿膨胀非常小，从而导致釉面开裂，出现剥落、掉皮现象，不能用于室外。

陶瓷锦砖俗称马赛克，是以优质瓷土烧制成的小块瓷砖。出厂前按设计图案将其反贴在牛皮纸上，每张大小约 300mm，称作一联。表面分为无釉和有釉两种；花色分为单色和拼花两种；基本形状分为正方形、长方形、六角形等多种。陶瓷锦砖主要用于室内地面铺装。

瓷质砖又称同质砖、通体砖、玻化砖，具有天然石材的质感，而且具有高光度、高硬度、高耐磨、吸水率低、色差少以及规格多样化和色彩丰富等优点。

（二）建筑装饰玻璃

在建筑工程中，玻璃是一种重要的建筑材料，除了能采光和装饰外，还有控制光线、调节热量、节约能源、控制噪声、降低建筑物自重、改善建筑环境、提高建筑艺术水平等功能。

1. 平板玻璃

平板玻璃按颜色属性分为无色透明平板玻璃和本体着色平板玻璃；按生产方法不同，可分为普通平板玻璃和浮法玻璃两类。平板玻璃是钢化、夹层、镀膜、中空等深加工玻璃的原片。

2. 装饰玻璃

常用的装饰玻璃有彩色平板玻璃（又称有色玻璃或饰面玻璃，分为透明和不透明两种）、釉面玻璃、压花玻璃（又称为花纹玻璃或滚花玻璃，分为一般压花玻璃、真空镀膜压花玻璃和彩色膜压花玻璃等）、喷花玻璃（又称为胶花玻璃）、刻花玻璃、冰花玻璃等。

3. 安全玻璃

防火玻璃主要用于有防火隔热要求的建筑幕墙、隔断等构造和部位。

钢化玻璃常用作建筑物的门窗、隔墙、幕墙及橱窗、家具等。钢化玻璃使用时不能切割、磨削，边角也不能碰击、挤压，需按现成的尺寸规格选用或提出具体设计图纸进行加工定制。

夹丝玻璃也称防碎玻璃或钢丝玻璃，应用于建筑的天窗、采光屋顶、阳台及有防盗、防抢功能要求的营业柜台的遮挡部位。当用作防火玻璃时，要符合相应耐火极限的要求。夹丝玻璃可以切割，但断口处裸露的金属丝要做防锈处理。

夹层玻璃在建筑上一般用于高层建筑的门窗、天窗、楼梯栏板和有抗冲击作用要求的商店、银行的橱窗、隔断及水下工程等安全性能高的场所或部位等。夹层玻璃不能切割，需要选用定型产品或按尺寸定制。

4. 节能装饰型玻璃

着色玻璃也称着色吸热玻璃，采用不同颜色的着色玻璃能合理利用太阳光，调节室内温度，节省空调费用，而且对建筑物的外形有很好的装饰效果。一般多用作建筑物的门窗或玻璃幕墙。

镀膜玻璃分为阳光控制镀膜玻璃和低辐射镀膜玻璃。阳光控制镀膜玻璃具有良好的隔热性能，具有单向透视性，故又称为单反玻璃，可用作建筑门窗玻璃、幕墙玻璃，还可用于制作高性能中空玻璃。低辐射镀膜玻璃又称"Low-E"玻璃，对于太阳可见光和近红外光有较高的透过率，有利于自然采光，可节省照明费用；对阳光中的和室内物体所辐射的热射线均可有效阻挡，因而可使夏季室内凉爽而冬季则有良好的保温效果。

中空玻璃有双层和多层之分，一般是双层结构，主要用于保温隔热、隔声等功能要求较高的建筑物，如宾馆、住宅、医院、商场、写字楼等，也广泛用于车船等交通工具。

真空玻璃是新型、高科技含量的节能玻璃深加工产品，是我国玻璃工业中为数不多的具有自主知识产权的前沿产品，其研发推广符合国家鼓励自主创新的政策，也符合国家大力提倡的节能政策，在绿色建筑的应用上具有良好的发展潜力和前景。

（三）建筑装饰涂料

建筑装饰涂料主要是指用于墙面与地面装饰涂敷的材料，按其使用不同可分为外墙涂料、内墙涂料及地面涂料。

外墙涂料主要起装饰和保护外墙墙面的作用，常用的有苯乙烯—丙烯酸酯乳液涂料、丙烯酸酯系外墙涂料、聚氨酯系外墙涂料、合成树脂乳液砂壁状涂料等。

内墙涂料应色彩丰富、细腻、调和，耐碱性、耐水性、耐粉化性良好，透气性良好，涂刷方便，重涂容易。常用于的内墙涂料有聚乙烯醇水玻璃涂料、聚醋酸乙烯乳液涂料、醋酸乙烯丙烯酸酯有光乳液涂料、多彩涂料等。

地面涂料的主要功能是装饰与保护室内地面。地面涂料的应用主要有两方面：一是，用于木质地面的涂饰，如常用的聚氨酯漆、钙酯地板漆和酚醛树脂地板漆等；二是，用于地面装饰，做成无缝涂布地面等，如常用的有过氯乙烯地面涂料、聚氨酯地面涂料、环氧树脂厚质地面涂料等。

（四）建筑装饰塑料

一般习惯将用于建筑工程中的塑料及制品称为建筑塑料，常用作装饰材料、绝热材料、吸声材料、防水材料、管道及卫生洁具等。

1. 塑料门窗

塑料门窗结构形式的设计有很大的灵活性。目前，塑料门窗多用中空异形型材，为了提高塑料型材的刚度，减少变形，常在中空主腔中补加弯成槽形或方形的镀锌钢板，这种门窗称为塑钢门窗。

2. 塑料地板

塑料地板品种很多，按照生产塑料地板所用树脂，可以分为聚氯乙烯塑料地板、聚丙烯树脂塑料地板、氯化聚乙烯树脂塑料地板。目前，绝大多数塑料地板属于聚氯乙烯塑料地板。按照塑料地板的结构来分，有单层塑料地板、多层塑料地板等。

3. 塑料壁纸

塑料壁纸是以一定材料（如纸、纤维织物等）为基材，表面进行涂塑后，再经过印花、压花或发泡处理等多种工艺而制成的一种墙面装饰材料。塑料壁纸表面不吸水，可用布擦洗，广泛用于室内墙面装饰装修，也可用于顶棚、梁、柱等处的贴面装饰。

4. 塑料管材及配件

塑料管材及配件可在电气安装工程中用于各种电线的套管、各种电器配件（如开关、线盒、插座等）及各种电线的绝缘套等。常用的塑料管材有硬聚氯乙烯（UPVC）管、氯化聚氯乙烯（CPVC）管、无规共聚聚丙烯（PP-R）管、聚丁烯（PB）管、交联聚乙烯（PEX）管等。

（五）建筑装饰钢材

现代建筑装饰工程中，钢材制品得到广泛应用，主要有不锈钢钢板和钢管、彩色不锈钢钢板、轻钢龙骨彩色涂层钢板和彩色涂层压型钢板，以及镀锌钢卷帘门板等。

1. 不锈钢及其制品

用于建筑装饰的不锈钢钢材主要有薄板（厚度小于2mm）和用薄板加工制成的管材、型材等。用于装饰的板材按反光率分为镜面板、亚光板和浮雕板三种类型。不锈钢装饰管材按截面可分为等径圆管和变径花形管，按壁厚可分为薄壁管（小于2mm）或厚壁管（大于4mm），按其表面光泽度可分为抛光管、亚光管和浮雕管。

2. 轻钢龙骨

建筑用轻钢龙骨是木龙骨的换代产品，用作吊顶或墙体龙骨，与各种饰面板（纸面石膏板、矿棉板等）相配合，构成的轻型吊顶或隔墙，以其优异的热学、声学、力学、工艺性能及多变的装饰风格在装饰工程中得到广泛应用。

3. 彩色涂层钢板

彩色涂层钢板按涂层分为无机涂层、有机涂层和复合涂层三大类。彩色涂层钢板常用于各类建筑物的外墙板、屋面板、室内的护壁板、吊顶板，还可作为排气管道、通风管道和其他类似的有耐腐蚀要求的构件及设备，也常用作家用电器的外壳。

4. 彩色涂层压型钢板

彩色涂层压型钢板是以镀锌钢板为基材，经辊压、冷弯成异形断面，表面涂装彩色防腐涂层或烤漆而制成的轻型复合板材。也可采用彩色涂层钢板直接成型制作彩色涂层压型钢板，其广泛用于外墙、屋面、吊顶及夹芯保温板材的面板等。

（六）建筑装饰木材

建筑工程中常用木材按其用途和加工程度分为原条、原木、锯材等类别，主要用于脚手架、木结构构件和家具等。为了提高木材利用率，充分利用木材的性能，经过深加工和人工合成，可以制成各种装饰材料和人造板材。

1. 旋切微薄木

有色木、桦木或树根瘤多的木段，经水蒸软化后，旋切成 0.1mm 左右的薄片，与坚韧的纸胶合而成。由于具有天然的花纹和较好的装饰性，可压贴在胶合板或其他板材表面，做成墙、门和各种柜体的面板。

2. 软木壁纸

软木壁纸是由软木纸与基纸复合而成，保持了原软木的材质，手感好、隔声、吸声、典雅舒适，特别适用于室内墙面和顶棚的装修。

3. 木质合成金属装饰材料

木质合成金属装饰材料是以木材、木纤维作芯材，通过合成金属层（铜和铝），在金属层上进行着色氧化、电镀贵重金属，再涂膜养护等工序加工制成，主要用于装饰门框、墙面、柱面和顶棚等。

4. 木地板

木地板可分为实木地板、强化木地板、实木复合地板和软木地板。实木地板是由天然木材经锯解、干燥后直接加工而成，其断面结构为单层。强化木地板是多层结构地板，由表面耐磨层、装饰层、缓冲层、人造板基材和平衡层组成，具有很高的耐磨性，力学性能较好，安装简便，维护保养简单。实木复合地板是利用珍贵木材或木材中的优质部分以及其他装饰性强的材料作表层，竹、木材料中材质较差或质地较差的部分作中层或底层，经高温、高压制成的多层结构的地板。

5. 人造木材

人造木材是将木材加工过程中的大量边角、碎料、刨花、木屑等，经过再加工处理，制成各种人造板材。主要有胶合板、纤维板、细木工板以及刨花板等。

三、建筑功能材料

（一）防水材料

1. 防水卷材

防水卷材有聚合物改性沥青防水卷材与合成高分子防水卷材等系列。

聚合物改性沥青防水卷材常见的有 SBS 改性沥青防水卷材、APP 改性沥青防水卷材、PVC 改性焦油沥青防水卷材等。此类防水卷材一般单层铺设，也可复层使用，根据不同卷材可采用热熔法、冷粘法、自粘法施工。

合成高分子防水卷材常用的有再生胶防水卷材、三元乙丙橡胶防水卷材、三元丁橡胶防水卷材、聚氯乙烯防水卷材、氯化聚乙烯防水卷材、氯化聚乙烯—橡胶共混防水卷材等。一般单层铺设，可采用冷粘法或自粘法施工。

2. 防水涂料

防水涂料是一种流态或半流态物质，可用刷、喷等工艺涂布在基层表面，经溶剂或水分挥发或化学反应，形成具有一定弹性和一定厚度的连续薄膜，使基层表面与水隔绝，起到防水、防潮作用。防水涂料广泛应用于工业与民用建筑的屋面防水工程、地下室防水工程和地面防潮、防渗等，特别适用于各种不规则部位的防水。

3. 建筑密封材料

建筑密封材料是能承受接缝位移以达到气密、水密目的而嵌入建筑接缝中的材料。建筑密封材料分为定型密封材料和不定型密封材料。不定型密封材料通常是黏稠状的材料，分为弹性密封材料和非弹性密封材料。目前，常用的不定型密封材料有沥青嵌缝油膏、聚氯乙烯接缝膏、塑料油膏、丙烯酸类密封胶、聚氨酯密封胶和硅酮密封胶等。定型密封材料是具有一定形状和尺寸的密封材料，包括密封条带和止水带，如铝合金门窗橡胶密封条、丁腈橡胶—PVC 门窗密封条、自粘性橡胶、橡胶止水带、塑料止水带等。

（二）保温隔热材料

在建筑工程中，常把用于控制室内热量外流的材料称为保温材料，将防止室外热量进入室内的材料称为隔热材料，两者统称为绝热材料。绝热材料主要用于墙体及屋顶、热工设备及管道、冷藏库等工程或冬期施工的工程。

保温材料的保温功能性指标的好坏是由材料导热系数的大小决定的，导热系数越小，保温性能越好。影响材料导热系数的主要因素包括材料的化学成分、微观结构、孔结构、湿度、温度和热流方向等，其中孔结构和湿度对导热系数的影响最大。

目前应用较为广泛的绝热材料包括：纤维状绝热材料，如岩棉、矿渣棉、玻璃棉、硅酸铝棉等制品；多孔状绝热材料，如泡沫玻璃、玻化微珠、膨胀蛭石以及加气混凝土；有机绝热材料，如聚苯乙烯板、聚氨酯泡沫塑料、硬泡聚氨酯板、植物纤维类绝热板等。

（三）吸声隔声材料

1. 吸声材料

在规定频率下平均吸声系数大于 0.2 的材料称为吸声材料。材料的吸声性能除与材料的表观密度、厚度、孔隙特征有关外，还与声音的入射方向和频率有关。吸声材料和吸声结构的种类，主要有薄板振动吸声结构、柔性吸声结构、悬挂空间吸声结构、薄帘幕吸声结构等。

2. 隔声材料

隔声材料是能减弱或隔断声波传递的材料。隔声材料必须选用密实、质量大的材料，如黏土砖、钢板、混凝土和钢筋混凝土等。对固体声最有效的隔绝措施是隔断其声波的连续传递，即采用不连续的结构处理，如在墙壁和梁之间、房屋的框架和隔墙及楼板之间加弹性垫，如毛毡、软木、橡胶等材料。

（四）防火材料

可燃物、助燃物和火源通常称为燃烧三要素。这三个要素必须同时存在且互相接触，燃烧才可能进行。根据燃烧理论可知，只要对燃烧三要素中的任何一种因素加以抑制，就可达到阻止燃烧的目的。材料的阻燃和防火即是这一理论的具体实施。

1. 阻燃剂

目前已工业化生产的阻燃剂有多种类型，主要是针对高分子材料的阻燃设计。按使用方法分类，阻燃剂可分为添加型阻燃剂和反应型阻燃剂两类。添加型又可分为有机阻燃剂和无机阻燃剂。按所含元素分类，阻燃剂可分为磷系、卤素系（溴系、氯系）、氮系和无机系等。

2. 防火涂料

防火涂料是一种集装饰和防火为一体的特种涂料。按防火涂料的使用对象来分，可分为饰面性防火涂料、钢结构防火涂料、电缆防火涂料、预应力混凝土楼板防火涂料、隧道防火涂料、船用防火涂料等多种类型。其中，钢结构防火涂料根据其使用场合分为室内用和室外用两类，根据其涂层厚度和耐火极限又可分为厚质型、薄型和超薄型三类。

3. 水性防火阻燃液

水性防火阻燃液又称水性防火剂、水性阻燃剂，是指以水为分散介质，采用喷涂或浸渍等方法使木材、织物等获得规定的燃烧性能的阻燃剂。根据水性防火阻燃液的使用对象，可分为木材用水基型阻燃处理剂、织物用水基型阻燃处理剂、木材及织物用水基型阻燃处理剂三类。

4. 防火堵料

防火堵料是专门用于封堵建筑物中的各种贯穿物，如电缆、风管、油管、气管等穿过墙壁、楼板形成的各种开孔以及电缆桥架等，具有防火隔热功能且便于更换的材料。根据防火封堵材料的组成、形状与性能特点可分为三类：以有机高分子材料为胶凝材料的有机防火堵料、以快干水泥为胶凝材料的无机防火堵料、将阻燃材料用织物包裹形成的防火包。

第六节   建设工程造价

一、工程造价概述

（一）工程造价的定义

工程造价有两种含义：一是，指建设一项工程的预期开支或实际开支的全部固定资产投资费用，在此意义上工程造价与建设项目投资的概念是一致的；二是，指工程价格，即为建成一项工程，预期在土地市场、技术和设备市场、劳务市场以及工程承包市场等交易活动中所形成的建设安装工程价格或建设项目总价格，通常又称之为工程承发包价格。这两种含义分别是从投资者和承包商的角度来定义的。

（二）工程计价的含义

工程计价是指按照法律法规及标准规范规定的程序、方法和依据，对工程项目实施建设的各个阶段的工程造价及其构成内容进行预测和估算的行为。工程计价依据是指在工程计价活动中，所要依据的与计价内容、计价方法和价格标准相关的工程计价标准、工程计价定额及工程计价信息等。

工程计价的三要素：量、价、费。工程计价是按文件规定的计算项目及计取方法计算工程费用组成的行为的总称。工程计量仅仅是工程计价组成中直接费的每个子项目的工程量多少。建筑工程计量与计价是一项繁琐且工作量大的活动，工程计量与计价的准确性对单位工程造价的预测、优化、计算、分析等多种活动的成果，以及控制工程造价管理的效果都会产生重要的影响。

1. 工程计价的多次性

工程项目需要按程序进行策划决策和建设实施，工程计价也需要在不同阶段多次进行，以保证工程造价计算的准确性和控制的有效性。多次计价是一个逐步深入和细化，不断接近实际造价的过程。工程多次计价过程如图 1-3 所示。

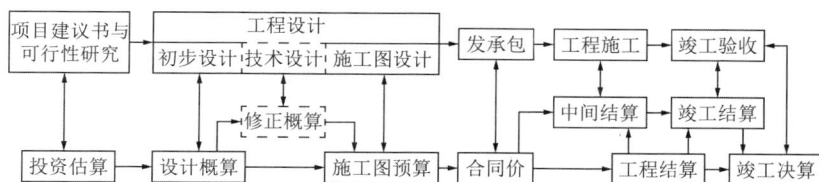

图 1-3　工程多次计价过程示意图

注：竖向箭头表示对应关系，横向箭头表示多次计价流程及逐步深化过程。

（1）投资估算：是指在项目建议书和可行性研究阶段通过编制估算文件预先测算的工程造价。投资估算是进行项目决策、筹集资金与合理控制造价的主要依据。

（2）设计概算：是指在初步设计阶段，根据设计意图，通过编制设计概算文件，预先测算的工程造价。与投资估算相比，设计概算的准确性有所提高，但受投资估算的控制。设计概算一般可分为建设项目总概算、各单项工程综合概算、各单位工程概算。

（3）修正概算：是指在技术设计阶段（如果有），根据技术设计要求，通过编制修正概算文件预先测算的工程造价。修正概算是对初步设计概算的修正和调整，比设计概算准确，但受设计概算控制。

（4）施工图预算：是指在施工图设计阶段，根据施工图纸，通过编制预算文件预先测算的工程造价。施工图预算比设计概算或修正概算更为详尽和准确，但同样要受前一阶段工程造价的控制。目前，有些工程项目在招标时需要确定最高投标限价（招标控制价），以限制最高投标报价。

（5）合同价：是指在工程发承包阶段通过签订合同所确定的价格。合同价属于市场价格，是由发承包双方根据市场行情通过招标投标等方式达成一致、共同认可的成交价格。但应注意，合同价并不等同于最终结算的实际工程造价，由于计价方式不同，合同价内涵也会有所不同。

（6）工程结算：工程结算包括施工过程中的中间结算和竣工验收阶段的竣工结算。工程结算需要按实际完成的合同范围内合格工程量考虑，同时按合同调价范围和调价方法，对实际发生的工程量增减、设备和材料价差等进行调整后确定结算价格。工程结算反映的是工程项目实际造价。工程结算文件一般由承包单位编制，由发包单位审查，也可委托工程造价咨询机构进行审查。

（7）竣工决算：是指工程竣工验收阶段，以实物数量和货币指标为计量单位，综合反映竣工项目从筹建开始到竣工交付使用的全部建设费用。竣工决算文件一般由建设单位编制，上报相关主管部门审查。

2. 工程计价的组合性

建设项目是指在一个场地或几个场地上，按照一个总体设计进行施工、并受总概（预）算控制的各个工程项目的总和。建设项目可由一个或多个工程项目构成。建设项目在经济上实行独立核算，具有独立的组织形式，如一个工厂、一座煤矿、一所学校或一条铁路等。工程项目是以工程建设为载体的项目，是作为被管理对象的一次性工程建设任务。它是以建筑物或构筑物为目标产出物，需要支付一定的费用、按照一定的程序、在一定时间内完成并应符合质量要求，竣工后能独立发挥生产能力或使用效益的工程，如高等院校的综合教学楼、工厂中的某个生产车间等。一个建设（工程）项目是一个工程综合体，可按单项工程、单位（子单位）工程、分部（子分部）工程、分项工程等不同层次分解为许多有内在联系的组成部分。

1）单项工程

单项工程是具有独立设计文件，能够独立发挥生产能力、使用效益的工程，是建设项目的组成部分，由多个单位工程构成。单项工程是工程项目的组成部分，一个工程项目有时可以仅包括一个单项工程，也可以包括多个单项工程。生产性工程项目的单项工程，一般是指能独立生产的车间，包括厂房建筑、设备安装等工程。

2）单位（子单位）工程

单位工程是具备独立施工条件并能形成独立使用功能的建筑物及构筑物，是单项工程的组成部分，可分为多个分部工程。对于建筑规模较大的单位工程，可将其能形成独立使用功能的部分作为子单位工程。如工业厂房工程中的土建工程、设备安装工程、工业管道工程等就是单项工程所包含的不同性质的单位工程。有的工程项目没有单项工程，而是直接由若干单位工程组成。

3）分部（子分部）工程

分部工程是指按工程的部位、结构形式等的不同划分的工程项目，是单位工程的组成部分，可分为多个分项工程。如建筑工程包括地基与基础、主体结构、装饰装修、屋面、给水排水及供暖、通风与空调、建筑电气、智能建筑、建筑节能、电梯等分部工程。

4）分项工程

分项工程是指根据工种、构件类别、设备类别、使用材料不同划分的工程项目，是分部工程的组成部分，也是形成建筑产品基本构件的施工过程。例如，土方开挖、土方回填、钢筋、模板、混凝土、砖砌体、木门窗制作与安装、钢结构基础等。分项工程是工程项目施工生产活动的基础，也是计量工程用工用料和机械台班消耗的基本单元；同时，又是工程质量形成的直接过程。分项工程既有其作业活动的独立性，又有相互联系、相互制约的整体性。

建设项目的组合性决定了工程计价的逐步组合过程。工程造价的组合过程是：分部分项工程造价→单位工程造价→单项工程造价→建设项目总造价。

3. 计价方法的多样性

工程项目的多次计价有其各不相同的计价依据，每次计价的精确要求也各不相同，由此决定了计价方法的多样性。例如，投资估算方法有设备系数法、生产能力指数估算法等，概算、预算方法有单价法、概算指标法和类似工程预算法等。不同方法有不同的适用条件，计价时应根据具体情况加以选择。

二、建设项目总投资及工程造价的构成

建设项目总投资是为完成工程项目建设并达到使用要求或生产条件，在建设期内预计或实际投入的全部费用总和。生产性建设项目总投资包括建设投资、建设期利息和流动资金三部分；非生产性建设项目总投资包括建设投资和建设期利息两部分。其中建设投资和建设期利息之和对应于固定资产投资，固定资产投资与建设项目的工程造价在量上相等。工程造价的基本构成包括用于购买工程项目所含各种设备的费用，用于建筑施工和安装施工所需支出的费用，用于委托工程勘察设计应支付的费用，用于获取土地使用权所需的费用，也包括用于建设单位自身进行项目筹建和项目管理所花费的费用等。总之，工程造价是指在建设期预计或实际支出的建设费用。其中，建筑安装工程投资即建筑安装工程造价，二者在量上也是等同的。

工程造价中的主要构成部分是建设投资，建设投资是为了完成工程项目建设，在建设期内投入且形成现金流出的全部费用。根据《国家发展改革委、建设部关于印发建设项目经济评价方法与参数的通知》（发改投资〔2006〕1325号），建设投资包括工程费用、工程建设其他费用和预备费三部分。工程费用是指建设期内直接用于工程建造、设备购置及其安装的建设投资，可以分为建筑安装工程费和设备及工器具购置费。工程建设其他费用是指建设期为项目建设或运营必须发生的但不包括在工程费用中的费用。预备费是在建设期内因各种不可预见因素的变化而预留的可能增加的费用，包括基本预备费和价差预备费。

流动资金是指为进行正常生产运营，用于购买原材料、燃料、支付工资及其他运营费用等所需的周转资金。

以建筑工程为例，我国现行建设项目总投资构成的具体内容如图1-4所示。

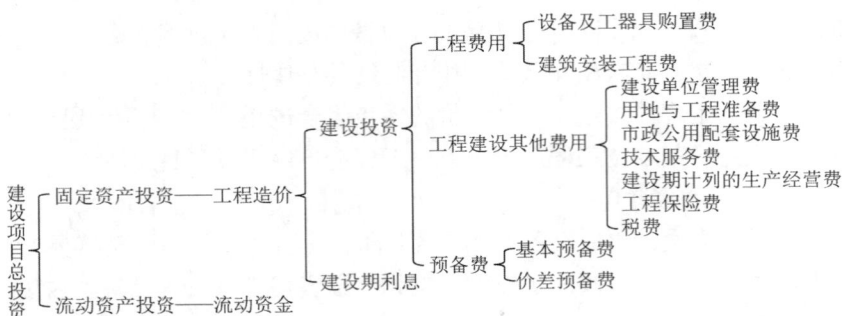

图1-4　我国现行建设项目总投资构成

建设项目总投资可分为静态投资和动态投资。静态投资是指不考虑物价上涨、建设期贷款利息等影响因素的建设投资。静态投资包括建筑安装工程费、设备和工器具购置费、工程建设其他费、基本预备费，以及因工程量误差而引起的工程造价增减值等。动态投资是指考虑物价上涨、建设期贷款利息等影响因素的建设投资。动态投资除包括静态投资外，还包括建设期贷款利息、涨价预备费等。动态投资更符合市场价格运行机制，使投资确定和控制更加符合实际。

由于不同专业类别的工程项目在总投资与工程造价构成上会有所不同，如水利工程的总投资与工程造价构成可参见《水利部关于发布〈水利工程设计概（估）算编制规定〉的通知》（水总〔2014〕429号），公路工程的总投资与工程造价构成可参见《公路工程建设项目投资估算编制办法》JTG 3820—2018、《公路工程建设项目概算预算编制办法》JTG 3830—2018；水运工程的总投资与工程造价构成可参见《水运工程建设项目投资估算编制规定》JTS 115—2014等。

（一）设备及工器具购置费用的构成

设备及工器具购置费用是由设备购置费和工具、器具及生产家具购置费组成。

1. 设备购置费

设备购置费是指为建设项目购置或自制的达到固定资产标准的各种国产或进口设备、工具、器具的购置费用，由设备原价和设备运杂费构成。设备原价指国产或进口设备的原价；设备运杂费指设备原价之外的关于设备采购、运输、途中包装以及仓库保管等方面的支出费用的总和。

2. 工具、器具及生产家具购置费

工具、器具及生产家具购置费，是指新建或扩建项目初步设计规定的，保证初期正常生产必须购置的没有达到固定资产标准的设备、仪器、工卡模具、器具、生产家具和备品备件等的购置费。

（二）建筑安装工程费用的构成

根据《住房和城乡建设部、财政部关于印发〈建筑安装工程费用项目组成〉的通知》（建标〔2013〕44号），建筑安装工程费按照费用构成要素划分与按照工程造价形成划分如下。

1. 按照费用构成要素划分

建筑安装工程费按照费用构成要素划分：由人工费、材料（包含工程设备，下同）费、施工机具使用费、企业管理费、利润、规费和税金组成，其中人工费、材料费、施工机具使用费、企业管理费和利润包含在分部分项工程费、措施项目费、其他项目费中。

2. 按照工程造价形成划分

建筑安装工程费按照工程造价形成由分部分项工程费、措施项目费、其他项目费、规费、税金组成，分部分项工程费、措施项目费、其他项目费包含人工费、材料费、施工机具使用费、企业管理费和利润。

（三）工程建设其他费用的构成

工程建设其他费用是指应在建设项目的建设投资中开支的，为保证工程建设顺利完成和交付使用后能够正常发挥效用而发生的固定资产其他费用、无形资产费用和其他资产费用。

固定资产其他费用是固定资产费用的一部分，主要包括建设管理费、建设用地费、可行性研究费、研究试验费、勘察设计费、环境影响评价费、劳动安全卫生评价费、场地准备及临时设施费、引进技术和引进设备其他费、工程保险费、联合试运转费、特殊设备安全监督检验费和市政公用设施费。

无形资产费用是指直接形成无形资产的建设投资，主要是指专利及专有技术使用费。

其他资产费用是指建设投资中除形成固定资产和无形资产以外的部分，主要包括生产准备及开办费等。生产准备及开办费是指建设项目为保证正常生产（或营业、使用）而发生的人员培训费、提前进厂费以及投产使用必备的生产办公、生活家具用具及工器具等购置费用。

工程建设其他费用的计算应结合拟建建设项目的具体情况，有合同或协议明确的费用按合同或协议列入，无合同或协议明确的费用根据国家、各行业部门、工程所在地地方政府的有关工程建设的其他费用定额（规定）和计算办法估算。

（四）预备费

预备费包括基本预备费和涨价预备费两部分。

1. 基本预备费

又称不可预见费，是指在工程实施中可能发生的难以预料、需要预留的费用，主要指设计变更及施工过程中可能增加工程量的费用。其计算公式为：

基本预备费 = (工程费用+工程建设其他费用) × 基本预备费率   (1-1)

式中，基本预备费率由工程造价管理机构根据项目特点综合分析后确定。

2. 涨价预备费

涨价预备费是指工程项目在建设期间内由于价格等变化引起工程造价变化的预留费用。包括人工、设备、材料、施工机械价差费，建筑安装工程费及工程建设其他费用调整，利率、汇率调整等增加的费用。涨价预备费一般是根据国家规定的投资综合价格指数，按估算年份价格水平的投资额为基数，采用复利方式计算。其计算公式为：

$$PF = \sum_{t=1}^{n} I_t \left[(1+f)^m (1+f)^{0.5} (1+f)^{t-1} - 1 \right]$$ (1-2)

式中，PF——涨价预备费；

n——建设期年份数；

I_t——建设期第t年投资计划额，包括工程费用、工程建设其他费用及基本预备费，即第t年静态投资计划额；

f——投资价格上涨指数；

t——建设期第t年；

m——建设前期年限。

式中，$(1+f)^{0.5}$表示建设期第t年当年投资分期均匀投入考虑涨价的幅度。

对设计建设周期较短的项目，涨价预备费计算公式可简化处理。特殊项目或必要时，可进行项目未来价差分析预测，确定各时期投资价格指数。

【例 1-1】某拟建项目投资估算为：设备购置费为 6 000 万元，建筑安装工程费用为 5 400 万元，工程建设其他费用为 1 200 万元。基本预备费率为 7%。建设前期 1 年，建设期为 3 年，投资价格年上涨率为 4%。建设期投资安排为：第一年投资额为 30%，第二年投资额为 50%，第三年投资额为 20%。试求建设项目基本预备费和涨价预备费。

【解】基本预备费 = (6 000 + 5 400 + 1 200) × 7% = 12 600 × 7% = 882（万元）

静态投资额 = 6 000 + 5 400 + 1 200 + 882 = 13 482（万元）

建设期第一年涨价预备费为：

$PF_1 = 13\,482 \times 30\% \times [(1+4\%)(1+4\%)^{0.5} - 1] = 245.09$（万元）

建设期第二年涨价预备费为：

$PF_2 = 13\,482 \times 50\% \times [(1+4\%)(1+4\%)^{0.5}(1+4\%) - 1] = 694.46$（万元）

建设期第三年涨价预备费为：

$PF_3 = 13\,482 \times 20\% \times [(1 + 4\%)(1 + 4\%)^{0.5}(1 + 4\%)^2 - 1] = 396.75$（万元）

涨价预备费合计为：

$PF = 245.09 + 694.46 + 396.75 = 1\,336.3$（万元）

（五）建设期利息

建设期利息是指项目借款在建设期内发生的固定资产的利息，包括向国内银行和其他非银行金融机构贷款、出口信贷、外国政府贷款、国际商业银行贷款，以及在境内外发行债券等在建设期内所产生的应偿还贷款利息。在考虑资金时间价值的前提下，建设期利息实行复利计息。对于贷款总额一次性贷出且利息固定的贷款，建设期贷款本息直接按复利公式计算。但当总贷款是分年分次发放时，复利利息的计算就较为复杂。为了简化计算，假定借款通常在每年的年中支用，借款当年按照半年计息，公式为：

$$q_j = \left(P_{j-1} + \frac{A_j}{2} \right) \times i \qquad (1\text{-}3)$$

式中，q_j——建设期第 j 年应计利息；

P_{j-1}——建设期第 $(j-1)$ 年年末贷款余额，它由第 $(j-1)$ 年年末贷款累计再加上此时的贷款利息累计；

A_j——建设期第 j 年支用贷款；

i——年利率。

【例 1-2】某建设项目的建设期为 3 年，第一年贷款额为 4 000 万元，第二年贷款额为 8 000 万元，第三年贷款额为 5 000 万元，贷款年利率为 5%。试计算建设期利息。

【解】

$q_1 = \left(P_0 + \frac{A_1}{2} \right) \times i = (0 + \frac{4\,000}{2}) \times 5\% = 100$（万元）

$q_2 = \left(P_1 + \frac{A_2}{2} \right) \times i = (4\,000 + 100 + \frac{8\,000}{2}) \times 5\% = 405$（万元）

$q_3 = \left(P_2 + \frac{A_3}{2} \right) \times i = (4\,100 + 8\,000 + 405 + \frac{5\,000}{2}) \times 5\% = 750.25$（万元）

$q = q_1 + q_2 + q_3 = 100 + 405 + 750.25 = 1\,255.25$（万元）

因此，建设期利息为 1 255.25 万元。

三、工程计量

（一）工程计量的含义

工程量计算是工程计价活动的重要环节，是指以工程设计图纸、施工组织设计或施工方案及有关技术经济文件为依据，按照相关工程国家标准的计算规则、计量单位等规定，进行工程数量的计算活动，在工程建设中简称工程计量。

由于工程计价的多阶段性和多次性，工程计量也具有多阶段性和多次性。工程计量不仅包括招标阶段工程量清单编制中工程量的计算，也包括投标报价以及合同履约阶段的变更、索赔、支付和结算中工程量的计算和确认。工程计量工作在不同计价过程中有不同的具体内容，如在招标阶段主要依据施工图纸和工程量计算规则确定拟建分部分项工程项目和措施项目的工程数量；在施工阶段主要根据合同约定、施工图纸及工程量计算规则对已完成工程量进行计算和确认。

（二）工程量的含义

工程量是工程计量的结果，是指按一定规则并以物理计量单位或自然计量单位所表示的建设工程各分部分项工程、措施项目或结构构件的数量。物理计量单位是指以公制度量表示的长度、面积、体积和质量等计量单位，如预制钢筋混凝土方桩以"米"为计量单位，墙面抹灰以"平方米"为计量单位，混凝土以"立方米"为计量单位等。自然计量单位指建筑成品表现在自然状态下的简单点数所表示的个、条、樘、块等计量单位，如门窗工程以"樘"为计量单位，桩基工程以"根"为计量单位等。

（三）工程量计算依据

工程量计算的主要依据如下：

（1）国家发布的工程量计算规范及国家、地方和行业发布的消耗量定额及其工程量计算规则。

（2）经审定的施工设计图纸及其说明。施工图纸全面反映建筑物（或构筑物）的结构构造、各部位的尺寸及工程做法，是工程量计算的基础资料和基本依据。除了施工设计图纸及其说明外，还应配合有关的标准图集进行工程量计算。

（3）经审定的施工组织设计（项目管理实施规划）或施工方案。施工图纸主要表现拟建工程的实体项目，分项工程的具体施工方法及措施应按施工组织设计（项目管理实施规划）或施工方案确定。如计算挖基础土方，施工方法是采用人工开挖，还是采用机械开挖，基坑周围是否需要放坡、预留工作面或做支撑防护等，应以施工方案为计算依据。

（4）经审定通过的其他有关技术经济文件。如工程施工合同、招标文件的商务条款等。

建筑面积计算是工程计量的最基础工作，在工程建设中具有重要意义。建筑面积计算主要依据现行国家标准《建筑工程建筑面积计算规范》GB/T 50353—2013，该规范适用于新建、扩建、改建的工业与民用建筑工程建设全过程的建筑面积计算，即规范不仅适用于工程造价计价活动，也适用于项目规划、设计阶段，但不适用于房屋产权面积计算。

（四）工程量计算规则

工程量计算规则是工程计量的主要依据之一，是工程量数值的取定方法。采用的规范或定额不同，工程量计算规则也不尽相同，我国现行的工程量计算规则如下：

1. 工程量计算规范中的工程量计算规则

2012 年 12 月，住房和城乡建设部发布了《房屋建筑与装饰工程工程量计算规范》GB 50854—2013、《仿古建筑工程工程量计算规范》GB 50855—2013、《通用安装工程工程量计算规范》GB 50856—2013、《市政工程工程量计算规范》GB 50857—2013、《园林绿化工程工程量计算规范》GB 50858—2013、《矿山工程工程量计算规范》GB 50859—2013、《构筑物工程工程量计算规范》GB 50860—2013、《城市轨道交通工程工程量计算规范》GB 50861—2013、《爆破工程工程量计算规范》GB 50862—2013 等九个专业的工程量计算规范（以下简称工程量计算规范），于 2013 年 7 月 1 日起实施，用于规范工程计量行为，统一各专业工程量清单的编制、项目设置和工程量计算规则。采用该工程量计算规则计算的工程量一般为施工图纸的净量，不考虑施工余量。

2. 消耗量定额中的工程量计算规则

消耗量定额中除了有定额说明、定额消耗量外，还有与之配套使用的工程量计算规则，如概算定额等。

四、工程计价

（一）工程计价基本原理

1. 利用函数关系对拟建项目的造价进行类比匡算

当建设项目还没有具体的图样和工程量清单时，需要利用产出函数对建设项目投资进行匡算。在微观经济学中，将过程的产出和资源的消耗之间的关系称为产出函数。在建筑工程中，产出函数建立了产出的总量或规模与各种资源投入（比如人力、材料、机具等）之间的关系。房屋建筑面积的大小和消耗的人工之间的关系就是产出函数的一个例子。

投资的匡算经常基于某个表明设计能力或者形体尺寸的变量，比如建筑的面积、公路的长度、工厂的生产能力等。在这种类比估算方法下尤其要注意规模对造价的影响。项目的造价并不总是和规模大小呈线性关系，典型的规模经济或规模不经济都会出现。因此要慎重选择合适的产出函数，寻找规模和经济有关的经验数据。例如生产能力指数法就是利用生产能力与投资额间的关系函数来进行投资估算的方法。

2. 分部组合计价原理

如果建设项目的设计方案已经确定，常用的是分部组合计价法，即将建设项目自上而下细分至最基本的构造单元（假定的建筑安装产品），采用适当的计量单位计算其工程量，以及当时当地的工程单价。首先计算各基本构造单元的价格，再对费用按照类别进行组合汇总，计算出相应工程造价。

分部组合计价的基本过程可以用公式示例如下：

$$\begin{array}{c}\text{分部分项工程费}\\(\text{或单价措施项目})\end{array} = \sum \begin{array}{c}[\text{基本构造单元工程量}\\(\text{定额项目或清单项目})]\end{array} \times \text{相应单价} \qquad (1\text{-}4)$$

（二）工程计价过程

工程计价可分为工程计量和工程组价两个环节。

1. 工程计量

工程计量工作包括工程项目的划分和工程量的计算。

（1）单位工程基本构造单元的确定，即划分工程项目。编制工程概预算时，主要按工程定额进行项目的划分；编制工程量清单时主要按照清单工程量计算规范规定的清单项目进行划分。

（2）工程量的计算是按照工程项目的划分和工程量计算规则，就不同的设计文件对工程实物量进行计算。工程实物量是计价的基础，不同的计价依据有不同的计算规则规定。目前，工程量计算规则包括两大类：①各类工程定额规定的计算规则；②各专业工程量计算规范规定的计算规则。

2. 工程组价

工程组价包括工程单价的确定和总价的计算。

（1）工程单价是指完成单位工程基本构造单元的工程量所需要的基本费用。工程单价包括工料单价和综合单价。

①工料单价仅包括人工、材料、机具使用费，是各种人工消耗量、各种材料消耗量、各类施工机具台班消耗量与其相应单价的乘积。用公式表示：

$$\text{工料单价} = \sum \text{人材机消耗量} \times \text{人材机单价} \qquad (1\text{-}5)$$

②综合单价除包括人工、材料、机具使用费外，还包括可能分摊在单位工程基本构造单元上的费用。根据我国现行有关规定，可以分成清单综合单价（不完全综合单价）与全费用综合单价（完全综合单价）两种：清单综合单价中除包括人工、材料、机具使用费外，还包括企业管理费、利润和风险因素；全费用综合单价中除包括人工、材料、机具使用费外，还包括企业管理费、利润、规费和税

金。综合单价根据国家、地区、行业定额或企业定额消耗量和相应生产要素的市场价格，以及定额或市场的取费费率来确定。

（2）工程总价是指按规定的程序或办法逐级汇总形成的相应工程造价。根据计算程序的不同，分为实物量法和单价法。

① 实物量法。实物量法是依据图纸和相应计价定额的项目划分即工程量计算规则，先计算出分部分项工程量，然后套用消耗量定额计算人材机等要素的消耗量，再根据各要素的实际价格及各项费率汇总形成相应工程造价的方法。

② 单价法。单价法包括综合单价法和工料单价法。综合单价法。若采用全费用综合单价（完全综合单价），首先依据相应工程量计算规范规定的工程量计算规则计算工程量，并依据相应的计价依据确定综合单价，然后用工程量乘以综合单价，并汇总即可得出分部分项工程及单价措施项目费，之后再按相应的办法计算总价措施项目费、其他项目费，汇总后形成相应工程造价。若采用工料单价法，首先依据相应计价定额的工程量计算规则计算工程量；其次依据定额的人材机消耗量和预算单价，计算工料单价；然后用工程量乘以工料单价，汇总可得分部分项工程人材机费合计；再按照相应的取费程序计算其他各项费用，汇总后形成相应工程造价。

（三）工程计价依据

我国的工程造价管理体系可划分为工程造价管理的相关法律法规体系、工程造价管理标准体系、工程定额体系和工程计价信息体系四个主要部分。其中，工程造价管理的标准体系、工程定额体系和工程计价信息体系是工程计价的主要依据。

1. 工程造价管理标准

工程造价管理标准泛指除应以法律、法规进行管理和规范的内容外，应以国家标准、行业标准进行规范的工程管理和工程造价咨询行为、质量的有关技术内容。工程造价管理的标准体系按照管理性质可分为：统一工程造价管理的基本术语、费用构成等的基础标准；规范工程造价管理行为、项目划分和工程量计算规则等管理性规范；规范各类工程造价成果文件编制的业务操作规程；规范工程造价咨询质量和档案的质量标准；规范工程造价指数发布及信息交换的信息标准等。

2. 工程定额

工程定额主要指国家、地方或行业主管部门以及企业自身制定的各种定额，包括工程消耗量定额和工程计价定额等。工程计价定额主要指工程定额中直接用于工程计价的定额或指标，按照定额应用的建设阶段不同，划分为投资估算指标、概算定额和概算指标、预算定额等。随着工程造价市场化改革的不断深入，工程计价定额的作用主要在于建设前期造价预测以及投资管控目标的合理设定，而在建设项目交易过程中，定额的作用将逐步弱化，而更加依赖于市场价格信息进行计价。

3. 工程计价信息

工程计价信息是指国家、各地区、各部门工程造价管理机构、行业组织以及信息服务企业发布的指导或服务于建设工程计价的人工、材料、工程设备、施工机具的价格信息，以及各类工程的造价指数、指标、典型工程数据库等。

（四）工程计价基本程序

1. 工程概预算编制的基本程序

工程概预算的编制是应用计价定额或指标对建筑产品价格进行计价的活动。如果用工料单价法进行概预算编制，则应按概算定额或预算定额的定额子目，逐项计算工程量，套用概预算定额（或单位估价表）的工料单价确定直接费（包括人工费、材料费、施工机具使用费），然后按规定的取费标准确定间接费（包括企业管理费、规费），再计算利润和税金，经汇总后即为工程概预算价格。

若采用全费用综合单价法进行概预算编制，单位工程概预算的编制程序将更加简单，只需将概算定额或预算定额子目对应项目的工程量乘以其全费用综合单价汇总而成即可，然后计算单项工程概预算造价以及建设项目概预算造价。

2. 工程量清单计价的基本程序

工程量清单计价的过程可以分为两个阶段，即工程量清单的编制和工程量清单的应用两个阶段。工程量清单计价的基本原理可以描述为：按照工程量清单计价规范规定，在各相应专业工程工程量计算规范规定的清单项目设置和工程量计算规则基础上，针对具体工程的设计图纸和施工组织设计计算出各个清单项目的工程量，根据规定的方法计算出综合单价，并汇总各清单合价得出工程总价。

工程量清单计价活动涵盖施工招标、合同管理以及竣工交付全过程，主要包括编制招标工程量清单、最高投标限价、投标报价，确定合同价、工程计量与价款支付、合同价款的调整、工程结算和工程计价纠纷处理等活动。

（五）工程定额体系

工程定额是指在正常施工条件下完成规定计量单位的合格建筑安装工程所消耗的人工、材料、施工机具台班、工期天数及相关费率等的数量标准。工程定额是一个综合概念，是建设工程造价计价和管理中各类定额的总称，包括许多种类的定额，可以按照不同的原则和方法对其进行分类。

1. 按定额反映的生产要素消耗内容分类

可以把工程定额划分为劳动消耗定额、材料消耗定额和机具消耗定额三种。

（1）劳动消耗定额。简称劳动定额（也称人工定额），是在正常的施工技术和组织条件下，完成规定计量单位合格的建筑安装产品所消耗的人工工日的数量标准。劳动定额的主要表现形式是时间定额，但同时也表现为产量定额。时间定额与产量定额互为倒数。

（2）材料消耗定额。简称材料定额，是指在正常的施工技术和组织条件下，完成规定计量单位合格的建筑安装产品所消耗的原材料、成品、半成品、构配件、燃料以及水、电等动力资源的数量标准。

（3）机具消耗定额。机具消耗定额由机械消耗定额与仪器仪表消耗定额组成。机械消耗定额是以一台机械一个工作班为计量单位，所以又称为机械台班定额，是指在正常的施工技术和组织条件下，完成规定计量单位合格的建筑安装产品所消耗的施工机械台班的数量标准。机械消耗定额的主要表现形式是机械时间定额，同时也以产量定额表现。施工仪器仪表消耗定额的表现形式与机械消耗定额类似。

2. 按定额的编制程序和用途分类

可以把工程定额分为施工定额、预算定额、概算定额、概算指标、投资估算指标等。

（1）施工定额。施工定额是完成一定计量单位的某一施工过程或基本工序所需消耗的人工、材料和施工机具台班数量标准。施工定额是施工企业（建筑安装企业）组织生产和加强管理在企业内部使用的一种定额，属于企业定额的性质。施工定额是以某一施工过程或基本工序作为研究对象，以生产产品数量与生产要素消耗综合关系编制的定额。为了适应组织生产和管理的需要，施工定额的项目划分很细，是工程定额中分项最细、定额子目最多的一种定额，也是工程定额中的基础性定额。

（2）预算定额。预算定额是在正常的施工条件下，完成一定计量单位合格分项工程或结构构件所需消耗的人工、材料、施工机具台班数量及其费用标准。预算定额是一种计价性定额。从编制程序上看，预算定额是以施工定额为基础综合扩大编制的，同时它也是编制概算定额的基础。

（3）概算定额。概算定额是完成单位合格扩大分项工程或扩大结构构件所需消耗的人工、材料和施工机具台班的数量及其费用标准，是一种计价性定额。概算定额是编制扩大初步设计概算、确定建设项目投资额的依据。概算定额的项目划分粗细，与扩大初步设计的深度相适应，一般是在预算定额的基础上综合扩大而成的，每一扩大分项概算定额都包含了数项预算定额。

（4）概算指标。概算指标是以单位工程为对象，反映完成一个规定计量单位建筑安装产品的经济指标。概算指标是概算定额的扩大与合并，以更为扩大的计量单位来编制的。概算指标的内容包括人工、材料、机具台班三个基本部分，同时还列出了分部工程量及单位工程的造价，是一种计价定额。

（5）投资估算指标。投资估算指标是以建设项目、单项工程、单位工程为对象，反映建设总投资及其各项费用构成的经济指标。它是在项目建议书和可行性研究阶段编制投资估算、计算投资需要量时使用的一种定额。其概略程度与可行性研究阶段相适应。投资估算指标往往根据历史的预、决算资料和价格变动等资料编制，但其编制基础仍然离不开预算定额、概算定额。

3. 按专业分类

由于工程建设涉及众多的专业，不同的专业所含的内容也不同，因此就确定人工材料和机具台班消耗数量标准的工程定额来说，也需按不同的专业分别进行编制执行。

（1）建筑工程定额，按专业对象分为建筑及装饰工程定额、房屋修缮工程定额、市政工程定额、铁路工程定额、公路工程定额、矿山井巷工程定额、水利建筑工程定额、内河航运水工建筑工程定额等。

（2）安装工程定额，按专业对象分为电气设备安装工程定额、机械设备安装工程定额、热力设备安装工程定额、通信设备安装工程定额、化学工业设备安装工程定额、工业管道安装工程定额、工艺金属结构安装工程定额、水利水电设备安装工程定额、内河航运设备安装工程定额等。

4. 按主编单位和管理权限分类

工程定额可以分为全国统一定额、行业统一定额、地区统一定额、企业定额、补充定额等。

（1）全国统一定额是由国家建设行政主管部门综合全国工程建设中技术和施工组织管理的情况编制，并在全国范围内执行的定额。

（2）行业统一定额是考虑各行业专业工程技术特点，以及施工生产和管理水平编制的。一般只在本行业和相同专业性质的范围内使用。

（3）地区统一定额包括省、自治区、直辖市定额。地区统一定额主要是考虑地区性特点和全国统一定额水平做适当调整和补充编制的。

（4）企业定额是施工单位根据本企业的施工技术、机械装备和管理水平编制的人工、材料、机具台班等的消耗标准。企业定额在企业内部使用，是企业综合素质的标志。企业定额水平一般应高于国家现行定额，才能满足生产技术发展、企业管理和市场竞争的需要。在工程量清单计价方法下，企业定额是施工企业进行投标报价的依据。

（5）补充定额是指随着设计、施工技术的发展，现行定额不能满足需要的情况下，为了补充缺陷所编制的定额。补充定额只能在指定的范围内使用，可以作为以后修订定额的基础。

上述各种定额虽然适用于不同的情况和用途，但是它们是一个互相联系的、有机的整体，在实际工作中可以配合使用。

五、工程造价管理

（一）工程造价管理的基本原则

实施有效的工程造价管理，应遵循以下 3 项原则：

（1）以设计阶段为重点的全过程造价管理。工程造价管理的关键在于前期决策和设计阶段，而在项目投资决策后，控制工程造价的关键就在于设计。建设工程全寿命期费用包括工程造价和工程交付使用后的日常开支（含经营费用、日常维护修理费用、使用期内大修理和局部更新费用），以及该工程使用期满后的报废拆除费用等。

（2）主动控制与被动控制相结合。工程造价控制不仅要反映投资决策，反映设计、发包和施工，被动地控制工程造价，更要主动地影响投资决策，影响工程设计、发包和施工，主动地控制工程造价。

（3）技术与经济相结合。技术与经济相结合是控制工程造价最有效的手段。应通过技术比较、经济分析和效果评价，正确处理技术先进与经济合理之间的对立统一关系，力求在技术先进条件下的经济合理、在经济合理基础上的技术先进，将控制工程造价观念渗透到各项设计和施工技术措施之中。

（二）工程造价控制的主要方法

在工程建设各阶段工程造价控制的主要方法如下：

（1）可行性研究。可行性研究是运用科学方法或手段综合论证一个工程项目技术上是否可行、经济上是否合理，结合环境效益、经济效益和社会效益评价以及项目抵抗风险的结论，为投资决策提供依据的方法。

（2）限额设计。所谓限额设计就是要按照批准的设计任务书及投资估算控制初步设计，按照批准的设计总概算控制施工图设计。将上阶段审定的投资额和工程量先分解到各专业，然后再分解到各单位工程和分部工程。各专业在保证使用功能的前提下，按分配的投资限额控制设计，严格控制技术设计和施工图设计的不合理变更，以保证总投资额不被突破。

（3）价值工程。价值工程是通过对研究对象的功能与费用的系统分析，以提高价值为目标，以功能分析为核心，以创新为支柱的技术分析与经济分析相结合，有效控制工程成本与功能协调的方法。在价值工程中，价值定义为：

$$价值 = \frac{功能}{费用} \tag{1-6}$$

提高价值的方法有：①功能提高，费用不变；②功能不变，费用降低；③功能提高，费用下降；④功能提高大于费用提高；⑤功能下降小于费用下降。

（4）招标投标。采用工程招标投标方式选择承包商，引入竞争机制，不仅有利于确保工程质量和缩短工期，更有利于降低工程造价，是造价控制的重要手段之一。

（5）合同管理。合同管理在现代建设工程中具有特殊的地位，是合同双方在整个工程建设过程中进行各种经济活动，明确各方权利义务的依据。合同管理是工程项目管理的核心。

（三）不同阶段影响工程造价的主要因素

1. 项目决策阶段

在项目建设各阶段中，投资决策阶段影响工程造价的程度最高。因此，决策阶段是决定工程造价的基础阶段。在项目决策阶段，影响工程造价的主要因素包括建设规模、建设地区及建设地点（厂址）、技术方案、设备方案、工程方案、环境保护措施等。

2. 设计阶段

国内外相关资料研究表明，设计阶段的费用只占工程全部费用不到1%，但在项目决策正确的前提下，其对工程造价影响程度高达75%以上。根据工程项目类别的不同，在设计阶段需要考虑的影响工程造价的因素也有所不同。其中，影响工业建设项目工程造价的主要因素包括总平面设计、工艺设计、建筑设计、材料选用及设备选用等；影响民用建设项目工程造价的主要因素可从住宅小区建设规划和住宅建筑设计等层面分析。在进行住宅小区建设规划时，要根据小区的基本功能和要求，确定各构成部分的合用层次与关系，据此安排住宅建筑、公共建筑、管网、道路及绿地的布局，合理确定人与建筑密度、房屋间距和建筑层数，布置公共设施项目、规模及服务半径，以及水、电、热、煤气的供应等，并划分包括土地开发在内的上述各部分的投资比例。小区规划设计的核心问题是提高土地利用率。在住宅建筑设计时，应考虑的影响工程造价的因素包括建筑物平面形状和周长系数及住宅的层高和净高、层数、单位组成、户型、住户面积、建筑结构等。

除以上因素之外，在设计阶段影响工程造价的因素还包括设计单位和设计人员的知识水平、项目利益相关者的利益诉求及风险因素等。

（四）工程发承包阶段造价管理

招标策划对于施工招标投标过程中的工程造价管理起着关键作用。施工招标策划主要包括施工标段划分、合同计价方式及合同类型选择等内容。划分施工标段时，应考虑的因素包括工程特点、对工程造价的影响、承包单位专长的发挥、工地管理等，还有许多其他因素影响施工标段的划分，如建设资金、设计图纸供应等。施工合同中，计价方式可分为三种：总价方式、单价方式和成本加酬金方式，相应的施工合同也称为总价合同、单价合同和成本加酬金合同。其中，成本加酬金的计价方式可根据酬金的计取方式不同，分为百分比酬金、固定酬金、浮动酬金和目标成本加奖罚四种计价方式。合同类型不同，合同双方的义务和责任不同，各自承担的风险也不尽相同，建设单位应综合考虑工程项目复杂程度、设计深度、施工技术先进程度、施工工期紧迫程度等因素来选择适合的合同类型。

（五）工程施工阶段造价管理

施工阶段是实现建设工程价值的主要阶段，也是资金投入量最大的阶段。在施工阶段，由于施工组织设计、工程变更、索赔、工程计量方式的差别以及工程实施中各种不可预见因素的存在，使得施工阶段的造价管理难度加大。在施工阶段，建设单位应通过编制资金使用计划、及时进行工程计量与结算、预防并处理好工程变更与索赔，有效控制工程造价。施工承包单位也应做好成本计划及动态监控等工作，综合考虑建造成本、工期成本、质量成本、安全成本、环保成本等全要素，有效控制施工成本。

（六）工程竣工阶段造价管理

在工程竣工阶段，建设单位应与施工承包单位在验收工程质量的基础上进行工程合同价款结算；同时，应按承包合同约定预留工程质量保证金，待缺陷责任期满时，建设单位再与施工承包单位结算工程质量保证金。

第七节　房屋面积

无论是工程建设还是不动产登记，房屋建筑面积都是重要数据。需要说明的是，房屋建筑面积根据用途不同，分为建筑工程建筑面积与房产建筑面积。建筑工程建筑面积是工业与民用建筑在新建、扩建、改建工程建设全过程管理中适用的建筑面积指标，是指建筑物（包括外墙）所形成的楼地面面积，其计算方式方法执行国家标准《建筑工程建筑面积计算规范》GB/T 50353—2013；而房屋建筑面积通常指房屋产权面积，是指产权主依法拥有房屋所有权的房屋建筑面积，其量算执行国家标准《房产测量规范》。除特别说明外，本节下面所述房屋面积均指后者。

一、工程测量

在工程建设的设计、施工和管理各阶段中进行测量工作的理论、方法和技术，称为"工程测量"。工程测量是测绘科学与技术在国民经济和国防建设中的直接应用，是综合性的应用测绘科学与技术。

（一）工程测量的分类

工程测量按工程建设的进行程序，可分为规划设计阶段的测量、施工建设阶段的测量和竣工后运营管理阶段的测量。按工程测量所服务的工程种类，可分为建筑工程测量、线路测量、桥梁与隧道测量、矿山测量、城市测量和水利工程测量等。此外，还将用于大型设备的高精度定位和变形观测称为高精度工程测量；将摄影测量技术应用于工程建设称为工程摄影测量。

2019 年 3 月 26 日出台的《国务院办公厅关于全面开展工程建设项目审批制度改革的实施意见》（国办发〔2019〕11 号）要求"对于验收涉及的测绘工作，实行'一次委托、联合测绘、成果共享'"。为贯彻落实党中央、国务院深化"放管服"改革精神，各地积极探索推进建设项目"多测合一"改革。"多测合一"，是指同一个工程建设项目在办理规划用地、房产、绿化、人防、道路、消防等行政审批过程中，所涉及的工程测量（包括控制测量、地形测量、规划测量、地下管线测量）、不动产测绘（包括地籍测绘、房产测绘）等多项测绘业务，由工程建设项目业主选择一家具备相应测绘资质的中介服务机构承担，并在行政审批中按要求分别向审批部门推送并运用测绘成果。"多测合一"主要涉及建设工程项目前期的土地勘测定界、规划定位放线、规划验线，以及竣工阶段规划核实测量、绿地核实测量、用地复核测量、人防竣工核实测量、消防核实测量、地下管线测量和不动产测绘等环节。

（二）测量基准

根据国家强制标准《工程测量通用规范》GB 55018—2021，工程测量的基本要求包括：

（1）大地坐标系统应采用 2000 国家大地坐标系；当确有必要采用其他坐标系统时，应与 2000 国家大地坐标系建立联系。

（2）高程基准应采用 1985 国家高程基准；当确有必要采用其他高程基准时，应与 1985 国家高程基准建立联系。

（3）深度基准在沿岸海域应采用理论最低潮位面，在内陆水域应采用设计水位。深度基准和高程基准之间应建立联系。

（4）重力基准应采用 2000 国家重力基本网。

（5）工程测量时间系统应采用公历纪元和北京时间。

（6）对同一工程的地上地下测量、隧道洞内洞外测量、水域陆地测量，应采用统一的空间基准和时间系统。对同一工程的不同区段测量或不同期测量，应采用或转换为统一的空间基准和时间系统。

（7）工程测量应采用中误差作为精度衡量指标，并应以2倍中误差作为极限误差。

二、房屋面积种类

（一）房屋建筑面积、使用面积

房屋建筑面积是指房屋外墙（柱）勒脚以上各层的外围水平投影面积，包括阳台、挑廊、地下室、室外楼梯等，且具备上盖，结构牢固，层高2.20m以上（含2.20m）的永久性建筑。

房屋使用面积是指房屋户内全部可供使用的空间面积，按房屋的内墙面水平投影计算。

（二）房屋的产权面积、共有（公用）建筑面积、专有建筑面积、分摊建筑面积

房屋的产权面积是指产权主依法拥有房屋所有权的房屋建筑面积。房屋产权面积由直辖市、市、县不动产登记机构登记确权认定。房屋的共有（公用）建筑面积是指建筑物内由多个产权人共同占有或共同使用的建筑面积，包括应分摊的公用建筑面积和不分摊的公用建筑面积。房屋专有建筑面积是指区分所有的建筑物权利人专有部分建筑面积。房屋分摊建筑面积是指区分所有的建筑物权利人分摊的共有部分建筑面积。

（三）预测面积、实测面积

预测面积是未竣工前，由测绘机构依据经主管部门核准的建筑施工图进行房屋建筑面积测绘、计算，出具的建筑面积，用于房地产项目的预售审批及销售。实测面积是工程竣工后，在相应机构审核下、测绘机构依据经主管部门核准的有关资料（包括报建图纸、竣工图纸、验收合格证等）和对竣工房屋的现状进行实地数据采集，进行房屋建筑面积测绘、计算，出具的建筑面积。

房屋预测、实测面积通常存在差异，主要原因包括：

（1）房屋施工时未完全按照设计图纸执行。如调整了阳台面积、房屋共有面积等。

（2）在对房屋面积预测时，未充分掌握测量技术，导致房屋测算面积出现差错。

（3）房屋开发企业擅自更改规划设计，影响房的使用功能、大小时，就会相应影响房屋的总面积。房屋大小的变更影响着整体面积，而房屋的使用功能调整导致公用面积变化，影响着分户面积。

（4）房屋建筑竣工后，测绘机构在面积测量时出现错误。

（5）技术原因。测绘机构工作人员技术水平有限，工作素质、专业技能参差

不齐；实际工作中，使用的设备、仪器落后，测量数据记录失误等，都会影响房屋面积。

此外，若房屋面积预测、实测由不同机构完成，也是导致房屋测绘结果不同的因素。

（四）合同约定面积、产权登记面积

合同约定面积是指商品房预（销）售合同约定的销售房屋面积，包括建筑面积或套内建筑面积；产权登记面积是指商品房购买人在所购买商品房竣工后的房屋所有权登记的所有权面积。

根据《商品房销售管理办法》（中华人民共和国建设部令第 88 号，自 2001 年 6 月 1 日起施行）的规定，商品房销售可以按套（单元）计价，也可以按套内建筑面积或者建筑面积计价。按套（单元）计价或者按套内建筑面积计价的，商品房买卖合同中应当注明建筑面积和分摊的共有建筑面积。按建筑面积计价的，当事人应当在合同中约定套内建筑面积和分摊的共有建筑面积。

（五）计容建筑面积、可售面积

计容建筑面积是计算容积率的面积。容积率是规划条件中重要的开发强度指标，是指一定地块内，总建筑面积与建筑用地面积的比值。《建设用地容积率管理办法》（建规〔2012〕22 号）规定，容积率计算规则由省（自治区）、市、县人民政府城乡规划主管部门依据国家有关标准规范确定。对工业建设项目，《关于发布和实施〈工业项目建设用地控制指标（试行）〉的通知》（国土资发〔2004〕232 号）规定，容积率控制指标应符合规定，建筑物层高超过 8m 的，在计算容积率时该层建筑面积加倍计。《上海市规划和自然资源局关于印发〈上海市建筑面积计算规划管理规定〉的通知》（沪规划资源建〔2021〕363 号）规定，商业、办公建筑标准层层高不宜超过 4.5m，标准层层高超出 4.5m 的，按每 2.8m 为一层、余数进一的方法折算该层建筑面积，并按折算的建筑面积计入容积率。需要说明的是，上述情形增加计算的建筑面积仅适用于容积率控制，并不增加房屋产权面积，即增加计算部分并不作为产权面积予以登记。

对商品房项目，可售面积即取得了《商品房预售许可证》可以进行预售和销售的商品房面积，是经过批准预售的面积，包括已经预售和正在预售的商品房面积。对同一房地产项目，可售面积通常比总建筑面积小，原因是项目内仓库、机动车库、非机动车库、车道、供暖锅炉房、用于人防工程的地下室、单独具备使用功能的独立使用空间、售房单位自营自用的房屋，以及为多幢房屋服务的警卫室、管理（包括物业管理）用房不计入公用建筑面积，不可以分摊，但会计入总的建筑面积之内。

三、房屋面积测量

（一）房屋面积测量分类

1. 房屋建筑面积预售测绘（预测）

是依据经主管部门核准的建筑施工图所进行的房屋建筑面积测量，出具的建筑面积的测绘，用于房地产项目的预售审批及销售。

2. 房屋建筑面积实地测绘（实测）。是依据经主管部门核准有关资料（包括报建图纸、竣工图纸、验收合格证等）和对竣工房屋的现状进行实地数据采集，所进行的房屋建筑面积测绘，包括房屋建筑面积竣工测绘、房屋建筑面积现状测绘、房屋建筑面积变更测绘、房屋建筑面积分割测绘。

（1）房屋建筑面积竣工测绘。是依据竣工房屋的现状和经主管部门核准的建筑施工图进行的房屋建筑面积测绘计算。出具的建筑面积为竣工面积，主要用于建设工程的规划验收、地价核算、房地产权初始登记和转移登记。

（2）房屋建筑面积现状测绘。是依据房屋现状进行的房屋建筑面积测绘计算。出具的建筑面积主要用于旧城改造、征地拆迁、土地评估、补办用地或规划手续、办理房地产权登记等。

（3）房屋建筑面积变更测绘。是因房屋的产权界线、使用功能、房屋属性（如建筑名称、房屋编号等）发生变化而进行的房屋建筑面积测绘计算。

（4）房屋建筑面积分割测绘。是依据主管部门核准的分割平面图或房屋现状，将一个产权单位划分为多个产权单位而进行的房屋建筑面积的测绘计算，分割测绘属于变更测绘的一种。

（二）房产面积测量方法

1. 常规测量方法

（1）直接量测法。直接量测法，是通过实地量测房屋（或地物）边长、角度等要素，将需要计算面积的图形分割成若干便于计算的简单图形（包括规则图形和不规则图形），应用几何图形面积计算公式和坐标解析量算法计算出房产面积。图形计算，对于正方形、长方形、三角形、平行四边形、梯形、扇形、圆、椭圆等规则几何图形，将实地量出的几何要素套入相关几何公式，即可得出其面积。不规则图形计算，可分成若干规则几何图形，实地丈量出有关要素尺寸，然后按照几何公式计算面积。

（2）图上量测法。包括：①求积仪法。将图纸固定展放在平滑的水平图板或桌面上，采用求积仪量出所求面积。②方格网法。将透明毫米小方格纸蒙在需要量测的图形上，查数其所占小方格数，再根据每个小方格所代表的实际面积，求出整个图形面积。③三斜法。将图形分割成若干三角形，并量出三角形底与高，计算出每个三角形的面积，最后得出整个图形面积。

2. 数字测算方法

数字测算方法，是采用数字测绘技术先测绘出房产平面图，然后再按照坐标法计算出房产面积。数字化测图技术是通过收集房产信息资料，踏勘拟定设计方案，对测量进行基本控制，根据测量界址点进行测量，在完成房产调查后，采用光学经纬仪、电子经纬仪等光电测距仪和全站型电子测速仪，开展野外数据采集，将采集和测量的数据输入计算机图形处理、测量软件和相关应用软件内，计算机进行图形编辑，通过数控绘图仪绘制线划图，最终完成房产图的绘制。如，在有可靠的实测地形数据条件下，用计算机 CAD 作图，然后进行面积量算。对于任意多边形，可以按各角点的平面坐标计算其面积，称为坐标解析法。获得角点坐标的方法有实测法和图解法两种。

（三）房产测量精度

根据现行国家标准《房产测量规范》，房产测量以中误差作为评定精度的标准，以两倍中误差作为限差。房产面积的测量精度分为三级，各级的限差和中误差不得超过表 1-8 计算的结果。

房产面积精度要求

表 1-8

单位：m²

精度等级	限差	中误差
一	$0.02\sqrt{S} + 0.0006S$	$0.01\sqrt{S} + 0.0003S$
二	$0.04\sqrt{S} + 0.002S$	$0.02\sqrt{S} + 0.001S$
三	$0.08\sqrt{S} + 0.006S$	$0.04\sqrt{S} + 0.003S$

注：S 为房产面积（单位：m²）。

房屋面积测算必须独立测算两次，其较差应在规定的限差以内，取中数作为最后结果。量距应使用经检定合格的卷尺或其他能达到相应精度的仪器和工具。面积以平方米为单位，取至 0.01m^2。

四、房屋面积测算

（一）房屋建筑面积计算范围

1. 计算全部建筑面积的范围

（1）永久性结构的单层房屋，按一层计算建筑面积；多层房屋按各层建筑面积的总和计算。

（2）房屋内的夹层、插层、技术层及楼梯间、电梯间等其高度在 2.20m 以上部位计算建筑面积。

（3）穿过房屋的通道，房屋内的门厅、大厅，均按一层计算面积。门厅、大厅内的回廊部分，层高在 2.20m 以上的，按其水平投影面积计算。

（4）楼梯间、电梯（观光梯）井、提物井、垃圾道、管道井等均按房屋自然层计算面积。

（5）在房屋天面上属永久性建筑的组成部分，且层高在 2.20m 以上的楼梯间、水箱间、电梯机房及斜面结构屋顶高度在 2.20m 以上的部位，按其外围水平投影面积计算。

（6）挑楼、全封闭的阳台按其外围水平投影面积计算。

（7）属永久性结构有上盖的室外楼梯，按各层水平投影面积计算。

（8）与房屋相连的有柱走廊，两房屋间有上盖和柱的走廊，均按其柱的外围水平投影面积计算。

（9）房屋间永久性的封闭的架空通廊，按外围水平投影面积计算。

（10）地下室、半地下室及其相应出入口，层高在 2.20m 以上的，按其外墙（不包括采光井、防潮层及保护墙）外围水平投影面积计算。

（11）有柱或有围护结构的门廊、门斗，按其柱或围护结构的外围水平投影面积计算。

（12）玻璃幕墙等作为房屋外墙的，按其外围水平投影面积计算。

（13）属永久性建筑有柱的车棚、货棚等，按柱的外围水平投影面积计算。

（14）依坡地建筑的房屋，利用吊脚做架空层，有围护结构的，按其高度在 2.20m 以上部位的外围水平面积计算。

（15）有伸缩缝的房屋，若其与室内相通的，按伸缩缝计算建筑面积。

2. 计算一半建筑面积的范围

（1）与房屋相连有上盖无柱的走廊、檐廊，按其围护结构外围水平投影面积的一半计算。

（2）独立柱、单排柱的门廊、车棚、货棚等属永久性建筑的，按其上盖水平投影面积的一半计算。

（3）未封闭的阳台、挑廊，按其围护结构外围水平投影面积的一半计算。

（4）无顶盖的室外楼梯按各层水平投影面积的一半计算。

（5）有顶盖不封闭的永久性的架空通廊，按外围水平投影面积的一半计算。

3. 不计算建筑面积的范围

（1）层高小于 2.20m 以下的夹层、插层、技术层和层高小于 2.20m 的地下室和半地下室。

（2）突出房屋墙面的构件、配件、装饰柱、装饰性的玻璃幕墙、垛、勒脚、台阶、无柱雨篷等。

（3）房屋之间无上盖的架空通廊。

（4）房屋的天面、挑台、天面上的花园、泳池。

（5）建筑物内的操作平台、上料平台及利用建筑物的空间安置箱、罐的平台。

（6）骑楼、过街楼的底层用作道路街巷通行的部分。

（7）利用引桥、高架路、高架桥、路面作为顶盖建造的房屋。

（8）活动房屋、临时房屋、简易房屋。

（9）独立烟囱、亭、塔、罐、池、地下人防干、支线。

（10）与房屋室内不相通的房屋间伸缩缝。

（二）成套房屋的建筑面积的计算

成套房屋建筑面积由成套房屋套内建筑面积和分摊所得共有建筑面积两部分组成。房屋专有建筑面积具体是指成套房屋的套内建筑面积，由套内房屋的使用面积、套内墙体面积、套内阳台建筑面积三部分组成。

1. 套内建筑面积的计算

套内房屋使用面积为套内房屋使用空间的面积，以水平投影面积按以下规定计算：①套内使用面积为套内卧室、起居室、过厅、过道、厨房、卫生间、厕所、贮藏室、壁柜等空间面积的总和。套内使用面积还包括非住宅综合楼内的摊位、柜台、精品屋、写字间等空间面积。②套内楼梯按自然层数的面积总和计入使用面积。③不包括在结构面积内的套内烟囱、通风道、管道井均计入使用面积。④内墙面装饰厚度计入使用面积。

套内墙体面积是套内使用空间周围的维护或承重墙体或其他承重支撑体所占的面积，其中各套之间的分隔墙和套与公共建筑空间的分隔墙以及外墙（包括山墙）等共有墙，均按水平投影面积的一半计入套内墙体面积。套内自有墙体按水平投影面积全部计入套内墙体面积。

套内阳台建筑面积均按阳台外围与房屋外墙之间的水平投影面积计算。其中封闭的阳台按水平投影面积的全部计算建筑面积，未封闭的阳台按水平投影面积的一半计算建筑面积。

2. 共有建筑面积的类型

根据房屋共有建筑面积的不同使用功能（如住宅、商业、办公等），应分摊的共有建筑面积分为幢共有建筑面积、功能共有建筑面积、本层共有建筑面积三大类。

幢共有建筑面积是指为整幢服务的共有建筑面积，如为整幢服务的配电房、水泵房等。

功能共有建筑面积是指专为某一使用功能服务的共有建筑面积，如专为某一使用功能（如商业）服务的电梯、楼梯间、大堂等。

本层共有建筑面积是指专为本层服务的共有建筑面积，如本层的共有走廊等。

3. 共有建筑面积的内容

共有建筑面积的内容包括：作为公共使用的电梯井（观光梯）、管道井、楼梯间、垃圾道、变电室、设备间、公共门厅、过道、地下室、值班警卫室等，以及为整幢服务的公共用房和管理用房的建筑面积，以水平投影面积计算；与公共建筑之间的分隔墙，以及外墙（包括山墙）水平投影面积一半的建筑面积。

不计入共有建筑面积的内容有：独立使用的地下室、车棚、车库；作为人防工程的地下室、避难室（层）；用作公共休憩、绿化等场所的架空层；为建筑造型而建，但无实用功能的建筑面积。

建在幢内或幢外与本幢相连，为多幢服务的设备、管理用房，以及建在幢外与本幢不相连，为本幢或多幢服务的设备、管理用房均作为不应分摊的共有建筑面积。

整幢房屋的建筑面积扣除整幢房屋各套套内建筑面积之和，并扣除已作为独立使用的地下室、车棚、车库、为多幢服务的警卫室、管理用房，以及人防工程等建筑面积，即为整幢房屋的共有建筑面积。

4. 共有建筑面积分摊的原则

产权各方有合法产权分割文件或协议的，按其文件或协议规定进行分摊；无产权分割文件或协议的，根据房屋共有建筑面积的不同使用功能，按相关房屋的建筑面积比例进行分摊。

5. 共有建筑面积分摊的方法

（1）住宅楼以幢为单位，按各套套内建筑面积比例分摊共有建筑面积。

（2）商住楼以幢为单位，首先根据住宅和商业的不同使用功能，将应分摊的共有建筑面积分为住宅专用的共有建筑面积（住宅功能共有建筑面积）、商业专用的共有建筑面积（商业功能共有建筑面积）、住宅与商业共同使用的共有建筑面积（幢共有建筑面积）。住宅专用的共有建筑面积直接作为住宅部分的共有建筑面积；商业专用的共有建筑面积直接作为商业部分的共有建筑面积；住宅与商业共同使用的共有建筑面积，按住宅与商业的建筑面积比例分别分摊给住宅和商业。然后将住宅部分的共有建筑面积（住宅专用的面积加上按比例分摊的面积）按住宅各套套内建筑面积比例进行分摊；将商业部分的共有建筑面积（商业专用的面积加上按比例分摊的面积），按商业各层套内建筑面积比例分摊至商业各层，作为商业各层共有建筑面积的一部分，加上商业相应各层本身的共有建筑面积，得到商业各层总的共有建筑面积，再将该各层总的共有建筑面积按相应层内各套内建筑面积比例进行分摊。

（3）多功能综合楼共有建筑面积按各自的功能，参照上述商住楼分摊的方法进行分摊。

6. 影响得房率的因素

任何房屋，人们通常希望在保证基本功能的前提下，尽可能扩大套内使用面积。套内使用面积与建筑面积的比值，俗称得房率（以下称K值）。K值与以下4个方面直接相关：

（1）结构形式。房屋的结构形式不同，垂直承重构件占用面积不同，K值不同。如钢筋混凝土结构的房屋，墙柱体积面积约占 12%，K值偏大；砖混结构的房屋，墙柱体积面积约占 15%～18%，K值偏小。

（2）地区温差。由于不同地区冬季温差悬殊，为保证室内保温效果，建筑设计中房屋外墙的厚度往往差别较大。以多层住宅的外砖墙为例，南方地区的外墙宽度可采用240mm甚至180mm，而在辽宁地区要采用370mm，黑龙江省的许多地区则须采用490mm。即使是采用钢筋混凝土结构空心砖加苯板材料保温，不同地区的住宅外墙宽度仍有一定差别。如一套住宅不位于山墙位置，其面宽为9m，纵向外包尺寸为10m，建筑面积为99m^2，当外墙宽度分别采用240mm、370mm、490mm 时，则该配套住宅外墙占用的建筑面积分别为 4.32m^2、6.66m^2 和 8.82m^2、外墙面积占住宅建筑面积的比例分别为4.36%、6.73%、8.91%。

（3）材料选用。建筑设计选用墙体材料种类不同，墙体占用面积不同。为减少墙体宽度，提高K值，外墙在不降低保温效果的前提下应采用保温复合墙、夹芯墙,非承重的内墙（隔墙）在保证隔声效果的前提下可采用轻骨架隔墙和板材隔墙。

（4）套内建筑面积。结合住宅套内建筑面积与房间数量状况，K值也会存在差异。套内建筑面积相同情况下，房间数量越多，相应的墙体也会增多，从而K值较小；当房间数量相同时，住宅套内建筑面积增加，墙体面积虽然也会增加，但增加幅度小于套内建筑面积增加的幅度，从而K值上升。

五、房地产图

（一）地形图

地形图是按一定比例绘制的地物和地貌的正射投影图。通常地形图是经过实地测绘，或根据实测并结合有关调查资料编制而成。在城市规划和房地产开发项目的设计与施工中要用到多种比例尺的地形图，地形图比例尺的选用如表1-9所示。

地形图比例尺的选用　表1-9

比例尺	用途
1∶10 000，1∶5 000	城市总体规划、区域布置、方案比较、评价地形
1∶20 000	城市详细规划及开发项目初步设计
1∶1 000	城市详细规划、工程施工设计、地下管线和人防工程
1∶500	竣工图、地籍图、地形图等

在阅读地形图时，要注意以下几点：一是，需了解该地形图所采用的坐标系统和高程系统。城市地形图多使用城市坐标系，工程项目总平面图多采用施工坐标系。地形图采用的高程系统通常用文字在图的左下角处注明。二是，应熟悉图例，了解各符号和注记的确切含义。三是，能根据等高线判别和分析地貌。

地形图具有现实性和可量测性的特点，决定了其可以作为其他各种专题图的底图，因此应用十分广泛。城市规划离不开对城市土地地形的基本特征（长度、高度、线段和地段坡度等）进行分析。例如：以大比例尺的地形图为基础，根据统计出的地形垂直分割深度（$2 \times 2km^2$ 内的相对高差）和断面平均坡度（$1 \times 1km^2$ 网格）两项指标，对城市用地进行结构与功能的划分。如表1-10所示。

城市土地地形对城市规划的影响内容　表1-10

地形复杂程度	分割深度	断面平均坡度	主要影响内容
不很复杂	20～100m	＜5%	城市结构划分
较复杂	100～200m	＞5%	含上述内容，交通网布置，城市功能划分
非常复杂	＞200m	5%	含上述内容，城市用地发展方向

建筑设计时，除考虑平面位置的布局外，还需充分考虑地形的特点，从而进行合理的竖向布置。地形对建筑物布置的影响表现在很多方面，如排水、防潮、自然通风、采光及日照等。此外，地形条件对人行、车行交通网的设计往往起决定作用。

工程施工时，土石方调配与场地平整的施工方案一般依据地形图进行设计。通常先设计出几种方案，然后利用地形图对各种方案的土石方工程量进行计算和比较，从中选出最佳的土石方开挖、运输、回填施工方案，达到节约投资和缩短工期的目的。

（二）不动产权籍图

不动产权籍图包括地籍图、海籍图及不动产单元图等，其中不动产单元图主要包括宗地图、宗海图和房产分户图（房产平面图）等。不动产单元是指权属界线固定封闭，且具有独立使用价值的空间。每个不动产单元应具有唯一代码。

1. 地籍图

地籍图是指不动产地籍的图形部分。地籍图应能与不动产登记簿、地籍数据集一起为不动产产权管理、税收、规划等提供基础资料。

地籍图应标示的基本内容包括：土地权属界址点、界址线；宗地代码；地籍区、地籍子区编号及地籍区名称；土地利用类别；永久性建筑物和构筑物；地籍区和地籍子区界；行政区域界；平面控制点；有关地理名称及重要单位名称；道路和水域。根据需要，在考虑图面清晰的前提下，可择要表示一些其他要素。

2. 宗地图

宗地是土地权属界址线封闭的地块或空间。宗地图是描述一宗地位置、界址点线和与相邻宗地关系等要素的不动产权籍图，是不动产权证书和宗地档案的附图。以地籍图为基础编绘宗地图。宗地图比例尺和幅面应根据宗地的大小和形状确定，比例尺分母以整百数为宜，一般为1：500。宗地图主要内容包括：

（1）宗地代码、所在图幅号、土地权利人、宗地面积。

（2）地类号、房屋的幢号。其中幢号用"（1）、（2）、（3）……"表示，并标注在房屋轮廓线内的左下角。

（3）本宗地界址点、界址点号、界址线、界址边长、门牌号码。其中门牌号码标注在宗地的大门处。

（4）用加粗黑线表示建筑物区分所有权专有部分所在房屋的轮廓线。如果宗地内的建筑物，不存在区分所有权专有部分，则不表示。

（5）宗地内的地类界线、建筑物、构筑物及宗地外紧靠界址点线的定着物、邻宗地的宗地号及相邻宗地间的界址分隔线。

（6）相邻宗地权利人名称、道路、街巷名称。

（7）指北方向、比例尺、界址点测量方法、制图者、制图日期、审核者、审核日期、不动产登记机构等。

3. 房产分户图

作为定着物单元的房屋指独立成栋、有固定界线的封闭空间，以及区分幢、层、套、间等可以独立使用、有固定界线的封闭空间。房产分户图以地籍图、宗地图（分宗房产图）等为基础编绘，也是不动产权证书和房产档案的附图。分户图的方位应使房屋的主要边线与轮廓线平行，按房屋的朝向横放或竖放，分户图的方向应尽可能与分幅地籍图一致，如果不一致，需在适当位置加绘指北方向。

房产分户图主要内容：

（1）宗地代码、幢号、户号、坐落、房屋结构、所在层次、总层数、专有建筑面积、分摊建筑面积、建筑面积。

（2）房屋轮廓线、房屋边长、分户专有房屋权属界线、比例尺、指北针等。

（3）电梯、楼梯等共有部分应标注"电梯共有""楼梯共有"等字样。

（4）不动产登记机构、绘制日期。

复 习 思 考 题

1. 什么是建筑物、构筑物？其区别是什么？

2. 建筑的分类主要有哪些？各种分类对建筑物是如何划分的？

3. 什么是节能建筑、低碳建筑、绿色建筑、生态建筑、可持续建筑？

4. 建筑物的耐久等级和耐火等级是如何划分的？

5. 什么是定位轴线、绝对标高、相对标高？其作用是什么？

6. 建筑总平面图、平面图、立面图、剖面图的主要内容是什么？

7. 什么是结构施工图？主要包括哪些类型？各类结构施工图包括的内容是什么？

8. 给水排水、采暖、通风、电气施工图主要包括哪些内容？

9. 建筑构造的主要组成有哪些？各组成部分的主要作用及构造要求是什么？

10. 地下工程的分类有哪些？常见地下工程的主要构造要求是什么？

11. 常见的建筑装饰装修风格有哪些？影响建筑装饰装修风格的主要因素是什么？

12. 常见的室内装饰装修流派有哪些？各流派的主要特点是什么？

13. 装饰装修的基本要求是什么？各部位装饰装修构造主要要求有哪些？

14. 装饰装修材料燃烧性能如何分类？装饰装修防火要求的主要内容有哪些？

15. 室内给水系统的给水方式有哪些？各种给水方式的主要特点及适用范围是什么？

16. 室内排水系统的分类有哪些？排水系统的组成主要有哪些？

17. 采暖系统的主要组成有哪些？室内采暖系统的分类及主要特点是什么？

18. 燃气供应系统的主要组成有哪些？用户燃气系统的主要构成及要求是

什么？

19. 电气照明方式有哪些？选择光源的主要要求有哪些？

20. 建筑通风系统、建筑消防系统的分类有哪些？其组成主要有哪些？

21. 建筑通信工程的构成主要有哪些？各类通信系统的组成及构造主要内容是什么？

22. 建筑智能化系统的构成有哪些？

23. 建筑配置电梯的要求主要内容有哪些？

24. 常用的建筑材料有哪些？主要特点及适用范围是什么？

25. 工程造价建设项目总投资的概念是什么？

26. 什么是建设项目、工程项目、单项工程、单位工程、分部工程和分项工程？

27. 我国现行建设项目总投资、建筑安装工程费用包括哪些内容？

28. 预备费包括哪几个部分？如何计算？

29. 工程计量的主要依据和计算规则有哪些？

30. 工程计价的主要依据和基本程序有哪些？

31. 什么是工程建设定额？工程建设定额有哪些类别？

32. 不同建设阶段影响工程造价的主要因素有哪些？

33. 工程测量基准的主要内容有哪些？建设工程领域"多测合一"改革的主要内容是什么？

34. 房屋面积的分类有哪些？房屋面积测量的主要方法有哪些？

35. 房屋面积计算范围是如何规定的？如何计算成套房屋的建筑面积？

36. 常见的房地产图包括哪些？不同房地产图有何作用？各包括哪些内容？

第二章 房地产开发经营过程

所有人都生活或工作在一个人工建造的环境内，住宅、写字楼、购物中心、休闲娱乐中心、市政基础设施和城市配套设施等建筑环境要素并不会自己出现，这就需要有人或机构去推动并实施其开发建设、运行维护和再开发，房地产开发及其相关联的物业管理企业也就应运而生。

第一节 房地产开发程序

一、房地产开发概述

房地产开发包括住宅、非住宅和综合开发等类型，为提高项目全寿命周期的开发价值，需要遵循一个合乎逻辑和开发规律的程序。

（一）房地产开发的基本概念

房地产开发是使人工建造的环境不断满足社会需要的复杂商业活动，既包括从取得土地开始，进行土地和建筑物开发、出售或出租土地或建筑物的典型房地产开发活动，也包括从购买现有建筑物开始，经更新改造后再出租或出售建筑物的房地产开发活动。要通过房地产开发活动，将满足社会空间需求的设想变为现实，需要土地、劳动力、资本、管理经验、企业家精神和伙伴关系的综合投入，同时创造出满足消费者对空间、时间和服务需要的新价值。社会对房地产开发的需求持续不断，因为随着经济增长、人口增加和技术进步，消费者的品位和偏好也在不断发生变化，居民不断对生活方式有新追求和新选择。作为房地产开发活动的发起者，开发商是开发创意、规划设计、投资融资、工程建造和市场营销环节的协调管理者，也是开发风险的主要承担者和开发利益的主要分享者。

房地产开发的最终产品，即一个新开发或再开发的物业，是许多专业人士共同协作努力的结果。开发活动需要金融机构参与，没有金融机构的支持，房地产开发会受到很大制约；开发活动需要规划设计、工程技术、工程管理专家和建筑工人参与，这是保证开发项目建造质量和效率的关键；开发商在整个开发过程中，还要与政府机构打交道，以解决有关土地获取、政府审批、规划调整、征收补偿、建筑规范、市政设施和基础设施配套等问题；许多城市的社区团体和民众也越来越多地要求参与开发过程，与这些社区团体沟通和谈判的结果也对开发项目产生重要影响；在检验项目成功与否的租售过程中，还需要与经验丰富的营销专家、形象推广专家、销售人员、律师等密切配合。

房地产开发项目日益专业化的趋势，要求开发企业的经营管理者具备比以往更多的知识与技能，包括：市场与市场营销、城市发展、法律制度、地方规章、公共政策、土地开发、建筑设计、建造技术、现代信息通信与智能化技术、人居环境与可持续发展、基础设施、融资、风险控制和时间管理等。

房地产开发过程中每项具体工作越来越复杂，使得越来越多的专业人士开始与开发商共同工作，从而加速了房地产开发专业队伍的发展壮大。然而，无论房地产开发活动变得多么复杂或是开发商变得多么精明，都必须遵循房地产开发的一般程序。

（二）房地产开发的主要类型

1. 住宅开发

居住物业是指供人们生活居住的建筑，包括普通住宅、公寓、别墅等。住宅作为满足人类居住需要的建筑物，在城市建设中所占比重最大，经常以社区或居住小区等形式被成片开发建设。住宅开发项目一般要考虑居住的安全性、私密性、交通方便、自然环境、配套设施等因素。人们对住宅开发项目的需求随着生活水平的提高而不断向更高层次发展，住宅开发项目的市场总体需求量巨大，最具市场潜力，投资风险也相对较小。

住宅是为人们提供生活居住空间的房地产产品，包括普通住宅、公寓、别墅等。

（1）普通住宅。普通住宅针对大众市场，市场需求量大，在整个住宅物业中占有较高比例。我国鼓励面向大众的普通住宅建设，并通过加强宏观调控措施，逐步、全方位规范房地产企业的开发和经营行为，最大限度地保护消费者的切身利益，如从房贷政策、成套住宅面积方面控制等。普通住宅根据建筑层数和高度划分为多层住宅、小高层住宅和高层住宅等。

（2）公寓。公寓包含多个住宅单元，在国外，公寓通常不分割产权出售，只供出租或短期居住。

（3）别墅。别墅是指建造在郊外或风景区供休养用的住宅、建筑形态独立、层数较少，并带有一定规模的院落，是一种低楼层的豪华住宅。别墅一般选择在自然环境优美、风景秀丽、视野良好的地点修建，建筑容积率较低。一般讲究独立庭院、造型别致、人性化的生活空间、完备的配套设施。别墅大部分为精装修房，在建筑形式上，一般分为独立式、双拼式和联排式三种类型。

2. 非住宅开发

非住宅开发项目包括商业项目、工业项目等。

（1）商业项目。商业项目既可以是进行商品交换和流通的建筑物和场所，如零售商店、百货商场、超市、购物中心、商业街；也可以是为客户提供住宿、饮食以及娱乐的建筑物和场所，如旅馆、酒店等；还可以是办公的场所，如写字楼，即为商务、办公活动提供空间的建筑。根据写字楼的位置、建筑设计、装修、设备和租金水平等综合因素进行分类，通常将写字楼分为甲（A）、乙（B）、丙（C）三个等级。

（2）工业项目。工业项目是为工业生产提供作业空间、活动空间的建筑，主要包括厂房、仓库、堆场等。一般来说，工业项目由于其建筑物的设计和建造需要符合特定的工艺流程要求和设备安装需要，通常只适合特定用户使用。因此，工业厂房不易转手交易，往往以自建或租赁形式居多。

3. 综合开发

房地产综合开发，指的是根据城市建设总体规划和经济、社会发展计划的要求，以房屋建筑为对象，选择拟定区域内的建设用地，按照使用性质，对区域内的基础设施和市政公用设施项目统筹安排，协调发展，以取得良好的经济效益、社会效益和环境效益的科学的经营管理方法的总称。所谓综合开发包括传统的"建筑综合体"和新兴的"复合地产"。

（1）建筑综合体。建筑综合体是由多个功能不同的空间组合而成的建筑。其往往将城市中商业、办公、居住、旅馆、展览、餐饮、会议、娱乐等生活空间的三项以上进行组合，并在各部分间建立相互依存、相互助益的能动关系，从而形成多功能、高效率的复杂而统一的综合体，如城市综合体。

（2）复合地产。复合地产则是以某一产业为主导，与其相关产业进行附加叠合，形成新的业态，进而打造成为有机融合的复合物业，如旅游地产、老年地产、产业地产、特色小镇、田园综合体等。这种多功能、多业态的综合开发不但满足了人们在工作、生活、社交等方面的多元化需求，而且也丰富了城市景观，是现代化都市的重要标志。

二、房地产开发的一般程序

从开发商有投资意向开始至项目建设完毕出售或出租并实施全寿命周期的物业资产管理，大多遵循一个合乎逻辑和开发规律的程序。该程序通常分为八个步骤、四个阶段。

房地产开发的八个步骤包括：

（一）提出投资设想

开发商在对当地经济社会及房地产市场有比较深入的了解并占有大量市场信息的基础上，寻找需要满足的市场需求，探讨投资可能性，对各种可供选择的投资机会进行筛选，在头脑中快速判断其可行性。

（二）细化投资设想

开发商从土地出让或转让市场上，选出实现其初步投资设想的开发建设用地，与潜在的租客、业主、银行、合作伙伴、专业人士接触，做出初步规划设计方案，探讨获取开发用地的方式和可行性。

（三）可行性研究

开发商自己或委托顾问机构进行正式市场研究，分析市场供求关系，确定产品和市场定位，估算市场吸纳率，根据预估的成本和价格进行投资分析，就有关开发计划与政府有关部门沟通，从法律、技术和经济等方面综合判断项目可行性，并依此做出投资决策。

（四）获取土地使用权

没有可供开发建设的土地，任何开发投资方案和决策都是纸上谈兵。开发商可以通过土地出让和转让两个市场获取土地使用权。如果拟开发地块是政府正在招拍挂出让的土地，开发商就必须参与政府土地招拍挂出让活动，通过与其他开发商的公开竞争，获取开发建设用地的土地使用权。如果拟开发地块是政府已经出让的地块，就需要与当前的土地使用者谈判土地转让事宜，通过收购公司股权或合作开发等方式，来获取土地使用权。

（五）合同谈判与协议签署

开发商根据从市场研究中得到的客户需求特征确定最终设计方案，开始合同谈判，得到贷款书面承诺，确定总承包商，确定租售方案，获得政府建设工程规划许可和施工许可。之后，签署正式协议或合同，包括合作开发协议、建设贷款协议和长期融资协议、工程施工合同、保险合同和预租（售）意向书等。

（六）工程建设

开发商根据预算进行成本管理，批准市场推广和开发队伍提出的工程变更，解决建设纠纷，支付工程款，实施进度管理。

（七）竣工交用

开发商组织物业经营管理队伍，进行市场推广和租售活动，政府批准入住，接入市政设施，小业主或租客入住，办理分户产权证书、偿还建设贷款，长期融资到位。

（八）物业资产管理

委托专业物业管理，进行更新改造和必要的市场推广工作，以延长物业资产的经济寿命，保持并提升物业资产价值，提高资产运行质量。

上述八个步骤又可归纳为房地产开发过程的四个阶段，即投资机会选择与决策分析阶段、前期工作阶段、建设阶段和租售阶段。有关四个阶段的具体工作内容，将在本章后续内容中详细介绍。

当然，房地产开发的阶段划分并不是一成不变的，实际的开发过程也很难沿直线一步一步地向前进行。上述开发步骤和阶段的划分只是帮助人们了解开发程序、少走弯路，不可能完全模拟开发商头脑中时常变化的开发过程，更不可能完全模拟开发商与其合作伙伴之间经常不断地谈判所导致的工作步骤变化。只有开发工作遵循上述逻辑顺序展开，即项目建设完毕后才去找买家或租户时，开发过程才按照上述程序进行；但如果开发项目在建设中或建设前就预售或预租给置业投资者或使用者，则租售阶段就会在前期工作阶段、建设阶段同步或超前进行。但无论顺序怎样变化，这些阶段能基本上概括大多数居住物业、商用物业及工业物业开发项目的主要实施步骤。

第二节　投资机会选择与决策分析

投资机会选择与决策分析，是整个房地产开发过程中最重要的阶段，该阶段最重要的工作是对开发项目进行逐步深入、细化的可行性研究。

一、投资机会选择

投资机会选择主要包括提出投资设想、寻找和筛选投资机会、细化投资设想三项工作。

（一）提出投资设想

开发商首先要选择项目所处的城市或地区，然后在对当地经济社会及房地产市场有比较深入的了解并占有大量市场信息的基础上提出投资设想。

（二）寻找和筛选投资机会

在寻找投资机会的过程中，开发商要结合投资设想，根据自己对该城市或地区房地产市场供求关系的认识，寻找投资的可能性，即通常所说的"看地"或"看项目"。此时，开发商可能面对多种投资的可能性，对每一种可能性都要根据自己的经验和投资能力，快速地在头脑中初步判断其可行性，以进行投资机会的筛选。

（三）细化投资设想

细化投资设想，就是对筛选出的投资机会进一步分析比较，并最终将其投资设想落实到一个或几个备选的具体地块上，进一步分析其客观条件是否具备，通过与当前的土地拥有者、潜在的买家或租户、自己的合作伙伴以及专业人士接触，提出初步开发投资方案，如认为可行，就可以草签有关的合作意向书。

为了满足进一步投资决策的要求，开发商通常还聘请专业顾问，对拟开发项目涉及的土地、建筑物的权利状况，以及对主要合作伙伴的设立、变更、存续和资产负债情况等进行尽职调查。

二、投资决策分析

投资决策分析主要包括市场分析、项目财务评价和投资决策三部分工作。

（一）市场分析

市场分析主要分析市场宏观环境、政府政策、房地产供求关系、竞争环境、目标市场及其可支付的价格或租金水平。

（二）财务评价

财务评价是根据市场分析的结果以及相关的项目资本结构设计，就项目的经营收入、成本费用与盈利能力进行分析评价。

（三）投资决策

投资决策是结合企业发展战略、财务状况以及项目财务评价的结果，对是否进行本项目的投资开发做出决策。投资决策分析工作应该在尚未签署任何协议之前进行，以便使开发商有充分的时间和自由度来考虑有关问题。

从我国房地产开发实践来看，开发商越来越重视房地产市场分析与研究工作，也已经较好地掌握了房地产开发项目财务评价的技术与方法，但决策技术和决策方法的使用还不普遍，因为开发商更加相信自己的直觉判断。应当注意到，影响房地产开发项目投资决策的因素已经越来越超出项目本身的盈利与风险特征，越来越与企业发展战略以及企业的开发管理、投资与融资等能力密切关联。

第三节   前 期 工 作

当通过投资决策分析确定了具体的开发地点和项目之后，在项目建设过程开始之前还有许多工作要做，这主要涉及取得土地使用权和与开发全过程有关的各种合同、条件的谈判与签订。通过初步投资决策分析，开发商可以找出一系列必须在事先估计的因素，在签订建设合同之前，必须设法将这些因素尽可能精确地量化。这样做的结果，可能会使初步投资决策分析报告被修改，或者在项目的收益水平达不到目标要求时被迫放弃这个开发投资计划。

在初步投资决策分析的主要部分没有被彻底检验之前，开发商应尽量推迟具体的实施步骤，比如取得土地使用权。当然，在所有影响因素彻底弄清以后再取得土地使用权是最理想不过的了，如果在激烈的市场竞争条件下，为抓住有利时机难以做到这一点时，开发商也应对其可能承担的风险进行分析与评估。

一、获取土地使用权

没有土地，任何开发计划或开发项目的实施都只能是空谈。当完成市场分析和其他前期研究工作并进行了项目评估决策之后，就要进入实施过程，而实施过程的第一步就是取得土地使用权。

（一）土地储备

1. 土地开发

土地开发，是土地储备机构对纳入储备，尤其是依法征收后纳入储备的土地，为使其具备供应条件而进行的前期开发活动。前期开发工作的内容，主要包括道路、供水、供电、供气、排水、通信、围栏等基础设施建设工作和土地平整工作。

土地开发的项目实施模式，分为政府土地储备机构负责实施和授权社会主体负责实施两种模式。随着土地储备事业的发展，政府土地储备机构的开发管理能力不断提升，新增土地储备开发项目的实施模式，已经逐渐由授权社会主体实施为主发展成为以土地储备机构实施为主。具体工程按照有关规定，选择工程勘察、设计、施工和监理等单位进行建设。

2. 土地储备资金

土地储备资金，是指土地储备机构按照国家有关规定征收、收购、优先购买、收回土地以及对其进行前期开发等所需的资金。土地储备资金纳入政府性基金预算管理，实行专款专用，土地储备机构所需的日常经费纳入政府预算，与土地储备资金实行分账核算，不得相互混用。

土地储备资金的来源渠道包括：财政部门从已供应储备土地产生的土地出让收入中安排给土地储备机构的征地、搬迁与安置补偿费用、土地开发费用等储备土地过程中发生的相关费用；财政部门从国有土地收益基金中安排用于土地储备的资金；发行地方政府债券筹集的土地储备资金；经财政部门批准可用于土地储备的其他财政资金。值得注意的是，为规范土地储备和资金管理行为，财政部已要求各地自 2016 年 1 月 1 日起，不得再向银行业金融机构举借土地储备贷款。

土地储备资金专项用于征收、收购、优先购买、收回土地以及储备土地供应前的前期开发等土地储备开支，不得用于土地储备机构日常经营开支。具体使用范围包括：①征收、收购、优先购买或收回土地需要支付的土地价款或征收、搬迁和安置的补偿费用。包括土地补偿费和安置补助费、地上附着物和青苗补偿费、搬迁和安置的补偿费，以及依法需要支付的与征收、收购、优先购买或收回土地有关的其他费用。②征收、收购、优先购买或收回土地后进行必要的前期土地开发费用。储备土地的前期开发，仅限于与储备宗地相关的道路、供水、供电、供气、排水、通信、照明、绿化、土地平整等基础设施建设，不包括搭车进行的与储备宗地无关的上述相关基础设施建设。③需要偿还的土地储备存量贷款本金和利息支出。④经同级财政部门批准的与土地储备有关的其他支出。包括土地储备工作中发生的地籍调查、土地登记、地价评估以及管护中围栏、围墙建设等支出。

3. 土地储备

土地储备是指县级（含）以上自然资源管理部门为调控土地市场、促进土地资源合理利用，依法取得土地，组织前期开发、储存以备供应的行为。土地储备工作的具体实施，由土地储备机构承担。土地储备机构是县级（含）以上人民政府批准成立、具有独立的法人资格、隶属于所在行政区划的自然资源管理部门、统一承担本行政辖区内土地储备工作的事业单位。

土地储备实行计划管理。年度土地储备计划内容包括上年度末储备土地结转情况、年度新增储备土地计划、年度储备土地前期开发计划、年度储备土地供应计划、年度储备土地管护计划、年度土地储备资金需求总量等。由地方人民政府相关部门根据城市建设发展和土地市场调控的需要，结合当地经济社会发展规划、土地储备三年滚动计划、年度土地供应计划、地方政府债务限额等因素合理编制。

土地储备的范围包括依法收回的国有土地、收购的土地、行使优先购买权取得的土地、已办理农用地转用和土地征收批准手续并完成征收的土地以及其他依法取得的土地。

土地储备的运作程序有四个步骤，包括：①收购，指土地储备机构根据政府授权和土地储备计划，收回或收购市区范围内国有土地使用权，征收农村集体土地并对农民进行补偿的行为；②前期开发，指按照地块的规划，完成地块内的道路、供水、供电、供气、排水、通信、围栏等基础设施建设，并进行土地平整，满足必要的"通平"要求，为政府供应土地提供必要保障；③储备，指土地储备机构将已经完成前期开发的"熟地"储备起来，等待供应；④供应，指对纳入政府土地储备库的土地，根据客观需要和土地供应计划，向市场供应。

（二）开发商获取土地使用权的主要途径

1. 土地使用权出让

为规范国有建设用地使用权出让行为，优化土地资源配置，建立公开、公平、公正的土地使用制度，国土资源部于 2002 年 4 月颁布了《招标拍卖挂牌出让国有土地使用权规定》，2007 年 9 月修订为《招标拍卖挂牌出让国有建设用地使用权规定》。从加强国有土地资产管理、优化土地资源配置、规范协议出让国有建设用地使用权行为的角度出发，国土资源部于 2003 年 6 月颁布了《协议出让国有土地使用权规定》。按照这个规定，同一地块有两个或者两个以上意向用地者的，市、县人民政府国土资源行政主管部门应当采取招标、拍卖或者挂牌方式出让。不适合采用招标、拍卖或者挂牌方式出让的，才允许以协议方式出让。各种出让方式的具体界定是：

（1）招标出让国有建设用地使用权是指市、县人民政府国土资源行政主管部门（以下简称出让人）发布招标公告，邀请特定或者不特定的自然人、法人或者其他组织参加国有建设用地使用权投标，根据投标结果确定国有建设用地使用权人的行为。

（2）拍卖出让国有建设用地使用权是指出让人发布拍卖公告，由竞买人在指定的时间、地点进行公开竞价，根据出价结果确定国有建设用地使用权人的行为。

（3）挂牌出让国有建设用地使用权是指出让人发布挂牌公告，按公告规定的期限将拟出让宗地的交易条件在指定的土地交易场所挂牌公布，接受竞买人的报价申请并更新挂牌价格，根据挂牌期限截止时的出价结果或者现场竞价结果确定国有建设用地使用权人的行为。

（4）协议出让国有建设用地使用权是指出让人与特定的土地使用者通过协商方式有偿出让国有建设用地使用权的行为。该方式仅当依照法律、法规和规章的规定不适合采用招标、拍卖或者挂牌方式出让时，方可采用。即"在公布的地段上，同一地块只有一个意向用地者的，市、县人民政府国土资源行政主管部门方可按照本规定采取协议方式出让；但商业、旅游、娱乐和商品住宅等经营性用地除外"。

2. 土地使用权划拨

土地使用权划拨是指县级以上人民政府依法批准，在土地使用者缴纳补偿、安置等费用后将该土地交付其使用，或者将土地使用权无偿交付给土地使用者使用的行为。对于开发商而言，以行政划拨方式获取土地使用权，通常涉及私人参与的城市基础设施用地和公益事业项目及国家重点扶持的能源、交通、水利等项目的用地。公共租赁住房等政策性住房项目用地，目前也是通过行政划拨方式供应。以行政划拨方式供应公共租赁住房和经济适用住房建设用地时，也逐步开始采用以未来住宅租售价格或政府回购价格为标的的公开招标方式。

3. 原有划拨土地上存量房地产的土地使用权转让

对于原有划拨土地上的存量房地产，如因企业改制或兼并收购等行为导致产权变更时，需办理土地使用权出让手续。在不改变土地利用条件的情况下，该类土地使用权可采用协议方式获得，即由土地管理部门代表市政府与土地使用者以土地的公告市场价格或基准地价为基准，经过协商确定土地价格，采用国有土地使用权出让、租赁、作价入股或授权经营等方式，对原划拨国有土地资产进行处置，土地使用者获得相应条件下的土地使用权。值得指出的是，随着政府土地储备制度的建立，存量划拨土地使用权已经成为政府土地储备机构优先收回并纳入储备的重要对象，开发商直接获取该类土地的机会逐渐减小。

4. 与当前土地使用权拥有者合作

由于各种各样的原因，在房地产市场上存在许多拥有土地使用权的机构在寻求合作者。因此，对于拥有资金但缺少土地的开发商来说，通过土地转让、代建、并购或合伙等方式，与当前土地使用权拥有者合作，也是获取土地的一种重要方式。2019 年万科集团 147 个项目中 63.95%的新增项目为通过合作方式获取。

作为我国土地使用制度的重大改革，2020 年 1 月 1 日开始实施新修订的《中华人民共和国土地管理法》，对集体经营性建设用地的土地使用权出让、出租做出了参照同类用途的国有建设用地执行的初步规定，具体办法尚待国务院另行制定。部分开发商已经通过出让、出租、作价入股等方式获得了集体经营性建设用地的使用权，开始进行开发建设共有产权住房和租赁住房的实践。

二、开发项目立项和报批

（一）项目批准和备案

为了规范和引导企业投资活动，巩固企业投资主体地位，推动政府转变投资管理职能，我国近年来持续改革企业固定资产投资制度，逐渐从严格刚性的行政计划审批，转变为旨在全面准确掌握企业固定资产投资意向信息，及时发现投资运行中存在的问题，以便有针对性地对投资活动进行调控和引导企业投资的项目核准和备案制度。

1. 一般规定

按照自 2017 年 2 月 1 日起施行的《企业投资项目核准和备案管理条例》要求，对关系国家安全、涉及全国重大生产力布局、战略性资源开发和重大公共利益等项目，实行核准管理。对除此规定以外的项目，实行备案管理。按照《政府核准的投资项目目录（2016 年本）》的规定，房地产开发项目属于城建类投资项目中的"其他城建项目"，由地方政府自行确定实行核准或者备案。实际执行过程中，各地一般对商品房开发投资项目实行备案管理，对棚户区改造、保障性住房、安置住房等政策性住房投资项目实行核准管理，对土地一级开发项目实施政府内部审批管理。

2. 项目核准

企业办理投资项目核准手续，应当向核准机关提交项目申请书。项目申请书的主要内容包括：①企业基本情况；②项目情况，包括项目名称、建设地点、建设规模、建设内容等；③项目利用资源情况分析以及对生态环境的影响分析；④项目对经济和社会的影响分析。

核准机关审查时要主要考察项目：是否危害经济安全、社会安全、生态安全等国家安全；是否符合相关发展建设规划、技术标准和产业政策；是否合理开发并有效利用资源；是否对重大公共利益产生不利影响。项目申请书由企业自主组织编制，企业应当对项目申请书内容的真实性负责。

3. 项目备案

企业办理投资项目备案，应当在项目开工建设前通过在线平台，将企业基本情况、项目名称、建设地点、建设规模、建设内容、项目总投资额，以及项目符合产业政策的声明等信息告知备案机关，并对备案项目信息的真实性负责。备案机关收到前述规定的全部信息即为备案，企业告知的信息不齐全的，备案机关将指导企业补正。企业可通过在线平台自行打印备案证明。

（二）确定规划设计方案并获得规划许可

确定规划设计方案并获得规划许可，主要涉及政府城乡规划管理部门对房地产开发过程中的规划管理，具体包括下发《建设项目用地预审与选址意见书》、核发《建设用地规划许可证》、设计方案审批和核发《建设工程规划许可证》四个方面的工作。

按照开发建设项目用地的土地使用权获取方式不同，开发商需要办理的规划审批要求有一定差异。该差异主要体现在：以招拍挂出让方式获得土地使用权的开发建设项目，其项目选址阶段的《建设项目用地预审与选址意见书》审批已经在土地一级开发环节完成，出让地块的位置、使用性质、开发强度等规划条件，已经作为《国有建设用地使用权出让合同》的组成部分确定下来，开发商只需在取得建设项目的批准、核准、备案文件和签订土地使用权出让合同后，向政府城乡规划主管部门领取《建设用地规划许可证》，而不是像划拨土地开发项目那样，需要向政府城乡规划主管部门提出建设用地规划许可申请，经政府城乡规划主管部门依据控制性详细规划核定建设用地的位置、面积和允许建设范围后，核发《建设用地规划许可证》。

1. 开发项目选址、定点审批阶段

本阶段的规划审批，主要针对以划拨方式和协议出让方式获得国有建设用地使用权的开发建设项目。

划拨用地开发项目的范围，主要包括非营利性的城市基础设施、邮政、教育、科研、文化、医疗卫生、体育、住宅配套服务、农贸市场和社会福利设施建设项目。居住用地划拨的范围，主要涉及经济适用住房项目、公共租赁住房项目、大学生公寓、住宅合作社集资建房、危旧房改造区居民安置用房、利用自有土地建设的职工宿舍、征地区域农民自住住宅项目。依法以协议出让方式获得国有土地使用权的建设项目，主要包括工业用地、基础设施用地、开发区或科技园区内的科技产业项目用地开发建设项目。

对于依法以招标、拍卖、挂牌出让方式获得国有土地使用权的商业、旅游、娱乐和商品住宅等各类经营性用地建设项目，本阶段的规划审批已经在土地出让前由土地储备机构办理完毕。

需要进行开发项目选址和定点审批时，开发商须持政府规划管理部门对建设项目的批准、核准或备案文件，开发建设单位或其主管部门的用地申请（须表述选址要求、拟建项目性质及有关情况），拟建规划设计图（含主要技术经济指标），开发项目意向地块的 1：2 000 或 1：500 地形图及其他相关材料，向城乡规划管理部门提出开发项目选址、定点申请，由城乡规划管理部门审核后向城市土地管理部门等发出征询意见表。开发商请有关部门填好征询意见表后，持该征询意见表、征地和安置补偿方案及经城市土地管理部门盖章的征地协议、项目初步设计方案、批准的总平面布置图或建设用地图，报城乡规划管理部门审核后，由城乡规划管理部门下发《建设项目用地预审与选址意见书》。

城乡规划管理部门在《建设项目用地预审与选址意见书》中，将确定建设用地及代征城市公共用地范围和面积，根据项目情况提出规划设计要求。规划设计要求包括三个方面的内容：①规划土地使用要求（建筑规模、容积率、建筑高度、绿地率等）；②居住建筑（含居住区、居住小区、居住组团）的公共服务设施配套建设指标；③建设项目与退让用地边界、城市道路、铁路干线、河道、高压电力线等距离要求。

2.《建设用地规划许可证》申领阶段

申领《建设用地规划许可证》时，开发商须持政府规划管理部门对建设项目的批准、核准或备案文件，选址意见书及附图复印件（招拍挂出让土地项目，由土地储备机构负责申报、提供）、《国有建设用地使用权出让合同》及其相关文件（协议出让和招拍挂出让土地项目）、建设用地钉桩成果通知单、按建设用地钉桩成果及绘图要求绘制的 1∶500 或 1∶2 000 地形图等资料，向城乡规划管理部门提出申请。对于通过招拍挂出让方式获得国有建设用地使用权的开发项目，还应提交建设用地申请文件（须表述取得用地的有关情况）和《国有建设用地使用权出让成交确认书》。城乡规划管理部门对建设用地使用性质、建设用地及代征城市公共用地范围和面积审核确定后，颁发《建设用地规划许可证》。《建设用地规划许可证》主要规定了用地性质、位置和界限。

对于划拨用地开发建设项目，开发商在取得《建设用地规划许可证》后，方可向政府土地主管部门申请用地，经县级以上人民政府审批后，由土地主管部门划拨土地。

3. 设计方案审查阶段

开发商应自行委托有规划设计资质的设计机构，按照选址意见书，绘制规划设计方案图，然后持《建设项目规划许可及其他事项申报表》选址意见书及附图复印件和设计方案图，向城乡规划管理部门提出设计方案审查申请，城乡规划管理部门接此申请后协同其他有关单位审查该详细规划设计方案。

开发商提交审查的设计方案，包括：①以实测现状地形图为底图绘制的规划设计总平面图（单体建筑设计方案比例尺 1∶500，居住区设计方案比例尺 1∶1 000）；②各层平面图、各向立面图、各主要部位剖面图（比例尺 1∶100 或 1∶200）；③各项经济技术指标及无障碍设施设计说明及其他相关资料。

对于通过招拍挂出让方式获得国有建设用地使用权的开发项目，开发商申请设计方案审查时，尚须提交由土地储备机构负责提供的《规划意见书（选址）》及附图复印件和《建设用地钉桩成果》等前期规划文件。

城乡规划管理部门进行设计方案审查的主要内容包括：设计方案的用地范围与规划确定的范围一致，建设项目的性质符合城市规划要求，容积率、建筑高度、建筑密度、绿地率符合城市规划的要求，停车位个数、建筑间距、公共服务设施符合法律、法规、规章和城市规划的要求，已经安排了必要的水、电、气、热等市政基础设施。

城乡规划部门对设计方案提出修改或调整意见的，开发商应根据审查意见对设计方案进行调整修改，再报城乡规划管理部门审查。审查通过后由城乡规划管理部门向开发商出具《设计方案审查意见》，并将相关审查意见分别抄送政府园林、人防、消防、市政、体育、供水等行政主管部门。

4.《建设工程规划许可证》申领阶段

开发商需持《建设项目规划许可及其他事项申报表》《规划意见书（选址）》

及附图复印件、《设计方案审查意见》及附图复印件、国土资源行政主管部门批准用地的文件、有资质的设计单位按照《规划意见书（选址）》或《设计方案审查意见》及附图要求绘制的建设工程施工图（施工图纸包括：图纸目录、无障碍设施设计说明、设计总平面图、各层平面图、剖面图、各向立面图、各主要部位平面图、基础平面图、基础剖面图）、《城市建设工程办理竣工档案登记表》《勘察、设计中标通知书》（未进行设计方案审查的项目），向城乡规划管理部门提出申请。城乡规划管理部门接此申请后，将负责对相关文件进行与设计方案审查阶段内容相似的审查工作，通过审查后，签发《建设工程规划许可证》。

开发商取得《建设工程规划许可证》后，应按照城市规划监督有关规定，办理规划验线、验收事宜。工程竣工验收后，按规定应编制竣工图的建设项目，须依法按照国家编制竣工图的有关规定编制并报送城市档案馆。

值得指出的是，为推进政府职能转变、深化"放管服"改革和优化营商环境，从 2019 年开始，各地陆续以"多规合一"和"一张蓝图"为基础，推进工程建设项目审批制度的"一个窗口""一张表单""多审合一、多证合一"改革，相关审批的流程优化、时限压缩、效率提高，为企业提供了更好的营商环境。

三、房地产开发项目的工程建设招标

（一）招标方式

房地产开发项目的工程建设招标方式，可以分为公开招标和邀请招标。依照《中华人民共和国招标投标法》必须进行招标的工程建设项目，招标人应按政府审批部门核准的招标方式进行招标。

1. 公开招标

公开招标，是指招标人以招标公告的方式邀请不特定的法人或者其他组织投标。依法必须进行招标的项目，国有资金控股或占主导地位的建设项目，应采用公开招标方式确定承包商。例如，保障性住房由市县政府负责提供，省级政府给予资金支持，中央给予资金补助，因此，保障性安居工程项目必须采用公开招标方式。进行公开招标时，开发商或其委托的招标代理机构应发布招标公告，招标公告的发布应当充分公开，任何单位和个人不得非法限制招标公告的发布地点和发布范围。依法必须招标的项目招标公告应当通过国家指定的报刊、信息、网络或者其他媒介发布。

2. 邀请招标

邀请招标，是指招标人以投标邀请书的方式邀请特定的法人或者其他组织投标。邀请招标也称选择性招标。邀请招标是非公开招标方式的一种。实行邀请招

标的项目应符合招标投标法有关规定并经相关审批部门核准，进行邀请招标时，可由开发商或其委托的招标代理机构向具备承担项目的能力、资信良好的特定法人或者其他组织发出投标邀请书。被邀请参加投标的承包商应在 3 个以上。有下列情形之一的可以邀请招标：①项目技术复杂、有特殊要求或者受自然地域环境限制，只有少量潜在投标人可供选择；②采用公开招标方式的费用占项目合同金额的比例过大的。

（二）招标机构

当招标人决定采用招标方式发包房地产开发项目的建筑工程时，不管是公开招标还是邀请招标，都可以成立一个招标工作小组，负责招标过程中的决策活动与日常事务工作的处理。招标人具有编制招标文件和组织评标能力的，可以自行办理招标事宜。依法必须进行招标的项目，招标人自行办理招标事宜的，应当向有关行政监督部门备案；招标人应当自确定中标人之日起 15 日内，向有关行政监督部门提交招标投标情况的书面报告。招标人不具备自行招标能力时，可以委托依法设立、从事招标代理业务并提供相关服务的社会中介组织提供招标代理服务，并与代理机构成立联合招标工作小组。整个招标过程的活动均由招标工作小组负责组织。

1. 招标过程中的决策活动

（1）确定工程项目招标范围，即决定建设工程项目是全过程发包还是分阶段招标，通常根据预招标项目具体情况确定招标范围。如住宅小区工程、大型道路工程等项目是否需要进行标段划分，是否需要专业工程招标等。需要注意的是，任何单位和个人不得将依法必须进行招标的项目化整为零或者以其他任何方式规避招标。施工项目需要划分标段、确定工期的，应合理划分并在招标文件中载明。

（2）组织编制工程量清单、招标控制价或标底。若采用工程量清单招标应编制工程量清单。根据《建设工程工程量清单计价标准》GB/T 50500—2024，使用财政资金或国有资金投资的建设工程，应按国家及行业工程量计算标准编制工程量清单，采用工程量清单计价；非使用财政资金或国有投资的建设工程，宜按国家及行业工程量计算标准编制工程量清单，采用工程量清单计价。招标工程量清单应根据招标文件要求及工程交付范围，以合同标的或以单项工程、单位工程为工程量清单编制对象进行列项编制，并作为招标文件的组成部分。根据该标准，招标人根据工程实际情况编制的招标工程量清单应用于总价合同的，其清单项目和工程数量应视为与招标图纸和技术标准规范相符，存在工程量清单缺陷的，承包人应承担工程量清单缺陷的补充完善责任，工程量清单缺陷应按标准规定不做调整；编制的招标工程量清单应用于单价合同的，其清单项目列项、项目特征的工作内容及其工程数量应视为符合招标图纸和技术标准规范的要求，存在分部分项工程项目清单缺陷的，应由发包人承担相关清单缺陷责任，工程量清单缺陷应按标准规定调整。

（3）确定合同方式和发包内容，招标人与中标人应当根据招标文件和中标人的投标文件订立合同。合同价可以采用以下方式：①固定价。合同总价或者单价在合同约定的风险范围内不可调整。②可调价。合同总价或者单价在合同实施期间，根据合同约定的办法调整。③成本加酬金。采用工程量清单招标的宜采用单价合同方式。工程建设项目应实行建设工程总承包。

建设工程招标设有最高投标限价的，应按国家有关规定编制最高投标限价，并在发布招标文件时公布最高投标限价及其编制依据。招标人可依据招标文件要求、工程实际情况、结合类似工程合理的施工方案及工期数据合理确定计划工期，最高投标限价应基于合理计划工期内完成招标工程所需的费用进行编制，招标人可依据招标工程量清单及同类工程的价格信息和造价资讯等，按相关主管部门规定确定招标工程可接受的最高价格。

因招标文件的补遗、答疑、异议澄清或修正等引起最高投标限价变化的，招标人应相应修正最高投标限价，并按相关要求和程序重新公布。

2. 招标中的日常事务工作

招标中的日常事务工作主要包括下列内容：①拟定招标方案，编制和出售招标文件、资格预审文件；②审查投标人资格；③编制标底；④组织投标人勘察现场；⑤组织开标、评标，协助招标人定标；⑥草拟合同；⑦招标人委托的其他事项。

3. 招标工作小组组成人员

（1）决策人员。即招标人本身或其授权代表，代表招标人全权处理具体事务。

（2）专业技术与经济方面的专家。包括建筑师、结构和设备等专业工程师、经济师、造价工程师等。由他们负责向招标人或其授权代表提供咨询意见，并进行招标的具体事务处理。

（3）助理人员。即决策和专业技术人员的助手，包括秘书，资料、档案管理人员，计算、绘图等工作人员。

上述人员可以是招标人自身的工作人员，也可以是招标人聘请的人员。招标人依法组建的评标委员会负责评标。评标委员会通常由招标人代表和有关技术、经济等方面专家组成，成员由 5 人以上单数组成，其中经济、技术专家不得少于成员总数的 2/3。评标委员会的专家成员应从省级以上人民政府有关部门提供的专家名册或者招标代理机构的专家库内的相关专家名单中确定。评标委员会负责评标活动，向招标人推荐中标候选人或者根据招标人的授权直接确定中标人。

（三）招标程序

按照一般做法，工程建设项目招标程序如下：

1. 申请招标

依法必须招标的工程建设项目，应当具备下列条件才能进行施工招标：①招标人已经依法成立；②初步设计及概算应当履行审批手续的，已经批准；③招标范围、招标方式和招标组织形式等应当履行核准手续的，已经核准；④有相应的资金或资金来源已经落实；⑤有招标所需的设计图纸及技术资料。

2. 编制招标文件

当招标人的招标申请获得批准后，应着手准备招标文件。招标文件是招标人向投标人介绍工程情况和招标条件的重要文件，也是签订工程承包合同的基础。招标人应当根据招标项目的特点和需要编制招标文件。招标文件应包括：①招标公告（或投标邀请书）；②投标人须知；③评标办法；④合同条款及格式；⑤采用工程量清单招标的，应当提供工程量清单；⑥设计图纸；⑦技术标准和要求；⑧投标文件格式；⑨投标人须知前附表规定的其他材料。特别要注意的是，招标人应当在招标文件中规定实质性要求和条件，并用醒目的方式标明。

3. 确定招标方式，发布招标公告或邀请投标函

招标人完成招标文件并经政府有关行政监督部门审核批准并备案后，即可按审核部门核准的方式招标。采取公开招标方式时，招标人应在规定的媒介上发布招标公告。招标公告应当至少载明：①招标人的名称和地址；②招标项目的内容、规模、资金来源；③招标项目的实施地点和工期；④获取招标文件或者资格预审文件的地点和时间；⑤对招标文件或者资格预审文件收取的费用；⑥对投标人资质等级的要求。

招标人采用邀请招标方式时，应当向 3 个以上具备承担招标项目的能力、资信良好的特定的法人或者其他组织发出投标邀请书。

4. 投标人资格审查

资格审查分为资格预审和资格后审。投标人资格审查的目的在于了解投标人的技术和财务实力以及施工经验，限制不符合条件的单位盲目参加投标，以使招标能获得比较理想的结果。

开发商对投标人进行资格审查时应考虑以下方面：①具有独立订立合同的权力；②具有履行合同的能力，包括专业、技术资格和能力，资金、设备和其他物质设施状况，管理能力，经验、信誉和相应的从业人员；③没有处于被责令停业，投标资格被取消，财产被接管、冻结，破产状态；④在最近三年内没有骗取中标和严重违约及重大工程质量问题；⑤法律、行政法规规定的其他资格条件。

招标人应向经资格预审合格的潜在投标人发出资格预审合格通知书，告知获取招标文件的时间、地点和方法，并同时向资格预审不合格的投标人告知资格预审结果。注意资格预审不合格的潜在投标人不得参加投标。

采用资格后审的，经后审不合格的投标人的投标应作废标处理。

5. 投标

投标人是响应招标、参加投标竞争的法人或者其他组织。投标人应当按照招标文件的要求编制投标文件，并须对招标文件提出的实质性要求和条件做出响应。投标文件一般应包括的内容有：①投标函及投标函附录；②法定代表人身份证明或附有法定代表人身份证明的授权委托书；③联合体协议书；④投标保证金；⑤已标价工程量清单；⑥施工组织设计；⑦项目管理机构；⑧拟分包项目情况表；⑨资格审查资料；⑩投标人须知前附表规定的其他材料。

6. 开标、评标和定标

开标应在招标文件确定的提交投标文件的截止时间的同一时间公开进行；开标地点应为招标文件中确定的地点。招标人具有编制招标文件和组织评标能力的，可以自行办理招标事宜。开标会议应由招标人或招标代理人主持。投标文件有下列情形之一的，招标人不予受理：①逾期送达的或者未送达指定地点的；②未按招标文件密封的。

一般按下列程序进行开标：①宣布开标纪律；②公布在投标截止时间前递交投标文件的投标人名称，并点名确认投标人是否派人到场；③宣布开标人、唱标人、记录人、监标人等有关人员姓名；④按照投标人须知前附表规定检查投标文件的密封情况；⑤按照投标人须知前附表的规定确定并宣布投标文件开标顺序；⑥设有标底的，公布标底；⑦按照宣布的开标顺序当众开标，公布投标人名称、标段名称、投标保证金的递交情况、投标报价、质量目标、工期及其他内容，并记录在案；⑧投标人代表、招标人代表、监标人、记录人等有关人员在开标记录上签字确认；⑨开标结束。

评标由依法组建的评标委员会负责，专家按评标程序进行评审。评标程序包括：初步评审、详细评审、投标文件的澄清与补正和提交评标结果。投标文件有下列情形之一的，由评标委员会初审后按废标处理：①无单位盖章并无法定代表人或法定代表人授权的代理人签字或盖章的；②未按规定的格式填写，内容不全或关键字迹模糊、无法辨认的；③投标人递交两份或多份内容不同的投标文件，或在一份投标文件中对同一招标项目报有两个或多个报价，且未声明哪一个有效，按招标文件规定提交备选投标方案的除外；④投标人名称或组织结构与资格预审时不一致的；⑤未按招标文件要求提交投标保证金的；⑥联合体投标未附联合体各方共同投标协议的。评标委员会按照招标文件中确定的评标办法进行评审，完成评审后向招标人提出书面评标报告。评标报告由评标委员会全体成员签字。

在评标委员会提出书面评标报告后，招标人一般应在 15 日内确定中标人并发出中标通知书。

7. 签订合同

招标人和中标人应当自中标通知书发出之日起 30 日内，按照招标文件和中标人的投标文件订立书面合同。依法必须进行施工招标的项目，招标人还要在中标通知书发出之日起 15 日内向有关行政监督部门提交招标投标情况书面报告。书面报告应包括下列内容：①招标范围；②招标方式和发布招标公告的媒介；③招标文件中投标人须知、技术条款、评标标准和方法、合同主要条款等内容；④评标委员会的组成和评标报告；⑤中标结果。

四、开工申请与审批

建设工程招标工作结束后，开发商就可以申请开工许可。为了加强对建筑活动的监督管理，维护建筑市场秩序，保证建筑工程的质量和安全，根据《中华人民共和国建筑法》，住房和城乡建设部于 2021 年公布了修订后的《建筑工程施工许可管理办法》。根据该办法的有关规定，在中华人民共和国境内从事各类房屋建筑及其附属设施的建造、装修装饰和与其配套的线路、管道、设备的安装，以及城镇市政基础设施工程的施工，建设单位在开工前应当依照本办法的规定，向工程所在地的县级以上人民政府住房城乡建设主管部门（以下简称发证机关）申请领取施工许可证。

（一）申请领取《建筑工程施工许可证》应具备的条件

（1）依法应当办理用地手续的，已经办理该建筑工程用地批准手续。

（2）依法应当办理建设工程规划许可证的，已经取得建设工程规划许可证。

（3）施工场地已经基本具备施工条件，需要征收房屋的，其进度符合施工要求。

（4）已经确定施工企业。按照规定应该招标的工程没有招标，应该公开招标的工程没有公开招标，或者肢解发包工程，以及将工程发包给不具备相应资质条件的企业的，所确定的施工企业无效。

（5）有满足施工需要的资金安排、施工图纸及技术资料，建设单位应当提供建设资金已经落实承诺书，施工图设计文件已按规定审查合格。

（6）有保证工程质量和安全的具体措施。施工企业编制的施工组织设计中有根据建筑工程特点制定的相应质量、安全技术措施。建立工程质量安全责任制并落实到人。专业性较强的工程项目编制了专项质量、安全施工组织设计，并按照规定办理了工程质量、安全监督手续。

（二）申请办理《建筑工程施工许可证》的程序

（1）建设单位向发证机关领取《建筑工程施工许可证申请表》。

（2）建设单位持加盖单位及法定代表人印鉴的《建筑工程施工许可证申请表》，并附相关证明文件，向发证机关提出申请。

（3）发证机关在收到建设单位报送的《建筑工程施工许可证申请表》和所附证明文件后，对于符合条件的，应当自收到申请之日起七日内颁发施工许可证；对于证明文件不齐全或者失效的，应当当场或者五日内一次告知建设单位需要补正的全部内容，审批时间可以自证明文件补正齐全后作相应顺延；对于不符合条件的，应当自收到申请之日起七日内书面通知建设单位，并说明理由。

建筑工程在施工过程中，建设单位或者施工单位发生变更的，应当重新申请领取施工许可证。

五、其他前期工作

除了上述四个主要环节的工作外，房地产开发过程的前期工作还包括：施工现场的水通、电通、路通和场地平整；市政设施接驳的谈判与协议；安排短期和长期信贷；对拟开发建设的项目寻找预租（售）的客户；进一步分析市场状况，初步确定目标市场、售价或租金水平；制定项目开发过程的监控策略；洽谈开发项目保险事宜等。

上述工作完成后，对项目应再进行一次财务评价。因为前期工作需要花费一定时间，而决定开发项目成败的经济特性可能已经发生了变化。所以，开发商一般在正式进入建设阶段前，需要再次评价开发项目的风险和盈利特性，以作为是否进入下一阶段工作的决策依据。

值得指出的是，由于土地成本和前期费用占总开发成本的比重越来越大，对许多开发商而言，项目进展到获得建设工程开工许可阶段，其成本支出往往已经超过了项目成本的50%甚至70%，所以即使市场环境与项目开始时相比发生了较大的不利变化，在选择马上开工建设和延期开工建设之间，也要根据公司目前的财务状况尤其是未来一段时间的现金流状况进行慎重地比选决策，还要认真考虑政府对延迟开发建设的有关政策。

作为一条行业准则，开发商必须时刻抑制自己过高的乐观态度，并且保持一种"健康的怀疑"态度来对待其所获得的专业咨询意见。使自己既不期望过高的售价、租金水平，也不期望过低的开发成本。同时，开发商还必须考虑某些意外事件可能导致的损失。如果开发商这样做了，即使可能会失去一些投资机会，但也会避免由于盲目决策带来的投资失误。

第四节 建设阶段

建设阶段是指项目从开工到竣工验收所经过的过程。开发商在建设阶段的主要工作目标，就是要在投资预算范围内，按项目开发进度计划的要求，高质量地完成建筑安装工程，使项目按时投入使用。开发商在建设阶段所涉及的管理工作，是从业主的角度，对建设过程实施包括质量、进度、成本、合同、安全、技术、信息、绿色建造与环境、资源、采购、沟通、风险等在内的工程项目管理。房地产开发过程中的工程项目管理，可由开发商自己组织的管理队伍管理，也可委托项目管理机构负责管理。项目管理机构可以是项目管理公司、项目部、工程监理部等。

一、质量管理

质量管理是指项目管理机构以合同中规定的质量目标或以国家标准、规范为目标所进行的监督与管理活动，包括决策、设计、采购和施工阶段的质量管理，甚至把分包的质量也纳入项目质量控制范围。在项目施工阶段，质量管理的任务主要是在施工过程中及时检查施工工艺规程是否满足设计要求和合同规定，对所选用的材料和设备进行质量评价、对整个施工过程中的工程质量进行评估，将取得的质量数据和承包商履行职责的程序，与国家有关规范、技术标准、规定进行比较，并作出评判。

工程施工阶段的工程质量控制工作主要包括：

（一）对原材料的检验

材料质量的好坏直接影响工程的质量，因此为了保证材料质量，应当在订货阶段就向供货商提供检验的技术标准，并将这些标准列入订购合同中。有些重要材料应当在签订购货合同前取得样品或样本，材料到货后再与样品进行对照检查，或进行专门的化验或试验。未经检验或检验不合格的材料切忌与合格的材料混装入库。

（二）对工程采用的配套设备进行检验

在各种设备安装之前均应进行检验和测试，不合格的要避免采用。工程施工中应确立设备检查和试验的标准、手段、程序、记录、检验报告等制度；对于主要设备的试验与检查，可考虑到制造厂进行监督和检查。

（三）确立工程施工中控制质量的具体措施

（1）对各项施工设备、仪器进行检查，特别是校准用的各种仪器仪表，保证在测量、计量方面不出现严重误差。

（2）控制混凝土质量。混凝土工程质量对建筑工程的安全有着极其重要的影响，必须确保混凝土浇筑质量。应当有控制混凝土中水泥、砂、石和水灰比的严格计量手段，制定混凝土试块制作、养护和试压等管理制度，并有专人监督执行；试块应妥善保存，以便将来进行强度检验，在浇灌混凝土之前，应当有专职人员检查挖方、定位、支模和钢筋绑扎等工序的正确性。

（3）对砌筑工程、装饰工程和水电安装工程等制定具体有效的质量检查和评定办法，以保证质量符合合同中规定的技术要求。

（四）确立有关质量文件的档案制度

包括档案材料的范围及其责任主体、管理制度等。其主要职责是汇集所有（包括分包商）质量检查和检验证明文件、试验报告等工程质量方面的文件，并进行科学管理。

二、进度管理

进度管理是指以项目进度计划为依据，综合利用组织、技术、经济和合同等手段，对建设工程项目实施的时间管理。项目进度管理的程序包括：编制进度计划；进度计划交底，落实管理责任；实施进度计划；进行进度控制和变更管理。建设工程进度控制工作的主要内容包括：对项目建设总周期的论证与分析；编制项目建设工程进度计划；编制其他配套进度计划；监督项目施工进度计划的执行；施工现场的调研与分析。

项目建设总周期的论证与分析，即对整个项目进行通盘考虑、全面规划，用以指导人力、物力的运用和时间、空间的安排，最终确定经济合理的建设方案。

（一）工程进度计划的编制

（1）将全部工程内容分解和归纳为单项工程或工序，单项工程或工序分解的细致程度，可以根据工程规模的大小和复杂程度确定。一个施工项目首先可分为房屋建设工程、室外道路、各种室外管道工程等较大的子项工程，每一子项工程又可分为土方工程、基础工程、钢结构制作与安装工程、屋面工程、砌筑工程、地面工程、其他建筑工程、设备安装工程等。

（2）统计计算每项工程内容的工作量。一般情况下用工程量表中的计量单位来表示工作量，例如，土方工程和混凝土工程用立方米表示；管道工程用延米表示；钢筋加工用吨表示。另外，工程进度亦可用完成的投资额占总投资额的比例来表示。

（3）计算每个单项工程工作量所需时间，可用天数表示。此处的工作时间是按正常程序和施工总方案中所选用的施工设备的水平，以熟练工人正常工效计算。

（4）按正常施工的各个单项工程内容的逻辑顺序和制约关系，排列施工先后次序，从每项施工工序的最早可能开工时间推算下去，可以得出全部工程竣工所需的周期；反之，从上述竣工日期向前推算，可以求出每一施工工序的最迟开始日期。如果某项工序的最早可能开工日期早于最晚开工日期，则说明该项工序有可供调节的机动时间。该项工序只要在最早开工和最迟开工时间之间的任何时候开工，均不会影响项目的竣工日期。

（二）进度管理及计划调整

进度计划包括每一具体工序的计划开始时间和计划完成时间。可采用横道图法和网络图法表示。

1. 横道图法

横道图法是用直线线条在时间坐标上表示出单项工程进度的方法。由于横道图制作简便，明了易懂，因而在我国各行各业进度管理中普遍采用。对于一些并不十分复杂的建筑工程，比较适合采用这种图表（图 2-1）。

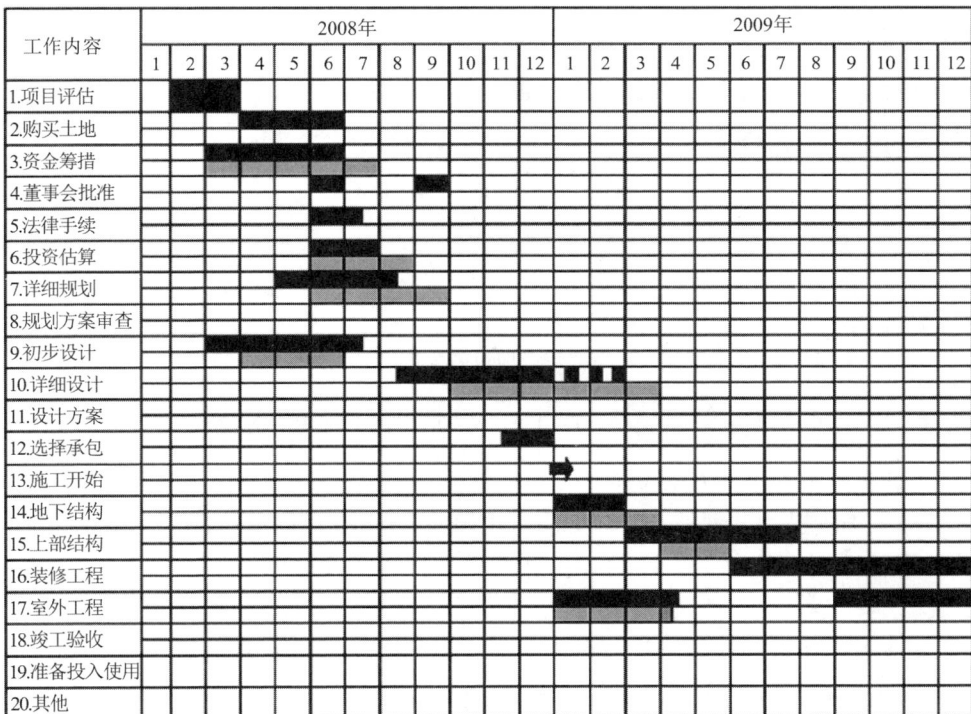

图 2-1　开发项目总体进度计划横道图

以横道图表示进度计划，在工程实际进行中，可以把实际进度用虚线表示在图中，与计划进度进行对比，以便调整工程进度。

横道图的缺点是从图中看不出各项工作之间的相互依赖和相互制约关系，看不出一项工作的提前或落后对整个工期的影响程度，看不出哪些工序是关键工作。

2. 网络图法

网络图法是以网络图的形式来表达工程进度计划的方法。网络图法的优点，首先是，在网络图中可确切地表明各项工作的相互联系和制约关系；其次是，可以计算出工程各项工作允许的最早和最晚开始时间，从而可以找出关键工作和关键线路。所谓关键线路是指在该工程中，由直接影响工程总工期的那一部分连贯的工作组成的，持续时间最长的线路。通过不断改善网络计划，就可以求得各种优化方案。例如：工期最短；各种资源最均衡；在某种有限制的资源条件下，编出最优的网络计划；在各种不同工期下，选择工程成本最低的网络计划等。

此外，在工程实施过程中，根据工程实际情况和客观条件的变化，可随时调整网络计划，使得计划始终处于最切合实际的最佳状态，保证该项工程以最小的消耗，取得最大的经济效益。网络图有单代号网络、双代号网络和时标网络三种表现形式，图2-2是某小型建设项目施工进度计划网络图。

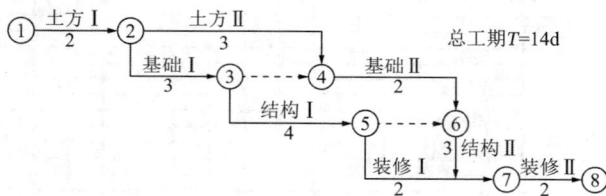

图 2-2　某小型建设项目施工进度计划网络图
说明：①该工程分为两段施工，即Ⅰ段和Ⅱ段。
②施工过程包括四个工序：土方工程、基础工程、结构和装修工程。

（三）其他配套进度计划

除了工程进度计划外，还有其他与之相关的进度计划，例如，材料供应计划、设备周转计划、临时工程计划等。这些进度计划的实施情况影响着整个工程的进度。

（四）进度控制中应关注的因素

（1）材料供应计划。根据工程进度计划，确定材料、设备的数量和供货时间，以及各类物资的供货程序，制订供应计划。

（2）设备周转计划。根据工程进度的需要制订设备周转计划，包括模板周转，起重机械、土方工程机械的使用等。

（3）临时工程计划。临时工程包括：工地临时居住房屋、现场供电、给水排水等。在制订了工程进度计划后亦应制订相应的临时工程计划。

（五）进度管理中应关注的因素

影响工程进度的因素很多，需要特别重视以下四个方面：

（1）材料、设备的供应情况。包括各项设备制造是否完工，计划运到日期；各种材料的供货厂商是否落实，何时交货，检验及验收办法等。

（2）设计变更。设计的修改往往会增加工作量，延缓工程进度。

（3）劳动力的安排情况。工人过少会完不成进度计划中规定的任务，而工人过多则会由于现场工作面不够而造成窝工，也完不成任务，所以要适当安排工人。

（4）气象条件。应时刻注意气象条件，天气不好（如下雨、下雪），则安排室内施工（如装修）；天气晴朗时，加快室外施工进度。

三、成本管理

工程成本管理是监督成本费用、降低工程造价的重要手段。成本管理的流程包括：成本计划、成本控制、成本核算、成本分析和成本考核。合同文件、成本计划、进度报告、工程变更与索赔资料和各种资源的市场信息是成本控制的主要依据。确定目标、找出偏差、分析原因、制定对策纠正偏差是主要工作方法。开发商的利润来自租售收入和总开发成本的差值，而工程成本又是总开发成本的主要组成部分，所以降低工程成本就能增加开发利润。

（一）成本控制的主要工作内容

除项目投资决策、设计和工程发包阶段的成本控制外，项目施工阶段的工程成本控制主要包括下列四个方面的工作：

1. 编制成本计划，确定成本控制的目标

工程成本费用是随着工程进度逐期发生的，根据工程进度计划可以编制成本计划。为了便于管理，成本计划可分解为五个方面：①材料设备成本计划；②施工机械费用计划；③人工费成本计划；④临时工程成本计划；⑤管理费成本计划。根据上述成本计划的总和，即能得出成本控制总计划。在工程施工中，应严格按照成本计划实施。对于计划外的一切开支，应严格控制。如果某部分项目有突破成本计划的可能，应及时提出警告，并及时采取措施控制该项成本。

2. 审查施工组织设计和施工方案

施工组织设计和施工方案对工程成本支出影响很大。科学合理的施工组织设计和施工方案，能有效降低工程建设成本。

3. 控制工程款的动态结算

建筑安装工程项目工程款的支付方式，包括按月结算、竣工后一次结算、分段结算和其他双方约定的结算方式等。工程款结算方式的不同，对开发商工程成本支出数额也有较大影响。从开发商的角度来说，工程款的支付越向后拖越有利，但承包商也有可能因为自身垫资或融资能力有限而影响工程质量和进度。

4. 控制工程变更

在项目的实施过程中，由于多方面情况的变更（如根据市场调查对户型布置提出与原设计方案不同的要求），经常出现工程量变化、施工进度变化，以及开发商与承包商在执行合同中的争执等问题。工程变更所引起的工程量的变化和承包商的索赔等，都有可能使项目建设成本支出超出原来的预算成本。因此，要尽可能减少和控制工程变更的数量。

（二）控制工程成本的主要做法和手段

1. 强化"成本"意识，加强全面管理

成本控制涉及项目建设中各部门甚至每一个工作人员，强化"成本"意识，协调各部门共同参加成本控制工作，这是最基本的做法。计划部门应事先听取现场管理人员的建议，制定切实可行的成本计划。在成本计划实施中，应时刻注意施工管理人员的反馈，以便在需要时进行修改或调整。

2. 确定成本控制的对象

工程成本中有些费用所占比例大，是主要费用；有些费用所占比例小，是次要费用；有些费用是变动费用，有些则是固定费用。在制订成本控制计划之前，要详细分析成本组成，分清主要费用与次要费用、变动费用与固定费用。成本控制的主要对象是主要费用中的变动费用。当然，工程成本中的主要费用与次要费用、固定费用与变动费用都是相对而言的，其划分标准视工程规模和项目性质而定。

3. 完善成本控制制度

完好的计划应当由完善的制度来保证实施。成本管理人员应当首先编制一系列标准的报表，规定报表的填报内容与方法。例如，每日各项材料的消耗表、用工记录（派工单）、机械使用台班与动力消耗情况记录等。另外，还应规定涉及成本控制的各级管理人员的职责，明确成本控制人员与现场管理人员的合作关系和具体职责划分。现场管理人员要积累原始资料和填报各类报表，由成本控制人员整理、计算、分析并定期编写成本控制分析报告。图 2-3 给出了项目管理人员通常要准备的建造成本支出现金流分析图的示例。通过类似图表，开发商就能跟踪项目费用支出的情况，及时更新、调整其开发项目评估报告。

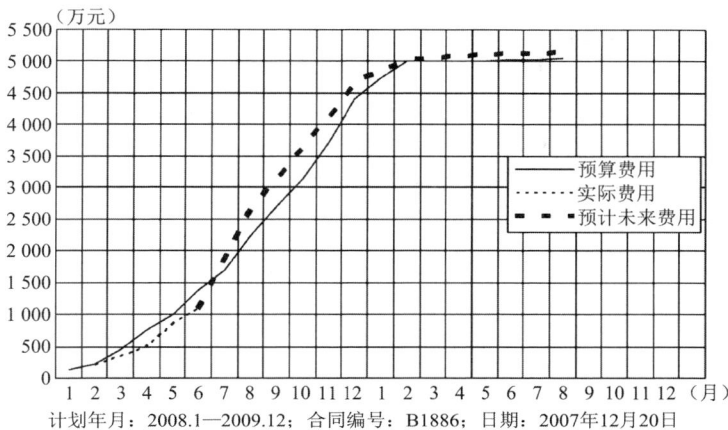

计划年月：2008.1—2009.12；合同编号：B1886；日期：2007年12月20日

图 2-3　建造成本支出现金流分析图

4. 制定有效的奖励措施

成本控制的奖励措施对调动各级各类人员降低成本的积极性非常有益。除物质奖励和精神奖励外，为有突出贡献的人员提供专业进修、职级晋升和国内外考察机会等，也是非常有效的方法。

四、合同管理

随着中国建筑市场的日趋完善和逐渐与国际惯例接轨，合同管理在现代建筑工程项目管理中的地位越来越重要，已经成为与质量控制、进度控制、成本控制和安全管理等并列的管理职能。

（一）合同管理的作用

（1）确定了工程实施和工程管理的工期、质量、价格等主要目标，是合同双方在工程中进行各种经济活动的依据。

（2）规定了合同双方在合同实施过程中的经济责任、利益和权利，是调节合同双方责权利关系的主要手段。

（3）履行合同、按合同办事，是工程过程中双方的最高行为准则，合法合同一经签署，则成为法律文件，具有法律约束力。

（4）一个项目的合同体系决定了该项目的管理机制，开发商通过合同分解或委托项目任务，实施对项目的控制。

（5）是合同双方在工程实施过程中解决争执的依据。

（二）房地产开发项目的主要合同关系

（1）开发商的主要合同关系：开发商为了顺利地组织实施其所承担的开发项

目，需要在开发过程中签署一系列的合同，这些合同通常包括：土地使用权出让或转让合同、勘察设计合同、融资合同、咨询合同、工程施工合同、采购合同、销售合同、联合开发或房地产转让合同等。

（2）承包商的主要合同关系：承包商是工程施工的具体实施者，是工程承包（或施工）合同的执行者。由于承包商不可能、也不需要具备履行工程承包合同的所有能力，因此其通常将许多专业工作委托出去，从而形成了以承包商为核心的复杂合同关系。承包商的主要合同关系包括：工程承包合同、分包合同、供应（采购）合同、运输合同、加工合同、租赁合同、劳务供应合同、保险合同、融资合同、联合承包合同等。

（三）合同管理的主要工作内容

建设工程合同管理工作，包括建设工程合同的总体策划、招标投标阶段的合同管理、合同分析与解释及合同实施过程中的控制。

（1）建设工程合同总体策划阶段，开发商和承包商要慎重研究确定影响整个工程及整个合同实施的根本性、方向性重大问题，确定工程范围、承包方式、合同种类、合同形式与条件、合同重要条款、合同签订与实施过程中可能遇到的重大问题，以及相关合同在内容、时间、组织及技术等方面的协调等。

（2）由于招标投标是合同的形成阶段，对合同的整个生命周期有根本性的影响，通过对招标文件、合同风险、投标文件等的分析和合同审查，明确合同签订前应注意的问题，就成为招标投标阶段合同管理的主要任务。

（3）合同分析是合同执行的计划，要通过合同分析具体落实合同执行战略，同时，还要通过合同分析与解释，使每一个项目管理的参与者，都明确自己在整个合同实施过程中的位置、角色及与相关内外部人员的关系，客观、准确、全面地念好"合同经"。

（4）合同实施过程中的控制是立足于现场的合同管理，其主要工作包括合同实施监督、合同跟踪、合同诊断和合同措施的决策等。建立合同实施保证体系、完善合同变更管理和合同资料的文档管理，是搞好合同实施控制的关键。

五、安全管理

（一）安全管理的意义和原则

安全问题是影响工程建设进度、质量和成本的重要方面，加强安全管理，对提高开发项目的总体经济效益和社会效益有着重要的意义。工程建设中安全管理的原则是安全第一、预防为主。在规划设计阶段，要求工程设计符合国家制定的建筑安全规程和技术规范，保证工程的安全性能。在施工阶段，要求承包商在编制施工组织设计时，应根据建筑工程的特点制定相应的安全技术措施；对专业性较强的项目，应当编制专项安全施工组织设计，并采取安全技术措施。

（二）施工现场安全管理的主要内容

为了达到安全生产的目的，要求承包商在施工现场采取维护安全、防范危险、预防火灾等措施；有条件的，应当对施工现场实行封闭管理。施工现场对毗邻的建筑物、构筑物和特殊作业环境可能造成损害的，建筑施工企业应当采取安全防护措施。

承包商还应当遵守有关环境保护和安全生产的法律、法规的规定，采取控制和处理施工现场的各种粉尘、废气、废水、固体废物以及噪声、振动对环境的污染和危害的措施。开发商应按照国家有关规定办理申请批准手续的可能情况包括：①需临时占用规划批准范围以外场地；②可能损坏道路、管线、电力、邮电通信等公共设施；③需要临时停水、停电、中断道路交通；④需要进行爆破作业等。

（三）施工现场安全管理的责任方

施工现场的安全由建筑施工企业负责。实行施工总承包的，由总承包单位负责。分包单位向总承包单位负责，服从总承包单位对施工现场的安全生产管理。开发商或其委托的监理工程师应监督承包商建立安全教育培训制度，对危及生命安全和人身健康的行为有权提出批评、检举和控告。开发商与承包商还要认真协调安排工程安全保险事宜，按双方约定承担支付保险费的义务。

六、竣工验收

项目的竣工验收是建设过程的最后一个程序，是全面检验设计和施工质量、考核工程造价的重要环节。通过竣工验收，质量合格的建筑物即可投入使用，出售或出租给客户。对于预售或预租的项目，通过投入使用，开发商可以得到预付款外的款项。因此，开发商对于确已符合竣工验收条件的项目，都应按有关规定和国家质量标准，及时进行竣工验收。对竣工的项目和单项工程，应尽量建成一个验收一个，并抓紧交付使用和投入经营，使之尽快发挥经济效益。

（一）竣工验收的要求

当项目完工并具备竣工验收条件后，由承包商按国家工程竣工验收有关规定，向开发商提供完整竣工资料及竣工报告，并提出竣工验收申请。之后，开发商负责组织有关单位进行验收，并在验收后给予认可或提出修改意见。承包商按要求修改，并承担由自身原因造成修改的费用。

在正式办理竣工验收之前，开发商为了做好充分准备，需要进行初步检查。初步检查是指在单项工程或整个项目即将竣工或完全竣工之后，由开发商自己组织统一检查工程的质量情况、隐蔽工程验收资料、关键部位施工记录、按图施工情况及有无漏项等。根据初步检查情况，由项目的监理工程师列出需要修补的质量缺陷"清单"，承包商应切实落实修复这些缺陷，以便通过最终的正式验收。进行初步检查对加快扫尾工程，提高工程质量和配套水平，加强工程技术管理，促进竣工和完善验收都有好处。

（二）竣工验收的依据

项目或单项工程竣工验收的依据是：经过审批的项目建议书、年度开工计划、施工图纸和说明文件、施工过程中的设计变更文件、现行施工技术规程、施工验收规范、质量检验评定标准，以及合同中有关竣工验收的条款。工程建设规模、工程建筑面积、结构形式、建筑装饰、设备安装等应与各种批准文件、施工图纸、标准保持一致。

（三）竣工验收的工作程序

项目竣工验收的工作程序一般分为三个阶段。

1. 单项工程竣工验收

在开发小区总体建设项目中，一个单项工程完工后，根据承包商的竣工报告，开发商首先进行检查，并组织施工单位（承包商）和设计单位整理有关施工技术资料（如隐蔽工程验收单，分部分项工程施工验收资料和质量评定结果，设计变更通知单，施工记录、标高、定位、沉陷测量资料等）和竣工图纸。然后，由开发商组织承包商、设计单位、客户（使用方）、质量监督部门，正式进行竣工验收，开具竣工证书。

2. 综合验收

综合验收是指开发项目按规划、设计要求全部建设完成，并符合验收标准后，即应按规定要求组织综合验收。验收准备工作以开发商为主，组织设计单位、承包商、客户、质量监督部门进行初验，然后邀请有关城市建设管理部门，如住房和城乡建设、发展改革、人防、环保、消防、规划、自然资源等管理部门，参加正式综合验收，签发验收报告。

综合验收中的规划核实，是竣工项目投入使用前的关键环节。申请建设工程规划核实时，开发商应提供规划设计条件及附图、建设用地规划许可证及附图、建筑设计方案审核意见及附图、建设工程竣工图（包括：图纸目录、无障碍设施设计说明、设计总平面图、各层平面图、剖面图、各向立面图、各主要部位平面图、基础平面图、基础剖面图）、由具有相应测绘资质的测绘单位编制的《建设工程竣工测量成果报告书》和《建设工程规划许可证》及附图。城乡规划管理部门审查建设项目的平面位置、层数、高度、外轮廓线、立面、建筑规模、使用性质等是否符合《建设工程规划许可证》的许可内容，审查项目用地范围内和代征地范围内应当拆除的建筑物、构筑物及其他设施的拆除情况、绿化用地的腾退情况、单体配套设施的建设情况，要求居住区（含居住小区、居住组团）的配套设施和环境建设与住宅建设同步完成，未能同步完成的则对相应的住宅部分不予进行规划验收。

3. 竣工验收备案

开发商应当自工程竣工验收合格之日起 15 日内，将建设工程竣工验收报告和规划、公安消防、环保等部门出具的认可文件或者准许使用的文件上报建设行政主管部门或者其他有关部门备案。办理工程竣工验收备案应提交的文件包括：

（1）工程竣工验收备案表。

（2）工程竣工验收报告。竣工验收报告应当包括工程报建日期，施工许可证号，施工图设计文件审查意见，勘察、设计、施工、工程监理等单位分别签署的质量合格文件及验收人员签署的竣工验收原始文件，市政基础设施的有关质量检测和功能性试验资料以及备案机关认为需要提供的有关资料。

（3）法律、行政法规规定应当由规划、公安消防、环保等部门出具的认可文件或者准许使用文件。

（4）施工单位签署的工程质量保修书。

（5）法规、规章规定必须提供的其他文件。商品住宅还应当提交《住宅质量保证书》和《住宅使用说明书》。

在组织竣工验收时，应对工程质量的好坏进行全面鉴定。工程主要部分或关键部位若不符合质量要求会直接影响使用和工程寿命，应进行返修和加固，然后再进行质量评定。工程未经竣工验收或竣工验收未通过的，开发商不得使用、不得办理客户入住手续。

（四）竣工结算

竣工结算是反映项目实际造价的技术经济文件，是开发商进行经济核算的重要依据。合同工程完工后，承包人应在经承发包双方确认的合同价款结算的基础上，汇总编制完成竣工结算文件，并在提交竣工验收申请的同时向发包人提交竣工结算文件。开发商在收到承包人提交的竣工结算文件后，应在规定时间内核对（通常要在 1 个月内予以核实，给予确认或者提出修改意见），承包人应在规定时间按开发商提出的合理要求补充资料，修改竣工结算文件，再次提交给开发商复核后批准。承包人应根据办妥的竣工结算文件向发包人提交竣工结算款支付申请。发包人应在收到承包人提交的竣工结算支付申请后及时予以核实，向承包人签发竣工结算支付证书。开发商确认竣工结算报告后，应及时通知经办银行向承包商支付工程竣工结算价款。承包商收到竣工结算价款后，通常应在半个月内将竣工工程交付开发商。

（五）编制竣工档案

建设工程档案是在工程建设活动中直接形成的具有归档保存价值的文字、图纸、图表、声像、电子文件等各种形式的历史记录。建设工程文件是项目的重要技术管理成果，是使用单位安排生产经营、住户适应生活的需要。物业管理公司依据建设工程档案对物业进行管理和进一步改建、扩建。建设工程文件的整理、归档，以及建设工程档案的验收与移交，应符合《建设工程文件归档规范（2019年版）》GB/T 50328—2014相关要求，并执行《住房城乡建设部关于新形势下进一步加强城市建设档案管理工作的通知》（建办规〔2024〕1号）。

1. 建设工程档案文件

工程建设单位对建设工程档案负总责，要将其纳入合同管理、工程监理、施工管理的各个环节，明确工程竣工图编制单位，及时将变更洽商落图。督促勘察、设计、施工、监理等单位及时完成建设工程文件资料归档工作，定期查验建设工程文件资料的归集情况。建设单位在组织建设工程竣工验收时，工程建设单位要查验建设工程档案的完整性、齐全性和真实性，对于建设工程档案不符合验收要求的，应及时整改，并将符合归档要求的建设工程档案及时移交城建档案馆（室）。

工程建设、勘察、设计、施工、监理等单位要对各自形成的工程文件资料收集、整理、立卷以及其真实性和完整性负主体责任。要建立健全建设工程项目档案管理制度，落实领导负责制和档案人员岗位责任制，设专人专岗专职负责建设工程档案工作。要与工程建设同步完成工程文件资料整理、归档和竣工图编制工作。勘察、设计、施工、监理等单位在工程建设单位组织工程竣工验收时，要将符合归档要求的建设工程档案交付工程建设单位。

建设工程档案文件包括工程准备阶段文件、监理文件、施工文件、竣工图以及竣工验收文件。

（1）工程准备阶段文件，是工程开工前，在立项、审批、用地、勘察、设计、招标投标等工程准备阶段形成的文件。其中：①立项文件，包括项目建议书批复文件及项目建议书，可行性研究报告批复文件及可行性研究报告，专家论证意见、项目评估文件，有关立项的会议纪要、领导批示。②建设用地及拆迁文件，包括选址申请及选址规划意见通知书，建设用地批准书，拆迁安置意见、协议、方案等，建设用地规划许可证及其附件，土地使用证明文件及其附件，建设用地钉桩通知单。③勘察、设计文件，包括工程地质勘察报告，水文地质勘察报告，初步设计文件（说明书），设计方案审查意见，人防、环保、消防等有关主管部门（对设计方案）审查意见，设计计算书，施工图设计文件审查意见，节能设计备案文件。④招标投标文件，包括勘察、设计招标投标文件，勘察、设计合同，施工招标投标文件，施工合同，工程监理招标投标文件，监理合同。⑤开工审批文件，包括建设工程规划许可证及其附件，建筑工程施工许可证。⑥工程造价文件。⑦工程建设基本信息，包括工程概况信息表，建设单位工程项目负责人及现场管理人员名册，监理单位工程项目总监理及监理人员名册，施工单位工程项目经理及质量管理人员名册。

（2）监理文件，是监理单位在工程设计、施工等监理过程中形成的文件。其中：①监理管理文件，包括监理规划，监理实施细则，监理工作总结，工程暂停令，工程复工报审表等。②进度控制文件，包括工程开工报审表，施工进度计划报审表。③质量控制文件，包括质量事故报告及处理资料，取样和送检人员备案表，见证记录等。④造价控制文件。⑤工期管理文件，包括工程延期申请表，工程延期审批表。⑥监理验收文件，包括施工移交证书，监理资料移交书。

（3）施工文件，是施工单位在施工过程中形成的文件。其中：①施工管理文件，包括建设单位质量事故勘察记录，建设工程质量事故报告书，见证试验检测汇总表等。②施工技术文件，包括施工组织设计及施工方案，危险性较大分部分项工程施工方案，图纸会审记录，设计变更通知书，工程洽商记录（技术核定单）等。③进度造价文件，包括工程开工报审表，工程复工报审表，工程延期申请表等。④施工物资出厂质量证明及进场检测文件，包括出厂质量证明文件及检测报告，进场检验记录，进场复式报告（包括钢材、水泥、砂、碎（卵）石、外加剂、砖（砌块）试验报告，预应力筋复试报告，预应力锚具、夹具和连接器复试报告，钢结构用钢材、防火涂料、焊接材料高强度大六角头螺栓连接副、扭剪型高强度螺栓连接胶复试报告，散热器、供暖系统保温材料、通风与空调工程绝热材料、风机盘管机组、低压配电系统电缆的见证取样复试报告、节能工程材料复试报告等）。⑤施工记录文件，包括隐蔽工程验收记录，工程定位测量记录，基槽验线记录，沉降观测记录，地基验槽记录，地基钎探记录，大型构件吊装记录，预应力筋张拉记录，有粘结预应力结构灌浆记录，网架（索膜）施工记录等。⑥建筑与结构工程、给水排水与供暖工程、建筑电气工程、智能建筑工程、通风与空调工程、电梯工程施工等施工试验记录及检测文件，包括地基承载力检验报告，桩基检测报告，土工击实试验报告，回填土试验报告（应附图），钢筋机械连接试验报告，钢筋焊接连接试验报告，砂浆配合比申请书、通知单，砂浆抗压强度试验报告，混凝土配合比申请书、通知单，室内环境监测报告，节能性能监测报告等。⑦施工质量验收文件，包括检验批质量验收记录，分项工程质量验收记录，分部

（子分部）工程质量验收记录，建筑节能分部工程质量验收记录等。⑧施工验收文件，包括单位（子单位）工程竣工预验收报验表，单位（子单位）工程质量竣工验收记录，单位（子单位）工程质量控制资料核查记录，单位（子单位）工程安全和工程检验资料核查及主要功能抽查记录，单位（子单位）工程观感质量检查记录等。

（4）竣工图，是工程竣工验收后，真实反映建设工程施工结果的图样。包括：建筑竣工图，结构竣工图，钢结构竣工图，幕墙竣工图，室内装饰竣工图，建筑给水排水及供暖竣工图，建筑电气竣工图，智能建筑竣工图，通风与空调竣工图，室外工程竣工图，规划红线内的室外给水、排水、供热、供电、照明管线等竣工图，规划红线内的道路、园林绿化、喷灌设施等竣工图。

（5）竣工验收文件，是建设工程项目竣工验收活动中形成的文件。其中：①竣工验收与备案文件，包括勘察单位工程质量检查报告，设计单位工程质量检查报告，施工单位工程竣工报告，监理单位工程质量评估报告，工程竣工验收报告，工程竣工验收会议纪要，专家组竣工验收意见，工程竣工验收证书，规划、消防、环保、民防、防雷、档案等部门出具的验收文件或意见，房屋建筑工程质量保修书、住宅质量保证书、住宅使用说明书，建设工程竣工验收备案表，城市建设档案移交书。②竣工决算文件。③工程声像资料，包括开工前原貌、施工阶段、竣工新貌照片，工程建设过程的录音、录像资料（重大工程）等。

2. 绘制竣工图

项目的竣工图是真实地记录各种地下、地上建筑物、构筑物等详细情况的技术文件，是对工程进行验收、维护、改建、扩建的依据。因此开发商应组织、协助和督促承包商和设计单位，认真负责地把竣工图编制工作做好。竣工图必须准确、完整。如果发现绘制不准或遗漏时，应采取措施修改和补齐。

技术资料齐全，竣工图准确、完整，符合归档条件，这是工程竣工验收的条件之一。在竣工验收之前不能完成的，应在验收后双方商定期限内补齐。绘制竣工图的做法如下：

（1）各项新建、扩建、改建的基本建设工程，特别是基础、地下建筑、管线以及设备安装等隐蔽部位，都要编制竣工图。编制各种竣工图，必须在施工过程中（不能在竣工后），及时做好隐蔽工程检验记录，整理好建设变更文件，确保竣工图质量。

（2）按施工图施工无任何变动的，则由施工单位（包括总包和分包施工单位，下同）在原施工图上加盖"竣工图"标志后，直接作为竣工图。

（3）在施工中，虽有一般性设计变更，但能将原施工图加以修改补充作为竣工图的，可不重新绘制，由施工单位负责在原施工图上注明修改的部分，并附以设计变更通知单和施工说明，加盖"竣工图"标志后，作为竣工图。

（4）凡结构形式改变、工艺改变、平面布置改变，项目改变以及有其他重大改变，不宜再在原施工图上修改、补充的，应重新绘制改变后的竣工图。

第五节　租　售　阶　段

当建设阶段结束后，开发商除了要办理竣工验收和政府批准入住的手续外，往往要看预计的开发成本是否被突破，实际工期较计划工期是否有拖延。但开发商此时更为关注的是：在原先预测的时间内能否以预计的价格或租金水平为项目找到买家或使用者。在很多情况下，开发商为了分散投资风险，减轻债务融资的压力，在项目建设前或建设中就通过预售或预租的形式落实了买家或使用者；但在有些情况下，开发商也有可能在项目完工或接近完工时才开始租售工作。

一、选择物业租售形式

成功的房地产租售过程一般包括三个阶段，一是，为使潜在的购买者或租户了解物业状况而进行的宣传、沟通阶段；二是，就有关价格或租金及合同条件而进行的谈判阶段；三是，双方协商一致后的签约阶段。从房地产市场营销的具体方式来看，主要分为开发商自行租售和委托房地产经纪机构租售两种。

（一）开发商自行租售

由于委托房地产经纪机构租售要支付相当于售价 0.5%～3%的佣金，所以有时开发商愿意自行租售。一般在下述情况开发商愿采取这种营销方式。

（1）大型房地产开发企业往往有自己专门的市场营销队伍和世界或地区性的销售网络，他们提供的自我服务有时比委托房地产经纪机构更为有效。

（2）在房地产市场高涨、市场供应短缺时，所开发的项目很受使用者和投资置业人士欢迎，开发商预计项目竣工后很快便能租售出去。

（3）当开发商所开发的项目已有较明确，甚至是固定的销售对象时，也无需再委托房地产经纪机构。例如，开发项目在开发前就预租（售）给某一业主，甚至是由业主先预付部分或全部的建设费用时，开发商就没有必要寻求经纪机构的帮助了。

（二）委托房地产经纪机构租售

房地产经纪机构是从事购买或销售房地产或二者兼备的洽商工作，但不取得房地产所有权的商业单位。其主要职能在于促成房地产交易，借此赚取佣金作为报酬。

　　一般来说，经纪机构负责开发项目的市场宣传和租售业务。但为什么要委托经纪机构、委托什么类型的经纪机构、委托经纪机构的原则是什么？一般要针对具体情况进行分析。尽管有些开发商也有自己的销售队伍，但其往往还要借助于经纪机构的帮助，利用其所拥有的某些优势。因为经纪机构有熟悉市场情况、具有丰富租售知识和经验的专业人员，他们对所擅长的市场领域有充分的认识，对市场当前和未来的供求关系非常熟悉，或就某类物业的销售有专门的知识和经验，是房地产买卖双方都愿意光顾的地方。

　　1. 房地产经纪机构的作用

　　传统的房地产经纪机构留给人们的印象是，通过传递信息、居间介绍，待交易成功后收取佣金。然而，现代的经纪机构作为一个全新的概念，已经从单纯的协助推销逐渐发展为参与开发项目市场营销工作的全过程，其所提供的服务具有很高的专业技术含量。经纪机构的作用主要体现在以下方面：

　　（1）通过市场调查，了解潜在的市场需求，准确地预测消费者行为、偏好、潮流与品味，协助开发商或业主进行准确的市场定位。

　　（2）通过广告等市场宣传活动，对潜在的投资置业人士进行有效的引导。

　　（3）从项目的前期策划到项目租售完毕，参与整个开发过程，协助开发商最终实现投资收益目标。

　　（4）按照置业人士提出的有关要求（位置、价格、面积大小、建筑特点等），帮助其选择合适的物业，并为其提供完善的购楼手续服务。

　　（5）帮助买卖双方进行有关的融资安排。例如：有一信誉良好的机构有物业的使用需求但没有足够的资金购买，有一基金组织想投资房地产但找不到理想的投资项目，又有一公司想通过出售所拥有的物业以解决财务困难，在这种情况下，经纪机构就能通过其掌握的信息，做出有关安排，使有关三方均能达到自己的目的。

　　（6）提高市场运行效率。因为很少有集中、固定的房地产市场，房地产又是一种特殊的商品，常常需要经纪机构的服务来寻找买卖双方，使潜在的买家和卖家均能迅速地完成交易，从而提高房地产市场运行的效率。

　　2. 房地产经纪机构的代理形式

　　房地产经纪机构的代理形式通常在委托代理合同上有具体的规定。其代理形式主要有以下几种分类方式：

　　（1）联合代理与独家代理。对于功能复杂的大型综合性房地产开发项目或物业，开发商经常委托联合代理，即由两家或两家以上的经纪机构共同承担项目的物业代理工作。经纪机构之间有分工，也有合作，通过联合代理合约，规定各经纪机构的职责范围和佣金分配方式。对于一些功能较为单一的房地产开发项目或物业，或者对于综合性项目中的某种特定用途的物业，开发商常委托某一家拥有销售此类物业经验的经纪机构负责其物业代理工作，称为独家代理。当然，某些大型机构亦可能独家代理综合性房地产开发项目或物业。

（2）买方代理、卖方代理和双重代理。依代理委托方的不同，代理形式还可以分为买方代理、卖方代理和双重代理。对于前两种情况，经纪机构只能从买方或卖方单方面收取佣金；对于第三种情况，经纪机构可以同时向买卖双方收取佣金，但佣金总额一般不能高于前两种代理形式，而且双重代理的身份应向有关各方事先声明。

（3）首席代理和分代理。对于大型综合性房地产开发项目或物业，开发商或业主也可以委托一家经纪机构作为项目的首席代理，全面负责项目的代理工作。总代理再去委托分代理，负责物业某些部分的代理工作。有时，分代理的委托还必须得到开发商或业主的同意。特殊情况下，开发商或业主还可以直接委托分代理，此时，经纪机构的佣金按照各经纪机构所承担的责任大小来分配。

无论是采用哪种代理或代理组合，很重要的一点是在项目开发前期就应尽快确定下来，以便使经纪机构能就项目发展的规划、设计和评估有所贡献。经纪机构可能会依市场情况对项目的开发建设提供一些专业意见，使物业的设计和功能尽可能满足未来入住者的要求；经纪机构也可能会就开发项目预期可能获得的租金、售价水平、当地竞争性发展项目情况以及最有利的租售时间等给开发商提供参考意见。此外，通过让经纪机构从一开始就参加整个开发队伍的工作，能使其熟悉未来要推销的物业，因为倘若经纪机构不能为潜在的买家或租户提供有关物业的详细情况，则十分不利于其开展推销工作。

二、制定租售方案

（一）租售决策

开发商首先需要对出租还是出售做出选择，包括出租面积、出售面积及其在建筑物中的具体位置。对于住宅项目，开发商大多选择出售；对商业房地产项目，开发商可选择出租或租售并举。

如果建成的物业用于出租，开发商还必须决定是永久出租还是出租一段时间后将其卖掉。因为这将涉及财务安排上的问题，开发商必须按有关贷款合约的规定在租售阶段全部还清项目贷款。如果开发商将建成的物业用于长期出租，则其角色转变为物业所有者或投资者，在这种情况下，开发商要进行有效的物业管理，以保持物业对租户的吸引力、延长其经济寿命，进而达到理想的租金回报和使物业保值、增值的目的。出租物业作为开发商的固定资产，往往还要与其另外的投资或资产相联系，以使其价值或效用得到更充分的发挥。

（二）租售进度

租售进度的安排，要考虑与工程建设进度、融资需求、营销策略、宣传策略以及预测的市场吸纳速度协调。此时，开发商往往要准备一个租售进度计划控制表，以利于租售工作按预定的计划进行，且租售进度计划应该根据市场租售实际状况，进行定期调整。

（三）租售价格

价格是市场营销组合因素中十分敏感而又难以控制的因素。对开发商来说，价格直接关系到市场对其所开发的房地产产品的接受程度，影响着市场需求和开发商利润，涉及开发商、投资者或使用者及中介公司等各方面的利益。随着房地产市场的发展和完善，价格竞争越来越激烈，掌握科学的房地产定价方法，灵活运用定价策略，确保预期利润和其他目标的实现，是所有开发商最关心的事情。

开发商定价主要有三类方法，即成本导向定价法、需求导向定价法和竞争导向定价法。其中，成本导向包括成本加成定价法和目标定价法；需求导向包括理解价值定价法和区分需求定价法；竞争导向包括领导定价法、挑战定价法和随行就市定价法。

1. 成本导向定价法

成本导向定价法是以成本为中心，按卖方意图定价的方法。其基本思路是在定价时，首先考虑收回企业在生产经营中投入的全部成本，然后加上一定的利润。成本导向定价法主要有成本加成定价法、目标收益定价法等。

1）成本加成定价法

这是一种最简单的定价方法，即在单位产品成本的基础上，加上一定比例的预期利润作为产品的售价。由于利润的多少是按成本的一定比例计算的，习惯上将这种比例称为"几成"，因此这种方法被称为成本加成定价法。这种定价方式，还需要考虑销售税金及附加对销售收入的抵减作用，此时的计算公式为：

$$单位产品价格 \times (1 - 销售税率) = 单位产品成本 \times (1 + 加成率) \qquad (2\text{-}1)$$

其中：加成率为预期利润与产品成本的百分比；销售税率为销售税金及附加的综合税率。

【例 2-1】已知某房地产开发项目的开发成本为 2 000 元/m²，开发商的目标成本利润率为 15%，当前的销售税率为 6%，按成本加成定价法假设定价为 x，则有 $x = 6\%x + 2\,000(1 + 15\%)$，即定价 $x \approx 2\,447$ 元/m²。

这种方法的优点是计算方便，因为确定成本要比确定需求容易得多，定价时着眼于成本，企业可以简化定价工作，也不必经常依据需求情况而做调整。其缺点是灵活性差，面对纷繁复杂的市场竞争局面难以适应；此方法是从企业的角度考虑定价，本位色彩较浓，没有考虑价格与市场需求量的内在影响；按产量分摊固定成本缺乏科学依据，产量大，分摊额小，造成价格偏低，损失利润；反之，产量小，分摊额大，形成非常高的价格，加剧了销售的困难。房地产开发工程差异较大，建设周期长，交工时间不一致，造成总成本统计的复杂性，难以达到精确程度。

在市场环境诸因素基本稳定的情况下，采用这种方法可保证房地产企业获得正常的利润，从而可以保障企业经营的正常进行。

2）目标收益定价法

这种方法又称目标利润定价法，或投资收益率、定价法。是在成本的基础上，按照目标收益率的高低计算售价的方法。其计算步骤如下：

（1）确定目标收益率

目标收益率可表现为投资利润率、成本利润率、销售利润率、资金利润率等多种不同的形式。

（2）确定目标利润

由于目标收益率的表现形式的多样性，目标利润的计算也不同，其计算公式有：

$$目标利润 = 总投资额 \times 目标投资利润率 \tag{2-2}$$

$$目标利润 = 总成本 \times 目标成本利润率 \tag{2-3}$$

$$目标利润 = 销售收入 \times 目标销售利润率 \tag{2-4}$$

$$目标利润 = 资金平均占用额 \times 目标资金利润率 \tag{2-5}$$

（3）计算售价

$$售价 = (总成本 + 目标利润)/预计销售量 \tag{2-6}$$

【例2-2】某房地产企业开发总建筑面积为 20 万 m² 的小区，估计未来在市场上可实现销售 16 万 m²，其总开发成本为 40 000 万元，企业的目标成本利润率为 15%，则目标利润 = 总成本 × 成本利润率 = 40 000 万元 × 15% = 6 000 万元，售价 = (总成本 + 目标利润)/预计销售量 = (40 000 + 6 000)万元/16 万 m² = 2 875 元/m²。因此，该企业的定价应为 2 875 元/m²。

目标定价法的优点是：企业可以保证实现既定的利润目标。其缺点是：该方法只考虑企业的利益，没有考虑竞争和需求的实际情况，是以生产者为导向的定价方法；先确定预期销售量，再计算出产品的单价，这在理论和实际上难以得到完全的支持，因为任何产品的销售量都与价格有内在的关联，价格对产品的销售量有决定性的制约作用，而不是销售量决定价格。

这种方法一般适用于在市场上具有一定影响力的企业，以及市场占有率较高或具有垄断性质的企业。

成本导向定价方法的共同点是：均以产品成本为制定价格的基础，在成本的基础上加上一定的利润来定价。不同点是：对利润的确定方法略有差异。虽然较容易计算，但其存在共同的缺点，即没有考虑市场需求和市场竞争情况。

2. 需求导向定价法

需求导向定价法是指以需求为中心，依据买方对产品价值的理解和需求强度来定价，而非依据卖方的成本定价，其主要方法有理解值定价法和区分需求定价法。

1）理解价值定价法

理解价值也称"感受价值"或"认识价值"。这种方法以消费者对商品价值的感受及理解程度作为定价的基本依据。认为，把买方的价值判断与卖方的成本费用相比较，前者更为重要。消费者对商品价值的不同理解，会形成不同的价格限度，这个限度就使顾客宁愿支付货币而不愿放弃这一购买机会的价格。如果企业定价刚好在这个幅度内，就可以顺利成交。

为此，企业应设法提高顾客愿意支付货币的限度，增强其对本企业产品的认可度，使其产生购买本企业的产品可获得更多相对利益的认识，从而乐意、主动地采取购买行为。可见，顾客对产品价值的理解成为决定产品价格的关键因素。为实现这个目标，企业应影响买方、吸引买方，使用各种营销组合策略，在产品的市场细分、定位、品质和形象等多方面努力，塑造本企业产品的差异性，巩固自身营销的相对优势。在此基础上，企业可根据顾客对产品价格的预期，制定一个可销价格，估算此价格水平下的可能销售量，并推算出产量、成本和利润等相关指标，最后调整出实际的销售价格。其主要步骤是：确定顾客的认识价值；根据确定的认识价值，决定商品的初始价格；预测商品的销售量；预测目标成本；决策。

对于房地产而言，理解价值定价法的应用范围非常广泛，其中房地产价格评估的收益法就具有这种属性，即站在顾客的立场上，依据顾客购买房地产所能获得的经济收益来确定房地产的价格。房地产企业对于住宅、工业物业、商业物业及特殊物业都可运用这种方法定价，并且确定的价格也能够被顾客所接受。另外，市场比较法在一定程度上也具有理解价值定价法的属性。

例如，新加坡发展银行置地集团 DBSLAND 和上海永业企业（集团）有限公司合作开发的上海新家坡园景苑，坚持"以人为本"的宗旨，以"人本论"的理念来赢取客户，以"小区卓越的品质"来吸引客户，小区的绿化覆盖率近50%，由新加坡中央园艺建绿造景，48种植物在此落户；人车分流的新社区安全设计；全区提供16项VIP五星级的公共设施；24h保障的三重安全防护系统。此外，又有在新加坡第一家荣获ISO 9002国际质量认证证书的新加坡怡美物业管理，真正让客户享受"家"的感觉。该项目开盘后即取得上佳业绩，一周内售出百余户，并持续热销。继园景苑的成功尝试后，继续研究市场需求新动势，又创造了上海新家坡美树馆"汇景苑"的经典之作。汇景苑在小区的文化艺术氛围创造上有了提升，以收藏自然、收藏艺术为主题精心设计，全区绿化覆盖率高达74%，58种原生植物植于园内，更有25项VIP五星级公共设施，并承诺在交屋时，须先铺草，再植花，栽以矮灌木，然后再种上5m以上的乔木，以确保50年后这些成树的根基。并以推出"美树馆"，告诉人们将盖一所好房子，以不跌价承诺书取信于客户，该项目正式开盘后，一个月内就销售297户，其销售价格和销售率都高出周边其他楼盘。

2）区分需求定价法

区分需求定价法又称差别定价法，是指某一产品可根据不同需求强度、不同购买力、不同购买地点和不同购买时间等因素，采取不同的售价。例如，消费者在商店的小卖部喝一杯咖啡吃一块点心要付10元，在一个小餐厅则要付12元，而在大旅馆的咖啡厅就要付14元，如果要送到旅馆的房间内食用则要付20元。价格一级比一级高并非产品的成本所决定的，而是附加的服务和环境气氛为产品增添了价值。同样，对于房地产来说，同一种标准、同一种规格、同一种外部环境的商品房，其销售价格可以根据楼层数的不同而作出相应变化。区分需求定价法的主要形式有：以消费群体的差异为基础的差别定价，以数量差异为基础的差别定价，以产品外观、式样、花色等差异为基础的差别定价，以地域差异或时间差异为基础的差别定价等。

3. 竞争导向定价法

在竞争十分激烈的市场上，企业通过研究竞争对手的开发条件、服务状况、价格水平等因素，依据自身的竞争实力，参考成本和供求状况来确定商品价格，这种定价方法就是通常所说的竞争导向定价法。在消费品市场，价格竞争是一个重要筹码。房地产市场由于其异质性，与其他行业相比，房地产商有较大的自由度决定其价格。房地产商品的差异化也使得购买者对价格差异不是十分敏感。但时至今日，我国的房地产市场早已由卖方市场转变为买方市场，市场竞争十分激烈，在激烈的竞争中，公司相对于竞争者总要确定自己在行业中的适当位置。相应地，公司在定价方面也要尽量与其整体市场营销策略相适应。

1）领导定价法

处于市场领导者地位的房地产商可以采用领导定价法的策略。一般地，由于该公司在房地产业或同类物业开发中的龙头老大地位，实力雄厚，声望极佳，故其可以制定在该类物业中较高的价位。例如，一些声望好、实力雄厚的外商独资、合资的房地产公司往往采用此策略，其主要开发豪华公寓、花园别墅、高档写字楼等高档物业市场，赚取较高的利润。

2）挑战定价法

与领导定价法不同，挑战定价法的定价比市场领导者的定价稍低或低得较多，但其所开发的物业在质量上与市场领导者相近。如果具有向市场领导者挑战的实力，即成本较低或其资金雄厚，则房地产商可以采用挑战定价法，虽然利润较低，但可以扩大市场份额，提高声望，以争取成为市场领导者。

3）随行就市定价法——市场追随者策略

所谓随行就市定价法，是指房地产商按照行业中同类物业的平均现行价格水平来定价。市场追随者在以下情况往往采用这种定价方法：①难以估算成本；②公司打算与同行和平共处；③如果另行定价，很难了解购买者和竞争者对本公司的价格反应。

采用随行就市定价法，公司在很大程度上是以竞争对手的价格为定价基础，而不太注重自己产品的成本或需求。公司的定价与主要竞争者的价格一样，也可以稍高或稍低于竞争对手的价格，主要是中价策略。随行就市定价法非常普遍，人们认为市价反映了该行业的集体智慧，该价格既带来合理的利润，又不会破坏行业的协调性。

三、制定宣传与广告策略

在房地产市场营销工作中进行广告与宣传的主要目的，是通过该项工作让潜在的房地产使用者或置业投资者认识自己所营销的物业，影响其购买或投资行为及决策，尽可能快速销售自己所推销的物业，以实现开发商或物业持有者的经济目标。

（一）市场宣传策略

宣传作为促销组合因素之一，在刺激目标顾客对企业产品或服务的需求、增加销售、改善形象、提高知名度等方面，都起着十分重要的作用。

美国市场营销协会（AMA）的定义委员会把宣传定义为："宣传是指发起者无须花钱，在某种出版媒体上发布重要商业新闻，或者在广播、电视中和银幕、舞台上获得有利的报道、展示、演出，用这种非人员形式来刺激目标顾客对某种产品、服务或商业单位的需求。"宣传作为一种促销工具，具有以下重要作用：①卖主可利用宣传来介绍新产品、新品牌，从而打开市场销路；②当某种产品的市场需求和销售下降时，卖主可利用宣传来恢复人们对该产品的兴趣，以增加需求和销售；③知名度低的企业可利用宣传来引起人们的注意，提高其知名度；④公共形象欠佳的企业可利用宣传来改善形象；⑤国家也可利用宣传来改善国家形象，吸引更多的外国观光者和外国资本，或争取国际支援。为强化宣传效果，加强宣传管理，房地产企业在制定宣传策略时应做好以下工作：

1. 确定宣传目标

市场宣传过程的宣传目标通常围绕提升品牌认知、影响受众态度、驱动具体行为三个核心维度展开，可分为认知层目标、情感层目标、行为层目标和战略层目标。通过明确宣传目标，企业可更精准地选择宣传的信息与工具、精准化实施宣传方案，并有效评估宣传效果。

2. 选择宣传的信息与工具

促销部门必须确定企业产品有何重大新闻可供报道。假设有一个不太著名的开发商想要增进公众对它的了解，宣传人员应先从各个角度来看这个企业，以确定它是否有现成的材料可供宣传：专业管理队伍有什么特色？曾成功开发过哪些有影响的房地产项目？当前拟开发的新项目在设计上有何特色？有没有项目获得设计、建造质量或物业管理等方面的国家奖励？是否向社会公益事业提供过支持或赞助？最高管理层的经营理念、公司目标和公司文化有何特色？这样探究下去，通常可以找出大量的宣传材料，交新闻媒体发表后便能增进公众对这个企业的认识。所用的宣传题材最好能体现该公司的固有特色，并支持其理想的市场定位。

宣传工具选择也十分关键，应视产品和目标客户特点，灵活选择户外媒体、线上媒体、传统纸媒和自媒体，还可利用朋友圈互动来引导舆论，提升项目的宣传热度。

3. 实施宣传方案

从事宣传工作必须谨慎仔细，凡重大新闻不管是谁发布的，都很容易被新闻媒体刊登发表出来。但是，大多数新闻并非都那么有分量，不一定能被忙碌的编辑所采用。宣传人员的重要资本之一，就是他们与各种媒体编辑之间所建立的私人关系。他们可能过去当过记者，因此结识不少编辑，也深知他们所需要的是那些妙趣横生、文笔流畅而且易于进一步取得资料的新闻。宣传人员如果把媒体编辑视为一种市场，并满足其需求，则这些编辑也必然会愿意采用他们所提供的新闻。

4. 评价宣传效果

评价宣传效果的最大难题在于宣传通常与其他的市场营销沟通工具合并使用，很难单独分辨出什么是宣传的贡献；但是，如果在使用其他工具之前开展宣传活动，再评价其贡献就容易多了。宣传活动是根据某些沟通对象的反应而设计的，因此，这些反应便可作为测量宣传效果的依据。一般来说，企业可根据展露次数、知晓—理解—态度的改变以及销售变化等来评价宣传效果。

（二）广告策略

广告是一种十分有效的信息传播方式，是公司用来对目标顾客和公众进行直接说服性沟通的五种主要工具之一。在制订广告方案时，市场营销经理必须先确定目标市场和购买者动机，然后才能做出制订广告方案所需的五种决策（图 2-4），即所谓的 5M，包括广告的目标即任务（Mission）、可用的费用即资金（Money）、应传送的信息（Message）、应使用的媒体（Media）和广告效果评价即衡量（Measurement）。

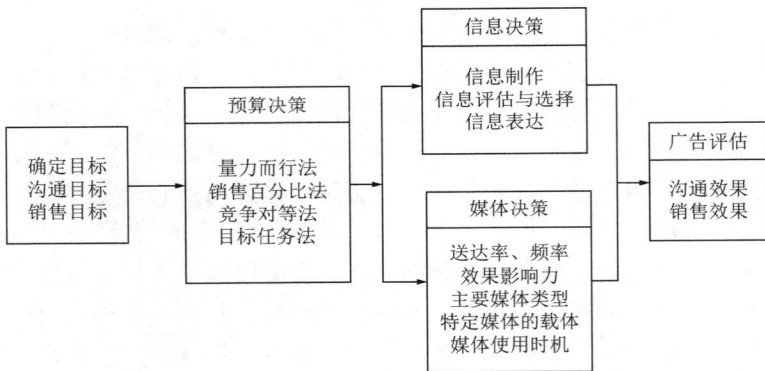

图 2-4　广告管理中的主要决策

应进一步指出的是，上述开发过程主要程序中的每一阶段都对其后续阶段产生重要的影响。例如，准备工作中的方案设计与建筑设计，既是投资机会选择与决策分析阶段影响的结果，对建设过程中的施工难易、成本高低有影响，更对租售阶段使用者对建筑物功能的满足程度、物业日常维修管理费用的高低、物业经济寿命的长短等有举足轻重的影响。所以，开发商在整个开发过程中每一阶段的决策或工作，既要"瞻前"，更要"顾后"，这是开发商成功与否的关键所在。

第六节　物业资产管理

开发项目交付使用后，物业管理水平不仅关系到居民的生活质量，也关系到收益性物业的运营水平，更是提高项目全寿命周期开发价值的重要内容。

一、物业资产管理的内涵

物业资产管理是房地产开发过程的延续。随着房地产市场的发展，尤其是以收益性房地产为对象的房地产投资活动的增加，物业资产管理服务需求日益增加。熟悉房地产使用过程尤其是该过程中的物业资产管理工作，有助于房地产估价师把握物业使用过程的特点、收益与费用的类型及其确定方式，以及物业资产管理服务对房地产价值的影响。

物业资产管理是指为了满足置业投资者的目标，综合利用物业管理（Property Management）、设施管理（Facilities Management）、房地产资产管理（Real Estate Management）、房地产组合投资管理（Real Estate Portfolio Management）的技术、手段和模式，以收益性物业为对象，为投资者提供的贯穿物业整个寿命周期的综合性管理服务。

物业管理、设施管理、房地产资产管理和房地产组合投资管理的关系如图 2-5 所示。其中，物业管理和设施管理以运行管理为主，房地产资产管理和房地产投资组合管理以策略性管理为主。

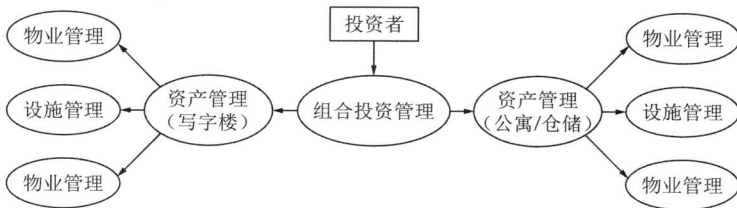

图 2-5　房地产资产管理和房地产组合投资管理的内容及其相互关系

（一）物业管理

物业管理是一种专业行业，它综合运用多学科的知识，通过人员、场所、流程和技术的整合，来确保建筑环境的正常运行。

物业管理的核心工作是对房地产资产进行日常的维护与维修，以保障其始终处在正常的运行状态，并向入住的客户或业主提供服务。对于普通住宅小区，物业管理就是房地产资产管理的全部内容；然而，对于收益性物业或大型非房地产公司拥有的自用物业，除物业管理外，还要进行相应的资产管理和组合投资管理工作。此时的物业管理除进行物业的日常管理外，还要执行资产管理所确定的战略方针，以满足组合投资管理的目标。

物业管理关注的重点是租用建筑物的租户对其所使用物业的环境是否满意，并希望继续租用本物业。所以，物业管理中的每一部分工作，都应以满足当前租户的需要并吸引未来的新租户为中心。

（二）设施管理

设施管理是一种新型房地产服务业务，其主要功能是通过对人和工作的协调，为某一单位或机构创造良好的工作环境。设施管理是融合了企业管理、建筑学、行为科学和工程学的交叉学科。商业企业越来越强烈地认识到，拥有一个管理有序、高效率的办公环境，对企业的成功非常重要；新技术、环境意识和对健康的日益关注，也导致了对设施管理专业服务需求的日益增加。

设施管理的传统服务主要集中在设施的运行管理与维护，目前已扩展到为写字楼内的雇员提供安全、有效率的工作环境，为医院、高科技产业提供设施设备维护、空间环境维护服务等方面。例如，设施管理人员要负责保持写字楼内良好的空气质量，为楼宇更新安全控制系统，为残疾人提供无障碍的通行设施，保证设施符合政府法规和环境、健康、安全标准等。设施管理的具体工作内容通常包括：制订长期财务规划和年度财务计划，设备更新财务预测，为业主提供购买和处置房地产资产的建议，室内布局与空间规划，建筑设计与工程规划，建造与维修工程，设施维护和运营管理，电信整合、安全和综合管理服务，信息管理与设施管理报告等。

（三）房地产资产管理

房地产资产管理所涉及的范围比物业管理和设施管理大得多，因此，资产管理公司通常聘请若干物业服务企业和设施管理公司为其提供服务。资产管理经理领导物业经理和设施经理，监督考核其管理绩效，指导他们制订物业管理、设施管理的策略计划，以满足组合投资管理者对资产价值最大化的要求。

资产管理的主要工作包括：制订物业策略计划，持有或出售分析，检讨物业重新定位的机会，审批主要的费用支出，监控物业运行绩效，根据物业在同类物业竞争市场上的绩效表现，管理并评估物业服务企业的工作，协调物业服务企业与租户的关系，定期进行资产的投资分析和运营状况分析。

（四）房地产组合投资管理

房地产组合投资管理所涉及的范围更广，包括确定物业投资者或业主的投资目标，评估资产管理公司的绩效，审批资产管理公司提出的物业更新改造计划以保持资产的良好运行状态和市场竞争力，管理资产以实现组合投资收益的最大化，就新购置物业或处置物业做出决策等。

组合投资管理的主要工作包括：与投资者沟通并制定组合投资的目标和投资准则，制定并执行组合投资策略，设计和调整房地产资产的资本结构，负责资产的配置和衍生工具的应用，监督物业购买、处置、资产管理和再投资决策，评估投资组合绩效，客户报告与现金管理。

二、物业管理的内容

根据物业的类型和特点不同，可以将物业管理分为居住物业管理、公共物业管理和收益性物业管理。每一种类型的物业管理，又可以进一步划分为许多更专业化的领域。例如，在收益性物业管理中，可以进一步分为写字楼物业管理、零售商业物业管理、工业及仓储物业管理、酒店物业管理等。物业类型不同，物业管理的侧重点和工作程序也有差异。对最为复杂的收益性物业管理而言，其工作内容主要包括以下几个方面。

（一）制订物业管理计划

在接管一宗物业后，首先要制订一份管理计划并获委托方认可。该计划应详细说明物业管理所提供的服务内容以及所采用的方法。一般包括六个方面的内容：

1. 确立目标

物业所有者（业主）的目标是制订管理计划的基础。有时业主除了最大限度地获取利润以外，没有具体的目标，物业管理人员就要通过调查、分析有关投资信息，来确定较为具体的目标。此外，业主授予物业管理者的权力范围也有很大差别，有些业主只对重大决策问题发表意见，但也有些业主希望对有关细节问题亦予过问。物业管理人员常常需要就业主提出的相互矛盾的目标作解释工作，例如有业主同时提出了最小维护费用和最大增值两个不相容的目标。一旦物业服务企业接受了委托，就要在物业管理目标上与业主达成共识，并尽可能地维护好业主的利益。

2. 检查物业质量状况

检查物业质量状况是物业管理工作的重要内容，这种检查通常包括建筑物外部和内部墙体、基础和屋顶、建筑设备和装修等所有方面，还要针对租户经常指出的一些特殊问题进行检查。物业管理人员要根据质量状况检查的结果，确定实现业主提出的目标所需的时间、需要进行的修缮工作及其费用。

3. 形成租金方案和出租策略

出租实际上是出售一定期限（月或年）的物业使用权，只有在业主和租户均满意的情况下租约才会得以维持，从这种意义上来讲，为物业出租而进行的努力是永无止境的。

租金方案十分重要。从理论上来说，租金要根据物业出租经营成本、税费和业主希望的投资回报率来确定，但市场经济条件下，物业租金水平的高低主要取决于同类型物业的市场供求关系。维护较好的旧有建筑，由于其建造成本和融资费用较低，往往限制了新建筑的租金水平，因此对旧有建筑而言，租金收入常常使回报率超出预期的水平，且建造成本和融资费用上升越快，这种情况就越明显。

从总体上说，物业租金收益必须能抵偿所有投资成本，并能为投资者带来合理的投资回报，否则就不会有人再来进行开发建设投资。物业管理人员还必须了解市场，过高或过低的租金都有可能导致业主利益的损失，因为若某宗待出租物业确定的租金高于市场租金水平，则意味着物业的空置率会上升；而低于市场租金水平，虽然可能使出租率达到100%，但可获得的总租金收入并不一定理想。

对于大型物业服务企业来说，一般较容易确定租金水平或方案，因为其往往拥有大量类似物业出租的租金数据，使得物业管理人员很容易确定物业合适的市场租金水平。当然，为准确判断物业的市场租金水平，需要比较已出租的类似物业和待出租物业的差异，并对已知的租金进行相应地修正，进而求取待出租物业的市场租金水平。例如，对于出租写字楼，其租金水平可能会依下述情况的不同而变化：单元面积大小、楼层、朝向；大厦坐落地点；距商业中心区的距离；装修档次；建筑设备状况；所提供服务的内容；有效使用面积系数；康乐设施完备情况；物业维护措施等。

租金方案还会受到出租策略的影响。例如出租写字楼，租金水平会受到下列情况的影响：租期长短和承租面积的大小；租户的资信状况；为租户提供服务的水平；附属设施的收费水平；是否带家具等。

这里所列的情况并不完全，仅是为了说明出租策略的不同会带来物业租金水平的差异。

对出租期限内租金水平的调整，没有数学公式可循，物业价格、租金指数对租金定期调整虽有参考价值，但直接意义并不大，所以恰如其分地调整租金和形成初始租金方案一样困难。如果投资者购买的物业本来就有人租用，这种租金的调整就更加困难，因为先前的业主确定的租金可能低于市场租金水平，所以当新业主或物业管理人员决定将租金提高至市场租金水平时，可能会受到抵制。正是由于制订租金方案、调整租金水平非常复杂，才需要物业管理人员提供专业的服务。

4. 提出预算（包括管理费）

预算是物业管理中经营计划的核心，预算中包括详细的预期收益估算、允许的空置率水平和运营费用，且这些指标构成了物业管理的量化目标。要根据实际经营情况对预算进行定期调整，因为租金收益可能由于空置率的增加而较预期收益减少，此时物业管理人员往往要就空置率增加的原因进行认真地分析。维护费用超过预算一般预示着建筑物内的某些设备需要予以更新。

预算是物业管理中财务控制和财务计划的重要工具。其计划特性表现在当物业管理人员编制预算时能就未来一年的经营计划做出比较现实的安排；而其控制特性表现在当收入低于预算或费用超过预算时就会引起物业管理人员的注意。此外，检查上年度预算执行情况，也有助于物业管理人员发现问题，并在新年度预算中进行适当的调整。

预算还可以使业主较容易地对物业管理的财务情况进行检查。当业主发现物业经营收入和费用大大超过预计的水平时，通常会要求物业管理人员予以解释，物业管理人员则必须负责对实际执行结果背离预算的原因进行说明，并告知业主这种未预计到的情况的发展趋势。所以，一旦提出了一个预算，物业管理人员和业主之间的经济关系也就确立了，但在双方共同制定预算的过程中，物业管理人员要努力为业主提出更为完美并切合实际的目标。

5. 签订物业服务合同

业主与物业服务企业签订的服务合同必须明确物业管理人员的权利和义务，以免物业管理人员事无巨细都要请示业主。

一般的服务合同应包括物业管理人员需定期向业主呈送的文件和报告、物业管理人员的主要工作、物业管理的责任和物业管理的费用。当然，物业的规模越大、租户的数量越多、对物业管理所提供的服务内容越多，则合同越要详细。

6. 物业管理记录和控制

当物业服务合同签订后，物业管理人员必须及时收集整理有关数据，以便编制有关报告。例如一份月度财务报告应包括上月结余、本月收入（包括租金、保证金和其他收入等）、本月支出（包括人员工资、维护费、修理费、水及能源使用费、税费、保险费、抵押贷款还本付息、管理费、宣传广告费、折旧提取等）和月末结余。通过阅读月度财务报告，业主和物业服务企业就能发现哪些费用超出了预算。

（二）加强市场宣传

为使物业达到一个较为理想的租金水平，物业管理人员还要进行市场宣传工作。这种宣传一般围绕物业的特性来进行，如宣传物业所处的位置、周围景观、通达性和方便性等。一般很少通过强调租金低廉来吸引租户，因为对于某些物业如收益性物业、工业物业等来说，租金水平相对于物业的其他特性可能并不十分重要。所以一般认为，只要租金相对其他竞争性物业来说相差不大，则物业的特性和质量才是吸引租户的主要因素。通过对大量承租人的调查表明，他们选择物业时所考虑的众多因素中，租金是否便宜只处于第五或第六位。

物业管理人员选定了进行物业宣传的主题后，还要选择适当的宣传媒介。一般来说，对于中低档写字楼物业，选择报纸上的分类广告或物业顾问机构的期刊比较合适；对于大规模的收益性物业，还可选择电视、广播来进行宣传。

目前流行的做法还包括物业管理人员带领有兴趣的人士前往"看楼"，所以通常要将拟出租部分整理好以供参观。物业本身及物业管理人员的工作情况和服务效率给租户留下的第一印象也非常重要。

展示物业是一种艺术，它取决于物业管理人员对未来租户需求的了解程度，而这种需求可通过与租户非正式的接触、问卷调查等形式来获取。租户是否租用物业，一般取决于其对目前和未来所提供空间的满足感和所需支付费用的承受能力。

当然，加强市场宣传的最终目的是能签署租赁合约，达不到这个目的，物业管理人员的一切努力都是徒劳的。经验丰富的物业管理人员在向潜在的租户展示、介绍物业的过程中，能清楚地从顾客的反应中知晓，他是否已经初步决定承租物业，并及时进行引导，尽可能用大众化的语言回答顾客的提问。

（三）制定租金收取办法

制定租金收取办法的目的，是尽量减少由于迟付或拖欠租金而给业主带来的损失。"物业管理人员应尽量体谅和考虑租户的特殊困难，并想办法为其解决这些困难，以达到按期足额收取租金的目的"。这句话说明，租金收取办法要尽量考虑到租户的方便，在物业管理人员和租户间要建立起良好的信任关系，尤其是在经济不景气或租户的业务发生困难时，这种弹性策略尤为重要。当然，这并不排除必要时诉诸法律的可能。

在制定租金收取办法的过程中，物业管理人员通常对按时支付租金的租户实行一定额度的优惠，而不是对迟交者予以罚款。经验表明，激励比惩罚更为有效。此外，租金收取方式和时间的选择亦很重要，要根据租户的收入特点灵活选择收租方式，合理确定收租时间。此外，物业管理还提倡主动的收租服务，通过电话、信件甚至亲临访问来提醒租户按时缴纳租金，并让租户了解租金收取的程序。对于租户主动缴纳租金的行动，要表示感谢和鼓励。

（四）物业的维修养护

良好的物业维修养护管理不仅是租户要求的，也是物业本身和物业管理目的所要求的。物业维修常起源于租户对建筑物状况的抱怨，物业管理人员在抓紧维修的同时，还要对承租人的合作表示感谢，对建筑物缺陷可能给租户造成的不便表示歉意。这种及时应租户要求而进行的维修，不仅能树立物业服务企业的信誉，而且还有助于避免由于物业缺陷而导致的重大经济损失。

除应租户要求而进行的维修外，还要按时对物业进行定期检查、维修与养护。每次检查维修都要依建筑物各部位和其附属设备的情况有所侧重。检查结果要详细记录并及时报告给业主。

物业管理人员虽然被授权负责物业的维修,但必须以不突破维修预算为原则。对于建筑物内主要设备的更新工作如供热或空调系统的更新,物业管理人员必须征得业主的同意。此外,对租户就建筑物尤其是内部设备的使用提供指导,也是物业维修计划的重要内容,这样就可以使租户、物业管理人员以及业主共同承担物业维护的责任,并使各方的利益得到应有的保护。

（五）安全保卫

当前,物业管理人员越来越重视为物业及租户提供安全保卫服务。一方面,建筑物的毁损可能导致租户生命财产的损失;另一方面,社会犯罪活动亦会导致租户的利益受到伤害。

安全保卫方面的考虑,从建筑物的结构设计就开始了。政府的公共安全部门在设计审批中对建筑物的保安措施尤其是防火设计都有明确的要求。物业管理人员通常还要对建筑物内容易造成人身伤害的部位做出明确标志,以提醒人们注意安全。为了防止犯罪活动,一般要设置大厦保安人员,锁上人们不经常使用的出入口,对经常使用的出入口派保安人员值班。

房屋出租人应保证租赁物不能危及承租人的安全或健康,对房屋内设施负有维修的责任,应保证房屋设施安全、正常地使用。因此,业主对租户的人身和财产安全负有保障义务。物业管理人员应就物业的安全保卫计划向业主提供专业意见,并代表业主实施该计划。

（六）协调与业主和租户的关系

及时对话和沟通是建立业主、物业管理人员和租户三方之间良好关系的关键。作为专业人士的物业管理人员,必须设法建立三方经常沟通的渠道。通过物业管理人员这个中间媒介,使某方的希望、需要、抱怨能及时地让其他各方了解。业主与租户也可以建立起直接的联系渠道。

（七）进行物业管理组织与控制

从业主的角度来说,能否实现预期的物业管理目标,是物业管理工作有效与否的标志。业主如果能够定期对物业进行视察,物业维修计划、保安计划的实施情况就很容易识别。物业收入和费用支出的差异大小,也能体现物业管理组织与控制的有效性。此外,如果业主能不过问物业服务企业的具体工作,而又对物业管理人员能及时处理所遇到的问题抱有信心的话,那么,物业管理的组织与控制就是有效的。

三、收益性物业的运营费用与财务报告

在物业管理中,会涉及各种类型的经营收入和费用支出项目,这些收支项目,

要按照有关合同的规定及时支付或收取。对于收益性物业来说，业主的主要目标，就是使其所持有物业的净经营收益最大化。为此，对于受业主委托承担物业管理工作的物业服务企业来说，要通过科学的财务管理工作，及时收取有关应收取的收入，严格控制物业运营费用的支出，并准确记录与物业管理有关的各项经营收入和费用支出，以使业主的利益得到最大限度的保障。对于大多数用于出租经营的收益性物业，各项经营收入和费用支出主要与日常经营、大修基金或保证基金相关。财务管理要求物业服务企业按照会计制度的要求，准确记录各项应收或应支款项，并将其作为物业服务企业定期向业主呈交有关报告的依据，作为以预算方式对物业未来收支做出预测和安排的基础。

有效的财务管理还要求不断地对物业的收支状况进行分析。一般说来，物业在经营过程中的收入水平必须高于费用支出的水平，这样才能获得一个正的净现金流。如果费用支出超过了收入，就要分析其原因，及时采取有关措施，以使这种状况尽快得到改观。使收益性物业净经营收入最大化的关键，是对物业经营收入和费用支出状况做出准确合理的评估。

（一）收益性物业经营状况的评估

对于收益性物业投资而言，衡量其获利能力大小的标准只有一个，即为投资者所带来的净经营收入的大小。而对于收租物业，该净经营收入的大小，主要取决于物业经营过程中所产生的现金流。

1. 现金流

对于收租物业，从事物业管理工作的专业人员，通常使用其特定的专业术语来描述与现金流相关的各种类型的收入和费用项目，这些术语包括：

1）潜在毛租金收入

物业可以获取的最大租金收入称为潜在毛租金收入。它等于物业内全部可出租面积与最大可能租金水平的乘积。一旦建立起潜在毛租金收入水平，该数字就在每个月的报告中保持相对稳定。能够改变潜在毛租金收入的唯一因素，是租金水平的变化或可出租面积的变化。潜在毛租金收入并不代表物业实际获取的收入；而只是在建筑物全部出租且所有的租户均按时全额缴纳租金时，可以获得的租金收入。

2）空置和收租损失

实际租金收入很少与潜在毛租金收入相等。潜在毛租金收入的减少可能由两方面原因造成：一是，空置的面积不能产生租金收入；二是，租出的面积没有收到租金。在物业收入的现金流中，从潜在毛租金收入中扣除空置和收租损失后，就能得到某一报告期（通常为一个月）实际的租金收入。欠缴的租金和由于空置导致的租金损失一般分开记录，当欠缴的租金最终获得支付时，仍可以计入收入项目下，只有最终不予支付的租金才是实际的租金损失。此外，空置虽然减少收入，但不是损失。物业服务企业有责任催收欠缴的租金，如果拖欠租金的租户拒绝缴纳租金，物业服务企业可以委托专业代理机构催收此项租金，或通过必要的法律程序强制租户履行缴纳租金的义务。

3）其他收入

物业中设置的自动售货机、投币电话等获得的收入称为其他收入。这部分收入是租金以外的收入，又称计划外收入。此外，一般将通过专业代理机构或法律程序催缴拖欠租金所获得的收入亦列入其他收入项目内。

4）有效毛收入

从潜在毛租金收入中扣除空置和收租损失后，再加上其他收入，就得到了物业的有效毛收入。公式为：

$$有效毛收入 = 潜在毛租金收入 - 空置和收租损失 + 其他收入 \qquad (2\text{-}7)$$

【**例 2-3**】某收益性物业的潜在毛租金收入为 30 万元，假设在某报告期内的出租率为 80%，所有承租人都能按时交纳租金，物业其他收入为 2 万元，则物业在该报告期的有效毛收入 = 潜在毛租金收入 - 空置和收租损失 + 其他收入 = $30 \times 80\% + 2 = 26$（万元）。

5）收益性物业的运营费用

收益性物业的运营费用是除抵押贷款还本付息外物业发生的所有费用，包括人员工资及办公费用、保持物业正常运转的成本（建筑物及相关场地的维护、维修费）、为租户提供服务的费用（公共设施的维护维修、清洁、保安等），保险费、增值税及附加、城镇土地使用税、房产税和法律费用等也属于运营费用的范畴。跟踪运营费用的目的主要是为了制定成本支出预算，控制运营费用支出的数量。

6）净经营收入

从有效毛收入中扣除运营费用后就可得到物业的净经营收入，公式为：

$$净经营收入 = 有效毛收入 - 运营费用 \qquad (2\text{-}8)$$

净经营收入的最大化，才是业主最关心的问题，也是考察物业服务企业的物业管理工作成功与否的主要方面。因此，物业服务企业要尽可能增加物业的有效毛收入，降低运营费用，以使交给业主的净经营收入尽可能大。

【**例 2-4**】某商铺 2020 年的潜在毛租金收入为 66 万元，空置和收租损失、运营费用分别为潜在毛租金收入的 10%、30%，所得税税率为 25%，则 2020 年该商铺的净经营收入 = 有效毛收入 - 运营费用 = 潜在毛租金收入 - 空置和收租损失 + 其他收入 - 运营费用 = $66 \times (1 - 10\% - 30\%) = 39.60$（万元）。

【**例 2-5**】某写字楼月潜在毛租金收入为 100 万元，月平均运营费用为 60 万元，月平均空置率为5%，月平均租金损失率为2%，月平均其他收入为潜在毛租金收入的3%，则该写字楼的月净经营收入＝有效毛收入－运营费用＝潜在毛租金收入－空置和收租损失＋其他收入－运营费用＝100－100×（5%＋2%）＋100×3%－60＝36（万元）。

7）抵押贷款还本付息

业主对于物业经营情况的评价，并不仅仅停留在获取的净经营收入的多少，物业还本付息的责任即抵押贷款还本付息，还要从净经营收入中扣除。当然，该项还本付息不是运营费用，其可以逐渐转入业主对物业拥有的权益的价值中。业主非常关心的问题是，物业所产生的净经营收入是否能够支付抵押贷款的本息，同时满足其投资回报的目标。有些情况下，物业服务企业负责为业主办理还本付息事宜，但也有些业主宁愿自己去处理这一事宜，这主要取决于业主和物业服务企业的服务合同是如何规定的。

8）现金流计算

从净经营收入中扣除抵押贷款还本付息之后，就得到了物业的税前现金流。这是业主的税前收入或投资回报（当净经营收入不足以支付抵押贷款还本付息金额时，该现金流是负值）。从税前现金流中再扣除所得税，便得到税后现金流，税前现金流和税后现金流的计算方法，分别如表2-1和表2-2所示。

收益性物业税前现金流的计算　　　　　　　　　　表 2-1

潜在毛租金收入	基础租金 百分比租金 租金调整
－ 空置和收租损失 ＋ 其他收入 ＝ 有效毛收入	
－ 运营费用	增值税和税金及附加 保险费和公共设施使用费 物业服务费 大修基金 其他费用
＝运营现金流（净经营收入）	
－ 抵押贷款还本付息	抵押贷款利息支付 抵押贷款本金偿还 土地租金支出（如土地使用权 以租赁方式获得）
＝税前现金或还本付息后现金流	

收益性物业税后现金流的计算　　　　　　表 2-2

方法一：运营现金流（净经营收入）	方法二：还本付息后现金流
＋大修基金 －抵押贷款利息支付－折旧 ＝应纳税收入 ×所得税税率 ＝所得税	＋大修基金 ＋抵押贷款本金偿还－折旧 ＝应纳税收入 ×所得税税率 ＝所得税
运营现金流	税前净收入
－抵押贷款利息支付－抵押贷款本金偿还 ＝还本付息后现金流－所得税 ＝税后现金流	－所得税 ＝净收入 ＋折旧 －大修基金 －抵押贷款本金偿还 ＝税后现金流

物业服务企业所涉及的财务管理，一般到产生净经营收入为止。业主对物业价值的估计，通常基于税前或税后现金流。虽然物业服务企业对这些支出没有控制的权力，但也应了解其计算方法，以及业主如何根据这些信息对物业的经营状况作出判断。

2. 相关问题分析

还本付息的数量，取决于业主抵押贷款的数量和期限。物业服务企业可以就物业的重新融资为业主提供咨询意见，在许多情况下，通过再融资安排，可以提前还清物业当前的抵押贷款余额，且在新的融资安排下，使业主的周期性还本付息数量更加适合当前的房地产市场状况，并提高业主股本金的收益水平。

1）物业估价

收益性物业年净经营收入的稳定性，对物业价值的大小有很大影响。从物业服务企业的角度来说，尽可能使年净经营收入最大化的重要性是显而易见的：如果一宗物业能够获取足够的年净经营收入，那么业主就可以支付抵押贷款的本息、获取满意的投资回报。净经营收入的水平不仅表明了业主的投资回报，而且还直接影响物业的价值。为了估算收益性物业的价值（V），可以用物业年净经营收入（NOI）除以资本化率（R），即 $V = NOI/R$。例如，某物业的年净经营收入为 10 万元，其资本化率为 10%，则该物业的价值估计为 100 万元。某一特定物业的资本化率取决于该物业的类型、当地近期成交的类似物业的资本化率、市场情况及利息率等。资本化率的变化对物业的价值影响很大，因为资本化率的上升会导致物业价值下降。采用当地类似物业的资本化率计算时，如果物业的年净经营收入是最好的估计，则该物业的价值也是最高的估计值；如果物业的年净经营收入下降而资本化率不变，则物业的价值也会下降。所以，任何使物业提高净经营收入的因素，也会提高物业的价值。

2）大修基金和保证金基金

不仅物业经营过程中的各项收支需要认真对待，大修基金和保证金基金也需要妥善管理，以保证该基金本金的稳定增长和利息收入的合理化。

（1）大修基金

大修基金，是指定期存入的用于支付未来费用的资金，通常用于支付物业经营过程中的资本性支出（例如设备或屋面的更新），而日常的运营费用则在每月的经营收入中支出。如果这部分资金来自物业的收益，就应该从物业现金流中扣除。

用于物业更新改造的大修基金，可以取有效毛收入或年净经营收入的一个百分比。由于大修基金是用来支付预计要发生的用途（如每5年更新一次地毯、根据市场需求的变化改变室内空间布置等），因此可以根据物业大、中修计划事先做出预算，定期向该账户注入一定数量的资金。这里很重要的一点是，建立大修基金会减少业主从物业收益中获取的净经营收入，有些业主可能要求不建立此项基金，而在物业资本支出发生时再临时筹措。业主和物业服务企业在该基金数量的大小上可能也会有意见分歧。但该项基金的存在，对于保证物业正常的大、中修计划的执行来说至关重要，因此，物业服务企业在与业主签署委托管理合同时，应非常重视有关大修基金条款的谈判。

建立用于物业资本支出的大修基金，常需要专门的报告和分类账目，大修基金账目下的费用支出，一般用支票支付。大修基金经常保存在一个名为"有息银行存款"的账目下，由于大修基金通常赚取利息收入，一些物业服务企业将这些利息收入积累成一个基金，用于支付那些不是每个月都要支付的运营费用。如房产税和保险费通常每年支付一次，但如果每个月都从经营收入中提取一部分，则能够保持物业每个月间现金流的平稳。如果这些非经常性费用支出来源于大修基金，则物业管理人员要注意将这些费用列为运营费用。

（2）保证金基金

租户常常需要缴纳租赁保证金，以保证其在租约有效期间内能够很好地履行租赁合约（按期缴纳租金、履行对物业保护的责任）。租赁保证金基金的建立和管理，要遵循国家和地方政府的有关规定，一般要单列银行账户进行管理。保证金基金的利息收入可以作为物业的其他收入，也可以部分或全部归租户所有。如果租户在租赁期间内完全履行了租约中所规定的责任，则该项保证金在租约到期时要如数退还租户；否则就要扣除部分甚至全部保证金，用于支付物业损毁或由于拖欠租金给业主带来的损失。

（3）所得税

收益性物业出租过程中的所得税计算比较复杂，如果业主的收入只来自于物业出租所获取的利润，则按该利润为基础缴纳企业所得税；如果业主除了该项物业投资外还有其他投资项目，就有可能分别或合并计算所得税。由于每个业主的纳税责任有差别，物业服务企业通常只能较准确地估算税前现金流，而较为准确的税后现金流通常要在咨询专业税务会计、审计人员后才能得到。

（二）收益性物业管理服务费用

对收益性物业服务费用的测算，目前国家尚无统一的规定。物业服务企业在具体测算时，可参考国家发展改革委、建设部发布的《物业服务收费管理办法》的基本原则与要求、当地政府的有关规定以及现行的会计核算办法执行。

收益性物业服务费用通常以收益性物业运营费用为基础测算。由于大多数收益性物业都有其自身的特点，其费用项目还可能由于物业类型、规模以及物业服务合同的不同而有所差别，可根据实际需要将有关收支项目进一步细化或合并。但所有项目的收支情况都应记录得清清楚楚。

收益性物业管理中的收入包括租金收入和其他收入（不含保证金基金和大修基金），虽然运营费用的数量和类型，依物业类型和规模及所处地区的不同而有所不同，但还是存在着房地产管理行业公认的通用费用项目。在与国家规定的运营费用构成不矛盾的前提下，每一个物业服务企业都可以用自己的方式来定义费用，某些费用项目还可能要进一步细分，以适应特定物业在管理过程中运营费用管理的需要。此外，有时业主也会要求采用一种特定的费用分类方式，物业服务企业必须清楚本企业习惯的费用分类和业主要求的费用分类，并使二者有机地结合起来。

收益性物业管理中运营费用的具体费用项目包括：

1. 人工费

物业管理的人工费包括工资、补贴、福利和国家或地方政府要求缴纳的社会保险费（如医疗、养老、失业保险）、统筹费、公积金（如住房公积金）等。人工费一般在每月的月中支付一次（也可以按每周、每两周或每半个月支付一次），租金收入一般是在每月的月初收取。所以，从财务管理的角度来说，月初可集中精力进行租金的收缴工作，月中就可以从本月收取的租金中支付人工费和其他费用，月末就可以得到可交给业主的物业净经营收入。在需要加班工作时，还要计算并向员工支付加班费。

2. 公共设施设备日常运行、维修及保养费

该项费用在物业运营费用中占较大比例，且分项较多。主要包括：

1）维修和保养费

指用于物业外部和内部的总体维修和保养费用支出。建筑物立面的清洗、电梯维修与保养、锅炉检查和维修、空调维修与保养、小型手动工具和防火设备购置等，通常都列在维修和保养费科目下。其他相关的费用，包括管件、供电设备、地面修补和地毯洗涤费等，支付给负责物业维修和保养工作的承包商的费用，应该在物业维修和保养费科目下分列。

2）室内装修费

室内装修是一项开支较大的经常性费用，所以，经常与维修和保养费分列子科目。此外，该工作可能与物业维修保养工作无关，而仅仅是为了改善物业的形象。室内装修费科目一般包括材料费（墙纸、涂料等）、工器具和设备使用费（摊销）、人工费、管理费和承包商利润（如果将该工作发包给承包商的话）。

3）生活用水和污水排放

该项费用随季节变化而有所变化。大多数物业同时收取生活用水和污水排放费用，因为在一宗物业中污水排放的数量和生活用水的使用量有关。随着城市用水数量的迅速增加，供水和污水处理的成本也在逐渐增长，采取一些节约用水的措施（如采用喷淋方式浇灌绿地、使用节水型卫生洁具、及时更新漏水的供水管道），不仅可以减少水费支出，还可以保护宝贵的水资源。应当注意的是，更新供水管道的费用，应记在物业保养费或管件费子科目中。

4）能源费

该费用科目，通常要根据物业所消耗能源的类型，进一步划分为水、电、气、油料等详细科目。能源费一般每月支付一次，各种能源的价格可能经常调整，所以，尽管每月各类能源的使用量相对变化不大，但每月应支付的能源费也会有所差别。如果能源费由租户承担，则物业服务企业还要增加一个细目，以便按租金比例计算和收取每个租户应缴纳的能源费。对于公用部位的能源费，要视每个租户使用物业的时间和方式不同，进行合理分摊。

5）康乐设施费

健身设备主要设在写字楼物业中，供租户的员工使用。健身设备、游泳池和其他康乐设施的维修、保养和日常使用费，属于康乐设施费范畴。康乐设施中每一项具体的服务内容，还可单独分列费用细目，以便使物业服务企业可以通过汇总各单项设施的费用支出情况，得出所有康乐设施运营成本。救生员、器械使用指导员和其他康乐服务人员的工资，可以在这里计入，也可以在人工费项目中记录。

6）杂项费用

指为保持物业正常运转而需支出的非经常性的、零星的费用项目。停车位划线、配钥匙、修理或重新油漆物业内外的标志或符号等所支付的费用，常列在该科目下。还要考虑地区性和季节性的问题，例如，在我国北方地区，清扫积雪的费用可能要单列费用细目，但在我国的南方地区，就可以列入杂项费用；在南方防止虫害的费用就要分列细目，但在北方就可列入杂项费用。

3. 绿化养护费

该项费用主要取决于物业环境绿化面积的大小和美化大堂、楼道等公共部位所支付的花卉等费用。

4. 清洁卫生费

该项费用主要取决于清洁卫生工作所负责的楼面面积大小。列入清洁卫生费用的详细科目，包括建筑物内外地面的清扫、大堂和走道地面打蜡、洗手间的清扫和消毒、垃圾清运以及化粪池清掏费用。对单元内部使用空间的清洁卫生工作，要视租赁合约的情况而定，如物业服务企业负责单元内部使用空间的清洁卫生，则应单独列项，与公共部位的清洁卫生费用分开管理。

大型物业一般要和城市的环卫公司签署合约，请其负责垃圾清运和化粪池清掏工作。垃圾清运费用的数量，主要取决于物业每月需清运的垃圾的数量（重量和体积），或需设置的垃圾桶的数量以及需要垃圾清运车的数量。由于城市垃圾数量的增加和垃圾处理能力的限制，国家和当地政府都在鼓励使用可再生的纸张、玻璃、塑料和金属，并将其分类存放，以减少垃圾处理时的工作量，减少资源的浪费。

5. 保安费用

出于对物业公共安全的考虑，大多数物业服务企业都与保安公司签署保安合同，请保安公司提供保安服务。其他与安全有关的费用支出，常列在相应的直接费用中。例如，停车位和公共部位的夜间照明费用，应计入能源费中的电费细目中；如果是保安人员负责出入登记工作，则其工资、福利等支出，就计入人工费科目中。

6. 办公费

办公费是一个宏观的概念，包括零星办公用品、低值易耗品支出、邮寄费和其他与现场办公室运作相关的费用，如聘请法律顾问的费用等。此外，广告宣传及市场推广费，也可列入办公费或单列科目。有时一些非标准的收费（如报税准备费等），也在办公费支出。

7. 固定资产折旧费

该项费用指物业服务企业拥有的交通、通信、办公、工程修理、各类设备、机械等固定资产的折旧支出。其折旧年限通常按 5 年计算，按固定资产总额分摊到每月逐月提取，单独设立科目。

8. 不可预见费

收益性物业管理中常有一些预计不到的费用支出，如短期内物价的上涨，意外事件的发生等。为此，在运营费用的测算过程中，通常列入一项不可预见费，可按前七项费用之和的5%计算。不可预见费应单独设账，其支出应严格控制。

9. 保险费

虽然保险费是每半年或每年支付一次，但保险费的实际支出还要受保险计划安排的影响。保险费项目通常只包括物业本身的保险，员工医疗保险和失业保险在人工费中开支。在保险费中开支的保险项目一般包括：①火险。指对由于火灾导致的投保物业的所有直接损失或损毁的保险，为保单持有人提供保障。②火险附加险。为火灾保险的附加险种，包括了在火灾扑救过程中由于风暴、冰雹、爆炸、空难、交通工具、水毁、烟雾、人员伤亡等可能导致的相关损失。③全损险。包括了保单中没有特别排除的其他任何损失。④锅炉保险。由于锅炉事故导致的所有损毁的保险。⑤财产毁损责任保险。投保物业对其他财产毁损应承担的责任。⑥租金损失保险。由于物业损毁而使部分或全部物业不能正常出租而引起的业主收入损失。⑦职工信用保险。由于其他人的非礼行为导致的某人财务收入损失，该险种常由物业服务企业为其职员购买。⑧业主和租户责任保险。物业内某人或某些人受伤而对业主或租户的索赔。⑨交通工具保险。该项保险主要是为驾驶物业所拥有的各种交通工具的雇员购买，当这些交通运输工具在使用过程中出现责任问题时，可以保护业主的利益。

10. 物业服务企业的服务费和利润

物业服务企业的服务费和利润，通常是物业有效毛收入的一个百分比，有效毛收入低于预计的某一数值时，还可以确定物业服务费和利润的一个最低值，或者采用固定比例费用加绩效奖励的方式。其具体比例，可根据政府有关规定和当地物业管理市场情况确定。通常，从事收益性物业的物业服务企业，其企业管理费和利润的提取比例，高于从事居住物业的物业管理。

11. 法定税费

法定税费包括增值税及附加，物业服务企业取得物业服务收入，应缴纳增值税。属于增值税一般纳税人的，增值税率为6%；属于小规模纳税人或选择简易征收办法的一般纳税人，增值税征收率为3%。物业服务企业代有关部门或业主收取水费、电费、燃（煤）气费、维修基金、租金，以委托方名义开具发票的，代收费用不计入销售额中计算缴纳增值税。物业服务费一般按月收取，并计算缴纳增值税。同时随增值税一同缴纳城市维护建设税、教育费附加和地方教育费附加，税率分别为增值税额的 7%、3%和 2%。

12. 房产税

对收益性物业来说，业主应缴纳房产税。我国房产税的征收分为按租金征收和按房产原值征收两种情况，按年计征，分期缴纳。该税有些地方每月征收一次，有些地方半年或一年征收一次。但物业服务企业在确定该项费用的预算时，一般是以月为基础的，也就是说用每月留出来的房产税供需要缴纳该税项时使用。对于商场和写字楼等商业物业，有些租约规定缴纳房产税的义务由租户来承担，或以租金的一定比例向租户另外收取（即租金中不含房产税）作为物业服务企业的代收代缴费用。该项代收代缴费用，可以按月估算和收取，由物业服务企业存入专项账户，以便在需要缴纳房产税时使用。

（三）收益性物业管理中的预算

物业的实际收支，很少与预算中的估计完全一致。预算只是一个工具，利用这个工具，物业服务企业可以根据事先估计的物业收支数量，做出费用支出计划。预算可以帮助物业服务企业努力减少物业净经营收入的变动，估算在某一时间上物业现金流的状况。当一项未预计到的费用支出导致现金短缺时，预算可以帮助物业服务企业找到妥善的处理方法，以满足这项费用的支出。

预算有许多种类型，在物业管理中经常用到的主要有三种：年度运营预算、资本支出预算和长期预算。

1. 年度运营预算

年度运营预算是最常用的预算。该预算中，列出了物业的主要收入来源和费用支出项目。在物业收支报告中列出的有效毛收入的数量，在每个月间应保持基本稳定，有效毛收入加上物业其他收入再扣除物业运营费用后，就可得到物业的净经营收入。由此可以看出，即便有效毛收入是一个固定的数值，物业运营费用中有关项目费用的变化，也会令业主的净经营收入有较大的变化。为了保持物业净经营收入的稳定性，物业服务企业就必须通过预算这一有效的财务工具，准确地预测和控制物业的收入与支出。

预算不仅能令物业各项收入与支出的原因一目了然，还能告诉人们这些收入或支出将发生在什么时间。能源费用支出随季节变动，即在一年中每个月份的燃料、煤气和电力费用支出数量存在差异。广告宣传及市场推广费用在许多月份的开支可能很少，但在物业出租的市场推广工作集中的月份，该项费用支出就很大。一宗新投入使用的物业或刚刚经过大规模改造的物业，可能就需要投入大量的市场宣传费用，这些费用可在每个月中平均分摊，以示在整个年度均要开展大量的广告宣传工作。

预算中要为不可预见费用的支出预留空间。如果冬季的天气特别寒冷，就会使供暖的强度加大、时间延长，而对燃料需求的增加往往会导致燃料价格上涨，从而会进一步增加燃料费用支出的负担，使物业的燃料费预算超支；其他与季节相关的费用增长，如扫雪费用增加，也会影响物业的净经营收入。当这些额外费用支出与预算中预计的相关费用支出不相匹配时，物业服务企业就要对其他预期的费用支出进行分析，看是否可以从其他预算费用中挪用一部分来支付与季节相关的额外费用的部分或全部，否则就要动用大修基金。

为了编制年度运营预算，物业服务企业常常需要对以前若干年的物业收支状况进行认真地分析，对于在来年可能要出现的情况（如由于大规模装修改造，临时降低了入住率），要予以认真考虑，并在预算中尽量体现这些可能的变化。年度运营预算除了令业主了解未来一年中物业的收支估算外，也为物业服务企业提供了一个分析物业过去经营表现和根据对来年的有关估计对个别预算项目做出适当调整的机会。通过分析预算中的每一个收支项目，物业服务企业就可以对各项预计的收入和费用项目对物业表现的影响程度做出判断，找出主要影响因素，以便在日后的物业管理过程中实施有效的控制。通过预算的编制，还可以在业主和物业服务企业之间就来年有关物业的收支安排达成共识，以避免双方在预算实施的过程中产生矛盾。在预算中，如果收入和费用较上年度有较大的变化，就要做出合理的说明。

当物业服务企业按月向业主提供运营报告时，在预算中就要按月安排各项收支计划，这就涉及如何将年度预算收支在各个月间合理分配的问题。在大多数情况下，如果某些费用支出在每个月之间变化不大，则可以分成十二等份；有些季节性发生的费用，在月和月之间有较大的差异，则在编制预算的过程中，需要在业主和物业服务企业之间就这些季节性费用的分配达成共识。

年度运营预算是物业服务企业和业主的重要参考资料，然而实际的经营收入和费用支出，可能会随着时间的进展与预算数据有很大的出入。为了弥补这些差异，物业服务企业有时还会随着时间的进展准备季度预算，并从中反映出对原年度预算中某些初始估计的调整过程。季度预算一般比年度预算更为准确，因为预测的内容从时间上更接近，所以更容易把握。此外，季度预算大致是一个季节的时间长度，所以对季节性收支的估计就会更加准确。为了更好地发挥预算在物业管理过程中的指导作用，物业服务企业有时还会进一步将预算分解为月预算，以便更加贴近实际、更具操作性。

2. 资本支出预算

物业大规模的维修或更新改造，实际上是业主向物业再次进行资本投入的过程。与此有关的支出，一般称为资本支出。很显然，物业的大规模维修或更新改造的时间间隔比较长，但每次需投入的资金数量却很大，为了使物业的资本支出有一个稳定的来源，且不对物业经营过程中的现金流产生过大的影响，就需要在日常的经营过程中逐渐积累这项资金。

建立大修基金，是为物业资本支出准备资金的惯例做法。资本支出预算的目的，就是要对每月应向大修基金存入多少资金做出科学合理的估计。从原则上来说，物业服务企业将未来大修或更新改造所需的投资额（资本支出额）除以月份数，就可得到每月应向大修基金存入资金的数量。然而，基金通常是在数年的时间内逐渐积累起来的，因此，必须考虑通货膨胀对基金支付能力的影响。如果所积累的大修基金赚取的利息收入不能抵消通货膨胀带来的影响，则预计的大修基金总量将不足以支付未来实际的大修或更新改造过程中所需的投资。此外，材料价格的上涨幅度，可能还会高于通货膨胀率，所以每月向大修基金投放的资金数量应适当增加，以使该基金的余额与未来的实际需要额相匹配。

3. 长期预算

使用资本支出预算，常常需要物业服务企业和业主制定一个长期的预算，以说明未来5年甚至更长时间内（物业经济寿命年限内），物业的经营收入与费用的关系。由于对未来若干年所进行的长期预测，很难像对一年后的短期预测那样准确，这种长期预算的详细与准确程度低于年度运营预算。

长期预算可以显示在业主持有物业期间，物业的现金流将会有哪些变化；可以阐明业主整个物业投资计划中预计的财务收益、市场策略和预计的可能市场变化。长期预算表明预计的经营收入、费用支出和大修基金的来源。对于大型的长期投资项目，由于财务安排的原因，业主往往在物业持有期的初始阶段对物业的净运营收入有特殊的要求。通常的情况是，物业持有期间的前若干年主要是收回投资，后面年份中所获得的收益才是业主的投资收益。

（四）收益性物业财务收支报告

编制财务收支报告是物业服务企业的一项重要工作内容。除了在财务收支发生时计入分类账（分户账）或计算机文件外，物业服务企业还要保留所有的收据、银行月结单和注销支票、购货订单复印件和物业服务企业就物业付款的收据存根。有关这些记录必须定期向物业业主报告，一般是每月一次。此外，还要向租户以清单的方式报告物业管理过程中支出的费用情况、保证金储存利息收入明细、损失估计和其他与物业已出租空间相关的财务事项。物业服务企业必须保留这些记录并就物业的整体或部分编制有关报告。当物业服务企业为一个业主管理多项物业时，还要向业主提供有关这些物业的综合报告。

对出租物业来说，最主要的收入记录是租金清单，也是物业服务企业应定期向业主提供的一系列报告之一。租金清单一般要记录租户名称、承租单元或面积数量、租金标准和租期等，租金清单上还要注明每个租户是否已支付了当月的租金。如果某些运营费用是按租金的一定比例代收的，拖欠或已经缴纳的数量也要在租金清单上体现出来。如果与租金清单有关的信息是数字化的信息，以便能更方便地编写向业主定期提供的"空置分析报告""毁约或拖欠租金报告"和"租约期满报告"等。

物业服务企业对每一个物业出租单元都有一个分类账，该分类账一般要记录租户名称或姓名、电话号码、出租单元的具体位置、租金标准、每月的最后收租期限、缴纳保证金数量、承租起始日期、租期、代收代缴费用和其他在租约条款中规定的费用。分类账的形式既可以采用行业通行的做法，也可以自行设计。

物业服务企业一般每月要给租户一个租金账单，账单中应说明要缴纳的租金数量和按租金比例计算的代收代缴费用；但如果每个月的租金不变，也可不给租户租金账单。收到租户的租金后，要给租户一个收款凭证。

在物业服务企业向业主提供的报告中，首先，应对经营概况进行介绍，包括租金清单、空置情况和拖欠或收租损失报告等内容，这是物业在报告期有关经营收入和费用支出的概要性报告，须重点说明业主可获得的净经营收入。

其次，还要向业主提交有关经营情况的分析报告，这是物业服务企业和业主相互沟通的重要方式，对物业服务企业和业主之间更好地配合工作，尤其是在物业经营出现困难时双方能同舟共济很有帮助。该报告主要用来解释实际收支与初期预算中有关数字的差异或变化情况以及产生这些变化的原因，如果实际收入或支出较预算中有关数字的变化较大，物业服务企业还要向业主当面做出解释。如果变化很小，也可以不提供分析报告，但物业服务企业要向业主就当前物业经营状况进行口头介绍，对物业经营的未来发展进行简要分析。

物业管理过程中有关租户、租金、租约、物业和管理等方面的原始信息是相当庞杂的，准确地保持、记录这些信息并及时向业主提供有关报告是一项相当复杂的工作，但如果用计算机来管理这些信息，尤其是使用通用的物业管理软件，可以使各种计算、数据分析和报表变得简单。利用这些软件，除了可以随时查看物业经营状况外，还可以方便地将实际经营状况与年度预算目标进行比较分析，也可以将本年度经营状况与上年度或过去的其他年度进行比较分析，为将来修订年度预算、预测未来物业发展情况提供依据。

第七节　项　目　融　资

一、房地产资本市场

房地产业是一个资金密集型行业。无论是中短期的房地产开发投资，还是长期的置业投资，都有很大的资金需求。是否拥有畅通的融资渠道、能否获得足够的资金支持，决定了一个房地产企业能否健康发展、一个项目能否顺利运作，也影响着房地产业能否持续健康稳定地发展。

房地产市场和资本市场之间的关系是随着历史的发展、房地产价值的提高而逐渐演变的。在房地产价值较低的时候，房地产投资者（开发商或业主）自己就可以提供开发或获得房地产所需的全部资金，几乎没有融资需求。而随着房地产价值的逐渐提高，开始需要从金融机构贷款，房地产信贷开始流行。随着房地产信贷规模逐渐增大，传统的房地产金融机构为了规避相关贷款风险，开始实施抵押贷款证券化。同时，商用房地产价值的提高，使得单个自然人无法提供全部权益资本。部分大宗商用房地产逐渐变成由公司、房地产有限责任合伙企业、房地产投资信托等机构持有。这些机构通过发行股票和债券等方式为房地产开发投资活动获得融资，从而实现了房地产权益的证券化。

房地产市场和资本市场之间变得密不可分，主要包括土地储备贷款、房地产开发贷款、个人住房贷款、商业用房贷款在内的房地产贷款，已经成为商业银行、储蓄机构等金融机构资产的主要组成部分；房地产股份有限责任公司和房地产投资信托公司的股票和其他股票一样在股票交易所交易；住房抵押贷款支持证券也逐渐成为证券市场的重要组成部分。

房地产市场与资本市场的上述联系，形成了房地产资本市场。按照房地产市场各类资金的来源渠道划分，房地产资本市场由私人权益融资、私人债务融资、公开权益融资和公开债务融资四个部分组成。

二、房地产项目融资

房地产项目融资，是整个社会融资系统中的一个重要组成部分，是房地产投资者为确保投资项目的顺利进行而开展的融资活动。与其他融资活动一样，房地产项目融资同样包括资金筹措和资金供应两个方面，没有资金筹措，资金供应就成了无源之水、无本之木。

房地产投资项目融资的特点，是在融资过程中的存储、信贷关系，都是以房地产项目为核心。通过为房地产投资项目融资，投资者通常可将固着在土地上的资产变成可流动的资金，使其进入社会生产流通领域，达到扩充社会资金来源、缓解企业资金压力的目的。

（一）权益资本融资

权益资本融资构成企业的自有资金，投资者有权参与企业的经营决策，有权获得企业的红利，但无权撤退资金。

权益参与贷款型又被称作"回扣模式"，在美国商业房地产中运用十分普遍。权益参与贷款型的多方协议体现了借款人与贷款人之间的交易，贷款人放弃了更高的利息收入，从而可以分享房地产开发盈余和房地产增值收入；借款人放弃了部分盈余收入和房地产增值收入，换取了较低的利息率。权益参与贷款型可部分视为房地产权益投资，权益型的实质是盈余收益，抵押型的实质是抵押贷款，两者的有机结合诞生出"权益参与贷款型"，既有权益型特征，也有抵押型特点。

1. 公司融资方式

企业筹资渠道是指企业筹措资金来源的方向和通道。我国目前主要的筹资渠道有国家财政资金、银行信贷资金、非银行金融机构资金、其他企业资金、居民个人资金、企业自留资金、外商资金。

筹资方式是指企业筹措资金所采用的具体形式。我国目前主要的筹资方式有吸收直接投资、发行股票、银行借款、商业信用、发行债券、融资租赁等。

2. 普通股融资（主权资金筹集）

（1）主权资金特征。①主权资金所有者是企业所有者，主权资金所有者以此参与企业经营管理，分享收益，并承担有限责任。②主权资金（权益资金、自有资金）属企业长期占用"永久性资金"，投资者可依法在企业外部转让，但不得随意抽回。③企业筹集来的主权资金，无还本付息压力。

（2）主权资金筹集方式。①吸收直接投资：国内联营、国外合资。②股份制企业发行股票筹集。

（3）股票类型。①按股东权利不同分为：普通股、优先股。普通股的权利有表决权、剩余请求权、红利分配权以及新股发行优先股权；优先股是指在一些权利上比普通股优先，具体有两项权利优先，优先取得股利以及破产财产分配优先。优先股的特征有两点，股利固定（股息）以及优先股的股东无权参与企业生产经营管理。优先股股东又具有普通股特征（参与红利分配和破产财产分配），所以在西方优先股又称混合证券。②按票面有无记名分为：记名股票、无记名股票。③按票面是否标明金额分为：面值股票、无面值股票。股票面值不能代表股票价值，所以股票有无面值并不重要，但无面值股票投机性强，我国规定只准许发行面值股票。

（4）股份制企业发行股票筹资须符合《中华人民共和国公司法》（以下简称公司法）和《中华人民共和国证券法》规定条件。公司对公开发行股票所募集资金，必须按照招股说明书或者其他公开发行募集文件所列资金用途使用；改变资金用途，必须经股东大会作出决议。擅自改变用途，未作纠正的，或者未经股东大会认可的，不得公开发行新股。

（5）股票发行决议包括新股种类及数额、新股发行价格、新股发行起止日期、向原有股东发行新股的种类及数额以及股票承销方式的选择。其中，新股票发行价格决策应考虑市盈率、每股净资产、行业特征、公司在同行业中地位以及证券市场供求状况。

（6）股票上市决策。股票公开发行后，股份公司可向证券交易所上市委员会提出申请，经批准后，即可在证券交易所挂牌交易。在证券交易所挂牌交易的股票称之为上市股票，发行该股票的公司称为上市公司。上市有以下好处：有利于提高企业知名度；有利于促进股权社会化，防止股权过于集中；有利于企业筹资；有利于股东对公司经营实行监督，从而促成企业改善经营，加强管理。但上市也有不利的方面：上市财务公开不利于保守商业机密；股市人为被动可能歪曲公司实际经营状况，从而有损于公司声誉；投资者收益期望加大，增加经营者压力；加大费用。

（7）股票筹资优劣分析。优点：①普通股筹资形成长期稳定占用资金，有利于增加公司资信，为债务筹资提供基础；②无还本付息压力；③没有使用约束。缺点：①普通股筹资要影响企业控制权，分散公司经营权；②若过量发行，导致股价下跌；③普通股投资者风险大，因而投资者对加大公司支付股利的期望也高，从而使得使用这部分资金的代价加大；④股利无抵税作用。

3. 留存收益与股利决策

作为公司资金的重要部分，内部资金主要来源于公司的留存收益与折旧。留存收益的多少与公司股利政策存在着密不可分的关系，既能够影响公司的资本成本和资本结构，也能够成为向资本市场传达的重要信息而影响市场对公司的判断。留存收益的比例、股利支付的形式与时间是该决策所要确定的。

（1）留存收益。①利润分配的顺序与留存收益的核算。按照我国《公司法》的有关规定，公司的利润分配应按下列顺序进行：弥补亏损；计提法定盈余公积金；计提任意盈余公积金；向股东（投资者）支付股利（分配利润）。②留存收益融资的评价。

留存收益是普通股筹资的直接代替，因为两种方法都提供了资本的注入，而利用留存收益节省了支出新股票发行成本（例如经纪人手续费），也避免了可能发生的产权控制削弱。另外，利润保留在公司而不以股息形式发放给股东时，股东便无须为其所拥有的财富增加而付税。

留存收益筹资可能的缺点是，当公司收益出现暂时下降时，公司通常想避免降低股息支付水平，这就使留存收益成为一种不可靠的筹资来源。

留存收益可能发生的最严重的问题是，许多公司实质上将其看作自由资本。留存收益增加了对公司发展的刺激，包括业务规模扩大、进入新领域，以及收购其他公司等。相反，从外部筹资，将迫使公司服从于投资者和贷款者的定期考查。债务筹资在处理低收益工程项目投资的问题中特别有价值，它要求管理人员每六个月开一次支票给债权人，债务融资使其清楚地了解这笔资金的成本。

（2）股利支付方式。常见的股利支付方式有以下几种：现金股利、股票股利。股票股利是公司以增发的股票作为股利支付方式，通常按股东原有股票数量的一定比例来派送股票。例如决定20%的股票股利（或称10送2）就是指普通股股东每持有10股可以得到2股作为股利增发的股票。它并不对公司价值产生直接影响，因为其既不会引起公司资产的流出或负债的增加，也不会减少公司的股东权益或改变股权的结构。但股票股利对每股股票的价值起到稀释作用，每股市价和每股净资产会相应地下降。

（二）债务资本融资

债务资本是指债权人为企业提供的短期和长期贷款，不包括应付账款、应付票据和其他应付款等商业信用负债。使用债务资本可以降低企业资本成本。从投资者的角度来说，股权投资的风险大于债权投资，其要求的报酬率就会相应提高，因此债务资本的成本要明显低于权益资本。在一定的限度内合理提高债务筹资比例，可以降低企业的综合资本成本。

债务资本融资的主要方式有两种，即发行债券和银行借款。我国上市公司更倾向于采用银行借款的方式，银行对公司的外部治理起重要的作用。

相对于权益资本融资，公司筹集债务资本可以享受税收上的优惠，不会造成股东控制权的弱化，而且能对公司的收益产生杠杆作用。这些优点使债务资本融资在公司理财活动中一直占据着比较重要的地位。以下介绍三种常见的债务资本融资方式：长期借款、公司债券和融资租赁。

负债资金的特征：负债资金所有者无权参与企业生产经营管理，对企业经营也不承担责任(破产情况除外)；负债资金所有者以利息的形式固定参与企业分配。

1. 长期借款

尽管长期借款的重要性在西方发达国家有下降趋势，但对于那些难以（或不愿）进入公开资本市场筹资的公司来说仍然十分重要。我国证券市场还很不发达，长期借款对于绝大多数公司来说是最重要的外部资金来源。

1）长期借款的种类

长期借款指公司向银行或其他非银行金融机构借入的使用期超过一年的借款。长期借款的种类很多，根据不同的标准可作不同的分类。

（1）按提供贷款的机构单位不同，可以分为政策性银行贷款、商业银行贷款、保险公司贷款等。政策性贷款是指执行国家政策性贷款业务的银行向公司发放的贷款。如中国国家开发银行就是主要为满足承建国家重点建设项目的公司发放贷款。

商业银行长期贷款指由各商业银行向公司提供的长期贷款。这些贷款主要解决公司投资竞争性项目所需要的资金，公司的借款是自主决策、自担风险、自负盈亏。

保险公司贷款是由保险公司向公司提供的贷款，其期限一般比银行贷款长，但利率较高，对贷款对象的选择比较严格。目前，我国部分保险公司开展了保单质押贷款业务。

（2）按贷款有无担保，可以分为抵押贷款和信用贷款。

抵押贷款指要求公司以特定抵押品作为担保的贷款，长期贷款的抵押品可以是不动产、机器设备等实物资产和股票、债券等有价证券。作为贷款的抵押品必须是能够在市场上出售的。如果贷款到期时借款公司不愿或不能偿还时，银行可取消公司对抵押品的赎回权，并有权处理抵押品。

信用贷款指不需要公司提供抵押品，仅凭其信用或担保人信誉而发放的贷款。这种贷款一般仅贷给资信良好的公司，而银行等金融机构要收取较高的利息，并往往附加一定的条件。

银行借款担保选择：短期借款——流动资产抵押；长期借款——长期资产抵押；补偿性余额：银行降低经营风险的一种做法。结果是实际利率大于名义利率。

利率选择，在预期利率上升时，应选择固定利率制；在预期利率下降时，应选择浮动利率制。

期限选择，在预期利率上升时，固定利率，期限加长。在预期利率下降时，浮动利率，期限缩短。

偿还方式选择，到期还本付息（单利）：实际利率＝名义利率；先付息后还本（贴现法）：实际利率＞名义利率；分期还本，到期还息：实际利率＞名义利率。

偿还工作中，对数额较大的借款应建立偿债基金。

2）长期借款的偿还方式

长期借款的付息还本有多种方式，概括地说，可分为一次付息还本与分期付息还本两大类。前者是指借款人在借款到期时，一次性支付全部利息和本金；后者是指借款人在借款期间，按照约定的期限和金额，分期支付利息，并按照约定偿还本金。分期付息还本通常又有等额本息还款和等额本金还款。

3）保护性契约条款

由于长期借款的期限长，能使公司避免公开发行的费用，对公司而言是种相当灵活的融资方式，但对银行等金融机构而言则有较高的风险，因此，贷款方通常对借款公司提出有助于保证贷款按时足额偿还的更严格的条件。这些条件写进借款合同中，就形成一种保护性契约条款。

4）对长期借款筹资方式的评价

长期借款筹资与其他长期负债筹资相比，对筹资公司来说有利有弊。

长期借款筹资的优点：①筹资速度快。长期借款是由借贷双方直接协商确定，手续比发行债券简单得多，能使资金迅速到位，满足企业的需求。②借款成本较低。长期借款的利息在所得税前支付，可减少公司实际负担的利息费用；同时由于借款是直接筹资，筹资费用也较少；其三，长期借款的借款利率一般低于有价证券融资，从而降低了其资本成本，能有效降低公司综合资本成本。③借款弹性较大。借款时公司与银行直接交涉，有关条件可谈判确定，用款时间发生变化，亦可与银行再协商。因此，借款筹资对公司具有较大的灵活性。④可发挥财务杠杆作用。当企业投资回报率大于其借款利率时，通过长期借款能使企业获得超过借款利率的差额利润。

长期借款筹资的缺点：①财务风险高。公司对长期借款要承担按期还本、付息的义务，当公司经营不景气时，亦需向贷款人付息、还本，将给公司带来更大的财务困难。②限制条款较多。长期借款的期限长、风险大，贷款人通常对借款公司提出一些保护性条款，以便借款人按时足额偿还借款，这些限制条款约束了公司对借款的作用，并可能会影响公司以后的筹资和投资活动。③筹资数量有限。长期借款筹资范围狭窄，一般不能像债券那样一次筹集到大笔资金。

2. 公司债券

我国公司债券虽然起步比股票早，发展却不及股票迅速。但在国际证券市场上，公司债券的活跃程度和重要性与股票相比，有过之而无不及。众多的创新金融工具以公司债券为基础，如垃圾债券、可转换债券、附认股权证债券等。作为一种十分重要的金融工具，公司债券在公司理财活动中应得到越来越多的重视。

1）债券的发行

公司债券是指公司依照法定程序发行，约定在一定时期还本付息的有价证券。按照不同标准可分为许多不同的类别，如按是否以财产作抵押，分为抵押债券和信用债券；按利率是否固定，分为固定利率债券和浮动利率债券；按是否上市，分为上市债券和非上市债券等。

（1）发行债券的资格与条件。根据《中华人民共和国证券法》及《公司债券发行与交易管理办法》，公开发行公司债券，应当符合下列条件：①具备健全且运行良好的组织机构；②最近三年平均可分配利润足以支付公司债券一年的利息；③具有合理的资产负债结构和正常的现金流量；④国务院规定的其他条件。

（2）债券的发行方式。债券的发行方式有两种：公募发行、私募发行。

（3）债券的发行价格。债券的发行价格有三种：等价发行、折价发行和溢价发行。

2）债券的偿还

债券到期可以按债券持有人持有债券的面值付清，也可以早期付清（债券可以被赎回，也可以转换为股份）。

三、商用房地产抵押贷款

（一）商用房地产抵押贷款概念

商用房抵押贷款是指向企业法人发放，以商用房作为抵押，以该商用房的租金或经营性收入作为还款来源的一种抵押贷款。其中，作为抵押物的商用房包括写字楼、宾馆、酒店、景区、商场、商铺等营业性物业，具有现金流充裕、还款来源稳定等特点。随着信贷产品的升级完善，目前其涵盖的物业范围已经不仅限于商用房，还包括标准厂房、仓储设施等工业物业。在我国，该项业务也称作"固定资产支持融资""经营性物业融资""商业地产抵押贷款"或"工商物业贷款"。

商用房抵押贷款实质上是商业银行对借款人拥有的未来一系列经营现金流的贴现。在这个过程中，借款人继续拥有特定商用房的经营权、所有权和收益权。银行与借款人达成一系列的合同安排和法律约束条件以及有关行政认可，银行取得了借款人所持有特定商用房的抵押权，借款人取得银行贷款资金的同时承担了以其所持有的特定商用房经营收入现金用作贷款还本付息的义务。

（二）商用房抵押贷款主要特点

商用房抵押贷款的抵押物是商业房产，属于固定资产，具有不易分割和移动的特点，流动性较差决定了这类贷款具有以下比较突出的特点：

1. 贷款关系复杂

商用房抵押贷款与信用贷款的区别在于，在借贷关系中包含了抵押物，因此，商用房抵押贷款包含债权和债务关系、抵押和收押关系以及担保和被担保关系。其中，贷款合同签订后，债券和债务人之间就存在借贷关系，同时抵押物生效后，双方抵押与收押关系就生效了；而为了借贷合同的签署，往往需要引入第三方保险或担保机构，因此，就存在担保和被担保关系。此外，在抵押期间，抵押用商用房的所有权并未发生转移，其使用权、处分权和收益权仍归属于债务人，而债权人仅取得抵押权，只有在贷款期限结束后，债务人发生违约时候，债权人才能取得抵押物的所有权。

2. 贷款数额大、期限长

通常，商用房抵押贷款额度大、期限长。最短的商用房抵押贷款期限也在 4 年，而六成以上贷款集中在 10～15 年。在贷款期间，通常靠商用房的租金或盈利来偿还本息，因此通常需要十年或更长的时间才能完全回收贷款本息。这样，抵押商用房不仅存在经营的风险，也可能因为系统环境变化影响抵押物价值而存在违约风险。

3. 风险性与安全性并存

一般来说，商用房抵押贷款有抵押物，而抵押率往往不高，同时也引入保险公司和各类担保机构进行担保，因此具有比信用贷款较好的保障。但由于期限长、数额大，而且抵押物具有不可移动和流动性差的，而且容易受宏观环境影响，因此有可能出现信用风险、市场风险和道德风险等问题。

四、融资租赁和售后回租

（一）融资租赁

1. 融资租赁的含义

融资租赁是指出租人根据承租人的请求，按双方事先签订的合同约定，向承租人指定的供应商，购买承租人指定的固定资产，在出租人拥有该固定资产所有权的前提下，将一个时期内的该固定资产的占有权、使用权和收益权让渡给承租人，承租人按合同约定，定期向出租人支付租金。根据协商，租赁期满后，该租赁物可以归承租人或者出租人所有。

2. 融资租赁的分类

融资租赁可以分为直接融资租赁、转租赁、售后回租和杠杆租赁。直接融资租赁的方式能解决承租人在资金短缺情况下的固定资产投资问题，可以和其他金融工具综合运用。转租赁方式使得一些拥有融资能力或设备资源优势，但不具备金融租赁技能或租赁许可的企业能够间接从事租赁业务。售后回租适用于有大量优质固定资产，但急需现金的企业进行融资，通过该项操作将固定资产变为现金，用以补充流动资金、偿还债务或购买新的设备。比较而言，这一方式更适合应用于商业地产。杠杆租赁主要应用于资金密集型设备的长期租赁业务，如飞机、输油管道、卫星系统等的租赁。

3. 融资租赁应用于商业地产的适用性

（1）商业地产现金流稳定，满足金融租赁要求。商业地产项目投资规模大，投资回收期长，在前期准确定位，合理规划的前提下，正常运营后能够创造大量稳定的现金流，满足了融资租赁对定期支付租金和投资回报率的要求；而金融租赁又能缓解开发商前期资金紧张的窘境，助力商业地产的正常运营，为后期创造高投资收益和物业增值奠定基础。

（2）金融租赁能保持商业地产运营的整体性。商业地产作为商业用途的地产，有别于以居住功能为主的住宅地产和以生产功能为主的工业地产。商业地产是要通过经营项目实现年租金的增长，实现持有物业的保值增值。分割出售商铺的做法虽然可以迅速收回投资，缓解资金压力，但商铺售出后的统一经营和管理十分困难，甚至会使一些品质良好的商业地产项目陷入生存困境，不利于品牌打造和企业的长远发展。通过金融租赁的方式，可以保证商业地产经营的整体性和有效性，便于后期的统一规划和资源整合。

（3）资金使用灵活，实现资源优化配置。金融租赁能使商业地产项目迅速获得大量资金，在保证项目正常运营的前提下，还可以将其余资金投资于其他项目，这一点是直接向银行进行抵押贷款不可比拟的，因为银行直接贷款既不能作为资本金，也不可用于其他项目投资，所以金融租赁这一融资方式的灵活性要远远超出传统融资方式。金融租赁既达到了融资的目的，还可以使资金投入收益更大的新项目中去，实现了企业效益最大化和资源的优化配置。

（4）拓展业务类型，更受银行青睐。一方面，金融租赁公司可以与银行签订"保理"合同，将其持有的商业地产的租金应收款权转让给银行，银行为其提供商业信用调查、应收账款催款及信用风险控制等金融服务，银行则可以收取保理手续费，促进了银行保理业务的发展，对金融租赁公司和银行而言是双赢的合作方式。另一方面，银行除了间接参与金融租赁外，还可以直接投资商业地产。近年来，银行系金融租赁公司相继成立，纷纷设立专项资金用作购买商业地产。相对直接贷款而言，金融租赁可以有效降低银行风险，获取相对稳定的租金收益，因此更受银行等金融机构青睐。可以预见，未来的金融租赁市场将成为商业地产融资的重要渠道。

（二）售后回租

商业地产的售后回租通常有两种形式：一种是，为解决开发资金不足问题，以售后回租的形式来预售物业获取项目发展资金，回租是为了提升投资人的投资信心以及未来统一经营的需要；另一种是，为获取再发展或运营资金，将运营中物业以带租约的形式整售或散售给投资人，在保持运营不变的情况下，投资人可以获取稳定的租金收益，并可以此物业再融资。

但商业地产的售后回租在我国却一直存在较大的争议，主要原因在于商业地产的重资产属性以及发展商普遍实力不足，旨在解决散售商铺和统一经营矛盾的售后回租在实践中常常衍生出租金支付的可持续性问题，进而引发多起中小投资人的群体性事件，导致住房城乡建设部曾明文叫停商业地产售后回租这一重要的融资方式。另外，售后回租虽有真实交易作为事实上的融资支持，但因为开发商或物业持有人并非持牌金融机构且往往涉及众多中小投资人，这一融资行为难免有乱集资之嫌，常常引起监管部门的关注，甚至直接将其归结为乱集资予以打击。

就一般性的融资租赁而言，出租人根据承租人对出卖人、租赁物的选择，向出卖人购买租赁物后提供给承租人使用，由承租人向出卖人支付租金。相对而言，商业地产售后回租是一种非常特殊的融资租赁：一般的融资租赁标的物是各类设备或飞机、船舶等大型运输工具，租赁物价值逐步递减，但商业地产的价值常常出现增值或较大波动；一般的融资租赁出卖人和承租人分别是买方和卖方，租赁期满租赁物所有权一般转移给承租人，而商业地产的售后回租中出卖人和承租人都是同一个开发商或者以同一个开发商为实际控制人，物业所有权一般在租赁期满后并不转移给承租人。当然，纯粹的商业地产回购式融资中也存在租金支付问题，表面看是返租行为，实际上为以物业为质押的借贷行为，因而不属于这里探讨的售后回租。由此看来，商业地产售后回租是以商业物业作为融资租赁标的物，承租方（开发商或开发商控制的运营商）向出租方（投资人，持有商业物业的产权）融资完成目标物业开发或者实现物业套现的一种商业地产融资方式。

商业地产售后回租属于融资租赁的一种形式，但不动产融资租赁本身就存在较大的法律争议。《中华人民共和国民法典》租赁合同章节明确指出，"租赁物"既包括动产又包括不动产，《金融租赁公司管理办法》中规定租赁物件的范围是固定资产。

售后回租的好处显而易见：①可拓宽商业地产融资渠道，在无法进行银行、信托、股权等常规方式融资时，以售后回租的形式预售物业来完成建设期的融资需求，正是这一点使得售后回租成为缺乏正规金融机构支持的中小开发商完成商业地产开发的主流融资形式之一；②可以获取能够作为新项目发展资本金的资金，更好地运用财务杠杆支持企业的发展，而不像信贷资金那样不能用作资本金，且受到金融机构的严格监管；③可调节现金流和财务结构，进而成为调整业绩和税收的财务工具，尤其为上市公司所青睐。另外，售后回租可以以回租形式提升投资人信心，解决中小投资人未来物业出租和经营管理的问题，从而降低商业地投资的资金门槛，去除商业地产经营管理的技术门槛，扩大了商业地产的投资群体，可有效促进商业地产销售，成为支持商业地产开发的一种有力的金融工具。

房产、土地所有权类不动产融资租赁业务在国外较少，主要源于资金成本较高，手续繁杂。国内由于房地产调控和融资平台限制政策，开发商和地方政府被迫接受资金成本较高的融资租赁方式。

《最高人民法院关于审理融资租赁合同纠纷案件适用法律问题的解释》（下称《司法解释》）。该解释在融资租赁方面起到了巨大作用，清晰界定了融资租赁交易中的各方权利和义务，明确融资租赁的构成要件，避免因法律关系模糊而产生纠纷。为融资租赁业务的开展提供了明确的法律规范，促使交易各方遵循法律规定进行交易，保障交易的合法性和稳定性。当出现纠纷时，为出租人和承租人提供了明确的法律救济途径，保障其合法权益得到有效保护。增强了市场参与者的信心，利于吸引更多资金和主体进入融资租赁市场，推动行业的健康、有序发展。对于售后回租，《司法解释》中明确了售后回租在符合一定条件下构成融资租赁法律关系，消除了对其合法性的疑虑。通过规范售后回租的交易流程和法律适用，有助于防范可能出现的风险，如租赁物价值评估不实、租金支付违约等问题。为涉及售后回租的纠纷提供了统一的裁判尺度，减少不同法院之间裁判结果的差异，提高司法的公正性和权威性。促使售后回租业务在合法合规的框架内开展，推动其向更加健康、可持续的方向发展。

在实践中，商业地产开发企业为了推动售后回租业务的开展，也进行了多方探索与创新，比如引进担保公司担保、银行资金监管或租金支付担保、保险公司租金支付保险等增信措施，或者引进信托公司发行以租金支持的收益权信托产品、散售物业统一委托给信托公司与开发商进行合作等，"租赁 + 信托""租赁 + 银行"、以商业地产租金收入为支持的资产证券化业务等也都在积极探索之中。另外，政策层面也曙光初现，2023 年 10 月 27 日，金融监管总局发布的《金融监管总局关于促进金融租赁公司规范经营和合规管理的通知》（金规〔2023〕8 号）（以下简称《通知》）中，有多项政策旨在规范售后回租业务的发展，并进一步发挥其普惠金融功能优势，助力小微企业、涉农企业盘活设备资产，推动创新升级。《通知》的实施将会在规范行业秩序、防范金融风险、优化业务结构、服务实体经济等方面发挥巨大作用。

复 习 思 考 题

1. 房地产开发的概念是什么？房地产开发的主要程序是什么？

2. 投资机会选择与决策分析的主要工作内容是什么?

3. 房地产开发的前期工作包括哪些方面的工作?

4. 开发商获取土地的途径有哪些?

5. 土地出让和房地产开发过程中的规划管理主要体现在哪些方面?

6. 城乡规划管理部门在《建设项目用地预审与选址意见书》中提出的规划设计要求主要包括哪些具体内容?

7. 城乡规划管理部门进行设计方案审查时主要审查哪些内容?

8. 开发商申请《建设工程规划许可证》时要提交的建设工程施工图主要包括哪些图纸?

9. 房地产开发项目的工程建设招标方式有哪些?

10. 开发商申请《建筑工程施工许可证》须具备的条件是什么?

11. 质量控制的手段有哪些?

12. 进度控制方法有哪些? 其原理和工作方法是什么?

13. 成本控制的主要工作内容是什么?

14. 房地产开发项目的主要合同关系有哪些?

15. 房地产开发项目合同管理的主要工作内容是什么?

16. 房地产开发项目安全管理的工作内容是什么?

17. 竣工验收的条件和工作程序是什么?

18. 房地产开发项目租售的形式有哪些?

19. 如何制订房地产开发项目的租售方案?

20. 房地产开发项目宣传与广告的目的是什么? 制定宣传与广告策略的内容是什么?

21. 什么是物业管理?

22. 物业管理的内容主要包括哪些方面? 是如何具体体现的?

23. 在制订收益性物业的租金方案时,应考虑哪些因素对租金的影响?

24. 收益性物业市场营销工作中,市场营销人员通常从哪些方面来宣传其所推广的物业?

25. 收益性物业的经营收入和运营费用主要包括哪些内容?

26. 收益性物业经营过程中的现金流是如何计算的?

27. 物业管理的三种预算形式是什么? 分别是如何编制的?

28. 什么是房地产资本市场? 房地产项目融资可以采取哪些方式?

29. 商业地产的融资租赁分为哪几类? 是如何适应商业地产的?

第三章　房地产市场调查与分析

开展房地产市场调查与分析是做好房地产估价咨询服务的基础性工作。了解房地产市场，首先要掌握房地产市场的基本要素，宏观把握房地产市场结构及其测度指标，然后开展微观调查，进而科学开展市场分析。

第一节　房地产市场概述

要想准确分析房地产市场现状，把握房地产市场未来发展趋势及其对房地产投资的影响，首先要了解房地产市场的含义，以及运行环境、影响因素、参与者等基本内容。

一、房地产市场的概念

（一）市场的含义

市场是某种产品或劳务的现实购买者与潜在购买者需求的总和，也指具有特定需要和欲望，并具有购买力使这种需要和欲望得到满足的消费者群，包括三个要素：人口、购买力、购买欲望，即市场 = 人口 + 购买力 + 购买欲望。

按市场经营的商品以及最终用途分为生产资料市场、消费者市场、技术服务市场和金融市场；按交易对象是否具有物质实体分为有形产品市场、无形产品市场；按交易对象的具体内容不同分为商品市场、现货市场和期货市场。

（二）房地产市场的含义

房地产是一种特殊的商品，不可移动性是其与劳动力、资本以及其他类型商品的最大区别。虽然土地和地上建筑物不能移动，但可以被个人、机构或单位拥有，并且给拥有者带来利益，因此就产生了房地产买卖、租赁、抵押等交易行为。

传统意义上的房地产市场，是指从事房地产交易活动的场所。随着电子商务时代的到来，交易双方不再需要到一个特定的场所去交易，因此市场的概念就进一步扩大为一切途径和形式的交易活动安排。房地产开发经营及管理活动中涉及的房地产市场，则采用了房地产经济学中对房地产市场的定义，指潜在的房地产买者和卖者，以及当前的房地产交易活动。

房地产市场由参与房地产交易的当事人、作为交易对象的房地产资产以及交易制度、促进交易的组织机构和数字化服务平台等构成。这些反映着房地产市场运行中的种种现象，影响着房地产市场的运行质量和发展趋势。

（三）房地产市场的要素

1. 市场主体

房地产市场的主体是指房地产市场上的行为人，即房地产商品的供求双方。作为经济实体，房地产商品的供求双方可以是经济组织，也可以是经济个体。房地产商品的供给方是指向房地产市场提供房地产商品即房地产市场交易对象的经济行为主体；房地产商品的需求方是指房地产市场中采取有偿方式取得房地产商品的所有权或使用权的单位或个人。房地产商品的供求双方是房地产市场中不可或缺的组成要素。

2. 市场客体

房地产市场的客体是指房地产市场交易的对象，主要包括房产商品和地产商品。在我国，地产商品主要是指土地使用权。作为市场，需要有相当数量、不同品质、不同类型的房屋商品、供开发建设的土地以及相应的服务，供人们选择使用和交换。此外，货币资金虽然不是房地产实体商品，但也是房地产市场的客体。

3. 市场中介

作为房地产市场交易的必要条件，房地产市场中介是指从事房地产交易活动或促成房地产交易发生的中介机构，主要包括交易中介和融资中介。交易中介是指房地产经销商、代理商、经纪人、信托公司、信托投资公司以及房地产交易所等；融资中介是指为房地产的供应和需求提供资金的金融机构，如各类商业银行等。

4. 房地产市场供求

房地产市场的供应商是指为房地产企业提供土地、资金、建筑材料、建筑机械设备、能源和劳动力等资源的企业和个人。它们对房地产市场的影响主要体现在以下几个方面：①资源供应的可靠性直接影响房地产企业的生产能否顺利进行；②资源供应的价格及其变化趋势直接影响房地产的成本，最终影响房地产企业产品在市场上的竞争力；③供应资源的质量水平直接影响房地产企业产品的质量。

房地产市场的需求大致可以分为有效需求、潜在需求、名义需求三种类型。有效需求是指在一定的商品价格水平和消费者收入水平下，消费者愿意并且具有支付能力的所能购买的商品数，也可以称为市场的现实需求；潜在需求是指具有购买欲望但尚不具备完全支付能力的消费者愿意购买的商品数；名义需求是消费者愿意购买的商品数。名义需求是一种不要求具备支付能力的需求，仅仅是一种愿望，这种需求无法或很难转换为有效需求，除非影响消费者需求的某些因素发生质的变化。

（四）房地产市场的主要参与者

房地产市场的参与者主要由市场中的交易双方以及为其提供支持和服务的人员或机构组成。这些参与者分别涉及房地产的开发建设过程、交易过程和运营管理与使用过程。每个过程中的每一项工作或活动，都是由一系列不同的参与者来分别完成的。应该指出的是，由于所处阶段的特点不同，各参与者的重要程度是有差异的，并不是每个过程都需要这些人员或机构的参与。

1. 土地所有者和当前土地使用者

不管是主动的还是被动的，土地所有者和当前土地使用者的作用都非常重要。为了出售或提高其土地的使用价值，他们可能主动提出出让、转让或投资开发的愿望。我国城市土地属于国家所有，地方政府作为国有土地所有者的代表是其辖区范围内的唯一土地供给者，垄断了国有土地使用权出让市场，各地政府土地出让的数量、时序、用途结构和空间分布，极大地影响着当地土地市场和房地产市场的运行。由于政府借助土地储备制度的同时控制了土地征收和开发活动，使当前土地使用者的影响更多地局限于土地收购、征收和土地开发过程。同一开发地块上的当前使用者越多，对土地开发的影响也就越大，因土地储备机构或其授权的机构、单位要逐一与其谈判收购、征收、安置、补偿方案，这可能会导致开发周期拖长，还会大大增加土地开发的成本。

2. 开发商

开发商从项目公司到大型集团公司有许多类型，其目的很明确，即通过实施开发过程获取利润。开发商的主要区别在于其开发的物业是销售还是作为一项长期投资。许多中小型开发商是将开发的物业销售，以迅速积累资本，而随着其资本的扩大，这些开发商也会逐渐成为物业的拥有者或投资者，即经历所谓的"资产固化"过程，逐渐向中型、大型开发商过渡。而对于居住物业来说，不管开发商的规模大小，开发完毕后大多用来销售，这是由居住物业的消费特性所决定的，除非在土地出让时政府明确的土地用途是租赁住房。

开发商所承担的开发项目类型也有很大差别。有些开发商对某些特定的物业类型（如写字楼或住宅）或在某一特定的地区进行开发有专长，而另外一些开发商则可能宁愿将其开发风险分散于不同的物业类型和地域上，还有些开发商所开发的物业类型很专一但地域分布却很广甚至是国际性的。总之，开发商根据自身特点、实力和经验，所选择的经营方针有很大差别。开发商的经营管理风格也有较大差异：有些开发商从规划设计到房屋租售以及物业管理，均聘请专业顾问机构提供服务；而有些开发商则全由自己负责。

3. 政府及政府机构

政府及政府机构在参与房地产市场运行的过程中，既有制定规则的权力，又有监督、管理的职能，在有些方面还会提供相关服务。开发商从取得建设用地使用权开始，就不断与政府的土地管理、发展改革、城市规划、建设管理、市政管理、房地产管理等部门打交道，以获取建设用地使用权、投资项目核准或备案、规划许可、施工许可、市政设施和配套设施使用许可、销售许可和房地产产权等。作为公众利益的代表者，政府在参与房地产市场的同时，也对房地产市场其他参与者的行为产生着影响。

房地产投资者对政府行为而导致的影响相当敏感。房地产业常常被政府用作"经济调节器"，需要不时地"加速"或"制动"；与房地产有关的土地出让和税费收入数额巨大，是地方政府财政收入的重要来源；对房地产的不同占有、拥有形式，反映了一个国家的政治取向。

4. 金融机构

房地产开发过程中需要两类资金，即用于支付开发费用的中短期资金或"开发贷款"，以及项目建成后用于支持投资持有者的长期资金或"抵押贷款"。房地产的生产过程和使用过程均需大量资金支持，若没有金融机构参与并提供融资服务，房地产市场很难正常运转。

5. 建筑承包商

房地产开发商往往需要将其建设工程施工发包给建筑承包商，承包商也能将其承包建筑安装工程的业务扩展并同时承担附加的一些开发风险，如取得建设用地使用权、参与项目的资金筹措和市场营销等。但承包商仅作为营造商时，其利润仅与建造成本及施工周期有关，承担的风险相对较少；如果承包商将其业务扩展到整个开发过程并承担与之相应的风险，则要求有更高的收益水平。但即便承包商同时兼做开发商的角色，其对房地产开发项目利润水平的要求也相对较低，因为其承担工程建设工作也能为企业带来一定收益。

6. 专业顾问

由于房地产开发投资及交易管理过程相当复杂，房地产市场上的大多数买家或卖家不可能有足够的经验和技能来处理房地产开发建设、交易、使用过程中遇到的各种问题。因此，市场上的供给者和需求者很有必要在不同阶段聘请专业顾问提供咨询服务。这些专业顾问包括：

1）建筑师

在房地产产品的开发建设过程中，建筑师一般承担开发建设用地规划方案设计、建筑设计等工作。有时建筑师并不是亲自完成这些设计工作，而是作为主持人来组织或协调这些工作。一般情况下，建筑师还要定期组织技术工作会议、签发与合同有关的各项任务、提供施工所需图纸资料、协助解决施工中的技术问题等。

2）工程师

房地产开发中需要结构工程师、建筑设备工程师、电气工程师等。这些不同专业的工程师除进行结构、供暖通风、给水排水、强电弱电系统等的设计工作外，还可负责合同签订、建筑材料与设备采购、协助解决工程施工中的技术问题等工作。

3）会计师

会计师从事开发投资企业的经济核算等多方面工作，从全局的角度为项目投资提出财务安排或税收方面的建议，包括财务预算、工程预算、付税与清账、合同监督、提供付款方式等，并及时向开发投资企业的负责人通报财务状况。

4）造价工程师或经济师

造价工程师或经济师可服务于开发商、承包商、工程监理机构或造价咨询机构。其主要负责：①工程建设前的开发成本估算、工程成本预算；②工程招标阶段工程标底的编制；③工程施工过程中的成本控制、成本管理和合同管理；④工程竣工后的工程结算。

5）房地产估价师及房地产经纪人员

房地产估价师在房地产交易过程中提供估价服务，在房地产产品租售之前进行估价，以确定其最可能实现的租金或售价水平。估价师在就某一宗房地产进行估价时，要能够准确把握该宗房地产的区位状况、物理状况和权益状况，掌握充分的市场信息，全面分析影响房地产价格的各种因素。房地产经纪人员主要是利用自己的专业知识和经验，促进买卖双方达成交易，并在办理交易手续的过程中提供专业服务。当房地产经纪人员为房地产企业就新开发项目或存量房地产进行租售服务时，往往承担了房地产代理的角色，需要协助委托人制定和实施营销与租售策略、确定租售对象与方法、预测租售价格、实施租售过程的管理。

6）律师

房地产产品的开发建设、交易和使用过程均需律师参与，为有关委托人提供法律服务。例如，房地产企业在获取开发项目或合作机会的过程中，往往先委托律师提供"尽职调查报告"；开发商在取得建设用地使用权、发包建筑工程、进行融资安排以及租售物业等环节，需要签订一系列的合同或协议，而这些合同或协议在签署前，通常都需要通过企业内部律师或外部签约律师的事先审查。

　　7. 消费者或买家

　　每一个人和单位都是房地产市场上现实或潜在的消费者。因为人人都需要住房，每个单位都需要建筑空间从事生产经营活动，而不管这些房屋是买来的还是租来的。消费者在房地产市场交易中的取向是"物有所值"，即用适当的资金，换取拥有或使用房地产的满足感或效用。市场上的买家，主要包括自用型购买者和投资型购买者两种。购买能力是对自用型购买者的主要约束条件；而对投资型购买者来说，其拥有物业后所能获取的预期收益的大小，往往决定了其愿意支付的价格水平。

二、房地产市场的特点

（一）交易对象的位置固定性

　　土地具有不可移动性，建筑物从整体上通过一定的地基与土地结合在一起，不论其外形、功能与用途如何，从其建造那天起便定着于土地之上，也不可移动。房地产位置的不可移动性也被称为房地产位置的固定性，其具体表现是：①土地是不可移动的；②人们对土地的投入也是不可移动的，水渠、管道、电缆、道路等都是土地（熟地）的组成部分，离开土地便不能称为对土地的投入；③房屋是建筑在一定的土地之上的，房屋建筑物在一般情况下是不可移动的，而房地产交易也正是源于房地产在位置上的不可移动性，以法定契约的方式对产权进行交易。

　　房地产的位置有自然地理位置与社会经济地理位置之别。虽然房地产的自然地理位置固定不变，但其社会经济地理位置却经常在变动。这种变动可以由以下原因引起：①城市规划的制定或修改；②交通建设的发展或改变；③其他建设的发展等。当房地产的位置由劣变优时，其价格会上升；反之，价格会下跌。因此，投资者在进行一项房地产投资时，必须重视对房地产所处位置的调查研究，尤其应重视其社会经济地理位置的现状和发展变化的研究。

（二）交易对象的非标准性

　　房地产市场交易对象的非标准化，是一个产品差异化的市场。房地产商品位置的固定性导致了房地产商品的非标准化，这是因为土地受地理位置、区域环境的限制不可能相同，即使在同一城市，甚至同一社区内，也很难找到两块品质完全相同的地块。至于建筑物，其品质不仅在外形尺寸、年代、风格、建筑标准上各不相同，即使是上述因素都相同的建筑物，也会由于内部附属设施、街景区位、物业管理等因素的差异而有所区别，甚至在同一住宅区内的相同住宅，朝向和层次的差异也是非常明显的。因此，从理论上讲每一单位面积的房地产商品的价格是不一样的,而且这种区别最终将反映在两栋建筑物的租金水平和出租率等方面,因此房地产市场较其他商品市场具有更多的中介经纪服务行为。

（三）交易状况的区域差异性

房地产的不可移动性和受制于区域性需要,决定了房地产市场是一个地区性市场。不同国家、不同城市,甚至一个城市内部的不同地区之间,房地产的市场条件、供求关系、价格水平等都是不可比的。例如,北京市的朝阳区是北京市的主要对外商贸区,写字楼、酒店林立,而海淀区是北京市的科学、文化、教育和高新技术集中的地区,两个区所依托的大环境不同,其房地产市场就不可比。

（四）参与交易的非经常性

土地具有不可毁灭性和永恒的使用价值（尤其是建筑用地）,土地的这种特性,可为其占有者带来永续不断的收益。建筑物一经建成,其耐用年限通常可达数十年甚至上百年。在房地产商品流通中,不仅可以转移产权,还可以在不改变产权关系的前提下,只转移一定年限的使用权。相对于一般商品而言,房屋完全可以被看作是长期的商品,这也是房地产业比较容易获得长期性融资的原因。但值得注意的是,我国房地产的长期使用性受到了有限期的土地使用权的制约。根据我国现行国家法律规定土地使用权出让最高年限因土地用途不同而不同:居住用地70年;工业用地50年;教育、科技、文化、卫生、体育用地50年;商业、旅游、娱乐用地40年;综合用地或者其他用地50年。

（五）交易行为的易受限制性

任何国家基于社会经济发展和公共利益需要,都要对房地产占有、使用、分配、流转等做出某种限制。房地产受政府法令和政策的限制与影响较重要的有两项:一是,政府基于公共利益,可限制某些房地产的使用,如城市规划对土地用途、建筑容积率、建筑覆盖率、建筑高度和绿地率等的规定;二是,政府为满足社会公共利益的需要,可以对任何房地产实行征用或收买。房地产易受政策限制的特性还表现在,由于房地产不可移动,也不可隐藏,所以逃避不了未来政策制度变化的影响。这一点既说明了投资房地产的风险性,也说明了政府制定长远的房地产政策的重要性。

（六）交易信息的不对称性

信息不对称性,是指在市场交易中,产品的卖方和买方对产品的质量、性能等所拥有的信息是不对称的,通常产品的卖方对自己所生产或提供的产品拥有更多的信息,而产品的买方对所要购买的产品拥有很少的信息。由于房地产具有的位置固定性、异质性、弱流动性和价值量大等特性,导致房地产质量离散、交易分散、不频繁且私密性强,使卖方对房地产信息的了解程度远远高于买方,进而导致房地产市场中存在更严重的信息不对称问题。因此，在缺乏完善的法律保护的情况下，消费者的利益就很容易受到损害，甚至出现"逆向选择"和"道德风险"等问题。解决房地产市场信息不对称问题的主要途径，是发展房地产估价等专业服务业，加强房地产市场信息的发布工作，提高房地产市场的透明度。

（七）交易时间的非瞬时性

由于房地产市场上的商品本身不能移动，交易是房地产产权的流转及其再界定；房地产交易通常需要经过复杂和严密的法律程序，耗费时间比较长，交易费用通常也比较多；加之市场信息的缺乏，市场交易通常需要房地产估价师或房地产经纪人员等专业人士提供服务。

（八）交易资金的大额性

房地产资金是房产资金和地产资金的统称，是专供房地产开发经营使用的资金。确切地说，所谓房地产资金，是指用于房屋生产、流通、分配、消费和土地开发、买卖的资金，是房地产业启动与运作的必要和先决条件。由于房地产业产品规模大、价值高，所以房地产开发、运营方面的资金流量非常大，往往需要亿元以上的资金。

（九）交易目的的多样性

与其他市场交易略有不同，在房地产市场中，其交易目的往往不局限于一种，而是具有多样性的特点。通过梳理以往的交易案例，主要有以下四种交易目的：买房过渡、改善型住房、买房投资、购买学区房。首先，买房过渡的大多是年轻人，因为年轻人的工作时间比较短、积蓄也不是很富裕，有些年轻购房者买房过渡时都需要父母支持首付，购买过渡房只是为了解决目前的居住问题，而不是长久性的居住。其次，购买过渡房的人群在有了一定的经济能力之后会购买大户型的房子来改善居住需求，购买改善型住房的购房者通常以改善生活水平，提高生活质量为标准。当然，并不是所有人购买房地产商品都是为了自己居住的，很多人会在满足居住要求的前提下购买一套房屋来进行投资。买房投资分两类，一类是，通过持有后转让获利，一般是通过低价买入、高价抛出来获取买卖中间的差价；另一种是，持有后通过出租获利。此外，购买学区房的人也不在少数，这类人群购买房地产商品主要是注重所在区位的优质教育资源问题和孩子的成长环境，比如是否有知名的中小学校，甚至是幼儿园。

三、房地产市场的分类

（一）按房地产流转次数分类

通常将房地产市场划分为三级：一级市场（国有土地使用权出让市场）、二级市场（土地转让、新建商品房租售市场）、三级市场（存量房地产交易市场）。而更加清晰的划分是按照增量、存量的方式，将土地划分为一级土地市场和二级土地市场，将房屋划分为一级房屋市场（增量市场或一手房市场）和二级房屋市场（存量市场或二手房市场）。房地产增量和存量市场之间是互动关系，存量市场的活跃，不仅有利于存量房地产资源的有效配置，而且由于房地产市场中存在的"过滤"现象，能促进增量市场的发展。

（二）按房地产交易方式分类

按照《中华人民共和国城市房地产管理法》的规定，房地产交易包括房地产转让、房地产抵押和房地产租赁。由于同一时期、同一地域范围内某种特定类型房地产的不同交易方式，均有其明显的特殊性，因此依不同房地产交易方式对市场进行划分也就成为必然。土地的交易包括土地买卖、租赁和抵押等子市场，由于我国土地所有权属于国家，因此土地交易实质是土地使用权的交易；新建成的房地产产品交易存在着销售（含预售）、租赁（含预租）和抵押等子市场；面向存量房屋的交易则存在着租赁、转让、抵押、保险等子市场。

（三）按房地产用途分类

由于不同类型房地产在投资决策、规划设计、工程建设、产品功能、客户类型等方面均存在较大差异，因此需要按照房地产的用途，将其分解为若干子市场。如居住物业市场（含普通住宅、别墅、公寓市场等）、商用物业市场（写字楼、零售商场或店铺、休闲旅游设施、酒店市场等）、工业物业市场（标准工业厂房、高新技术产业用房、研究与发展用房、工业写字楼、仓储用房市场等）、特殊物业市场、土地市场等。

（四）按区域范围分类

房地产的不可移动性，表明其对地区性需求的依赖程度很大，这决定了房地产市场是地区性市场，人们认识和把握房地产市场的状况，也多从地域概念开始，因此按地域范围对房地产市场进行划分，是房地产市场细分的主要方式。

地域所包括的范围可大可小，由于房地产市场主要集中在城市化地区，所以最常见的是按城市划分，例如北京市房地产市场、上海市房地产市场、北海市房地产市场等。对于比较大的城市，其城市内部各区域间的房地产市场往往存在较大差异，因此常常还要按照城市内的某一个具体区域划分，如上海浦东新区房地产市场、北京亚运村地区房地产市场、深圳市罗湖区房地产市场等。从把握某一更大范围房地产市场状况的角度，除按城市划分外，还可以按省或自治区所辖的地域划分，如海南省房地产市场、山东省房地产市场等。当然还可以说中国房地产市场、亚太房地产市场、世界房地产市场等。但一般来说，市场所包括的地域范围越大，其研究的深度就越浅，研究成果对房地产投资者的实际意义也就越小。

（五）其他分类

按目标市场细分，从市场营销的角度出发，可以按照市场营销过程中的目标市场来细分房地产市场。通常情况下，可以将某种物业类型按其建造标准或价格水平，细分为低档、中低档、中档、中高档和高档物业市场，例如甲级写字楼市场、高档住宅市场、普通住宅市场等；也可以按照目标市场的群体特征进行细分，例如，老年住宅市场、青年公寓市场等。

上述五种划分方法是相互独立的，不同的市场参与者通常关注不同的子市场。根据研究或投资决策的需要，可以将五种划分方式叠加在一起，得到更细的子市场。例如，"某城市别墅销售市场"这一市场细分就包括了按地域范围、房地产用途、交易形式、目标市场等方式细分。

第二节　房地产市场结构和指标

对房地产市场的研究，离不开对其市场结构的分析，同时，深入了解一个市场的状况及发展趋势，或对市场进行有效的监测，都需要各类可以量化的指标支撑。

一、房地产市场结构

（一）房地产市场的垄断竞争关系

市场结构，是指某一市场中各种要素之间的内在联系及其特征。按照某行业内部的生产者或企业数目、产品差别程度和进入障碍大小，可以将市场划分为完全竞争市场、垄断竞争市场、寡头垄断市场和完全垄断市场四种市场结构类型。四种市场结构中，完全竞争市场竞争最为充分，完全垄断市场不存在竞争，垄断竞争和寡头垄断市场具有竞争但竞争又不充分。

由于房地产具有明显的不可移动性和异质性，且市场集中度较低，因此房地产市场具有明显的垄断竞争特征。房地产市场的垄断竞争特征，给予房地产供给者一定程度的销售控制能力，包括销售时间控制、销售数量控制和销售价格控制等。以住房市场为例，由于存量住房市场的交易双方主要为分散的家庭，因此存量住房市场的垄断竞争市场结构特征表现为竞争多于垄断；而在新建住房市场上，由于房地产开发企业集中开发建设的商品住房项目是市场供应的主要组成部分，如果同期在某一区域市场的新建住房开发项目较少，就容易形成区域性垄断，导致垄断多于竞争。房地产市场的垄断竞争特征，除受到子市场分割的影响外，还受到供给者或需求者市场势力的影响。

随着房地产企业大型化发展，房地产市场上的寡头垄断问题开始受到社会关注。以新建商品房市场为例，房地产百强企业的销售额市场份额，已经从 2003 年的 14.0%扩大到 2020 年的 63.2%，然后再到 2023 年的 46.2%，市场上的垄断竞争关系发生了显著变化。

（二）房地产市场的结构比例关系

为了从宏观角度把握房地产市场的特点，有关房地产市场分析，也常常采用对有关市场指标进行量化结构比例关系分析的方法。将房地产市场的结构，从总量结构、区域结构、产品结构、供求结构、投资结构和租买结构等维度进行解构。要实现房地产市场总量基本平衡、结构基本合理、价格基本稳定的市场目标，保持房地产业与社会经济及相关产业协调发展，必须准确把握房地产市场上的这些结构比例关系。

（1）总量结构。从房地产市场整体出发，分析开发和销售之间的数量结构关系，考察房地产供给和需求之间的总量差距。

（2）区域结构。分析在全国不同地区之间，房地产市场发育情况的差异和特点，考察不同区域或城市之间，房地产市场的开发规模、主要物业类型的供求数量、房价水平和政策措施的差异。

（3）产品结构。从经济发展阶段出发，考察房地产市场中住宅、写字楼和商业用房等不同物业类型之间或某一特定物业类型中不同档次产品或产品细分之间的供给比例或交易比例关系，分析其产品结构布局的合理程度。

（4）供求结构。针对某一物业类型，分析其市场内部不同档次物业的供求关系；并从市场发展的实际情况出发，判别供给档次和需求水平之间是否处于错位的状态。

（5）投资结构。根据投资者参与房地产市场投资的不同目的和方式，分析不同投资目的或方式之间的比例关系及其动态变化。如，直接投资与间接投资、开发投资与置业投资、个人投资与机构投资、境内投资与境外投资等。

（6）租买结构。租买结构是当前使用的房地产空间中，租住和自有自住的比例关系。承租和购买两种方式，都可以满足房地产使用需求，相应地也就形成了房地产市场上的租买结构。一个城市或区域的租买结构，与市场上租金和价格的关系、人们对房地产所有权的偏好、市场上可供出租房地产的数量、房地产租赁市场规范程度、城市或区域的经济发展水平等因素相关。发展住房租赁市场，建立租购并举的住房制度，是我国住房市场发展的重要任务。

二、房地产市场指标

反映和描述房地产市场状况的指标包括供给指标、需求指标、市场交易指标和市场监测与预警指标四种类型。

（一）供给指标

（1）新竣工量（New Completions，NC_t），是指报告期（如第t年或半年、季度、月，下同）内新竣工房屋的数量，单位为建筑面积或套数，按物业类型分别统计。我国新竣工量统计指标是竣工面积，指报告期内房屋建筑按照设计要求已全部完工，达到入住和使用条件，经验收鉴定合格（或达到竣工验收标准），可正式移交使用的各栋房屋建筑面积的总和。

（2）灭失量（δ_t），是指房屋存量在报告期期末由于各种原因（毁损、征收等）灭失掉的部分。

（3）存量（Stock，S_t），是指报告期期末已占用和空置的物业空间总量，单位为建筑面积或套数；在数值上，报告期存量 = 上期存量 + 报告期竣工量 − 报告期灭失量（$S_t = S_{t-1} + NC_t - \delta_t$）；可按物业类型分别统计。

（4）空置量（Vacancy，VC_t），是指报告期期末房屋存量中没有被占用的部分。由于市场分析过程中的空置量通常指存量房屋中可供市场吸纳的部分，并与新竣工量共同形成当前的市场供给，所以严格意义上的空置量，还应该从没有被占用的房屋数量中扣除季节性使用或由于各种原因不能用于市场供应的房屋数量。我国目前缺乏对存量房屋中空置量的统计，将新建商品房市场上的空置量称为"商品房待售面积"，特指"报告期末已竣工的可供销售或出租的商品房屋建筑面积中，尚未销售或出租的商品房屋建筑面积，包括以前年度竣工和报告期竣工的房屋面积，但不包括报告期已竣工的拆迁还建、统建代建、公共配套建筑、房地产公司自用及周转房等不可销售或出租的房屋面积"。

（5）空置率（Vacanvy Rate，VR_t），是指报告期期末空置房屋占同期房屋存量的比例，$VR_t = VC_t / S_t$。在实际应用中，可以根据房屋的类型特征和空置特征分别进行统计，包括不同类型房屋空置率、新竣工房屋空置率、出租房屋空置率、自用房屋空置率等。

【例 3-1】某城市 2018 年末住房总量 1 000 万 m²，其中商品住房 600 万 m²，保障性住房 400 万 m²。住房空置总量 80 万 m²，其中保障性住房空置量 30 万 m²，则该城市 2018 年末的商品住房空置率为(80 − 30)/600 = 8.33%。

（6）可供租售量（Houses for Sale/Rental，HSR_t），是指报告期期末可供销售或出租房屋的数量，单位为建筑面积或套数。可供租售量 = 上期可供租售数量 − 上期吸纳量 + 报告期新竣工量（$HSR_t = HSR_{t-1} - AV_{t-1} + NC_t$）；实际统计过程中，可按销售或出租、存量房屋和新建房屋、不同物业类型等分别统计。因为并非所有的空置房屋都在等待出售或出租，所以某时点的空置量通常大于该时点可供租售量。

【**例 3-2**】某住房市场去年可供租售的住房 80 万套，去年全年的租售量为 75 万套，本年新竣工住房 65 万套，则该市住房的可供租售量为 80 − 75 + 65 = 70（万套）

（7）房屋施工面积（Buildings Under Construction，BUC_t），是指报告期内施工的全部房屋建筑面积。包括报告期新开工的面积和上期开工跨入报告期继续施工的房屋面积，以及上期已停建在报告期恢复施工的房屋面积。报告期竣工和报告期施工后又停建、缓建的房屋面积仍包括在施工面积中，多层建筑应为各层建筑面积之和。

【**例 3-3**】某市 2019 年房屋施工面积为 2 000 万 m^2，竣工面积为 700 万 m^2；2020 年房屋新开工面积为 800 万 m^2。若不考虑停建、缓建因素，则该市 2020 年房屋施工面积为 800 + (2 000 − 700) = 2 100 万 m^2。

（8）房屋新开工面积（Construction Starts，CS_t），是指在报告期内新开工建设的房屋面积，不包括上期跨入报告期继续施工的房屋面积和上期停、缓建而在报告期恢复施工的房屋面积。房屋的开工日期应以房屋正式开始破土刨槽（地基处理或打永久桩）的日期为准。

【**例 3-4**】某城市 2020 年商品住房施工面积为 1 000 万 m^2，其中从 2019 年跨入 2020 年继续施工的面积为 300 万 m^2，恢复施工的面积为 200 万 m^2。则该城市 2020 年商品住房新开工面积是 1 000 − 300 − 200 = 500 万 m^2。

（9）平均建设周期（Construction Period，CP_t），是指某种类型的房地产开发项目从开工到竣工交付使用所占用的时间长度。在数值上，平均建设周期 = 房屋施工面积/新竣工面积（$CP_t = BUC_t/NC_t$）。

【**例 3-5**】例如，某市 2021 年商品住宅新开工面积为 600 万 m^2，竣工面积为 400 万 m^2，2020 年底未完工并继续施工的商品住宅面积为 200 万 m^2，则该市商品住宅的平均建设周期为(600 + 200)/400 = 2 年。

（10）竣工房屋价值（Value of Buildings Completed，VBC_t），是指在报告期内竣工房屋本身的建造价值。竣工房屋的价值一般按房屋设计和预算规定的内容计算，包括竣工房屋本身的基础、结构、屋面、装修以及水、电、卫等附属工程的建筑价值，也包括作为房屋建筑组成部分而列入房屋建筑工程预算内的设备（如电梯、通风设备等）的购置和安装费用；不包括厂房内的工艺设备、工艺管线的购置和安装、工艺设备基础的建造、办公和生活家具的购置等费用，以及购置土地的费用，征收补偿费和场地平整的费用及城市建设配套投资。竣工房屋价值一般按工程施工结算价格计算。

（二）需求指标

房地产市场需求指标是指影响房地产市场需求的经济和社会因素相关的指标。

（1）国内生产总值（GDP），是按市场价格计算的一个国家（或地区）所有常住单位在一定时期内生产活动的最终成果。GDP 总量规模大、人均 GDP 水平高、增长速度快，则意味着经济发展水平高、增长潜力大，对房屋空间的需求量也就大，需求增长速度通常也会比较快。

（2）人口数量，是指一定时点、一定地区范围内有生命的个人总和，包括户籍人口和常住人口。其中，户籍人口是在某地政府户籍管理机关登记的有常住户口的人，不管其是否外出，也不管其外出时间长短；常住人口是指经常居住在某地的人口，包括常住该地并登记了常住户口的人，以及无户口或户口在外地而住在该地 6 个月以上的人，不包括在该地登记为常住户口而离开该地 6 个月以上的人。常住人口是房屋空间需求的主要来源。

（3）家庭户规模，是指居住在一起，经济上合在一起共同生活的家庭成员数量。凡计算为家庭人口的成员，其全部收支都包括在本家庭中。一定地域范围内总人口一定时，家庭户规模越小，对住房的需求越大。

（4）就业人员数量，是指从事一定社会劳动并取得劳动报酬或经营收入的人员数量，包括在岗职工、再就业的离退休人员、私营业主、个体户主、私营和个体就业人员、乡镇企业就业人员、农村就业人员、其他就业人员（包括民办教师、宗教职业者、现役军人等）。这一指标反映了一定时期内全部劳动力资源的实际利用情况，是研究国家基本国情国力和住房需求的重要指标。

（5）就业分布，是指按产业或职业分类的就业人员分布状况。由于不同产业或职业的就业人员收入差异较大，进而会形成不同的需求。

（6）城镇登记失业率，是指城镇登记失业人员与城镇单位就业人员（扣除使用的农村劳动力、聘用的离退休人员、港澳台及外方人员）、城镇单位中的不在岗职工、城镇私营业主、个体户主、城镇私营企业和个体就业人员、城镇登记失业人员之和的比。

（7）家庭可支配收入，是指家庭成员得到可用于最终消费支出和其他非义务性支出以及储蓄的总和，即居民家庭可以用来自由支配的收入。它是家庭总收入扣除缴纳的所得税、个人缴纳的社会保障费以及记账补贴后的收入。

（8）家庭总支出，是指除借贷支出以外的全部家庭支出，包括消费性支出、购房建房支出、转移性支出、财产性支出、社会保障支出。

（9）房屋空间使用数量，是指按使用者类型划分的正在使用中的房屋数量。相对而言，已有房屋空间使用数量增加时，潜在新建需求会减少。

（10）商品零售价格指数，是反映一定时期内城乡商品零售价格变动趋势和程度的相对数。商品零售价格的变动直接影响城乡居民的生活支出和国家的财政收入，影响居民购买力和市场供需的平衡，影响消费与积累的比例关系。当积累的比例较小时，房地产的有效需求就会比较小。

（11）居民消费价格指数，是反映一定时期内居民家庭所购买的生活消费品价格与服务项目价格变动趋势和程度的相对数。该指数可以观察和分析消费品的零售价格和服务项目价格变动对职工货币工资的影响，作为研究职工生活和确定工资政策的依据。

（三）市场交易指标

（1）销售量（Houses Sold，HS_t），是指报告期内出售房屋的数量，单位为建筑面积或套数。在统计过程中，可按存量房屋和新建房屋、不同物业类型分别统计。我国新建商品房市场销售量统计指标为商品房销售面积，指报告期内出售商品房屋的合同总面积（即双方签署的正式买卖合同中所确定的建筑面积），由现房销售建筑面积和期房销售建筑面积两部分组成。

（2）出租量（Houses Rented，HR_t），是指报告期内出租房屋的数量，单位为建筑面积或套数。在统计过程中，可按房屋类型和新建房屋分别统计。我国房地产开发统计中的出租面积，是指在报告期期末房屋开发单位出租的商品房屋的全部面积。

（3）吸纳量（Absorption Volume，AV_t），是指报告期内销售量和出租量之和（$AV_t = HS_t + HR_t$），单位为建筑面积或套数。实际统计过程中，可按销售或出租、存量房屋和新建房屋、不同物业类型等分别统计。

（4）吸纳率（Absorption Rate，AR_t），是指报告期内吸纳量占同期可供租售量的比例（$AR_t = AV_t/HSR_t$），以百分数表示，有季度吸纳率、年吸纳率等。实际计算过程中，可按销售或出租、存量房屋和新建房屋、不同物业类型等分别计算。

【例3-6】2018年，某市可供租售的房屋面积为3 000万 m²，其中可供销售的住宅面积为1 800万 m²，可供出租的住宅面积为450万 m²；当年销售和出租的房屋总面积为2 750万 m²，其中销售的住宅面积为1 680万 m²，出租的住宅面积为320万 m²。则该市2018年住宅市场吸纳率为(1 680 + 320)/(1 800 + 450) = 88.89%。

（5）吸纳周期（Absorption Period，AP_t），又称去化周期，是指按报告期内的吸纳速度（单位时间内的吸纳量）计算，同期可供租售量可以全部被市场吸纳所需要花费的时间（$AP_t = HSR_t/AV_t$），单位为年、季度或月，在数值上等于吸纳率的倒数。在计算过程中，可按销售或出租、存量房屋和新建房屋、不同物业类型等分别计算。在新建商品房销售市场，吸纳周期又称为销售周期。

【例3-7】某城市 2020 年可供租售的写字楼面积为 90 万 m^2，全年写字楼销售量为 60 万 m^2，则该城市 2020 年写字楼的吸纳周期为 90/60 = 1.5 年。

（6）预售面积，是指报告期内已正式签订商品房预售合同的房屋建筑面积。

（7）房地产价格，是指报告期房地产市场中的价格水平，通常用不同类型房屋的中位数或平均数价格表示。

（8）房地产租金，是指报告期房地产市场中的租金水平，通常用不同类型房屋的中位数或平均数租金表示。

（四）市场监测与预警指标

前述市场供给、需求和交易指标，均可以作为监测房地产市场状况的基础，这些指标的变化趋势，可部分揭示房地产市场的未来发展趋势。此外，国内外通常还通过构造下述指标，来实现对房地产市场的进一步监测和预警。

（1）土地转化率，是指报告期内政府批准新建商品房预售和销售面积与当期出让土地可建规划建筑面积的比例，用于监测土地供应与住房供应之间的关系，反映土地转化为房屋的效率。

（2）开发强度系数，是指房地产开发投资占 GDP 的比例，反映房地产开发投资与宏观经济协调发展的状况。国际上用住房投资占 GDP 的比重来衡量住房投资强度，一般认为在城镇化速度最快，投入水平最高的时段以 7%~9% 比较适宜。

（3）开发投资杠杆率，是指房地产开发投资与开发企业投入的权益资本的比率，开发投资杠杆率反映房地产开发行业的总体财务风险水平，其数值越高，说明房地产开发行业利用杠杆资金越多，财务风险也越大。

【例3-8】某地产开发项目总投资为 10 000 万元，其中自有资金为 4 000 万元，通过发行债券获得 2 000 万元，其余为银行贷款，则该项目开发投资杠杆率为 10 000/4 000 = 2.5。

（4）住房可支付性指数（Housing Affordability Index，HAI），是指中位数收入水平的家庭对中位数价格的住房的承受能力，在数值上等于家庭可承受房价的上限与该城市实际住房的中位数价格之比，如果 HAI 值 = 100，说明中位数收入水平的家庭正好能够承受中位数价格的住房；如果 HAI 值 > 100，说明居民家庭能够承受更高价格的住房；如果 HAI 值 < 100，说明居民家庭只能承受更低价格的住房。例如，某市 2021 年住房可支付性指数（HAI）为 90，表明该市中位数收入家庭的购房能力只能承受比中位数房价更低的房价。

（5）房地产价格指数，能够反映房地产价格各期相对涨跌幅度，可用于判断短期价格活动和长期价格趋势。具体包括新建商品住宅价格指数、二手住宅价格指数、居住用地价格指数、租赁价格指数等。

（6）房价租金比，是指房地产价格与租金的比值，用来考察房地产价格是否过度偏离其使用价值。房价租金比的倒数是租金收益率，当净租金收益率显著低于资本化率时，就说明房价租金处于严重背离的状态。

（7）量价弹性，是指报告期内房地产价格变化率与交易量变化率的比值。依据交易量和价格的升降关系，可以判断市场所处的景气阶段。

（8）个人住房抵押贷款还款收入比，是指住房抵押贷款月还款额占月家庭收入的比例，反映个人住房抵押贷款违约风险水平。一般认为临界值为30%。

（9）住房市场指数（HMI），是反映房地产开发商对未来市场预期的指标，根据开发商对当前销售、未来6个月内销售量的预期（好、一般、差）以及开发商对潜在购买者数量预期（高、平均、低）的调查结果构造。

（10）消费者信心指数，是指消费者近期的购房意愿，通常依据对消费者"未来6个月内是否计划买房？未来6个月内是否计划买自住房？"的调查结果来构造。

第三节　市场调查

房地产市场调查，就是房地产企业为实现特定的经营目标，运用科学的理论和方法及现代化的调查技术手段，通过各种途径收集、整理、分析有关房地产市场的资料信息，包括房地产产品信息、市场外部环境和内部环境、业内其他企业营销状况等资料，进而对现有的和潜在的房地产市场进行研究与预测，正确判断和把握市场的现状以及发展趋势，并以此为依据作出经营决策，从而达到进入市场、占有市场并取得预期效果的目的。房地产市场调查的内涵具体包括以下3个方面：

（1）房地产市场调查是一种重要的市场营销活动，其目的是要了解房地产市场，包括现实的房地产市场和潜在的房地产市场。

（2）房地产市场调查具有客观性。客观性要求实事求是地对房地产市场进行分析和评价，是房地产市场调查的本质，主观地判断或估计都不是一种科学的调查方法。

（3）房地产市场调查是系统地收集、整理、分析有关房地产市场的情报、资料和信息，没有系统性就容易产生主观或片面的结果，甚至可能给房地产企业的决策者带来完全错误的市场情报。

房地产作为一种特殊的商品，日益受到政府、企业和居民的重视，房地产市场中商品的类型和数量不断增加，市场对房地产产品的需求也越来越大，并且处于不断变化过程中。为了正确了解和掌握房地产市场的供给与需求，房地产企业必须对不断变化的市场进行全面、系统地调查和研究，否则房地产企业很难在竞争日益激烈的市场中立足。

一、市场调查的意义和内容

充分掌握市场信息，是企业实现可持续经营与发展的基础。企业经营决策者只有收集掌握全面和可靠的信息，准确地估计市场目前和未来发展变化的方向、趋势和程度，才能发现合适的市场机会、潜在的市场威胁和预见营销中可能产生的问题，从而调整企业的市场营销决策，以适应市场的变化，使企业能更好地生存和发展。因此，市场调查是企业进行市场分析与预测、正确制订市场营销战略和计划的前提。

（一）市场调查的重要性

在当代，生产社会化和专业化程度不断提高，商品交换范围不断扩大，生产、消费对市场的依赖性越来越大，而市场变化也越来越迅速。只有通过房地产市场调查，才能顺应市场发展规律，使房地产企业的经营活动立于不败之地。房地产市场调查既是房地产企业整体活动的起点，又贯穿企业整体营销活动的始终。实践已充分证明，房地产市场调查对帮助房地产企业作出正确的决策有着极为重要的作用。具体表现在以下几个方面。

1. 市场调查有助于房地产企业改善经营管理，提高经济效益

有些房地产企业经营不善，甚至严重亏损，其症结之一在于不懂市场，不重视市场调查，在瞬息万变的市场和竞争复杂的新形势下，或束手无策，或盲目经营。在竞争日趋激烈的条件下，房地产开发企业必须注意市场动向，研究消费者行为和消费心理，分析供求关系，才能依据市场的需求，提高企业经营管理水平，促进企业经营效益的提高。

2. 市场调查有助于房地产企业确定正确的发展方向

通过市场调查可以了解到市场的现状与变动趋势，如市场需要什么样的房地产产品、不需要什么样的产品，各类产品资源供应情况，国内市场与国际市场衔接状况，竞争对手活动意向等，从而确定企业今后的经营方向，在错综复杂的市场现象中探求企业生存和发展的立足点。

3. 市场调查有助于房地产企业适时进行产品更新换代

房地产产品如同其他各类产品一样，有着其特定的市场生命周期，通过市场调查，能随时掌握企业的产品处于市场生命周期的哪一个阶段，从而及时确定正确的产品策略：哪些尚有生命力的产品继续经营，哪些过时的产品予以淘汰，及时开发新产品，抢占新市场。

4. 市场调查有助于房地产企业实施营销控制，调整营销策略

房地产企业通过市场调查不仅可以制定正确的营销策略，而且还可以在营销策略的实施过程中，根据市场的变化及营销效果的反馈及时调整策略，使企业实现预期的营销目标。因此，房地产市场调查是贯穿整个房地产市场营销过程之中的。

5. 市场调查有助于房地产企业实施正确的价格策略，促进商品销售

房地产产品价格虽然有其特殊性，但并不完全取决于房地产的生产成本，其还依赖于市场供求状况和竞争策略等多种市场因素。市场调查可以帮助企业依据消费者的需求及心理承受能力，抓住机遇，确定可行的市场价格，有针对性地开展各种促销活动，从而保证销售成功。

（二）市场调查内容

房地产市场调查的内容非常广泛，凡是与房地产企业生产经营活动有关的信息都是市场调查的内容，但由于调查目的不同、调查时间限制，房地产调查的内容侧重点并非完全相同。

房地产市场调查的一般内容包括市场环境调查、消费行为调查、市场竞争调查、房地产产品调查、房地产价格调查、房地产促销调查和房地产营销渠道调查等。若从项目策划角度思考，更侧重考虑房地产市场环境调查、房地产市场需求调查、房地产市场供给调查和房地产市场营销活动调查四个方面的内容。

1. 房地产市场环境调查

房地产企业的生存发展是以适应房地产市场环境为前提的，对房地产企业来说，市场环境大多是不可控因素，房地产企业的生产与营销活动必须与之相协调和适应。尽管企业在市场活动中拥有充分的自主权，但其经营活动受到社会法律环境的约束，受到行业惯例和准则的规定与制约；而社会经济、文化的发展等都对房地产企业生产经营有制约和影响作用。

1）政治法律环境调查

政治法律环境调查主要是了解对房地产市场产生影响的政治形势、国家对房地产行业管理的有关方针政策和法律法规，包括：①政局的变化，包括国际和国内政治形势、政府的重大人事变动等；②政府有关法律法规，如环境保护法、土地管理法、城市房地产管理法、广告法、反不正当竞争法等；③政府有关方针和政策，如产业政策、金融政策、税收政策、财政政策、物价政策、就业政策等；④各级政府有关房地产开发经营的方针政策，如开发区政策、房地产价格政策、房地产税收政策、房地产金融政策、土地定级及地价政策、人口政策和产业发展政策等；⑤各级政府有关国民经济社会发展计划、发展规划、国土空间规划（总体规划、详细规划、相关的专项规划）等。

2）经济环境调查

经济环境调查应该把握企业所在地区总的经济发展状况和前景。具体包括：①国家、地区或城市的经济特性，包括经济发展规模、趋势、速度和效益；②项目所在地区的经济结构、人口及其就业状况、就学条件、基础设施情况、地区内的重点开发区域、同类竞争物业的供给情况；③一般利率水平、获取贷款的可能性以及预期的通货膨胀率；④国民经济产业结构和主导产业；⑤居民收入水平、消费结构和消费水平；⑥物价水平及通货膨胀；⑦项目所在地区的对外开放程度和国际经济合作的情况，对外贸易和外商投资的发展情况；⑧与特定房地产开发类型和开发地点相关因素的调查。

3）社会文化环境调查

社会文化环境主要是居民的生活习惯、生活方式、消费观念、消费心理乃至对生活的态度、对人生的价值取向等。社会文化环境在很大程度上决定着人们的价值观念和购买行为，因此它影响着房地产消费者购买房地产产品的动机、种类、方式。某一地区人们所持有的核心文化价值观念具有高度的持续性，因此房地产企业必须了解当地消费者的文化和传统习惯，才能为当地消费者所接受。而一些价值观，是比较容易变化的，这也为房地产企业开发新的产品引进新的经营思路创造了条件。文化环境调查的内容主要包括：①居民职业构成、教育程度、文化水平等；②家庭人口规模及构成；③居民家庭生活习惯、审美观念及价值取向等；④消费者民族与宗教信仰、社会风俗等。

4）社区环境调查

社区环境直接影响着房地产产品的价格，这是房地产商品特有的属性。优良的社区环境，对发挥房地产商品的效能，提高其使用价值和经济效益具有重要作用。社区环境调查内容包括社区繁荣程度、购物条件、文化氛围、居民素质、交通和教育的便利、安全保障程度、卫生、空气和水源质量及景观等方面。

2. 房地产市场需求调查

房地产市场需求既可以是特定房地产市场需求的总和，也可以是专指对某一房地产企业房地产产品的需求数量。市场需求由购买者、购买欲望、购买能力组成。购买者是需求的主体，是需求行为的实施者；购买欲望是需求的动力，是产生需求行为的源泉；购买能力是需求的实现条件，是需求行为的物质保障。三者共同构成了需求的实体。房地产企业为了使其产品适销对路，必须事先了解消费者的构成、购买动机和购买行为特征，真正做到按照消费者的实际需求进行企业的生产经营活动。对此，房地产市场需求调查主要包括如下方面：

1）房地产消费市场容量调查

房地产消费市场容量调查，主要是调查房地产消费者的数量及其构成。主要包括：①消费者对某类房地产的总需求量及其饱和点、房地产市场需求发展趋势；②房地产现实与潜在消费者数量与结构，如地区、年龄、民族特征、性别、文化背景、职业、宗教信仰等；③消费者的经济来源和经济收入水平；④消费者的实际支付能力；⑤消费者对房地产产品质量、价格、服务等方面的要求和意见等。

2）房地产消费动机调查

房地产消费动机就是为满足一定的需要，而引起人们购买房地产产品的愿望和意念。房地产消费动机是激励房地产消费者产生房地产消费行为的内在原因。主要包括消费者的购买意向，影响消费者购买动机的因素，消费者购买动机的类型等。

3）房地产消费行为调查

房地产消费行为是房地产消费者在实际房地产消费过程中的具体表现。房地产消费行为的调查就是对房地产消费者购买模式和习惯的调查，主要包括：①消费者购买房地产商品的数量及种类；②消费者对房屋设计、价格、质量及位置的要求；③消费者对本企业房地产商品的信赖程度和印象；④房地产商品购买行为的主要决策者和影响者情况等。

3. 房地产市场供给调查

房地产市场的供给是指在某时期内为房地产市场提供房产产品的总量。主要调查以下几个方面：

（1）行情调查。即整个地区市场，房地产市场现有产品的供给总量、供给结构、供给变化趋势、市场占有率；房地产市场的销售状况与销售潜力；房地产市场产品的市场生命周期；房地产产品供给的充足程度、房地产企业的种类和数量、是否存在着市场空隙；有关同类房地产企业的生产经营成本、价格、利润的比较；整个房地产产品价格水平的现状和趋势，最适合客户接受的价格策略；新产品定价及价格变动幅度等。

（2）现有房地产租售客户和业主对房地产的环境、功能、格局、售后服务的意见及对某种房地产产品的接受程度。

（3）新技术、新产品、新工艺、新材料的出现及其在房地产产品上的应用情况。

（4）建筑设计及施工企业的有关情况。

4. 房地产市场营销活动调查

房地产市场营销活动是一系列活动的组合，包括房地产产品、价格、促销、广告等活动。因此房地产市场营销活动调研应围绕这些营销组合要素展开。

1）房地产市场竞争情况调查

房地产市场竞争情况调查对于房地产企业制定市场营销策略有着重要的作用。因此，企业在制定各种重要的市场营销策略之前，必须认真调查和研究竞争对手可能做出的各种反应，并时刻注意竞争者的各种动向。房地产市场竞争情况的调查内容主要包括：①竞争者的实力和经营管理优劣势调查；②对竞争者的商品房设计、室内布置、建材及附属设备选择、服务优缺点的调查与分析；③对竞争者商品房价格的调查和定价情况的研究；④对竞争者广告的监视和广告费用、广告策略的研究；⑤对竞争情况销售渠道使用情况的调查和分析；⑥对未来竞争情况的分析与估计等；⑦整个城市，尤其是同（类）街区同类型产品的供给量和在市场上的销售量，本企业和竞争者的市场占有率；⑧竞争性新产品的投入时机和租售绩效及其发展动向。

2）房地产价格调查

房地产价格的高低对房地产企业的市场销售和盈利有着直接的影响，积极开展企业房地产价格的调查，对企业进行正确的市场产品定价具有重要的作用。价格调查的内容包括：①影响房地产价格变化的因素，特别是国家价格政策对房地产企业定价的影响；②房地产市场供求情况的变化趋势；③房地产商品价格需求弹性和供给弹性的大小；④开发商各种不同的价格策略和定价方法对房地产租售量的影响；⑤国际、国内相关房地产市场的价格；⑥开发个案所在城市及街区房地产市场价格。

3）房地产促销调查

广告是促进房地产商品市场销售的重要手段，广告促销的效果是房地产企业所关注的一个问题。促销调查的主要内容包括：①房地产企业促销方式，广告媒介的比较、选择；②房地产广告的时空分布及广告效果测定；③房地产广告媒体使用情况；④房地产商品广告计划和预算的拟定；⑤房地产广告代理公司的选择；⑥人员促销的配备状况；⑦各种营业推广活动的租售绩效。

4）房地产营销渠道调查

主要包括：①房地产营销渠道的选择、控制与调整情况；②房地产市场营销方式的采用情况、发展趋势及其原因；③租售代理商的数量、素质及其租售代理的情况；④房地产租售客户对租售代理商的评价。

二、房地产不同营销阶段的调查内容

房地产市场营销活动可以划分为项目定位阶段、市场推广阶段、销售阶段和售后阶段等，每个阶段房地产市场调查的内容也不一样。

（一）房地产项目定位阶段的市场调查

房地产项目定位阶段的市场调查从了解开发项目的土地状况调查入手，分析和判断其所具有的居住、商务、景观价值，调查区域项目的供给状况，分析街区价值，分析潜在消费者的生活模式，分析其对居住空间的偏好。只有做好上述调查工作，房地产项目的定位才能在充足信息的基础上开展。

1. 项目地块现状调查

无论是住宅、商业或工业用地，都可以从这几个方面进行调查：地块地理形势、地上物状况、邻地状况、四周道路和给水排水状况、附近公共设施及交通状况。具体地块情况调查表如表 3-1 所示。

地块情况调查表　　　　　　　　　　　　　　　　　　表 3-1

项目	内容
地块地理形势	方向、风向、地质、景观方向、地形、排水方向
地上物状况	地上物特殊状况
邻地状况	地块与邻地情况、防火设施、邻地建筑、邻地地下室深度
四周道路及给水排水状况	市级道路、主要出入道、基地给水排水
附近公共设施及交通状况	公共设施（公园、学校）及其与地块距离的远近，以及地块的可及性

2. 项目交通状况调查

交通流量能带来人潮，使人潮驻留地占有的商业价值提升。交通流量因道路形态不同而有很大差异，而道路形态也因使用车种、使用时间、使用目的的不同而有不同的发展，因此道路形态与交通流量存在互为因果的关系。一般所指的交通流量资料包含：机车流量、小客车流量、大客车流量、货车流量、双向行人道流量，以及这些流量的路线与其可到达的区域。每一种不同类型的道路，其交通工具的种类、比率、流量，以及大众运输工具的便利性，都对道路沿线商业发展造成不同的影响。

3. 项目周边景观调查

从市场的发展看，消费者对景观的关注度越来越高。因此，需要了解房地产项目周边的自然景观、人文景观、遮挡物，以及可能对景观造成的破坏。对景观的调查要详细，要了解经过划分的不同景观区域，如东、南、西、北、东南、东北、西南、西北不同方向的自然景观、人文景观、遮挡物等内容。

4. 商务圈和商圈调查

商务圈是办公大厦的集中区域，商圈是指消费者选择的购物地点分布的地区范围。商务圈调查的内容包括周边写字楼的数量、等级，租住公司的规模，行业分布等；商圈调查的内容包括周边人口的家庭户数、人口特性、生活形态、消费行为等。

5. 区域基本信息调查

通过对当前区域基本状况的调查和分析，可以判断出未来物业的基本开发走向。区域基本信息调查包括区域开发结构、房地产的供应状况，总体价格水平、物业租售总体状况。

6. 相关项目基本信息调查

房地产项目的定位细节包括许多内容，从户型比例、项目配套到装修、设备。了解相关项目的基本信息，可以很好地安排自身项目的空间和配置相关设施。相关项目基本信息调查包括开发商、位置、交通状况、规划要点、建筑面积、户数、层、配套（会所、设备）、装修、景观、户型种类、户型面积、户型比例（写字楼按间隔划分，商铺按铺型调查）。

7. 客户产品需求调查

产品是为了满足客户的需求，因此调查客户对产品的需求是必须的。客户产品需求调查包括客户对住宅类型、户型布局、楼层、楼盘建筑风格、楼盘配套设施、楼盘停车位、楼盘景观、装修标准等方面的偏好。

（二）房地产市场推广阶段的市场调查

分析市场供求状况，单凭宏观的统计信息如土地供应量、批租量是不够的。只有调查市场的供给和需求状况，才能明确判断市场的供求关系，对项目销售价格策略的制定有直接的帮助。

1. 竞争项目基本信息调查

了解竞争项目的基本信息有助于对市场供求进行明确判断。竞争项目基本信息调查的内容包括开发商、位置、交通状况、规划要点、建筑面积、户数、层数、配套（会所、设备）、装修、景观、户型种类、户型面积、户型比例等。

2. 竞争项目销售信息调查

房地产项目的入市时间不一，调查竞争项目剩余和售出的单位对判断同一客户群的竞争状况、制定出有助于销售的竞争策略极为必要。竞争项目销售信息调查的内容包括项目的开售时间、价格（不同户型的价格、价格差、朝向差）、付款方式、代理商、不同户型的销售状况、消费群体取向、广告主题等。

3. 客户需求和接触媒体习惯调查

销售对象是客户。客户是如何想的，其支付能力如何，日常接触哪些媒体等，都需要通过市场调查去获知。客户需求和接触媒体习惯调查的内容，包括客户置业计划、购房目的（自用或出租）、区域的选择偏好、装修偏好（自己装修或提供装修）、付款方式、购房决策过程、计划置业客户的特征（家庭结构、工作地点、从事行业、月收入、教育程度）、客户喜欢的媒体等。表 3-2 是某项目在市场推广阶段实际采用的调查表。

某项目在市场推广阶段实际采用的调查表　　　　　表 3-2

楼宇名称			调查日期		
起价		最高价		折实均价	
楼层差	最高/最低平均		朝向差	最高/最低平均	
付款方式	一次性				
	按揭				
	免息分期				
代理商					
备注	起价/最高价/均价都指按揭折实价；均价指标准层中间楼层按揭折实价。如有价目表或试算表需附上，并注明年月日				
客户群及购买户型（比例）					

各户型/各楼层销售状况	户型	所在楼栋	所在楼层	销售率
	房厅厨卫阳工人房			
	房厅厨卫阳工人房			
	房厅厨卫阳工人房			
	房厅厨卫阳工人房			
	房厅厨卫阳工人房			
	房厅厨卫阳工人房			
	房厅厨卫阳工人房			
	房厅厨卫阳工人房			
	房厅厨卫阳工人房			
	复式房			
	平均销售率			

现场销售状况	
其他媒体实验情况	□DM/□邮政海报/□VCD/□电视/□车站灯箱/□公交车厢/□车身/□广告/□杂志/□路牌/□电台
简要述评	

4. 房地产销售阶段的市场调查

房地产项目进入销售阶段,需要根据实际情况的变化对预先制定的价格策略、销售策略、推广策略进行调整。

1)市场推广调查和测评

在销售过程中,市场推广是一项重要的工作。市场推广效果如何,受众接收的信息是否准确需要市场验证。一般通过座谈会的方式召集销售人员调查推广的效果,推广调查内容包括电话进线量、上门客户量、电话咨询主题、上门客户询问内容。

2)成交客户问卷调查

房地产企业对于客户部分的市场调查存在对客户群识别的问题,比如某项目主力户型是四房两厅,户型面积 140m²,总价在 80 万元以上,客户群的取样难度就相当高。假如以高收入群体集聚区为调查区域,可能选取的样本在收入方面满足要求,但这部分客户以改善性需求为主,实际要求别墅或户型面积在 250m² 以上。而由代理公司进行的成交客户问卷调查就不受客户群识别的制约,成交客户问卷调查内容可以涵盖几乎所有客户调查的内容,包括一些难度很高的定位客户调查,如对户型布局的偏好,被调查对象对于这样的调查也很乐意配合。

3)销售难点调查

销售出现障碍时,需要调查出现销售障碍的原因。销售人员在接待客户的过程中经常会听到上门客户对楼盘的抱怨,而这些抱怨很多可能积存在销售人员的意识之中。实际工作中需要经常召集销售人员调查分析成交和不成交的原因。销售难点调查包括客户的家具安排、房间人员安排、日常家居活动安排等内容。

5. 房地产售后阶段的市场调查

房地产产品销售完成以后,房地产企业为了长远的发展,需要对售后的各种情形进行市场调查,以找出成功的经验和不足的教训,以指导后续的企业经营。

房地产售后阶段的调查内容主要有业主对所购房地产的评价、市场对所售房地产的评价、市场对开发该房地产企业的评价等。

三、市场调查的步骤

市场调查的内容繁多,范围极其广泛,但一般需要包括如图 3-1 所示的几个步骤。

图 3-1　市场调查的步骤

（一）确定问题和调查目标

首先是确定调查要解决的问题，然后是确定调查要达到的目的或目标。调查项目可以分为试探性调查、描述性调查、因果性调查和预测性调查。

1. 试探性调查

试探性调查是为了确定企业的发展方向、投资经营方向，或者是对企业或市场上存在的问题无法确定时所进行的调查。

当调查者对所要调查的问题的关键或范围尚不明确时，且不能有效推进调查项目时，探索性市场调查往往是必要的。通常情况下，探索性市场调查的作用只是在于发现问题的端倪，而不能深入揭示问题的本质。因此，探索性市场调查大多是作为一个大型的市场调查项目的开端。如某一企业在近期内商品房滞销，但滞销的原因尚不清楚，是经济大气候造成的还是广告宣传不力造成的？是价格偏高还是质量有问题？是地理位置不好还是市场上又出现了新的竞争对手？这就要通过探索性调查发现关键原因所在，然后再进行更加深入的具体调查。

探索性调查可以利用现成资料或向有关专家咨询以及询问用户或潜在消费者等，以求尽快地发现关键问题。简言之，探索性调查要解决的是"做什么"的问题。例如，房地产开发企业为了确定开盘价，对其楼盘所在区域房价的市场认可情况进行市场调查，该市场调查的类型属于试探性调查。

2. 描述性调查

描述性调查是对市场调查的问题、市场的特征做出尽可能准确的描述。描述性调查的目的主要是了解有关问题的相关因素及其关系，而不追究何是因，何为果。这种调查一般要对资料进行收集、记录、整理和分析，对已找出的问题或假设存在的问题的性质、形式、存在变化等具体情况作出现象性或本质性的描述。因此，描述性市场调查的结果一般是说明市场的特征，并不寻求出现这种特征的内在原因，它是一种最基本、最一般的市场调查。如，假设已查清企业商品房滞销是由于产品价格偏高，居民购买力下降等因素造成的，在此基础上可对调查的问题进行描述，如对商品房价格构成进行描述分析，对消费者现实购买力水平及变化、消费者对商品房价格的承受能力等进行具体描述。

描述性调查与探索性调查，既有联系又有区别。探索性调查的结果是对某一问题的不确定因素确定"是"与"非"，而描述性调查是对某一问题的客观情况加以说明，在说明中包含着"是"与"非"的问题。与探索性调查相比，描述性调查一般较为严格规范，有详细而周密的调查方案设计，其调查的结果相对来说也比较实用。简言之，描述性调查要解决的是"是什么"的问题。例如，某房地产开发企业在目标客户群中，调查有多大比率的购房者愿花 100 万元购买其开发的商品住宅，这种调查属于描述性调查。

3. 因果性调查

因果性调查是为了找出现象的原因和结果之间的相互联系而进行的调查。描述性研究给出的是问题中各因素的关联现象，因果性研究则要找出产生这种现象的原因，找出诸现象因素之间的因果关系，并对诸因素之间的主从关系、自变量与因变量的关系进行定量研究和定性分析，以便对"因"加以控制，获得好的"果"。因果性调查涉及问题的本质，即影响事物发展变化的内在原因。房地产开发经营企业的决策者更多的是根据事物之间内在的因果联系来做出经营决策。因此，因果性调查是一种重要的市场调查。

如要找出是什么原因造成商品房价格过高，是成本较高造成的，还是企业预期利润过高造成的？还是摊派过多、税费过重造成的？对这些因素都要加以分析，从中找出何为主要原因，何为次要原因，哪些是原因，哪些是后果等。通俗地说，因果性调查要解决的是"为什么"的问题。例如，某房地产开发企业通过调查，了解写字楼租金变动 10%、20%时市场承租面积的变化，该项调查属于因果性调查。

4. 预测性调查

顾名思义，预测性调查是为了对企业未来的发展状况或对企业经营活动的预期效果进行预测所作的调查。要在收集、整理相关调查资料的基础上，通过有经验的专家对企业的市场环境和产品供需变动进行分析预测，以及时调整企业经营计划，纠正错误与偏差。

如某企业通过预测性调查发现，在未来两年内高档商品住宅将趋于饱和，而经济适用型住房更受欢迎，企业就可据此对企业经营计划作出相应调整，做出正确的决策。简言之，预测性调查要解决的是"会怎样"的问题。

（二）制订调查计划

房地产市场调查人员应该在正式实地调查之前，制订出具体的调查计划，提交企业营销管理部门审批。在调查计划中应明确所要调查的问题、目标、资料来源以及调查方法等，并对调查活动过程、人员和时间进行安排，对调查成本及费用支出情况进行预算，对调查结果给企业营销决策所起的作用有一个初步的概括与估计。房地产企业营销管理部门在对整个市场调查计划认真审阅的基础上应及时作出答复。制订的调查计划一般要包括资料来源、调查方法、调查手段、抽样方案和联系方法几个方面（表 3-3）。

市场调查计划的构成　　　　　　　　　　　　表 3-3

资料来源	二手资料、一手资料
调查方法	观察法、访问法、实验法
调查手段	问卷、座谈
抽样方案	抽样单位、样本规模、抽样程序
联系方法	电话、邮寄、网络、面访

1. 资料来源

房地产市场调查的主题确定以后，调查人员就应着手进行资料的收集。房地产市场调查所需要的资料主要来源于两个方面：一是，企业内部；二是，企业外部。企业内部的资料是非常丰富的，包括企业市场营销信息系统中储存的各种数据，取得这些资料不需要花费很多的人力和费用，而且资料的可靠性也较大，因此，在进行房地产市场调查时，首先就要把这些内部资料充分利用起来。企业外部的资料可分为两类：一类是，二手资料；另一类是，一手资料。市场调查人员在收集资料时通常总是先收集二手资料；二手资料是指经别人收集、整理过的资料，或已公开出版了外部记录。房地产市场调查人员一般比较容易获得这些二手资料，但其缺点是有些资料的时效性和准确性较差，运用起来还需要重新进行加工、整理；而且有时候光靠二手资料仍然不能满足房地产企业营销决策的要求，这时，房地产市场调查人员必须从企业外部收集一手资料。虽然收集这些原始资料的成本费用较高，但其资料的时效性和准确性均比二手资料高，因此许多房地产企业在进行决策时所依赖的资料，大多数是通过实地收集市场原始资料而获得。由此可见，收集一手资料在房地产市场调查过程中是一个比较重要的步骤。

2. 调查方法

收集一手资料常用的方法有以下几种。

1）观察法

观察法是指调查人员通过被调查者的行为来收集信息资料或者通过被调查者的行为痕迹来收集信息资料的方法。这种方法调查人员不与被调查者正面接触，这样被调查者无压力，表现得自然，因此调查效果也较理想。观察法有下列 3 种形式：①直接观察法。派人到现场对调查对象进行观察。例如可派人到房地产交易所或售楼部观察消费者选购房产的行为和要求，调查消费者对本公司的信赖程度。②实际痕迹测量法。调查人员不是亲自观察购买者的行为，而是观察行为发生后的痕迹。例如，要比较在不同报纸杂志上刊登广告的效果，可在广告下面附一个条子，请客户剪下来回寄，根据这些回条，便可以知道在哪家报纸杂志上刊登广告的效果较好。③行为记录法。在取得被调查者同意之后,用一定装置记录调查对象的某一行为。例如,在某些家庭电视机里装上一个监听器,可以记录电视机什么时候开什么时候关,收哪一个电台,收了多长时间等。这样可以帮助营销管理人员今后选择哪一家电视台,在什么时间播广告效果最好。

　　调查人员采用观察法,主要是为了获得那些被观察者不愿或不能提供的信息,购买者不愿透露他们某些方面的行为,通过观察法便可以较容易地了解到。观察法的优点主要有:①被调查者没有意识到自己正在接受调查,处于自然状态,因此结果比较客观;②可以获得那些被调查者不愿意以及言语无法提供的信息。观察法的缺点有:①调查人员只能观察消费者的外在行为,不能提问或让消费者回答问题;②由于不能提问,只能观察,对被调查者的感情、态度等行为和动机等信息仍无法得到,因此,调查人员通常将观察法与其他方法组合起来使用。

　　2)访问法

　　这是最常用的市场调查方法。访问法是指房地产市场调查人员通过口头、电话或书面等形式向被调查者提出问题、了解情况、收集资料。这种方法最适宜于收集描述性的市场资料和信息。如果房地产企业需要了解被调查者的知识水平、宗教信仰和消费偏好等,可直接采用访问法。可将访问法分为 3 种形式:①答卷法。调查人员将被调查者集中在一起,要求每人答一份卷,在规定时间答完,这样被调查者不能彼此交换意见,而使个人意见充分表达出来。此种方法不受调查人员的影响,能充分表达个人意见,且不要求被调查者署名,收集到的意见、资料较为客观、真实,调查结果可靠性高。但答卷的回收率较低、回收时间较长,被调查者有可能误解问卷的含义,出现模糊答案时无法当面澄清。②谈话法。市场调查人员与被调查者进行面对面谈话,如召开座谈会,大家畅所欲言,还可针对某种重点调查对象进行个别谈话,深入调查。这种方法的最大优点是十分灵活,可以调查许多问题,包括一些看上去与事先准备好的问题不太相关的问题,可以弥补调查表所漏掉的一些重要问题,谈话气氛好,不受拘束。但是采用该方法会对调查人员的要求高、耗时较长。③电话调查。这种方法是市场调查人员借助电话来了解消费者意见的一种方法。如定期询问重点住户对房产的设计、设备、功能、环境、质量、服务的感觉如何。有什么想法并请他们提出一些改进措施等。电话调查的优点是:取得信息的速度快、省时间;成本也比较低,回答率高;可以统一询问格式,整理归类比较容易。其缺点是:不能看到对方的表情、姿态等非语言交流信息,交谈时间不宜太长;不能询问较为重要的问题,不宜收集深层信息。

3）实验法

实验法是指将调查范围缩小到一个比较小的规模上，进行试验后得出一定结果，然后再推断出样本总体可能的结果的调查方法。例如研究广告对销售的影响，在其他因素不变情况下，销售量增加就可以看成完全是广告的影响造成的。当然市场情况受多种因素影响，在市场实验期间，消费者的偏好、竞争对手的策略，都可能有所改变，从而影响实验的结果。虽然如此，实验法对于研究因果关系，能提供访问法、观察法所不能供给的材料，运用范围较为广泛。这种方法的优点是科学，显示灵敏，结果比较准确；但是实验时间较长，成本较高。例如，某写字楼的业主对于同类型的租户，首先确定月租金为 200 元/m²，看租户愿意租用多大的面积，如果月租金降为 180 元/m²，租户愿意租用的面积又是多少，在假定其他条件相同的情况下，就可以分析租户愿意租用的面积与租金之间的相关性。

访问法、观察法和实验法各有优点，究竟采取哪种方法应视实际情况需要而定，切忌脱离实际情况盲目运用。此外，房地产企业在进行具体的市场调查时，也可将上述几种方法结合使用，以取长补短，取得理想的市场调查效果。

3. 调查手段

在收集一手资料时所采用的主要调查手段是问卷和座谈。问卷是收集一手资料时最普遍采用的手段，因为问卷中的问题设计可以非常灵活多变。鉴于问题形式会影响问卷调查效果，因此问卷中一般包括闭合式和开放式两种问题。闭合式问题事先确定了所有可能的答案，答卷人可以从中选择一个或多个答案；开放式问题允许答卷人用自己的语言无任何限制地回答问题。因此一般情况下，开放式问题是需要了解人们是如何想的，而不是衡量持某种想法的人有多少，在试探性调查阶段特别有用；而闭合式问题事先规定所有答案，很容易进行解释和列表分析。座谈调查是由熟知情况和富有实践经验的调查人员主持会议，依据事先准备好的调查提纲，向到会者提出问题，展开讨论，借以取得资料的一种方法。开调查会时，调查者和调查对象可以直接对话、共同研讨、互相启发、相互核实，使所取得的资料符合实际。参加调查会的人必须熟悉情况，有一定代表性，能够提供比较可靠的情况，参加座谈的人数一般以 3～8 人为宜。

4. 抽样方案

市场调查不可能穷尽所有的调查对象，只有选择足够的、具有代表性的样本，才能获取到更准确和完善的信息。在设计抽样方案时，必须确定的问题是：①抽样单位。解决向什么人调查的问题。调查者必须定义抽样的目标总体，一旦确定了抽样单位，必须确定出抽样范围，以便目标总体中所有样本被抽中的机会是均等的或已知的。②样本规模。主要确定调查多少人的问题。大规模样本比小规模样本的结果更可靠，但是没有必要为了得到完全可靠的结果而调查整个或部分目标总体。如果抽样程序正确的话，不到1%的样本就能提供比较准确的结果。③抽样程序。解决如何选择答卷人的问题。为了得到有代表性的样本，应该采用概率抽样的方法，概率抽样可以计算抽样误差的置信度；但由于概率抽样的成本过高、时间过长，调查者也可以采用非概率抽样。表3-4是概率抽样与非概率抽样的类型。

概率抽样与非概率抽样的类型

表 3-4

概率 抽样	简单随机抽样	总体的每个成员都有已知的或均等的被抽中的机会
	分层随机抽样	将总体分成不重叠的组（如年龄组），在每组内随机抽样
	整群抽样	将总体分成不重叠的组（如街区组），随机抽取若干组进行普查
非概率 抽样	随意抽样	调查者选择总体中最易接触的成员来获取信息
	估计抽样	调查者按自己的估计选择总体中可能提供准确信息的成员
	定额抽样	调查者按若干分类标准确定每类规模，然后按比例在每类中选择特定数量的成员进行调查

5. 联系方法

一般有邮寄、电话、网络和面访四种联系方法。邮寄问卷是在被访者不愿面访或担心调查人员会曲解其回答时可采用的最好方法，但邮寄方式回收率低、回收速度也慢。电话访问是快速收集信息的重要方法，其优点是被访者不理解问题时能得到解释，而且回收率比邮寄问卷通常要高，主要缺点是只能访问有电话的人，而且时间也不能太长，也不能过多涉及隐私问题。网络调研是随着互联网技术应用的普及而发展起来的获取信息的新方法，而且由于其成本低、反馈快等优点被越来越广泛地使用。通过网络进行调查时，调查人员可以根据调查问题的特点，选用通过电子邮件发送调查问卷或提纲，或将其直接上载到具有调查功能的网络平台等方式，获取被调查者反馈的信息。面访是四种方法中最传统也是常用的方法，调查人员通过定点街访、流动街访和深度访谈等方法，可以提出较多的问题并能了解被调查者的情况，但面访的成本最高，而且需要更多的管理计划和监督工作，也容易受到被调查者偏见或曲解的影响。

（三）收集信息

收集信息是市场调查中成本最高，也最容易出错的阶段。在采用问卷调查时，可能会出现某些被调查者不在家必须重访或更换、某些被调查者拒绝合作、某些人的回答或在有些问题上有偏见或不诚实等情况。在采用实验法进行调查时，调查人员必须注意，要使实验组与控制组匹配，并尽可能消除参与者的参与误差，实验方案要统一形式并且要能够控制外部因素的影响等。现代计算机和通信技术使得资料收集的方法迅速发展，且减少了人员和时间的投入。

（四）分析信息

实地调查过程中直接通过调查表或问卷等工具所取得的资料往往是纷繁复杂、无法直接使用的。为了更好地发挥这些资料在房地产市场营销中的作用，必须对其进行科学分析和整理。

（1）编辑整理。就是把零碎的、杂乱的、分散的资料加以筛选，去粗存精、去伪存真，以保证资料的系统性、完整性和可靠性。

（2）分类编号。就是把调查资料编入适当的类别，并编上号码，以便于查找、归档和使用。

对市场调查资料进行分类时，需注意的是各类别之间应体现一定的差异性，同一类别内应具有一定的相同或相似性，以便进行对比、归纳。此外，分类需注意适度，若分类过于详细，则必然加大费用和人力支出，有时也无必要；若分类过于粗略，则不能反映各资料之间的差别，可能把不同的问题归入到同一类之中，不利于进行资料的分析和对比，也体现不了资料应有的参考价值。

（3）列表。对资料分类编号以后，通过列表工作再进行资料的整理、汇总。列表方式有多种，如单栏式、多栏式、混合式等。单栏表里只有一项市场调查资料，反映某一种特性的调查结果，比较简单。多栏表和混合表则在同一张统计表中反映两种或两种以上特性的调查结果及其之间的相互关系，但是设计起来比较复杂，如表3-5所示。此外，有的房地产市场调查人员还将资料制成各种统计图形式，一目了然，市场调查人员可根据需要选择采用。

不同收入水平居民家庭购房意愿分析 表 3-5

收入水平类别	户平均月工资收入水平	调查户数	拟购房户数	占调查户数的比例
低工资收入	2 000 元以下	206 户	79 户	38%
中等工资收入	3 000～4 000 元	592 户	327 户	55%
高工资收入	6 000 元以上	202 户	121 户	60%
合计		1 000 户	527 户	52.7%

（五）报告结果

编写调查报告是房地产市场调查的最后一个步骤，也是调查工作的最终成果和企业营销决策的重要依据。

　　房地产市场调查报告的结构，一般包括序言、摘要、正文、附件四个部分。序言部分扼要介绍有关该项调查的基本情况；摘要部分概括说明调查的主要结果、结论和建议；正文部分是报告的主体，应当说明调查的目的、主题、对象和范围，调查所采用的方法，调查的结果、结论及相应的建议。若有重要的统计图表和原始参考资料，还应作为报告的附件列于报告后面。

　　房地产市场调查全过程结束后，要认真回顾和检查各个阶段的工作，做好总结和反馈，以便改进今后的调查工作。总结的内容主要有以下几个方面：①调查方案的制订和调查表的设计是否切合实际；②调查方式、方法和调查技术的实践结果，有哪些经验可以推广，有哪些教训应当吸取；③实地调查中还有哪些问题没有真正搞清，需要继续组织追踪调查；④对参加调查工作的人员做出绩效考核，以促进调查队伍的建设，提高调查水平和工作效率。

四、对市场调查的分析与评估

　　（一）市场调查分析评估的意义

　　市场调查分析评估是指根据市场调查的目的，运用多种分析方法对市场调查收集整理的各种资料进行对比研究，通过综合、提炼、归纳、概括得出调查结论，进行对策研究，撰写市场调查报告的过程。

　　（二）市场调查的有效性评估

　　对市场调查的分析与评估，主要是考察市场调查的有效性。一般来讲，有效的市场调查必须具备以下特点：

　　（1）方法科学。在进行市场调查时，第一个原则是要采用科学的方法，首先要仔细观察、形成假设、预测并进行检验。

　　（2）调查具有创造性。市场调查最好能提出解决问题的建设性方法。

　　（3）调查方法多样。一般来讲，市场调查时不能过分依赖一种方法，强调方法要适应问题，而不是问题适应方法，只有通过多种来源收集信息并进行分析才能具有较大的可信度。

　　（4）模型和数据相互依赖。对于市场调查拟采用的模型要仔细考虑，并在选定的模型下，确定要收集的信息类型。

　　（5）合理的信息价值和成本比率。价值—成本分析能够帮助市场调查部门确定应该调查哪些项目、应该采用什么样的调查设计以及初步结果出来之后是否还需要收集更多的信息。调查的成本很容易计算，而价值则依赖于调查结果的可靠性和有效性，以及管理者是否愿意承认该调查结果并加以使用。

　　（6）正常的怀疑态度。调查人员对管理者做出的关于市场运转方式的假设应该持正常的怀疑态度。

（7）市场调查过程遵守职业道德。由于市场调查能使企业更为了解消费者的需要，为消费者提供更为满意的产品和服务，因此，通常大多数的市场调查都会给企业和消费者带来好处。但如果滥用市场调查也可能会引起消费者的不满甚至危害消费者。

第四节　房地产市场分析

房地产市场分析，是房地产投资过程中一系列决策的基础，贯穿房地产开发投资的每一个环节。

一、房地产市场分析的概念与作用

（一）房地产市场分析的概念

无论是房地产开发投资还是房地产置业投资，或者是政府管理部门对房地产业实施宏观管理，其决策的关键在于把握房地产市场供求关系的变化规律，而寻找市场变化规律的过程实际上就是市场分析与预测的过程。

房地产市场分析是通过信息将房地产市场的参与者（开发商、投资者或购买者、政府主管机构等）与房地产市场联系起来的一种活动，即通过房地产市场信息的收集、分析和加工处理，寻找出其内在的规律和含义，预测市场未来的发展趋势，用以帮助房地产市场的参与者掌握市场动态、把握市场机会或调整其市场行为。

房地产市场的风险很大，开发商和投资者有可能获得巨额利润，也有可能损失惨重。市场分析的目的，就是通过及时、准确的市场分析，有效识别房地产投资风险，争取最大的盈利机会。

（二）房地产市场分析的层次

房地产市场分析由于深度与内容侧重点上的不同要求，可分为区域房地产市场分析、专业房地产市场分析、项目房地产市场分析三个层次。

（1）区域房地产市场分析。区域房地产市场分析，是研究区域内所有物业类型及总的地区经济，是对某一特定地区总的房地产市场及各专业市场总的供需分析。其侧重于地区经济分析、区位分析、市场供求与价格概况分析、市场趋势分析等内容。

（2）专业房地产市场分析。专业房地产市场分析，是对特定区域内某一物业类型房地产市场（住宅、商业或工业物业）或特定房地产子市场的供需分析，是在区域房地产市场分析的基础上，对特定的子市场进行单独的估计和预测。其侧重于专业市场供求分析内容。

（3）项目房地产市场分析。项目房地产市场分析，是对一个特定地点特定项目作竞争能力分析，得出一定价格和特征下的销售率情况，对项目的租金及售价、市场占有率及吸纳量进行预测。其侧重于项目竞争分析、营销建议、吸纳量预测、售价和租金预测、回报率预测、敏感性分析等内容。

三个层次市场分析的内容和侧重点不同，每类后续的分析是建立在前一层次分析所提供的信息基础之上，它们之间有密切联系。

（三）房地产市场分析的作用

房地产经营决策是房地产经营管理的关键，经营决策的前提是做好房地产市场的分析工作，做好房地产市场分析工作对房地产企业的生产经营有着重要的作用。

（1）房地产市场分析可以减少经营的盲目性及风险性。房地产市场受到许多因素的影响，有些因素企业是可以控制的，有些因素是可以为企业所预知的，而有些因素是企业既无法控制又无法预知的，所以房地产市场在蕴含着巨大的机会的同时又具有极大的不确定性。但这种极大的不确定性并不意味着市场毫无规律可循，企业只能被动地接受。任何事物的发展总存在一定的规律性或延续性，房地产市场也是如此，企业可以通过市场分析，借助过去的市场信息资料对未来市场的发展趋势进行预测，这种预测可能不是百分之百的精确，但确实会使房地产企业能够对未来的市场有一个大致了解，减少由于市场不确定性所带来的风险。

（2）房地产市场分析是房地产企业进行决策的基础。房地产经营活动的各个阶段都存在一个决策的问题，房地产企业进行正确有效的决策是企业经营活动正常开展的先决条件。市场预测可为企业制定、优化决策方案，进行正确的决策提供基础和参考依据。

（3）房地产市场分析有利于提高企业的竞争能力。通过市场预测，对市场的动向掌握得比较清楚，就容易作出准确的判断和估计，从而大大提高房地产企业的经营管理水平，获得较好的效益，为市场竞争奠定基础。另外，搞好市场预测，使房地产企业可以先于对手采取一系列市场对策，从而大大增强企业在市场竞争中的主动性。

（四）市场区域的确定

房地产存在地区性，其供给和需求都是地区性的。因此，定义市场区域就成了房地产市场分析的第一步工作。市场区域是指主要（潜在）需求的来源地或主要竞争物业的所在地，它包含与目标物业相似的竞争空间的需求和供给。市场区域工作主要包括：描绘市场区域、在相应地图上标出市场区域的边界、解释确定市场区域边界的依据。

　　在市场分析报告中应该有描绘市场区域的部分，并有相应区域的地图，显示出与该目标物业临近的公路或关键干线的位置、区域地名、道路及自然特征等。

　　（1）影响市场区域形状和大小的关键因素。

　　在定义市场区域时，关键要考虑交通工具、主要交通形式、自然障碍、竞争项目、经济和人口情况。影响市场区域形状和大小的关键因素有：①自然特征，如山地和河流等；②建筑阻碍、高速公路或铁路；③人口密度大小；④行政区域，如市区和郊区，商务中心区和高科技产业园区、学校教育质量影响区域等；⑤邻里关系和人口统计特征，如由于家庭收入、社会地位、种族等形成的市场区域特征；⑥发展类型和范围，如未来城市发展方向、速度、范围等；⑦竞争性项目的区域（竞争项目重新组合的区域）。

　　（2）物业类型和市场分析目的对确定市场区域的影响。

　　不同市场分析目的影响市场区域的确定，为政府宏观市场管理进行市场分析，其市场区域就可以用行政区划为界限。物业类型也影响市场区域的确定，甚至同类物业，由于其特征不同，市场区域的确定也会有所不同。如居住房地产和休闲旅游房地产的市场区域，就会有很大的差别。

　　由于数据的限制，常被迫采用市、区等行政区域来确定市场区域，这种确定便于利用人口统计及其他各种统计数据。但这种分区内的数据只能用于区域或某种用途类型的房地产市场分析，并不能用来进行具体开发项目层次的市场研究。要准确定义项目层次的市场区域，就必须实地考察该项目的地点和邻里状况，收集必要的数据，经分析判断后才能合理确定。

二、房地产市场分析的内容

（一）宏观因素分析

　　房地产业投资额度大，投资回收期长，一旦投资失误，其损失将是不可估量的，这就要求企业对宏观经济政策有清楚的了解，具有预见性，尽量将资金投入国家政策扶持的方向。这一分析包括国家关于房地产产业政策调整对房地产市场的影响，当地政府政策导向及房地产产业政策对市场带来的影响，国家和当地政府对房地产市场商品总的供求政策对房地产企业生产带来的影响。

　　房地产市场不是孤立存在的，它受国民经济发展趋势大气候的直接影响，与整个国民经济休戚相关。这一预测包括国家总的经济状况的变化、货币投放状况、物价变化、国民收入状况、股市走势、市场消费结构及其发展趋向等。

　　投资者还要分析研究其所选择的特定开发地区的城市发展与建设情况。例如某城市的铁路、公路、机场、港口等对内对外交通设施情况，水、电、燃气、热力、通信等市政基础设施完善程度及供给能力，劳动力、原材料市场状况，人口政策，地方政府产业发展政策等。这方面的情况，城市之间有很大差别，甚至在同一个城市的不同地区之间也会有很大差别。例如上海市的浦东新区和浦西老市区，其政策条件、交通状况、基础设施状况等就有很大的差别。

地区的经济特征确定后，还必须对项目所在地域的情况进行分析，包括经济结构、人口及就业状况、家庭结构、子女就学条件、地域内的重点开发区域、地方政府和其他有关机构对拟开发项目的态度等。

（二）市场状况分析

房地产市场状况分析，是介于宏观和微观之间的分析。市场状况分析一般要从以下几个方面进行：

1. 供给分析

（1）调查房地产当前的存量、过去的走势和未来可能的供给。具体内容包括：相关房地产类型的存量、在建数量、计划开工数量、已获规划许可数量、改变用途数量和拆除量等；短期新增供给数量的估计。

（2）分析当前城市规划及其可能的变化和土地利用、交通、基本建设投资等计划。

（3）分析规划和建设中的主要房地产开发项目。规划中的项目需分析其用途、投资者、所在区县名称、位置、占地面积、容积率、建筑面积和项目当前状态等；正在开发建设中的房地产项目需分析其用途、项目名称、位置、预计完工日期、建筑面积、售价和开发商名称等。

（4）分析房地产市场的商业周期和建造周期循环运动情况，分析未来相关市场区域内供求之间的数量差异。

2. 需求分析

（1）需求影响因素分析。需求影响因素分析是需求分析的第一步。影响需求的因素随物业类型不同而不同。例如，影响住宅市场需求的因素有新住户的形成、收入水平、贷款的可获得性、替代品的价格、拥有成本和对未来的预期；影响商业物业需求的因素有人口或就业增长、家庭和家庭规模、平均家庭收入和可支配收入、贸易区域可支配收入；影响写字楼物业需求的因素是使用写字楼的行业如金融、保险、房地产、代理咨询和服务业、高新技术和销售业等的发展状况和就业人口；影响工业物业需求的因素是国家和区域经济增长状况及在制造业、批发、商业、运输、交通和公共设施行业的就业人口。

（2）房地产市场需求量预测。房地产市场需求量分为潜在需求量和有效需求量，都是企业进行预测的内容。但对企业来说，重点应该预测有效需求量，即市场容量。房地产产品的范围很广泛，如住宅、商业用房、写字楼、别墅等，在进行预测时，要首先确定房地产产品的范围。进行需求量的预测，一方面，要了解某产品的社会拥有量；另一方面，要了解某产品的社会饱和点，二者之差即为市场需求量。对市场需求量进行预测，必须研究影响市场潜量的各种因素，即研究市场营销环境，通过预测社会和客户的需求量，竞争对手的开发量与营销量，来确定本企业的开发量及营销策略。

（3）吸纳率分析。就每一个相关的细分市场进行需求预测，以估计市场吸纳的价格和质量。具体内容包括：市场吸纳和空置的现状与趋势，预估市场吸纳计划或相应时间周期内的需求。

（4）市场购买者的产品功能需求。包括：购买者的职业、年龄、受教育程度、现居住或工作地点的区位分布，投资购买和使用购买的比例。

3. 竞争分析

（1）列出与竞争有关项目的功能和特点。具体内容包括：描述已建成或正在建设中的竞争性项目（价格、数量、建造年代、空置、竞争特点），描述计划建设中的竞争性项目，对竞争性项目进行评价（表3-6）。

竞争项目评价表 表 3-6

因素分类	具体因素	在建竞争项目				建成竞争项目		市场标准	竞争物业特点	市场空缺
		项目1	项目2	项目3	项目4	项目a	项目b			
经济因素	月租金水平	4	6	3	5	5	4	…	…	…
	停车场租金	3	3	4	2	4	3	…	…	…
	设施分配及使用	4	3	5	5	3	5	…	…	…
建筑因素	建筑年代	2	3	7	6	8	3	…	…	…
	建筑状况	3	3	7	5	6	4	…	…	…
	单元面积	4	5	6	3	4	1	…	…	…
	房间数量	1	3	2	4	2	2	…	…	…
	房间功能种类	6	2	4	1	5	2	…	…	…
	层数	2	2	5	3	2	4	…	…	…
	电梯数量	2	6	4	3	2	2	…	…	…
	阳台	1	7	7	3	2	1	…	…	…
	建筑特征和设计形式	2	3	5	3	4	3	…	…	…

续表

因素分类	具体因素	在建竞争项目				建成竞争项目		市场标准	竞争物业特点	市场空缺
		项目1	项目2	项目3	项目4	项目a	项目b			
场地特征	游泳池	0	3	6	5	4	1	…	…	…
	网球场	1	2	4	7	8	4	…	…	…
	健身房	1	0	4	6	6	3	…	…	…
	俱乐部	4	3	3	4	5	3	…	…	…
	景观质量	4	5	6	8	7	4	…	…	…
	停车场情况	5	8	6	3	4	1	…	…	…
周围环境	与就业中心的接近程度	8	7	3	2	3	6			
	与商业中心的接近程度	7	5	4	4	3	6			
	与娱乐、文化设施的接近程度	6	3	5	5	4	6			
	公共交通类型与沿途环境	4	3	2	5	7	5			
	与停车场的接近程度	2	3	5	7	8	3			
	与主要干道的接近程度	4	5	3	6	7	5			
	与学校的接近程度及学校质量	4	5	2	2	2	4			
	与医院、消防、警察局的接近程度	4	5	3	4	6	7			
	环境质量	3	2	7	9	8	1			
得分合计		91	105	122	120	134	95			
市场占有率（%）		13.6	15.7	18.3	18	20.1	14.2			

（2）市场细分，明确拟建项目的目标使用者。具体内容包括：目标使用者的状态（年龄、性别、职业、收入）、行为（生活方式、预期、消费模式）、地理分布（需求的区位分布及流动性），每一细分市场下使用者的愿望和需要，按各细分市场结果，对竞争项目功能和特点的需求状况进行分析，指出拟建项目应具备的特色。

4. 市场占有率分析

市场占有率表明一个企业在市场活动中所占的份额。市场占有率实际上是企业产品竞争能力大小的标志，通过研究本企业现在和过去的市场占有率，以及当前同类企业经营水平、竞争能力、各自优势等情况，预测市场占有率，可以促使企业改善经营管理，提高生产技术水平，促进产品更新换代，提高服务质量和服务水平，最根本的一条是为企业经营决策提供依据。

（三）相关因素分析

当把握了总体背景情况后，投资者就可以针对某一具体开发投资类型和地点进行更为详尽的分析。从房地产开发的角度来看，市场分析最终要落实到对某一具体的物业类型和开发项目所处地区的房地产市场状况分析。应该注意的是，由于不同类型和规模的房地产开发项目所面对的市场范围存在差异，导致市场分析的方式和内容也有很大的差别。

1. 住宅项目

市场分析将包括与房地产经纪机构、物业管理人员，特别是住户的沟通，以了解开发项目周围地区住宅的供求状况、价格水平、对现有住宅满意的程度和对未来住房的希望，以确定所开发项目的平面布置、装修标准和室内设备的配置。

2. 写字楼项目

首先要研究项目所处地段的交通通达程度，拟建地点的周边环境及与周围商业设施的关系；还要考虑内外设计的平面布局、特色与格调、装修标准、大厦内提供公共服务的内容、满足未来潜在使用者的特殊需求和偏好等。

3. 商业购物中心项目

要充分考虑项目所处地区的流动人口和常住人口的数量、购买力水平以及该地区对零售业的特殊需求；还要考虑购物中心的服务半径及附近其他购物中心、中小型商铺的分布情况；最后才能确定项目的规模、档次以及日后经营构想，提出租客组合建议。

4. 工业或仓储项目

首先要考察开发所必须具备的条件，诸如劳动力、交通运输、原材料和专业人员的来源问题；同时还要考虑未来入住者的意见，如办公、生产和仓储用房的比例，大型运输车辆通道和生产工艺的特殊要求，以及对隔声、抗震、通风、防火、起重设备安装等的特殊要求。

但无论是什么类型的房地产开发项目，都需要就以下问题进行详细的分析：项目所处的位置、周围环境及与城市中心商业区的关系；项目用地工程地质资料；附近地区土地利用及城市规划控制指标，城市建设规划管理的有关定额指标（如控制高度、容积率、用途、绿地率、建筑覆盖率、内外交通组织、建筑防火、停车场车位数等）；针对未来用户的需求信息；同类竞争性发展项目的信息，政府对此发展项目的态度；项目周围市政基础设施、配套设施的供应能力；针对项目的成本、价格、租金、空置率、市场吸纳能力分析；金融信息，如各类贷款获取的可能性、贷款利率、贷款期限和偿还方式等。

三、市场分析的手段与方法

市场分析是根据已获得的市场调查资料，选用合适的分析方法，对市场规模和市场趋势进行估计和预测。

（一）市场规模的估计

对市场规模的估计，即预测市场的需求，一般需要从六类产品层次、五类空间层次与三类时间层次上进行分析（图 3-2）。

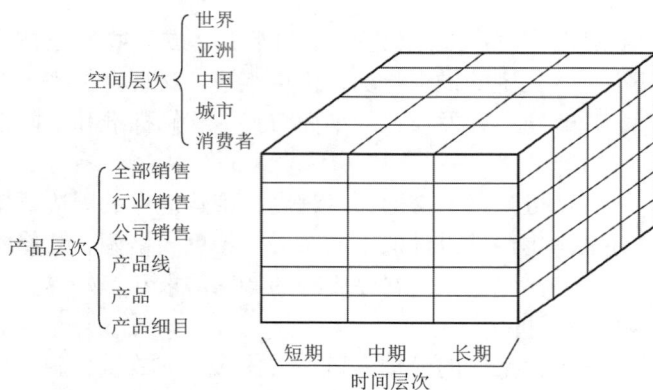

图 3-2　需求预测的 90 种类型（6×5×3）

1. 市场需求分析的基本概念

1）市场规模

市场规模即特定商品的潜在购买者数量。潜在购买者一般具有三个特点：兴趣、收入与途径。因此，在估计某种产品的消费者市场时，首先需要判断对该产品有潜在兴趣的人数。如"你想自己拥有一套住宅吗？"假如 10 个被调查者中有 2 个持肯定的回答，那么就可以估计消费者总数的 20% 是住宅的潜在市场。潜在市场是对某种特定商品有某种程度兴趣的消费者。消费者只有兴趣是不足以确定市场的，潜在消费者必须有足够的收入购买这种商品，有兴趣的消费者必须对"你能买得起住宅吗？"做出肯定的回答。价格越高，能做出肯定回答的人数就越少，也说明市场规模是兴趣与收入的函数。

市场规模还会因为途径的限制而缩小。如果住宅不是在某个地区建设，那么这个地区的潜在消费者就不是有效市场。有效市场是对某种特定商品有兴趣、收入与途径的消费者的集合，但如果政府或团体对特定消费群体消费某种商品进行限制，如某城市政府规定非本地户籍人士不得购买限价商品住房，那么本地户籍者就构成了该城市限价商品住房合格的有效市场。

企业现在可以追求全部合格的有效市场或集中在其中的细分市场上。服务市场（也称为目标市场）是企业决定追求的那部分合格的有效市场。企业及其竞争者总会在目标市场上售出一定数量的某种商品。渗透市场是指已经购买了该产品的消费者的集合。图 3-3 表明了这几种概念之间的关系。

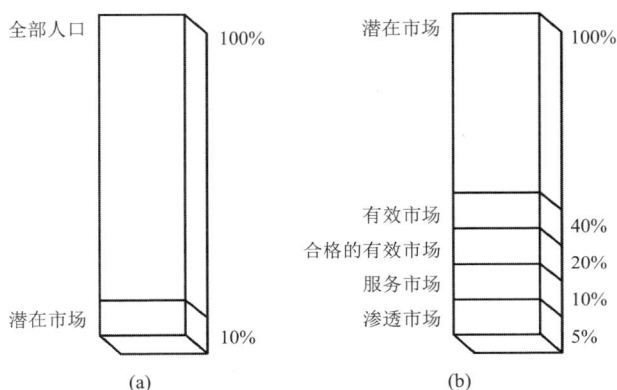

图 3-3 市场定义的层次
（a）整个市场；（b）潜在市场

2）市场需求

市场需求是指在特定地理范围内、特定时期、特定市场营销环境、特定市场营销计划的情况下，特定的消费者群体可能购买的总量。

市场需求是给定条件下的函数，称之为市场需求函数。市场需求对基本条件的依赖关系如图 3-4（a）所示。横轴表示特定时期内行业市场营销费用的可能水平，纵轴表示由此产生的需求水平。曲线则表示市场需求与行业市场营销费用之间的关系，并不反映时间对市场需求的影响。不需任何刺激需求的费用就会有其基本的销售量，称为市场最低量，随着行业市场营销费用的增加会引起需求水平的提高，开始以加速度增高。市场营销费用超过一定水平之后，就不会刺激需求了，因此市场需求有一个上限，称为市场潜量。

市场最低量与市场潜量间的距离表示需求的市场营销敏感性。可以设想有两个极端的市场——可扩展市场与非扩展市场。像啤酒之类的可扩展市场，其总规模受行业市场营销费用的影响较大，图 3-4（a）所示 Q_2 与 Q_1 之间的距离较大；但如歌剧之类的非扩展市场，受营销费用的影响较小，图中所示 Q_2 与 Q_1 之间的距离较小。

　　同时，市场潜量也是在特定的环境下市场需求所能达到的极限，市场潜量对环境的依赖关系如图 3-4（b）所示。实际上，由于市场营销费用只能在一定范围之内，市场预测是在相对条件下预期的市场需求，但这个需求并不是最大的市场需求。要达到最大的市场需求，可以设想必须有很"高"的市场营销费用才能达到，而且随着营销费用的增加，对需求的刺激越来越小。

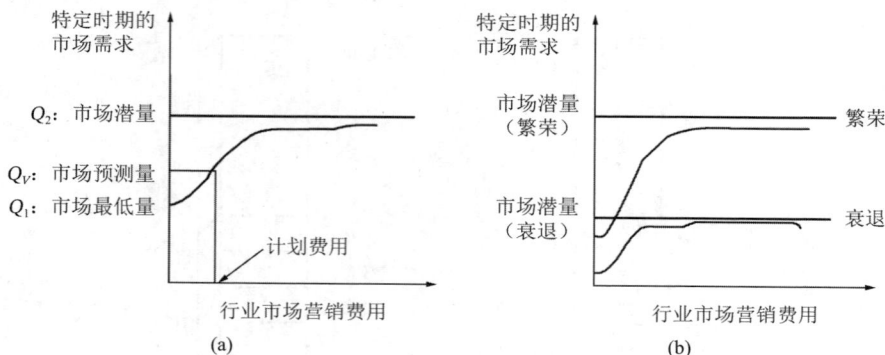

图 3-4　市场需求
（a）市场需求是行业市场营销费用的函数；（b）行业需求是行业市场营销费用的函数
（假定在特定的市场营销环境下）（假定在两种市场营销环境下）

2. 市场需求预测

　　市场需求预测是要估算出一个特定的市场对某种产品的潜在需求数量。市场潜在需求数量是在特定时期内,在既定行业市场营销努力水平与既定环境条件下,行业的所有企业所能获得的最大销售量。常用的判断方法是:

$$Q = nqp \tag{3-1}$$

式中，Q——总市场潜量（元）;

　　　　n——特定产品或市场的购买者数量（人）;

　　　　q——购买者的平均购买数量（单位/人）;

　　　　p——平均单价（元/单位）。

　　将式(3-1)稍加变动，便形成了连比法。是指将基数乘以若干修正率。例如，某开发企业想判断一种新建住宅的潜在市场需求量，则可由以下计算获得估计值:

　　新建住宅市场需求量（元）= 家庭数量（户）× 户均可支配收入（元/户）× 住房消费倾向（%）

（二）市场趋势分析

　　仅对目前的需求进行分析和预测是远远不够的。一成不变的市场营销计划不能适应丰富多变的市场，因此必须未雨绸缪，对未来的市场趋势进行分析和判断。

分析市场趋势通常包括三个步骤：①宏观环境预测；②行业预测；③企业的销售预测。宏观环境预测要求说明通货膨胀、失业、利率、消费开支、投资、净出口额等，最终是对国内生产总值的预测，再应用该预测值并结合其他环境指标来预测行业销售情况。最后，通过假定本企业的市场份额，从而得到企业的销售预测。分析市场趋势的方法主要有：

1. 购买者意图调查法

购买者意图调查法就是通过直接询问消费者在某一时期需要哪些商品及其数量来进行分析的方法。例如就有关居民家庭最近是否有购买住宅意图所作的调查，调查表如表 3-7 所示。

消费者购买意图调查表 表 3-7

你是否有意在六个月内购买一套住宅					
得分	0.00	0.20	0.40	0.60	0.80	1.00
选项	不可能	有些可能	可能	很可能	非常可能	肯定

另外，调查还应询问消费者目前与未来的个人经济状况以及对经济形势的展望。在西方发达国家，专业市场调查公司定期测量与消费者相关的指标，并发表有关的报告。

总之，在购买者人数较少、访问购买者的成本不高、购买者具有明确的意图、会按其意图购买并且愿意配合意图调查时，进行购买者意图调查具有很大的价值。

2. 销售人员意见法

销售人员意见法是预测组织者汇集销售人员对市场销售额销售量的估计值后，经过统计分析，作出预测的方法。这里的销售人员除了直接从事销售的人员外，还包括管理部门的工作人员和销售主管等人员。用此方法做出的预测数值比较接近实际，是因为销售人员直接接触市场和房客，比较了解消费者和竞争企业的动向，因此，销售人员所作出的销售预测有较高的可靠性。这种方法的工作程序一般为：

第一，销售人员收集、整理有关本地区人口、收入、房地产开发及社会和个人消费情况等资料。这些资料越详细越好。

第二，销售人员利用所收集、整理的资料，加上自己的估计和判断，估计某一产品在不同条件下未来的销售量（额）及发生的概率，求出其期望值，作为该销售人员的预测值。

第三，取销售人员预测值的平均值，作为预测推定值。

【例3-9】某房地产公司三个销售员对本公司下一年商品房销售量提出的预测值，如表3-8所示。如果三个销售人员的估计权数相同，则销售人员的平均销售预测值为：

$$\frac{5\,200 + 6\,200 + 7\,200}{3} = 6\,200\,(\text{m}^2)$$

表3-8中所列概率是销售人员主观概率，是销售人员本人对某一事件是否有利或不利的可能性的估计，反映了个人对未来事件主观判断与信任程度。

销售人员预测表　　　　　　　　　　　　　　　表 3-8

销售人员		预测销售量（m²）	概率	销售量×概率
销售人员（甲）	最高销售	7 000	0.3	7 000 × 0.3 = 2 100
	最可能销售	5 000	0.5	5 000 × 0.5 = 2 500
	最低销售	3 000	0.2	3 000 × 0.2 = 600
	期望值			5 200
销售人员（乙）	最高销售	8 000	0.3	8 000 × 0.3 = 2 400
	最可能销售	6 000	0.5	6 000 × 0.5 = 3 000
	最低销售	4 000	0.2	4 000 × 0.2 = 800
	期望值			6 200
销售人员（丙）	最高销售	9 000	0.3	9 000 × 0.3 = 2 700
	最可能销售	7 000	0.5	7 000 × 0.5 = 3 500
	最低销售	5 000	0.2	5 000 × 0.2 = 1 000
	期望值			7 200

销售人员意见法的精确性受若干因素的影响，如销售人员是否受过专门训练，对整个企业和市场情况是否了解，是否会有意隐瞒消费者的需求，以便企业制定低定额等。为此，可将销售人员和管理人员的意见进行综合，以便做出比较可靠的预测。

3. 专家意见法

专家意见法也称德尔菲法。此方法是由专家们对未来可能出现的各种趋势作出评价的方法。德尔菲法是在专家座谈会发展过程中为了消除座谈会中专家面对面交谈可能产生的心理影响，于20世纪40年代末期由美国兰德公司提出来的。德尔菲法应用非常广泛，不仅可以从事技术预测，同时可以从事经济预测；不仅可以从事短期预测，而且还可以从事长期预测；不仅可以预测事物的量度过程，同时还可以预测事物的质变过程。因而近几十年来，德尔菲法已逐渐成为一种重要的预测方法。

这种方法概括地说就是反复函询的调查法，即将所要预测的问题和必要的背景材料，用通信的方法向专家们提出，然后将他们回答的意见综合整理、归纳，匿名反馈给各个专家，再次征求意见，然后再加以综合、反馈。如此经过多次反复，直到预测问题的目标得到较为满意的结果为止。其特点有：一是，匿名性，德尔菲法采用匿名函调征求意见，即专家的意见互不相通，避免心理上的相互干扰，以提出较理想的预测值；二是，反馈性，即把意见整理集中，匿名返回到每位专家手中，再次征求其意见，使他们权衡各种意见，不断修正自己的判断；三是，集中判断，对各位专家的预测值进行统计，并反复研究把各种意见用中位数或平均数加以综合，从而为决策提供依据。

德尔菲法的优点是：预测速度快，节省资金，能够得到多种有价值的观点和意见，适用于数据资料不足，不可测因素较多的情况。不足之处是：专家的意见难免带有主观片面性甚至脱离实际，因此一般用于长期预测、宏观预测和对新产品投产的预测。

德尔菲法的具体实施步骤如下：

（1）选择预测目标。

（2）选择专家。按照课题需要的专业范围，选择有关的科研、设计、生产、情报部门及大专院校的技术专家，经济学家和社会学家。要求权威性较高、代表面广。

（3）组织专家组。专家组人数不宜过多，也不宜过少，一般在 20 人左右，各专家之间没有横向联系，只与调查人员发生直接联系。

（4）设计咨询表。围绕预测课题，从不同侧面以表格形式提出若干个有针对性的问题，以便向专家咨询。表格应简单扼要，明确预测意图，尽量为专家提供方便，所咨询问题的数量要适当。

（5）逐轮咨询和信息反馈。咨询和信息反馈，一般需进行二到四轮征询。

（6）采用统计分析方法对预测结果进行定量评价和表述。

4. 时间序列法

时间序列法是将历史上积累起来的资料按年、月等周期排列，构成一个统计数列，并根据其发展动向向前推测，它实际上是一种"外延推断"方法。这种方法在市场比较稳定的情况下，或对于某些需求弹性和价格弹性比较小的产品使用起来较为有效，特别是对短期预测效果更好。

运用时间序列法，要受到一定条件的制约。首先，必须具备时间序列资料，并且在这些资料中存在着一定的模式或趋势，数据随时间的变化波动不是很大；其次，未来发展情况必须与过去的发展情况相似，至少影响市场的各种因素是大体相似的。因此，时间序列法一般适用于短期预测。

下面简介几种时间序列推测的具体方法：

1）简单平均法

简单平均法是用算术平均值作为新一期的预测值的方法。即在时间序列的几个实际值x_1、x_2、x_3、$\cdots$、x_n中，求出其算术平均值作为新一期的预测值。

计算公式如下：

$$预测值 = \bar{x} = \frac{x_1 + x_2 + x_3 + \cdots + x_n}{n} = \frac{\sum_{i=1}^{n} x_i}{n} \tag{3-2}$$

式中，$\bar{x}$——算术平均值；

$\quad\quad n$——实际值的数量；

$\quad\quad x_i$——第i期的实际销售数（$i = 1,2,\cdots,n$）。

【例3-10】某房地产公司1月到6月的实际销售量如表3-9所示，要预测7月份的销售量。

某房地产公司1～6月实际销售量   表3-9

单位：m^2

月份	1	2	3	4	5	6
实际销售量	4 400	5 000	4 500	6 000	5 500	7 000

利用简单平均法预测7月份销售量为：

$$x_7 = \bar{x} = \frac{4\,400 + 5\,000 + 4\,500 + 6\,000 + 5\,500 + 7\,000}{6}$$

$$= 5\,400\ (m^2)$$

需要注意的是，简单平均法在时间序列比较平稳，即随时间变化各期实际值增减量变化不大时可以采用，但看不出数据的离散程度，也不能反映近、远期数据变化的趋势，因此一般在要求不太高的情况下适用。

2）移动平均法

移动平均法是在简单平均法的基础上发展起来的，是把算术平均数改为分段平均，并且按时间序列数据的顺序逐点推移，得到新的预测值时间序列，算出新期的预测值。即根据时间序列实际值，从第一项开始，按一定的项数分段，求其算术平均数。在时间往后移时，每测一期，均取前若干期的销售实际的平均数作为当期的预测量。

移动平均法的计算公式如下：

$$M_t = \frac{1}{N}(x_{t-1} + x_{t-2} + \cdots + x_{t-N}) \tag{3-3}$$

式中，M_t——第t期的移动平均值；

N——分段的数据的数目；

x_t——时间序列在第t期的实际值。

在实践中，对N的取值是大些好还是小些好，要全面考虑。N取值若大，其移动平均数对干扰敏感性低，数据比较平稳保险，但容易落后于可能的发展趋势；N取值若小，移动平均数对干扰反应过度敏感，容易造成错觉。可见，如何选择N的值是移动平均法的关键，通常是对N取多种方案进行计算，以利于分析和比较，最后做出预测。

【例3-11】某房地产公司上一年度1～6月的实际销售量如表3-10所示，假定是3个月移动一次，要预测4～7月的销售量。

1～6月份的实际销售量

表3-10

单位：m²

时间	1月	2月	3月	4月	5月	6月	7月
实际销售量	6 700	5 600	6 900	7 600	7 500	9 500	
平均预测数				6 400	6 700	7 400	8 200

将数据代入公式：

4月份预测值 $= \dfrac{6\,700 + 5\,600 + 6\,900}{3} = 6\,400$（m²）

5月份预测值 $= \dfrac{5\,600 + 6\,900 + 7\,600}{3} = 6\,700$（m²）

6月份预测值 $= \dfrac{6\,900 + 7\,600 + 7\,500}{3} = 7\,400$（m²）

7月份预测值 $= \dfrac{7\,600 + 7\,500 + 9\,500}{3} = 8\,200$（m²）

由于这种方法主要是通过不断引进新的数据来修正平均值，以消除销售量变动的不稳定因素，而且还可以看出其发展趋势，所以一般适用于受随机变量影响的销售情况，也可用于趋向或季节性的预测，但应在掌握足够的数据时方能采用。

3）加权平均法

加权平均法是对企业各个时期的实际销售量进行加权，再用各个时期对实际销售量所加的权数之和去除，求得下期的预测值。此种方法对近期的最新实际销售量较为重视，所以权数也最大，至于以前各期的实际销售量，则愈早者所加权数也愈小。可以在销售量波动较大的情况下预测下期销售量。计算公式如下：

$$x_t = \overline{x} = \frac{\sum\limits_{i=1}^{n} w_i x_i}{\sum\limits_{i=1}^{n} w_i} \tag{3-4}$$

式中，x_t——第t期的预测值；

　　　$\overline{x}$——加权平均值；

　　　w_i——第i期的加权数；

　　　x_i——第i期的实际销售量。

仍用【例3-10】资料，根据加权平均法预测7月份销售量。假设6月份实际销售量的加权数为4，5月份为3，4月份为2，其他月份均为1。则按上述公式计算7月份的预测值为：

$$x_7 = \overline{x} = \frac{7\,000 \times 4 + 5\,500 \times 3 + 6\,000 \times 2 + 4\,500 \times 1 + 5\,000 \times 1 + 4\,400 \times 1}{4 + 3 + 2 + 1 + 1 + 1}$$

$$= \frac{70\,400}{12} = 5\,866.7 \ (\text{m}^2)$$

4）指数平滑法

指数平滑法是在移动平均法的基础上发展起来的，既具备了移动平均法的优点，又考虑了数据的时间性，同时还可以减少数据的存储量，因此，应用也较为广泛。

指数平滑法是利用预测期前一期的实际值和前一期的指数平滑预测值进行加权平均来取得预测值的方法，它实际上是一种特殊的加权移动平均法。计算公式为：

本期预测值 $= \alpha \times$ 上期实际发生值 $+ (1 - \alpha) \times$ 上期预测值　　　(3-5)

式中，α——平滑系数，且 $0 \leqslant \alpha \leqslant 1$，当 $\alpha = 1$ 时，预测值 = 上期实际发生值；

　　　当 $\alpha = 0$ 时，预测值 = 上期预测值。

在实际工作中，平滑系数一般是根据原预测数与实际数的差异大小来确定，如果差异较大时，α应适当取较大值；如果差异较小时，α应适当取较小值。为了计算方便，一般根据经验估计，当差异较大时，α取 0.7～0.8 为宜；当差异较小时，α取 0.2～0.3 为宜。

【例 3-12】某市 2021 年商品住宅预测销售量为 12 万套，实际销售量为 9 万套，若平滑指数取 0.9，用指数平滑法预测该市 2022 年的商品住宅销售量为 $9 \times 0.9 + 12 \times 0.1 = 9.30$ 万套。

【例 3-13】某房地产公司上一年度 7～12 月份实际销售额及预测值如表 3-11 所示。

如果设 $\alpha = 0.3$，求本年度 1 月份销售量的预测值。

1 月份预测值 $= \alpha \times$ 上期实际销售量 $+ (1 - \alpha) \times$ 上期预测值

$$= 0.3 \times 6\,000 + (1 - 0.3) \times 5\,800$$

$$= 1\,800 + 4\,060 = 5\,860 \, (\text{m}^2)$$

即本年度 1 月份的销售预测值为 $5\,860\text{m}^2$。

7～12 月份实际销售预测值

表 3-11

单位：m^2

月份	实际销售量	预测值
7	5 000	5 200
8	4 800	5 000
9	5 200	5 300
10	4 900	5 000
11	5 500	5 300
12	6 000	5 800

5. 相关分析法

时间序列分析法是仅以时间为变量的函数的定量预测方法，其没有考虑其他众多影响市场需求的实际因素，因此在许多情况下是不适用的。此时可运用相关分析的理论判断销售量与其他因素相关的性质和强度，从而做出预测。这种方法尤其适用于中、长期预测。

1）回归分析法

回归分析法，是建立在大量实际数据的基础上，寻求随机性后面的统计规律性的一种方法。影响市场的各类因素是相互联系、相互制约的，各因素变量之间客观上存在着一定的关系。通过对掌握的大量实际数据分析，可以发现数据变化的规律性，找出其变量之间的关系，这种关系便是回归关系。

回归分析研究的内容是：从一组数据出发，确定变量间的定量关系表达式，这个表达式称为回归方程；对这些关系式的可信程度进行检验；从影响着某一个量的许多变量中，判断哪些变量的影响是显著的，哪些是不显著的；利用回归方程对市场进行预测。

运用回归分析法进行市场定量预测，已是一种比较成熟的方法。随着房地产市场的发展，统计数据的完善，回归分析法将会更多地运用于房地产市场的定量预测领域。

2）市场因子推演法

市场因子，即能够明显引起某种产品市场需求变化的实际因素。市场因子推演法实际上也是通过分析市场因子与销售量的相关关系来预测未来的销售量。对于连带产品和配套性产品，利用这种方法就比较简单。

例如，假设新婚家庭 100 个，住宅的销售量为 16 套。即新婚家庭数量就是住宅销售量的市场因子。如果某年新婚家庭数量为 50 000 个，则住宅的需求量为 50 000 × 16/100 = 8 000（套）。

四、房地产市场分析报告

房地产市场调查与分析工作的最终成果，是房地产市场分析报告。房地产市场分析报告应结合市场分析的目的与用途，有针对性、有重点地撰写。

（一）房地产市场分析报告的基本结构

编写房地产市场分析报告是房地产市场分析的最后一个步骤，也是市场分析工作的最终成果和企业营销决策的重要依据。房地产市场分析报告的结构，一般包括封面、目录、索引、摘要、正文、附件六个部分。

（1）封面。封面虽然只有一页纸，但它是房地产市场分析报告的"门面"，其版面应该根据分析机构的要求来设计，一般要求严肃、精致。

（2）目录。目录是关于报告中各项内容的一览表。分析报告的目录应该列出正文各部分内容的标题名称及页码，一般要求至少列出二级标题，如果需要还可以列出更下一级的标题。

（3）索引。在分析报告中，如果插入的图、表较多，为了阅读方便，可以列出图、表索引，索引的内容与目录相似，即列出图、表的编号，名称及所在的页码。

（4）摘要。摘要是对房地产市场分析活动所获得的主要结果的概括性的说明，是分析报告中极其重要的部分。阅读分析报告的人往往对分析过程的复杂细节没有兴趣，他们只想知道分析研究活动的主要结果和结论。摘要应该用清晰、简洁，概的文字扼要地说明分析的目的、分析手段和方法、分析的主要内容以及主要结果和结论等。

（5）正文。市场分析报告正文必须包括研究活动的全部事实，包括分析目的、分析内容、分析方法、分析结果、结论与建议等。分析报告正文之所以要呈现市场分析活动的全部资料，原因在于两个方面：一是，让阅读报告的人了解分析结果是否客观、科学、准确、可信；二是，让报告的使用者能够从分析结果中得出他们自己的结论，而不受分析人员的影响。

（6）附件。附件是市场分析报告正文包含不了或没有提及，但与正文有关，必须附加说明的部分，是对正文报告的补充或更详尽的说明。一般包括：数据汇总表、原始资料、背景材料、必要的工作技术报告等。

（二）房地产市场分析报告的主要内容

市场分析报告通常由以下几部分内容组成。

（1）地区经济分析。该部分主要研究地区经济环境，通常分为两个部分：一是，地区经济的基本趋势分析；二是，地区基础产业和新兴战略产业的发展趋势分析。地区经济及基础产业、新兴产业的发展方向、增长速度，对整个地区所有房地产业的发展都有重要影响。任何房地产的价格起伏及供求变化，其基础影响因素都来自房地产所处地区的经济环境，所以对地区经济环境的基本判断是对各类房地产市场研究的基础。

（2）区位分析。该部分是开发地点多种用途比较分析，是为一块土地选择用途，即该地点的最佳用途分析。这项内容是进行投资决策时的主要分析内容。严格地说，它是一项非常复杂的工作，往往要将项目地块所在区位与类似区位进行比较，发现市场机会；在有两个或两个以上的可选用途时，就要对每一种可能的用途进行分析比较。此处所指的区位分析是在宏观层次上的。如果是在宏观和微观层次上都作比较，它就可称作是可行性研究的全部，包含了房地产市场分析的全部内容。

（3）市场概况分析。该部分是对地区房地产发展概况的分析，预测本地区房地产各类市场总的未来趋势，并把项目及其所在的专业市场放在整个地区经济中，考察其地位和状况，分析人口、公共政策、经济、法律是否支持该项目。在这项分析中，要通过人口、就业、收入等资料，推算出各类专业市场总的供需趋势，及项目所在专业市场的总需求增量。

（4）市场供求分析。市场供求分析需要进行两个方面的分析，一是，分析市场中各子市场的供需关系，求出各子市场的供需缺口；二是，将供需缺口最大的子市场确定为目标子市场，具体求出目标子市场供需缺口量（即未满足的需求量）。该部分要确定市场研究区域并进行市场细分，通过区域内同类产品子市场已建、在建、拟建及空置情况分析预测供给。通过区域内同类产品子市场所对应的人口数量、就业情况、居民的收入细分、居住水平情况，估计子市场需求，对比供给与需求，得到子市场的供需缺口。

（5）项目竞争分析。该部分内容主要是将目标项目与其竞争项目进行对比分析，估计其市场占有率（市场份额）。具体又分为两个方面：一是，在项目所在的子市场上，选择竞争项目，并指出销售最好的竞争项目。集中研究某一项目和单一户型，分析竞争项目的位置特征和销售率，认识竞争项目的竞争特点，指出其优势和劣势。二是，将竞争项目与目标项目进行竞争分析，预测项目一定价格和特征下的销售率情况，确定目标项目的竞争特点，估计其市场占有率。

（6）产品和市场定位。该部分是在竞争分析的基础上，通过 SWOT 分析，找出目标项目的竞争优势，提出强化目标项目竞争优势、弱化其劣势的措施，进行项目规划设计和产品功能定位。本部分要分析项目的地段、周围环境状况、户型和娱乐状况，进行消费者研究，指出房屋销售最好的户型，对项目产品进行市场定位，并指出其市场风险来源。

（7）售价和租金预测。该部分通过分析项目所在子市场未满足的需求量及各竞争项目的市场占有率情况，总结竞争项目在历史上的出售率、出租率及租金、售价情况，将目标项目与竞争项目进行对比分析，预测目标项目的租金和售价。

（8）吸纳量计划预测。该部分通过研究地区、价格和市场份额间的关系，将项目所在子市场中未满足的需求，按照各竞争项目的市场占有率进行分配，预测市场对目标项目的吸纳能力；同时进行消费者研究，估计市场销售情况，合理定出项目的吸纳量计划（即项目建成后一年或一段时间每月出租的面积或出售的房地产数量计划，或项目完全出租或出售的时间计划）。

（9）回报率预测。市场研究报告中也需要对目标项目的经济特性进行简要分析判断。这里首先要对项目的总开发成本进行预测，再根据项目最有可能的售价和租金、吸纳量计划分析结果，估计项目可以得到的回报率水平。该部分要进行一些现金流分析，作为可行性研究中财务分析的基础。

（10）敏感性分析。该部分要测定关键参数的敏感性，确定分析结果适用的范围，反映市场分析面对的不确定性。即测定关键参数变动范围，对分析中的关键假设，测定其在确保项目满足投资目标要求的情况下，允许变动的范围有多大。

（三）房地产市场分析报告应注意的问题

（1）在市场分析报告内容的选定上，必须保证真实性。市场分析报告中提到的情况和事实、引用的数据和资料，引证的事例和观点，都应当客观真实，如实反映客观事物的本来面目。同时，这些事实还必须具有全面性和代表性，能真实反映客观事物发展的内在规律，而不是脱离整体的孤零零的个别例证。建立在上述基础上的分析、说明、议论、评价和总结，也都应当是真实可信的。

（2）在市场分析报告文字的表述上，必须朴素严谨、把握好分寸和尺度。叙述事实不添枝加叶、总结成绩不夸大不拔高，揭露问题不歪曲不缩小，不文过饰非、粉饰太平。

（3）语言要生动、活泼，富有表现力。市场分析报告的语言除了具有公文的准确、通俗、简洁等特点之外，还力求生动活泼。但生动、活泼并不借助于描写手法，而常常得力于生动、活泼的群众语言和某些修辞手法。市场分析报告中常用的修辞手法有引用、设问、反问、排比、对偶、比喻，采用这些修辞手法，可以使语言富有感染力，增强说服力；可以把事实叙述得更清楚，可以更好地揭示事物的内在规律，使读者很快领悟到主旨；还可以讲清事物的发展过程，使之脉络清晰。

（4）运用市场分析的方法，要具有科学性、客观性。

（5）结构要严谨。要求各部分内容重点突出，逻辑性强。

（6）结论要明确。分析结论不能模棱两可，含糊其辞。要善于发现问题，敢于提出建议，以供决策参考，结论和建议可归纳为要点，使之更为醒目。

复 习 思 考 题

1. 何谓房地产市场？
2. 房地产市场的主要参与者有哪些？
3. 房地产市场的要素有哪些？
4. 房地产市场有哪些特点？
5. 房地产市场细分的方式有哪些？
6. 房地产市场结构可从哪些方面考察？
7. 分析描述房地产市场状况的指标有哪些类型？各自的含义是什么？它们相互之间的关系如何？
8. 如何认识房地产市场调查的重要性？
9. 房地产市场调查的基本内容有哪些？
10. 房地产市场调查有哪些步骤，应如何进行？
11. 何谓房地产市场分析？
12. 房地产市场分析有哪些作用？
13. 房地产市场分析的内容有哪些？
14. 房地产市场分析的方法有哪些？
15. 如何撰写房地产市场分析报告，报告由哪几部分组成？

第四章　房地产投资现金流量分析与资金时间价值

足够的现金流是房地产投资活动得以顺利进行的基础。房地产投资分析中，现金流的分析与预测是财务分析必不可少的环节。无论进行财务分析还是现金流分析，都必须具备一定的财务会计基础知识，同时还需掌握资金时间价值的概念以及资金等值计算的方法。

第一节　房地产投资概述

投资是指经济主体（个人或单位）以获得未来资金增值或收益为目的，预先垫付一定量的资金或实物，经营某项事业的经济行为。在商品经济中，投资是普遍存在的经济现象。房地产投资具有特定的投资对象，因而具有一定的特殊性。

一、房地产投资的概念

房地产投资是指经济主体以获得未来的房地产收益或资产增值为目的，预先垫付一定数量的资金或实物，直接或间接地从事或参与房地产开发经营与管理活动的经济行为。

由于土地和房屋空间可以承载人类的生产和生活等社会经济活动，土地资源又是稀缺的资源，因此围绕持有房地产或房地产权益的投资活动是人类最早的投资活动之一，不管这种投资活动是源于自用还是出租经营目的。

二、房地产投资的分类

房地产投资可以根据不同的标准进行分类，不同投资类型既相互联系又有一定的区别。房地产投资除了与一般投资行为一样划分为短期投资和长期投资、金融投资和实物投资外，还可以按照如下标准分类。

（一）按投资主体划分

根据房地产投资主体不同，房地产投资可分为政府投资、非营利机构投资、企业投资和个人投资。不同投资主体的投资目的有显著差异，政府投资和非营利机构投资更注重房地产投资的社会效益和环境生态效益，如公共租赁住房投资、绿色住宅示范项目投资等。企业投资和个人投资则更注重经济效益，如写字楼投资、商品住宅投资等。

（二）按经济活动类型划分

根据房地产业经济活动类型的不同，可以将房地产投资划分为从事土地开发活动的土地开发投资、从事各类房屋开发活动的房地产开发投资和从事各类房地产出租经营活动的房地产资产和运营投资。房地产业的中介服务和物业管理活动等也涉及投资行为，但通常不属于房地产投资研究的范畴。

（三）按物业用途类型划分

按照物业用途类型划分，房地产投资可以分为居住物业投资、商用物业投资、工业物业投资、酒店与休闲娱乐设施投资和特殊物业投资等。

1. 居住物业投资

居住物业是指供人们生活居住的房地产，包括政策性住房和商品住房。政策性住房又可细分为公共租赁住房、集租房、共有产权住房、安置房、非居住建筑改建宿舍型租赁住房等多种类型。商品住房又可细分为普通住宅、高档住宅、出租公寓和别墅等。

居住物业投资主要表现为开发投资，将建成后的住房出售给购买者，而购买者大都是以满足自用为目的，也有少量购买者将所购买的住房作为投资，出租给租户使用。由于人人都希望拥有自己的住房，而且这方面的需求随着人们生活水平的提高和支付能力的增强，不断向更高的层次发展，所以居住物业的市场最具潜力，投资风险也相对较小。

值得指出的是，随着政府住房保障制度的完善以及政策性住房需求的增加，通过与政府部门或机构合作开发建设政策性住房用于出租或出售，将逐步成为房地产开发投资者的重要投资选择。

2. 商用物业投资

商用物业又称经营性物业、收益性物业或投资性物业，是指能出租经营、为投资者带来经常性现金流收入的房地产，包括写字楼、零售商业用房（如店铺、超市、购物中心）等。

随着房地产市场的发展，商用物业投资的"开发—出售"模式，即将建成后的商用物业分割产权销售的模式越来越缺乏生命力，而"开发—持有"或整体出售给机构投资者统一持有的经营模式越来越成为一种趋势。由于商用物业投资的收入主要来自物业出租经营收入和物业资产升值，因此更适合作为长期投资，且收益水平与投资者管理商用物业的能力密切相关。

商用物业市场的繁荣除了与当地整体社会经济状况相关，还与工商贸易、金融保险、咨询服务、旅游等行业的发展状况密切相关。这类物业交易涉及的资金数量巨大，所以常在机构投资者之间进行。物业的使用者多用其提供的空间进行商业经营，并用部分经营所得支付物业租金。由于商用物业内经营者的效益在很大程度上受其与市场或客户接近程度的影响，所以位置对于这类物业有着特殊的重要性。

3. 工业物业投资

工业物业是指为人类生产活动提供空间的房地产，包括工业厂房、仓储物流、高新技术产业用房、研究与发展用房（又称工业写字楼）、数据中心用房等。工业物业投资既有"开发—出售"模式，也有"开发—持有"模式。将有限的资金集中用于生产经营环节而不是用于购置工业物业，是许多现代企业运营的潮流和趋势。用于出租经营的工业物业常常出现在工业开发区、工业园区、科技园区和高新技术产业园区、物流园区等。

一般来说，重工业厂房由于其建筑物的设计需要符合特定工艺流程的要求和设备安装的需要，通常只适合特定用户使用，因此不容易转手交易。高新技术产业用房和研究与发展用房则有较强的适应性。轻工业厂房介于上述两者之间。随着物流行业的发展，传统的以自用为主的仓储物流设施也越来越多地用于出租经营，成为工业物业的重要组成部分。

4. 酒店和休闲娱乐设施投资

酒店和休闲娱乐设施是为人们的商务或公务旅行、会议、旅游、休闲、康体娱乐活动提供入住空间的建筑，包括酒店、休闲度假中心、康体中心、赛马场、高尔夫球场等。严格地说，这类物业投资也属于商用物业投资，但其在经营管理服务活动上的特殊性，又使得其成为一种独立的物业投资类型。对酒店和休闲娱乐设施而言，其开发投资活动和经营管理活动的关联更加密切。以酒店为例，在其初始的选址和规划设计阶段，负责未来运营管理的酒店管理公司就会成为开发队伍的重要成员。

5. 特殊物业投资

特殊物业是指物业空间内的经营活动需要得到政府特殊许可的房地产，包括加油站、飞机场、车站、码头、高速公路、桥梁、隧道等。特殊物业的市场交易很少，这类物业投资多属长期投资，投资者靠日常经营活动的收益来回收投资、赚取投资收益。

值得指出的是，按照区域分类的房地产投资，越来越受到业界重视。因为即便是同一种物业类型，在不同的市场区域，其投资特性也会有显著差异。以2017年初的中国住房市场为例，一线城市和热点二线城市，由于供给不足导致的价格上涨压力非常大，但普通二线城市和大部分三、四线城市，则面临需求不足、供给过剩的去库存压力。因此，按区域差异对房地产投资进行分类，也是非常有意义的。目前，除了有一、二、三、四线城市的投资区域划分外，还有东中西部、城市群内和城市群外等划分方式。随着中国投资者"走出去"速度的加快，国内和国际的划分也越来越重要。据世邦魏理仕（CBRE）统计，2016年中国境外房地产投资规模达到280亿美元，排在前3位的投资目的地依次是美国、中国香港和英国，按金额排序的投资物业类型依次是写字楼、酒店、工业、商业零售和居住物业等。

三、房地产投资的形式

房地产投资的形式，通常可分为直接投资和间接投资两类，不同的房地产投资形式各有利弊。

（一）房地产直接投资

房地产直接投资是指投资者直接参与房地产开发或购买的过程，参与有关管理工作，包括开发投资和置业投资两种形式。

1. 房地产开发投资

在我国，房地产开发投资是指房地产开发法人单位统一开发的住宅、厂房、仓库、饭店、度假村、办公楼等房屋建筑物及其配套的服务设施，以及土地开发工程（如道路、给水、排水、供电、供热、通信、平整场地等基础设施工程）和土地购置的投资。

产业界所称的房地产开发投资，是指投资者从取得土地使用权开始，通过在土地上的进一步开发投资活动，即经过规划设计和工程建设等过程，建成可以满足人们某种需要的房地产产品，然后将其推向市场进行销售，转让给新的投资者或使用者，并通过转让过程收回投资、获取开发利润的过程。也可以将房地产开发投资理解为在这个过程中所投入的资金。

房地产开发投资通常属于中短期投资，它形成了房地产市场上的增量供给。当房地产开发投资者将建成后的房地产用于出租（如写字楼、公寓、仓储用房等）或经营（如商场、酒店等）时，短期开发投资就转变成了长期置业投资。

随着我国土地收购储备制度的建立和政府出让国有建设用地使用权方式的改

革，以土地一级开发为主的土地开发投资活动，已经逐步发展为房地产开发投资的一种独立形式。在土地开发投资过程中，政府土地储备机构经过土地征收、地上物征收补偿、人员安置补偿、市政基础设施和公共配套设施建设，使土地达到可供出让的条件，并在政府通过招标、拍卖或挂牌方式成功出让土地后，获得的土地开发补偿费收回投资、获取投资收益。

2. 房地产置业投资

房地产置业投资，是指面向已具备了使用条件或正在使用中的房地产，以获取房地产所有权或使用权为目的的投资。其对象可以是市场上的增量房地产（开发商新竣工的商品房），也可以是市场上的存量房地产（旧有房地产）。

房地产置业投资的目的一般有两个：一是满足自身生活居住或生产经营的需要，即自用；二是作为投资将购入的房地产出租给最终使用者，获取较为稳定的经常性收入。这种投资的另外一个特点，是在投资者不愿意继续持有该项物业时，可以将其转售给另外的置业投资者，并获取转售收益。

随着房地产市场的发展，对房地产置业投资的需求不断增长，许多房地产企业，正在从单一的房地产开发业务模式发展为开发投资和置业投资相结合的业务模式，以提升企业投资经营活动的稳定性，降低单一开发业务模式可能给企业带来的潜在风险。

此外，金融和保险等机构投资者的发展，尤其是房地产投资信托基金（REITs）的出现，使得房地产置业投资活动日益频繁，交易金额也越来越大型化。对于房地产机构投资者而言，缺乏房地产投资管理经验且具有低风险偏好的投资者，往往倾向于购买处于黄金地段的优质成熟物业，这类物业的购买价格高、收益水平较低但风险也低；而具备房地产投资管理经验的机构投资者，则更倾向于购买处于优良区位的新竣工甚至尚未竣工的物业，这类物业初始价值和收益水平较低，但随着投资者的持续资源投入和培育，物业价值和收益能力逐步提升，当达到成熟物业的情况时，投资者可能继续持有，也可能转让给前一类投资者。

（二）房地产间接投资

房地产间接投资主要是指将资金投入与房地产相关的权益或证券市场的行为，间接投资者无需直接参与房地产开发经营工作。

1. 投资房地产企业股票或债券

为了降低融资成本，越来越多的大型房地产开发投资企业希望通过资本市场直接融资，以支持其开发投资计划。房地产企业通过资本市场直接融资的，有首次公开发行（IPO）、配股、公开增发或定向增发、发行可转换债券等形式。例如，万科地产于 2007 年 8 月通过公开增发 3.17 亿股，募资权益资本 100 亿元；招商蛇口于 2006 年 8 月发行面值为 100 元的 5 年期可转换公司债券 1510 万张，募集资金 15.1 亿元；首开集团 2021 年 3 月发行 7.5 亿元公司债券。上述房地产企业的直接融资行为，不仅解决了企业发展面临的资金短缺问题，也为投资者提供了很好的间接投资房地产的机会，使其分享了房地产投资的部分收益，成为房地产间接投资者。

2. 投资房地产投资信托基金

房地产投资信托基金（Real Estate Investment Trusts，REITs）是指通过制订信托投资计划，信托公司与投资者（委托人）签订信托投资合同，通过发行信托受益凭证或股票等方式受托投资者的资金，用于房地产投资或房地产抵押贷款投资，并委托或聘请专业机构和专业人员实施经营管理的一种资金信托投资方式。

房地产投资信托基金（REITs），是购买、开发、管理和出售房地产资产的产业基金，REITs 的投资领域非常广泛，涉及各种不同类型的房地产（公寓、超市、商业中心、写字楼、零售中心、工业物业和酒店等）。REITs 的出现，使投资者可以把资金投入到由专业房地产投资管理者经营管理的房地产投资组合中，并将其收入现金流的主要部分分配给作为投资者的股东，而专业的投资管理者仅起到一个投资代理的作用。

投资者将资金投入 REITs 有很多优越性：第一，收益相对稳定，因为 REITs 的投资收益主要来源于其所拥有物业的经常性租金收入；第二，REITs 投资的流动性很好，因为 REITs 股份可在主要的证券交易所交易，投资者很容易将持有的 REITs 股份转换为现金，这就使得买卖 REITs 的资产或股份比在市场上买卖房地产更容易。

按资产投资的类型划分，REITs 分为权益型、抵押型和混合型三种形式。REITs 选择投资的领域非常广泛，其投资涉及许多地区的各种不同类型的房地产权益和抵押资产。由于有专业投资管理者负责经营管理，其收益水平也大大高于一般的股票收益，因而 REITs 往往成为个人投资者以及大型机构投资者（包括退休基金、慈善基金、保险公司、银行信托部门和共同基金等）间接投资房地产的重要工具。

REITs 作为一种创新的房地产金融工具，越来越得到政府和产业界的认同。2008 年 12 月 20 日，《国务院办公厅关于促进房地产市场健康发展的若干意见》（国办发〔2008〕131 号）中明确表示要"开展房地产投资信托基金试点"；2009 年 3 月 18 日人民银行和银监会发布《人民银行 银监会关于进一步加强信贷结构调整促进国民经济平稳较快发展的指导意见》（银发〔2009〕92 号），进一步提出"支持资信条件较好的房地产企业发行企业债券和开展房地产投资信托基金试点"。2016 年 5 月 17 日，国务院办公厅发布《国务院办公厅关于加快培育和发展住宅租赁市场的若干意见》（国办发〔2016〕39 号），提出"稳步推进房地产投资信托基金（REITs）试点"以支持专业化机构化租赁企业发展。2020 年 4 月 24 日，发布了《中国证监会　国家发展改革委关于推进基础设施领域不动产投资信托基金（REITs）试点相关工作的通知》（证监发〔2020〕40 号），随后，与试点相关的政策规则指引等技术文件迅速完善。2021 年 5 月 31 日，我国首批公募 REITs 基金正式开启集中认购，共 9 只产品，总募集金额约 314 亿元，首批公募 REITs 基金涉及的全部为基础设施领域。截至 2024 年 6 月 6 日，我国公募 REITs 首发上市共 36 只，累计发行规模达到 1 188.68 亿元，其中首发规模为 1 138.03 亿元；扩募上市 4 只，扩募规模为 50.64 亿元。36 只公募 REITs 的底层资产涵盖了收费公路、产业园区、水务、仓储物流、清洁能源、保障性租赁住房和消费性基础设施等。随着相关法律制度的完善，REITs 将会逐渐成为中国投资者青睐的投资工具。

房地产估价师在房地产投资信托基金发行和运营过程中有着重要的作用，首先是在 REITs 首次发行（IPO）和运营过程中，评估 REITs 所持有的房地产价值，首次发行过程中的估价服务，是 REITs 的定价基础；其次，是在运营过程中对 REITs 经营管理绩效进行评价，作为投资者进行买卖 REITs 券决策的基础。

3. 购买住房抵押贷款支持证券

住房抵押贷款证券化，是把金融机构所持有的个人住房抵押贷款债权转化为可供投资者持有的住房抵押贷款支持证券，以达到筹措资金、分散房地产金融风险等目的。购买住房抵押贷款支持证券的投资者，即成为房地产间接投资者。主要做法是：银行将所持有的个人住房抵押贷款债权，出售给专门设立的特殊目的公司（SPV），由该公司将其汇集重组成抵押贷款集合，每个集合内贷款的期限、计息方式和还款条件大体一致，通过政府、银行、保险公司或担保公司等担保，转化为信用等级较高的证券出售给投资者。购买抵押贷款支持证券的投资者可以间接地获取房地产投资的收益。

住房抵押贷款证券化兴起于 20 世纪 70 年代，现已成为美国、加拿大等市场经济发达国家住房金融市场上的重要筹资工具和手段，新兴国家和地区如泰国、韩国、马来西亚、中国香港等也开始了住房抵押贷款证券化的实践，使住房抵押贷款支持证券成为一种重要的房地产间接投资工具。随着中国住房金融市场的迅速发展，在中国推行住房抵押贷款证券化的条件已日趋成熟，中国建设银行已经进行了"建元 2005-1"和"建元 2007-1"个人住房抵押贷款证券化试点，投资者主要是保险公司、财务公司以及基金公司等银行间债券市场的机构投资者。为了解决住房公积金流动性问题，提高住房公积金体系的放贷能力，从 2015 年开始，上海、武汉、苏州、杭州等地的住房公积金管理中心先后发行了 20 多款公积金贷款证券化产品，从全球范围内看，受 2008 年美国次贷危机影响一度停滞的住房抵押贷款证券化操作，已经在完善监管的基础上恢复正常。

四、房地产投资的特点

受制于房地产的不可移动性、异质性和弱流动性等特性，形成了房地产投资区别于其他类型投资的重要特性。

（一）区位选择异常重要

房地产的不可移动性，决定了房地产投资的收益和风险不仅受地区社会经济发展水平和发展状况的束缚，还受到其所处区位及周边市场环境的影响。

人们常说位置决定了房地产的投资价值，房地产不能脱离周围的环境而单独存在，就是强调了位置对房地产投资的重要性。只有当房地产所处的区位对开发企业、置业投资者和租户都具有吸引力，即能使开发企业通过开发投资获取适当的开发利润、使置业投资者获取合理稳定的经常性租金收益、使租户方便地开展经营活动以赚取正常的经营利润并具有支付租金的能力时，这种投资才具备了基本的可行性。

房地产所处的宏观区位或区域对投资者也很重要。一宗房地产的投资价值高低，不仅受其当前租金或价格水平的影响，而且与其所处区域的物业整体升值潜力及影响这种升值潜力的社会经济和环境等因素密切相关。很显然，投资者肯定不愿意在经济面临衰退、人口不断流失、城市功能日渐衰退、自然环境日益恶化的区域进行房地产投资。因此，投资者在进行投资决策时，不仅关心某宗房地产及其所处位置的地理特性，而且十分重视分析和预测区域未来环境的可能变化。对于大型房地产投资者，还需要考虑房地产投资的区域组合，以有效管理和控制投资风险。

（二）适于进行长期投资

土地不会毁损，投资者在其上所拥有的权益通常在 40 年以上，而且拥有该权益的期限还可以依法延长；地上建筑物及其附属物也具有很好的耐久性，良好的维护管护还能进一步延长建筑物的寿命。因此，房地产投资非常适合作为一种长期投资。

房地产同时具有经济寿命和自然寿命。经济寿命是指地上建筑物对房地产价值持续产生贡献的时间周期。对于收益性房地产来说，其经济寿命就是从地上建筑物竣工之日开始，在正常市场和运营状态下，出租经营收入大于运营费用，即净收益大于零的持续时间。自然寿命是指从地上建筑物竣工之日开始，到建筑物的主要结构构件和设备因自然老化或损坏而不能继续保证建筑物安全使用为止的持续时间。

自然寿命一般要比经济寿命长得多。从理论上来说，当物业维护费用高到不能用其所得租金收入支付时，干脆就让它空置在那里。但实际情况是，如果物业维护状况良好，其较长的自然寿命可以使投资者从一宗房地产投资中获取多个经济寿命，因为如果对建筑物进行一些更新改造，改变建筑物的使用性质或目标租户的类型，投资者就可以用比重新购置另外一宗房地产少得多的投资，继续获取可观的收益。

因此，许多房地产开发企业都把房地产投资作为一项长期投资，从开发建设开始就重视其长期投资价值的创造、维护和保持，以使得房地产投资项目的全寿命周期利益最大化。

（三）需要适时地更新改造

从持有房地产作为长期投资的角度出发，必须努力使所投资的房地产始终能在激烈的市场竞争中处于有利的地位。这就要求投资者适时调整房地产的使用功能，以适应市场环境的变化。房地产的收益是在使用过程中产生的，投资者通过及时调整房地产的使用功能，使之适合房地产市场的需求特征，不仅能增加房地产投资的当前收益，还能保持甚至提升其所投资房地产的价值。例如，写字楼的租户需要更方便的网络通信服务，可以通过升级现有网络通信设施来满足这种需求；购物中心的租户需要改善消费者购物环境、增加商品展示空间，可以通过改造购物中心的空间布局来满足这些需求；公寓内的租户希望获得洗衣、健身、会议、办公服务，可以通过增加自助洗衣房、健身中心、共享办公空间来满足这些需求。

按照租户的意愿及时调整或改进房地产的使用功能十分重要，这可以极大地增加对租户的吸引力。对投资者来说，如果不愿意进行更新改造投资或者其所投资房地产的可改造性很差，则意味着会面临较大的投资风险。

（四）易产生资本价值风险

异质性是房地产的重要特性，市场上没有两宗完全相同的房地产。由于受区位和周围环境的影响，土地不可能完全相同，两幢建筑物也不可能完全一样，即使是在同一条街道两旁同时建设的两幢采用相同设计形式的建筑物，也会由于其内部附属设备、临街状况、物业管理情况等的差异而有所不同，而这种差异往往最终反映在两宗房地产的租金水平和出租率等方面。

房地产的异质性，也导致每宗房地产在市场上的地位和价值不可能一致。这就为房地产市场价值和投资价值的判断带来了许多困难，而且相同市场价值的房地产也会有因人而异的投资价值，使投资者面临资本价值风险。因此，房地产投资者除了需要聘请专业房地产估价师帮助其进行价值判断以外，还要结合自身的眼光、能力和经验进行独立判断。

（五）变现性差

变现性差是指房地产投资在短期内无损变现的能力差，这与房地产资产的弱流动性特征密切相关。虽然房地产资产证券化水平在逐渐提高，但也不能从根本上改变房地产资产流动性差的弱点。

房地产资产流动性弱的原因，与房地产和房地产市场的本质特性密切关联。一方面，由于房地产的各种特征因素存在显著差异，购买者也会存在对种种特征因素的特定偏好，因此通常需要进行多次搜寻才能实现物业与购买者偏好的匹配；另一方面，对于同一物业而言，不同卖方和买方的心理承受价格都存在差异，只有经过一段时间的搜寻和议价，实现买卖双方心理承受价格的匹配，才有可能达成交易。而房地产价值量大所导致的买卖双方交易行为的谨慎，以及房地产市场的交易分散、信息不完备程度高等特点，又进一步延长了搜寻时间。房地产的变现性差往往会使房地产投资者因为无力及时偿还债务而破产。

（六）易受政策影响

房地产投资容易受到政府宏观调控和市场干预政策的影响。由于房地产在社会经济活动中的重要性，各国政府均对房地产市场倍加关注，经常会有新的政策措施出台，以调整房地产开发建设、交易、持有和使用过程中的法律关系和经济利益关系。而房地产不可移动等特性的存在，使房地产投资者很难避免这些政策调整所带来的影响。政府土地供给、公共住房、房地产金融、财政税收和市场规制等政策的调整，都会影响房地产的市场价值，进而对房地产投资意愿、投资效果产生影响。

（七）依赖专业管理

房地产投资离不开专业化的投资管理活动。在房地产开发投资过程中，需要投资者在获取土地使用权、规划设计、工程管理、市场营销、项目融资等方面具有专业管理经验和能力。房地产置业投资，也需要投资者考虑租户、租约、维护维修、安全保障等问题，即使置业投资者委托了专业物业资产管理公司，也要有能力审查批准物业资产管理公司的管理计划，与物业资产管理公司一起制定有关的经营管理策略和指导原则。此外，房地产投资还需要房地产估价师、房地产经纪人员、财务顾问、法律顾问等提供专业服务，以确保置业投资总体收益的最大化。

（八）存在效益外溢和转移

房地产投资收益状况受其周边物业、城市基础设施与市政公用设施和环境变化的影响。政府在道路、公园、博物馆等公共设施方面的投资，能显著提高附近房地产的市场价值和收益水平，邻近区域内不同档次的同类物业，也会因彼此的影响导致价值的提升或降低。例如城市快速轨道交通线的建设，使沿线房地产资产由于出租率和租金水平的上升而大幅升值；城市棚户区改造、城中村改造等大型城市更新项目的实施，也会使周边房地产的市场价值大大提高；普通商品住宅周边有高档住宅时，其价值也会得到一定程度的提升。从过去的经验来看，能准确预测到政府大型公共设施建设并在附近预先投资的房地产投资者，都获得了较大成功。

第二节　会计基础知识

会计是以货币为主要计量单位，采用专门的方法和程序，对企业和行政、事业单位的经济活动过程及其结果进行准确完整、系统连续的核算和监督，为外部与企业有经济利害关系的投资人、债权人、政府部门和社会公众提供企业的财务状况、经营状况、现金流量等会计信息为主要目标而进行的经济管理活动。会计信息能够反映企业管理层受托责任履行情况，帮助财务报告使用者做出经济决策。

财务会计不仅为房地产投资的经济分析提供了基本的思路和方法，相关信息也是房地产投资财务分析和房地产估价参数分析、选择、判断的依据之一。本节主要介绍房地产投资分析和房地产估价需要熟悉或掌握的会计基本假设与会计基础、会计信息处理程序、会计要素和会计等式、会计报表等内容。

一、会计假设与会计基础

（一）会计假设

会计假设是会计核算的基本前提，是对会计核算所处的时间、空间环境所作的合理设定。由于会计核算是在一定的经济环境下进行的，而特定的经济环境中必然存在各种不确定性，会计假设就是对这些不确定性做出较为合理的设定。会计假设包括会计主体假设、持续经营假设、会计分期假设和货币计量假设。会计主体确定了会计核算的空间范围；持续经营和会计分期确立了会计核算的时间范围；货币计量为会计核算提供了必要的手段。会计核算的四个假设相互依存，没有会计主体，就没有持续经营和会计分期；没有货币计量，也就没有现代会计。

1. 会计主体

会计主体也称会计实体、会计个体，是指有独立资金、进行独立的经营活动、实行独立核算的特定单位或组织。这一假定的主要意义在于界定从事会计工作和提供会计信息的空间范围，体现了会计信息系统为微观经济服务的属性。同时也表明会计仅反映、监督其提供服务的单位的经济活动，而不反映其他单位或投资者和职工个人的活动。

会计主体不同于法律主体。一般来说，法律主体肯定是会计主体，但会计主体不一定是法律主体。比如，一个由母公司和若干子公司组成的企业集团，母公司和子公司均是独立的法律主体，同时也都是会计主体，应当各自建立其会计核算体系，独立地反映其财务状况、经营成果和现金流量。同时，由母公司和子公司组成的企业集团虽然不是法律主体，但为了全面反映企业集团的财务状况和经营成果，有必要通过编制合并会计报表反映企业集团整体的财务状况、经营成果和现金流量，此时，企业集团即是会计主体。有时，为了内部管理的需要，对企业内部的部门也单独加以核算，并编制内部会计报表，这种企业内部的核算单位也可以视为一个会计主体，比如，房地产开发企业的某一个项目部进行的会计核算。

2. 持续经营

持续经营是指会计主体在可以预见的将来，将根据既定的经营方针和目标不断地经营下去，即在可以预见的未来，企业不会被宣告破产或进行清算，持有的资产将正常运营，负债将继续进行清偿。

持续经营假设的主要意义在于使会计核算与监督建立在非清算的基础上，从而解决了资产计价、负债清偿和收益确认等问题。如果企业在经营过程中被宣告破产或者进行清算，持续经营的假设将被清算的规则替代。

3. 会计分期

会计分期是将一个企业持续经营的生产活动划分为若干个连续的、长短相同的期间，又称会计期间。会计分期假设的主要意义在于界定会计核算的时间范围。会计分期为分期计算盈亏奠定了基础。

最常见的会计期间是一年，以一年确定的会计期间称为会计年度，按年度编制的财务会计报表也称为年报。根据《中华人民共和国会计法》的规定，我国会计年度和财政年度一致，按公历年度计算，每年的起止日期为1月1日起至12月31日止。为满足人们对会计信息的需要，也要求企业按短于一年的期间编制财务会计报告，如半年度、季度和月度，均按公历起讫日期确定，称为会计中期报告。

4. 货币计量

货币计量是指记录和反映企业的生产经营活动时采用货币作为计量单位。货币计量假设的主要意义在于，通过一般等价物的货币，以数量形式综合反映企业的财务状况和经营成果。企业应该以人民币作为记账本位币，如果企业的经营活动涉及外币，也可以选择一种外币作为记账本位币，但在境内提供财务报表时，要求将外币报表折算为以人民币列报的会计报表。

（二）会计基础

会计基础是指会计确认、计量和报告的基础，是会计主体确认收入和费用归属于哪个会计期间的标准。会计基础主要有两种，即权责发生制和收付实现制。

权责发生制是指当期已经实现的收入和已经发生或应负担的费用，无论是否收付，都应该作为当期的收入和费用，计入利润表；凡是不属于当期的收入和费用，即使款项已在当期收付，也不应该作为当期的收入和费用。

收付实现制是以收到或支付货币作为确认收入和费用的依据，将收入和费用计入收支发生期间的利润表中，不考虑实际应由哪个会计期间负担。

目前我国企业会计的确认、计量和报告都应该以权责发生制为基础，行政事业单位是以收付实现制为会计基础的。

二、会计信息处理程序

财务会计是将单位发生的经济活动加工成会计信息。会计信息处理程序包括确认、计量、记录和报告四个环节。企业应当对其本身发生的交易或者事项采用权责发生制的方式进行会计确认、计量、记录和报告。

（一）会计确认

会计确认是按照规定的标准、方法辨认和确定交易事项是否影响会计要素，是否应进行会计记录并列入财务报表的过程。会计确认分为初次确认和再次确认。初次确认的目的是排除不属于会计核算范围的经济信息，将属于会计核算标准的信息纳入会计信息处理程序中；再次确认的目的是对已经纳入会计信息处理程序的信息进行整理、分析，最终对外提供会计信息。经过初次确认和再次确认，可以确保会计信息的真实性与可靠性。

（二）会计计量

会计计量是为了将符合确认条件的会计要素登记入账并列报于财务报表而确定其金额的过程。会计计量的关键是计量单位和计量属性的选择。会计以货币为主要的计量单位，有时也会采用实物量和劳动量单位。计量属性是会计要素的数量特征或外在表现形式，是会计要素金额的确定基础。会计计量属性主要包括历史成本、重置成本、可变现净值、现值、公允价值等。

1. 历史成本

历史成本又称实际成本，是指为取得或制造某项财产物资时实际支付的现金或现金等价物的金额。企业在对会计要素进行计量时，一般应当采用历史成本。资产按照购置时支付的现金或者现金等价物的金额，或者按照购置资产时所付出的对价的公允价值计量。负债按照因承担现时义务而实际收到的款项或者资产的金额，或者承担现时义务的合同金额，或者按照日常活动中为偿还负债预期需要支付的现金或者现金等价物的金额计量。

2. 重置成本

重置成本又称现行成本，是指在当前市场条件下，重新取得同样一项资产所需支付的现金或现金等价物的金额。财务会计中，重置成本主要用于盘盈物资的计量。

3. 可变现净值

可变现净值，是指资产在正常生产经营过程中，以预计售价减去进一步加工成本和预计销售费用以及相关税费后的净值。可变现净值主要用于存货的减值等后续计量。

4. 现值

现值是指对未来现金流量以恰当的折现率进行折现后的价值，是考虑资金时间价值的一种计量属性。

5. 公允价值

公允价值是指市场参与者在计量日发生的有序交易中，出售一项资产所能收到或者转移一项负债所需支付的价格。在公允价值计量下，资产和负债按照在公平交易中，熟悉情况的交易双方自愿进行资产交换或者债务清偿的金额计量。公允价值适用于交易性金融资产的计量。

（三）会计记录

会计记录是指对经过会计确认、会计计量的经济业务，采用一定方法记录下来的过程。在会计记录中，对于经过确认而可以进入会计信息系统处理的每项数据，要运用预先设计的账户和有关文字及金额，按复式记账规则的要求，在账簿上加以登记。会计记录是会计核算中的重要环节之一。通过会计记录，不仅对资本的运动进行详细与具体地描述和量化，也对数据进行了分类、汇总及加工。只有经过这一程序，会计才能生成有助于经济决策等方面的财务信息。

（四）会计报告

会计报告是指单位会计部门根据经过审核的会计账簿记录有关资料，编制并对外提供的、反映单位某一特定日期财务状况和某一会计期间经营成果、现金流量及所有者权益等会计信息的总结性书面文件。财务会计报告对投资者、债权人等的经济决策有着重要的作用。

会计报告包括会计报表和其他应当在财务报告中披露的相关信息和资料。其中，会计报表由报表本身和附注两部分组成。会计报表主要包括资产负债表、利润表、现金流量表、所有者权益变动表。财务会计报表附注是对会计报表中列示项目所作的进一步解释，以及对未能在这些报表中列示项目的说明等。附注由若干附表和对有关项目的文字性说明组成。附注是为了能够更加全面、系统地反映企业财务状况、经营成果和现金流量的全貌，向使用者提供更为有用的决策信息。

三、会计要素与会计等式

会计要素是会计核算对象的基本分类，是设定会计报表结构和内容的依据，也是进行确认和计量的依据。会计要素主要包括资产、负债、所有者权益、收入、费用和利润六大类，六类要素之间存在着紧密的内在联系。

（一）会计要素

1. 资产

资产是指过去的交易或事项形成的，由企业拥有或者控制的，预期会给企业带来经济利益的资源。企业过去的交易或者事项包括购买、生产、建造行为或其他交易或者事项。预期在未来发生的交易或者事项不形成资产。由企业拥有或者控制，是指企业享有某项资源的所有权，或者虽然不享有某项资源的所有权，但该资源能被企业所控制，例如，企业购买的设备具有所有权，租赁的设备虽然没有所有权，但拥有控制权，两者都属于企业的资产。预期会给企业带来经济利益，是指直接或者间接导致现金和现金等价物流入企业的潜力。将一项资源确认为资产，需要符合资产的定义，并同时满足以下条件：①与该资源有关的经济利益很可能流入企业；②该资源的成本或者价值能够可靠地计量。

2. 负债

负债是指企业过去的交易或者事项形成的，预期会导致经济利益流出企业的现时义务。现时义务是指企业在现行条件下已承担的义务。未来发生的交易或者事项形成的义务，不属于现时义务，不应当确认为负债。将一项义务确认为负债，需要符合负债的定义，还需要同时满足以下两个条件：①与该义务有关的经济利益很可能流出企业；②未来流出的经济利益的金额能够可靠地计量。

3. 所有者权益

所有者权益是指企业资产扣除负债后由所有者享有的剩余权益。公司的所有者权益又称为股东权益。所有者权益的来源包括所有者投入的资本、直接计入所有者权益的利得和损失、留存收益等。所有者权益的确认和计量取决于资产和负债的计量，数量上等于资产总额扣除债权人权益后的净额，因此又称为企业的净资产，反映着所有者（股东）在企业享有的经济利益。

直接计入所有者权益的利得和损失，是指不应计入当期损益、会导致所有者权益发生增减变动的、与所有者投入资本或者向所有者分配利润无关的利得或者损失。利得是指由企业非日常活动所形成的、会导致所有者权益增加的、与所有者投入资本无关的经济利益的流入，如现金的盘盈或接受捐赠等。损失是指由企业非日常活动所发生的、会导致所有者权益减少的、与向所有者分配利润无关的经济利益的流出，如偶然灾害造成的损失等。

4. 收入

收入是指企业在日常活动中形成的（销售商品或提供劳务）、会导致所有者权益增加的、与所有者投入资本无关的经济利益的总流入。日常活动是指企业为完成其经营目标所从事的经常性活动以及与之相关的活动。将一项经济利益的流入确认为收入，除了应当符合收入定义外，还至少应当符合以下条件：①与收入相关的经济利益很可能流入企业；②经济利益流入企业的结果会导致企业资产的增加或者负债的减少；③经济利益的流入额能够可靠地计量。

5. 费用

费用是指企业在日常活动中发生的、会导致所有者权益减少的、与向所有者分配利润无关的经济利益的总流出。费用只有在经济利益很可能流出从而导致企业资产减少或者负债增加且经济利益的流出额能够可靠计量时才能予以确认。

企业为生产产品、提供劳务等发生的可归属于产品成本、劳务成本等的费用，应当在确认产品销售收入、劳务收入等时，将已销售产品、已提供劳务的成本等计入当期损益。企业发生的支出不产生经济利益的，或者即使能够产生经济利益但不符合或者不再符合资产确认条件的，应当在发生时确认为费用，计入当期损益。企业发生的交易或者事项导致其承担了一项负债而又不确认为一项资产的，应当在发生时确认为费用，计入当期损益。

6. 利润

利润是指企业在一定会计期间的经营成果，利润包括收入减去费用后的净额、直接计入当期利润的利得和损失等。直接计入当期利润的利得和损失，是指应当计入当期损益、会导致所有者权益发生增减变动的、与所有者投入资本或者向所有者分配利润无关的利得或者损失。利润金额取决于收入和费用、直接计入当期利润的利得和损失金额的计量。

（二）会计等式

会计等式，是在会计核算中反映各个会计要素数量关系的等式，是复式记账、试算平衡和编制会计报表的理论依据。会计等式包括静态会计等式和动态会计等式。

1. 静态会计等式

静态会计等式又称为财务状况等式，是反映资产、负债和所有者权益三大会计要素的内在关系，表明企业在某一特定时点资金的占用及其来源的恒等式。资金的占用以不同类型的资产表示，资金来源包括债权人和投资者两类，分别用负债和所有者权益表示。静态会计等式是设置账户、复式记账、试算平衡和编制资产负债表的理论依据。

静态会计等式的基本形式：

$$资产 = 负债 + 所有者权益 \tag{4-1}$$

$$所有者权益 = 资产 - 负债 \tag{4-2}$$

2. 动态会计等式

动态会计等式是反映企业在一定会计期间经营成果的会计等式，是由动态会计要素组合而成。

动态会计等式的基本形式：

$$收入 - 费用 = 利润 \tag{4-3}$$

以上等式只考虑了正常营业形成的利润，称为营业利润，如果考虑直接计入当期利润的利得和损失，则有：

$$利润总额 = 收入 - 费用 + (直接计入当期利润的利得 - 损失) \tag{4-4}$$

四、会计报表

（一）会计报表及其作用

会计报表是根据账簿上所记录的资料，经过整理、归类、汇总，按照既定的格式和种类编制的表式报告，用以概括、系统地反映企业在一定时期内的经济活动情况和经营成果。会计核算中的报账，主要是通过编制会计报表来进行的，它是会计核算工作的一种专门方法。

会计报表由主表和附注组成，主表有资产负债表、利润表、现金流量表、所有者（股东）权益变动表。资产负债表是反映企业在某一特定日期的财务状况的报表；利润表是反映企业在一定会计期间的经营成果的报表；现金流量表是反映企业在一定会计期间的现金和现金等价物流入和流出的报表；所有者权益变动表是反映公司本期（年度或中期）内至截至期末所有者权益变动情况的报表；附表是对主表的进一步补充，如资产减值准备明细表、利润分配表等。

会计报表的作用，主要有以下几个方面：

（1）会计报表是与企业有经济利害关系的外部单位和个人了解企业的财务状况和经营成果，并据以做出决策的重要依据。如，投资人可以在了解企业的经营和财务状况的基础上进行投资决策，金融机构可以通过判断企业的偿债能力和盈利能力做出提供借贷资金方面的决策等。

（2）会计报表是国家经济管理部门进行宏观调控和管理的信息源。如，相关部门通过了解不同行业的发展状况和趋势制定相应的产业政策，税务部门可以将会计报表信息作为依法征收利税的依据等。

（3）会计报表是企业内部加强和改善经营管理的重要依据。根据报表提供的经济信息，企业管理者能够判断企业的资本结构是否合理，是否有较强的盈利能力和偿债能力，是否有足够且健康的现金流等，进而为进一步改善经营管理做出决策，并为企业制定发展规划。

总之，会计报表是企业会计核算的最终结果，综合地反映了企业的财务状况和经营成果，每个使用者都可以根据自己的需要，通过会计报表分析，取得有用的重要信息。

（二）会计报表的种类

按照不同的标准，会计报表可以分为不同的类别。

1. 按照报表所反映的财务活动方式和经济内容分类

会计报表按其反映的财务活动方式和经济内容，可以分为动态会计报表和静态会计报表。动态会计报表是反映一定时期内经营成果和现金流量的报表，静态会计报表是反映企业在一定日期资产和权益总额的报表，利润表和现金流量表属于动态会计报表，资产负债表属于静态会计报表。

2. 按照报表编制和报送的时间分类

会计报表按其编报的时间，可以分为年度报表和中期报表，中期报表包括月度报表、季度报表、半年度报表。中期报表只包括最主要的会计报表（资产负债表及利润表），反映报告期财务、成本的基本情况，年报则包括全部会计报表，全面反映全年财务状况、经营成果和现金流量情况和结果。年度会计报表是总结全年经济活动和财务状况的报表，所以也称为年度决算报告。

3. 按照报表编制的单位分类

按照报表的编制单位，会计报表可分为单位（基层）报表、汇总报表和合并报表。

基层报表是由独立核算单位根据账簿编制的。

汇总报表是由上级单位根据所属单位上报的会计报表和汇总单位本身的会计报表进行综合汇总编制。汇总报表通常是按照隶属关系逐级汇总，以便各级主管单位了解所属单位生产经营活动情况。

合并报表以整个企业集团作为一个会计主体，以组成企业集团的母公司的个别会计报表为基础，抵消内部会计事项对合并报表的影响后，由母公司编制，以便综合反映企业集团整体经营成果和财务状况。

4. 按照报表的服务对象分类

会计报表按其服务的对象，可以分为对内报表和对外报表。对内报表是指为企业内部经营管理服务而编制的、不对外公开的会计报表，不要求统一格式，没有统一指标体系，如成本表；对外报表是指企业为满足国家宏观经济管理部门、投资者、债权人及其他有关会计信息使用者对会计信息的需求而编制的对外提供服务的会计报表，它要求有统一的报表格式、指标体系和编制时间等，资产负债表、利润表和现金流量表等均属于对外报表。

必须指出的是，会计报表的主要特点，是以一系列数字指标来说明情况和反映问题的，有很大的综合性和概括性。为了充分发挥会计报表的作用，在编制会计报表的同时，一般还要编制财务情况说明书，主要说明企业的生产经营状况、利润实现和分配情况、资金增减和周转情况、税金缴纳情况、各项财产物资变动情况、对本期或者下期财务状况发生重大影响的事项、资产负债表日后至报出财务报告前发生的对企业财务状况变动有重大影响的事项等。

（三）资产负债表

资产负债表是综合反映企业一定日期财务状况的会计报表，主要反映资产、负债以及所有者权益三方面的内容，其基本原理是会计恒等式"资产＝负债＋所有者权益"。资产负债表采用账户式结构，左方反映资产类，右方反映负债及所有者权益类。左右两方的金额合计必定相等，保持平衡。资产负债表主要是根据各种账簿记录编制。

资产负债表是企业经营活动的静态体现，反映企业在某一特定日期所拥有或控制的经济资源（资产）、所承担的现有义务（负债）和所有者对净资产（所有者权益）的要求权等情况。通过资产负债表，使用者可以全面了解企业的财务状况、分析企业偿债能力，从而为经济决策提供依据。因此，资产负债表是企业的投资者和债权人最关心的重要报表之一。它对促使企业合理使用经济资源，改善和加强经营管理具有重要意义。

资产负债表中资产类所列项目包括流动资产和非流动资产，负债包括流动负

债和非流动负债，所有者权益包括实收资本、资本公积、盈余公积及未分配利润
等。资产负债表的格式如表 4-1 所示。

资产负债表　　　　　　　　　　　　表 4-1

年　月　日　　　　　　　　　　单位：元

资产	期末余额	年初余额	负债和所有者权益（或股东权益）	期末余额	年初余额
流动资产：			流动负债：		
货币资金			短期借款		
交易性金融资产			交易性金融负债		
衍生金融资产			衍生金融负债		
应收票据			应付票据		
应收账款			应付账款		
应收款项融资			预收款项		
预付款项			合同负债		
其他应收款			应付职工薪酬		
存货			应交税费		
合同资产			其他应付款		
持有待售资产			持有待售负债		
一年内到期的非流动资产			一年内到期的非流动负债		
其他流动资产			其他流动负债		
流动资产合计			流动负债合计		
非流动资产：			非流动负债：		
债权投资			长期借款		
其他债权投资			应付债券		
长期应收款			其中：优先股		
长期股权投资			永续债		
其他权益工具投资			租赁负债		
其他非流动金融资产			长期应付款		
投资性房地产			预计负债		
固定资产			递延收益		

续表

资产	期末余额	年初余额	负债和所有者权益（或股东权益）	期末余额	年初余额
在建工程			递延所得税负债		
生产性生物资产			其他非流动负债		
油气资产			非流动负债合计		
使用权资产			负债合计		
无形资产			所有者权益（或股东权益）：		
开发支出			实收资本（或股本）		
商誉			其他权益工具		
长期待摊费用			其中：优先股		
递延所得税资产			永续债		
其他非流动资产			资本公积		
非流动资产合计			减：库存股		
			其他综合收益		
			专项储备		
			盈余公积		
			未分配利润		
			所有者权益（或股东权益）合计		
资产总计			负债和所有者权益（或股东权益）总计		

1. 流动资产与非流动资产

流动资产是指可以在一年或者超过一年的一个营业周期内变现或者运用的资产，主要包括货币资金、短期投资、应收和预付款项、存货、待摊费用等。流动资产具有周转速度快，变现能力强的特点。

满足下列条件之一的资产，应当归类为流动资产：

（1）预计在一个正常营业周期中变现、出售或耗用；

（2）主要为交易目的而持有；

（3）预计在资产负债表日起一年内（含一年）变现；

（4）自资产负债表日起一年内，交换其他资产或清偿负债的能力不受限制的现金或现金等价物。

流动资产以外的资产均为非流动资产，主要包括长期投资、固定资产、无形资产、递延资产等。非流动资产具有占用资金多，周转速度慢、变现性差等特点。

2. 流动负债与非流动负债

流动负债是企业将在一年内或超过一年的一个营业周期内偿还的债务，主要包括短期借款、应付和预收款项、应交税费、应付利润及预提费用等。流动负债与流动资产是密切相关的，通过两者的比较可以大致了解企业的短期偿债能力和清算能力。

满足下列条件之一的负债，应当归类为流动负债：

（1）预计在一个正常营业周期中清偿；

（2）主要为交易目的而持有；

（3）自资产负债表日起一年内到期应予清偿；

（4）企业在资产负债表日没有将负债清偿推迟至资产负债表日后一年以上的实质性权力。

非流动负债又称长期负债，是指偿还期在一年以上或超过一年的一个正常营业周期以上的各种负债，主要包括长期借款、应付债券、长期应付款、预计负债等。非流动负债主要是企业为筹集长期投资项目所需资金而发生的，如果非流动负债增加，说明企业通过负债获得的资产比重加大，会带来较高的债务风险。

需要注意的是，对于自资产负债表日起一年内到期的负债，企业有意图且有能力自主地将清偿展期至资产负债表日后一年以上的，应当归类为非流动负债；不能自主地将清偿债务展期的，即使在资产负债表日后、财务报告批准报出日前签订了重新安排清偿计划协议，该项负债仍归类为流动负债。企业在资产负债表日或之前违反了长期借款协议，导致贷款人随时要求清偿的负债，应当归类为流动负债。贷款人在资产负债表日或之前同意提供在资产负债表日后一年以上的宽限期，企业能够在此期限内改正违约行为，且贷款人不能要求随时清偿，该项负债应当归类为非流动负债。

3. 所有者权益（或股东权益）

所有者权益包括实收资本、资本公积、盈余公积及未分配利润、其他权益工具等。高危行业企业按国家规定提取的安全生产费的期末账面价值计入所有者权益的"专项储备"中。

（四）利润表

利润表是反映企业在一定会计期间经营成果的财务报表。编制利润表的主要目的是将企业经营情况及其成果信息，提供给各种报表使用者，以供他们作为决策的依据或参考。

当前国际上常用的利润表格式有单步式和多步式两种。单步式是将当期收入总额相加，然后将所有费用总额相加，一次计算出当期收益的方式，其特点是所提供的信息都是原始数据，便于理解；多步式利润表是通过对收入、费用按性质加以归类，按利润形成的主要环节列示一些中间性利润指标，分步计算当期净损益。我国的利润表属于多步式，有营业利润、利润总额和净利润三个层次。

营业利润是指企业在销售商品、提供劳务等日常活动中所产生的利润，是企业最基本经营活动的成果，也是企业一定时期获得利润中最主要、最稳定的来源。营业利润的计算公式为：

营业利润 = 营业收入 − 营业成本 − 税金及附加 − 销售费用 − 管理费用 −
　　　　　研发费用 − 财务费用 + 其他收益 + 投资收益 +
　　　　　净敞口套期收益 + 公允价值变动收益 − 信用减值损失 −
　　　　　资产减值损失 + 资产处置收益　　　　　　　　　　　　　　(4-5)

其中：营业收入 = 主营业务收入 + 其他业务收入；营业成本 = 主营业务成本 + 其他业务成本；

利润总额是企业在一定时期内通过生产经营活动所实现的最终财务成果。利润总额应按规定在国家与企业之间进行分配。

利润总额 = 营业利润 + 营业外收支净额　　　　　　(4-6)

净利润是指企业当期利润总额减去所得税费用后的金额，即企业的税后利润。所得税是指企业将实现的利润总额按照所得税法规定的标准向国家计算缴纳的税金。

净利润 = 营业总额 − 所得税费用　　　　　　(4-7)

利润表的格式见表 4-2。

利润表　　　　　　　　　　　　　　　表 4-2
年　　月　　　　　　　　　　　　单位：元

项目	本期金额	本年金额
一、营业收入		
减：营业成本		
税金及附加		
销售费用		
管理费用		
研发费用		
财务费用		

续表

项目	本期金额	本年金额
其中：利息费用		
利息收入		
加：其他收益		
投资收益（损失以"－"号填列）		
其中：对联营企业和合营企业的投资收益		
以摊余成本计量的金融资产终止确认收益（损失以"－"号填列）		
净敞口套期收益（损失以"－"号填列）		
公允价值变动收益（损失以"－"号填列）		
信用减值损失（损失以"－"号填列）		
资产减值损失（损失以"－"号填列）		
资产处置收益（损失以"－"号填列）		
二、营业利润（亏损以"－"号填列）		
加：营业外收入		
减：营业外支出		
三、利润总额（亏损总额以"－"号填列）		
减：所得税费用		
四、净利润（净亏损以"－"号填列）		
（一）持续经营净利润（净亏损以"－"号填列）		
（二）终止经营净利润（净亏损以"－"号填列）		
五、其他综合收益的税后净额		
（一）以后不能重分类进损益的其他综合收益		
1. 重新计量设定受益计划净变动额		
2. 权益法不能转损益的其他综合收益		
3. 其他权益工具投资公允价值变动		
4. 企业自身信用风险公允价值变动		
……		
（二）将重分类进损益的其他综合收益		

续表

项目	本期金额	本年金额
1. 权益法下可转损益的其他综合收益		
2. 其他债权投资公允价值变动		
3. 金融资产重分类计入其他综合收益的金额		
4. 其他债权投资信用减值准备		
5. 现金流量套期储备		
6. 外币财务报表折算差额		
……		
六、综合收益总额		
七、每股收益：		
（一）基本每股收益		
（二）稀释每股收益		

（五）现金流量表

现金流量表是反映企业在一定会计期间内现金和现金等价物增减变动情况的会计报表。现金流量表能够客观地反映企业经营活动、投资活动和筹资活动对其现金及现金等价物所产生的影响。

现金是指企业库存现金以及随时可以用以支付的存款，包括库存现金、银行存款、其他货币资金。现金等价物是指企业持有的期限短、流动性强、易于转化为已知金额现金、价值变动风险很小的投资，通常是指三个月内到期的短期债券投资。现金流量是一定会计期间企业现金及现金等价物流入量和流出量的总称。现金流入量与现金流出量之差为现金净流量。

现金流量表分基本部分和补充资料两个部分。基本部分的现金流量分为三类，即经营活动产生的现金流量、投资活动产生的现金流量和筹资活动产生的现金流量。每类又分为现金流入与现金流出，以及由此相互抵减后产生的现金流量净额，三类净额相加，为现金及现金等价物净增加额。

补充资料也分为三类，即不涉及现金收支的投资和筹资活动、将净利润调整为经营活动的现金流量，以及现金和现金等价物的净增加情况。

基本部分经营活动产生的现金流量净额项目，与补充资料同一项目的金额应该相等；基本部分的现金及现金等价物净增加额项目，与补充资料同一项目的金额应该相等。

现金流量表的基本格式如表 4-3 所示。

现金流量表　　　　　　　　　　　　　　**表 4-3**

年　　　月　　　　　　　　　　　　　　单位：元

项目	本期金额	上期金额
一、经营活动产生的现金流量：		
销售商品、提供劳务收到的现金		
收到的税费返还		
收到其他与经营活动有关的现金		
经营活动现金流入小计		
购买商品、接受劳务支付的现金		
支付给职工以及为职工支付的现金		
支付的各项税费		
支付其他与经营活动有关的现金		
经营活动现金流出小计		
经营活动产生的现金流量净额		
二、投资活动产生的现金流量：		
收回投资收到的现金		
取得投资收益收到的现金		
处置固定资产、无形资产和其他长期资产收回的现金净额		
处置子公司及其他营业单位收到的现金净额		
收到其他与投资活动有关的现金		
投资活动现金流入小计		
购建固定资产、无形资产和其他长期资产支付的现金		
投资支付的现金		
取得子公司及其他营业单位支付的现金净额		
支付其他与投资活动有关的现金		
投资活动现金流出小计		
投资活动产生的现金流量净额		
三、筹资活动产生的现金流量：		

续表

项目	本期金额	上期金额
吸收投资收到的现金		
取得借款收到的现金		
收到其他与筹资活动有关的现金		
筹资活动现金流入小计		
偿还债务支付的现金		
分配股利、利润或偿付利息支付的现金		
支付其他与筹资活动有关的现金		
筹资活动现金流出小计		
筹资活动产生的现金流量净额		
四、汇率变动对现金及现金等价物的影响		
五、现金及现金等价物净增加额		
加：期初现金及现金等价物余额		
六、期末现金及现金等价物余额		

单位负责人：   会计主管：   审核：   制表：

（六）所有者权益变动表

所有者权益变动表是反映公司本期（年度或中期）内至截至期末构成所有者权益的各组成部分当期增减变动情况的报表。

2007 年以前，公司所有者权益变动情况是以资产负债表附表形式予以体现的。2006 年财政部发布的新《企业会计准则》颁布后，要求上市公司于 2007 年正式对外呈报所有者权益变动表，所有者权益变动表成为与资产负债表、利润表和现金流量表并列披露的第四张财务报表。

在所有者权益变动表中，企业应当单独列示反映下列信息：①所有者权益总量的增减变动；②所有者权益增减变动的重要结构性信息；③直接计入所有者权益的利得和损失。

通过所有者权益变动表，既可以为报表使用者提供所有者权益总量增减变动的信息，也能为其提供所有者权益增减变动的结构性信息，特别是能够让报表使用者理解所有者权益增减变动的根源。

所有者权益变动表的基本格式如表 4-4 所示。

所有者权益变动表

表 4-4

编制单位：　　　　　　年度　　　　　　单位：元

项目	本年金额											上年金额										
	实收资本（或股本）	其他权益工具			资本公积	减：库存股	其他综合收益	专项储备	盈余公积	未分配利润	所有者权益合计	实收资本（或股本）	其他权益工具			资本公积	减：库存股	其他综合收益	专项储备	盈余公积	未分配利润	所有者权益合计
		优先股	永续债	其他									优先股	永续债	其他							
一、上年末余额																						
加：会计政策变更																						
前期差错更正																						
其他																						
二、本年年初余额																						
三、本年增减变动金额（减少以"—"号填列）																						
（一）综合收益总额																						
（二）所有者投入和减少资本																						
1. 所有者投入的普通股																						
2. 其他权益工具持有者投入资本																						
3. 股份支付计入所有者权益的金额																						
4. 其他																						

续表

项目	本年金额											上年金额										
	实收资本（或股份）	其他权益工具			资本公积	减：库存股	其他综合收益	专项储备	盈余公积	未分配利润	所有者权益合计	实收资本（或股份）	其他权益工具			资本公积	减：库存股	其他综合收益	专项储备	盈余公积	未分配利润	所有者权益合计
		优先股	永续债	其他									优先股	永续债	其他							
（三）利润分配																						
1. 提取盈余公积																						
2. 对所有者（或股东）的分配																						
3. 其他																						
（四）所有者权益内部结转																						
1. 资本公积转增资本（或股本）																						
2. 盈余公积转增资本（或股本）																						
3. 盈余公积弥补亏损																						
4. 设定受益计划变动额结转留存收益																						
5. 其他																						
四、本年年末余额																						

第三节　现金流量分析

　　房地产开发投资的目的,是在提供满足市场对房地产产品或服务需求的同时,获得相应的投资收益。为了有效量测房地产开发投资的经济效益,就需要运用投资分析技术,计算房地产开发投资项目经济效果的评价指标,而进行这些测算的基础和前提,就是用货币量化房地产开发投资项目的投入产出。

一、现金流量的概念

　　房地产开发投资活动可以从物质形态和货币形态两个方面进行考察。从物质形态看,房地产开发投资活动表现为开发企业使用各种工具、设备和管理手段,消耗一定量的资源,通过对土地进行开发活动,使用各种建筑材料与建筑构配件,最终生产出可供人类生产或生活入住的建筑空间,或通过对建筑物的维护维修管理活动,提供满足客户各种需求的入住空间。从货币形态看,房地产开发投资活动表现为投入一定量的资金,花费一定量的成本,通过房屋销售或出租经营获得一定量的货币收入。

　　对于一个特定的经济系统而言,投入的资金、花费的成本和获取的收益,都可以看成是货币形式（包括现金和其他货币支付形式）体现的资金流出或资金流入。在房地产投资分析中,把某一项投资活动作为一个独立的系统,把一定时期各时点上实际发生的资金流出或流入叫作现金流量。其中,流出系统的资金叫作现金流出,流入系统的资金叫作现金流入。现金流入与现金流出之差称为净现金流量。

　　经济活动的类型和特点不同,现金流入和现金流出的具体表现形式也会有很大差异。对于房地产开发投资项目而言,现金流入通常包括销售收入、出租收入、其他经营收入等;现金流出主要包括土地与建造成本或购买成本、财务费用、运营费用、销售费用和税金支出等。

　　房地产投资分析的目的,就是要根据特定房地产开发投资项目所要达到的目标和所拥有的资源条件,考察项目在不同运行模式或技术方案下的现金流出与现金流入,选择合适的运行模式或技术方案,以获取最好的经济效果。

二、现金流量图

　　把某一项投资活动作为一个独立的系统,其资金的流向（收入或支出）、数额和发生时点都不尽相同。为了正确地进行经济效果评价需要借助现金流量图来进行分析。现金流量图是用以反映项目在一定时期内资金运动状态的简化图式，即把经济系统的现金流量绘到一个时间坐标图中，表示出现金流入、流出与相应时间的对应关系。

绘制现金流量图的基本规则是：

（1）以横轴为时间轴，向右延伸表示时间的延续，轴上的每一刻度表示一个时间单位，两个刻度之间的时间长度称为计息周期，可取年、半年、季度或月等。横坐标轴上"0"点，通常表示当前时点，也可表示资金运动的时间始点或某一基准时刻。时点"1"表示第 1 个计息周期的期末，同时又是第 2 个计息周期的开始，以此类推（图 4-1）。

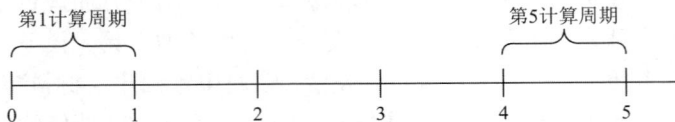

图 4-1　现金流量时间标度

（2）如果现金流出或流入不是发生在计息周期的期初或期末，而是发生在计息周期的期间，为了简化计算，公认的习惯方法是将其代数和看成是在计息周期的期末发生，称为期末惯例法。在一般情况下，采用这个简化假设，能够满足投资分析工作的需要。

（3）为了与期末惯例法保持一致，在把资金的流动情况绘成现金流量图时，都把初始投资 P 作为上一周期期末，即第 0 期期末发生的，这就是在有关计算中出现第 0 周期的由来。

（4）相对于时间坐标的垂直箭线代表不同时点的现金流量。现金流量图中垂直箭线的箭头，通常是向上者表示正现金流量，向下者表示负现金流量（图 4-2）。某一计息周期内的净现金流量，是指该时段内现金流量的代数和。

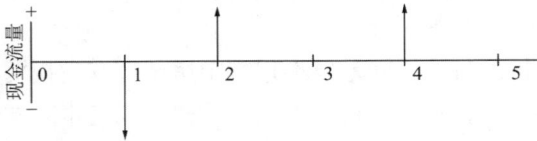

图 4-2　正现金流量和负现金流量

要正确绘制和应用好现金流量图，必须根据投资项目的特点把握好现金流量的三要素，即现金流量的大小（数额）、方向（流入或流出）和作用点（发生的时点）。

三、房地产投资活动中的现金流分析

根据房地产开发经营企业的业务经营模式类型，可以将房地产投资业务划分为"开发—销售""开发—持有出租—出售""购买—持有出租—出售""购买—更新改造—出售""购买—更新改造—出租—出售"等基本模式。对于某一具体房地产开发投资项目而言，其经营模式或为上述模式的一种，或为上述两种或两种以上模式的组合。

（一）开发—销售模式现金流分析

开发—销售模式主要适用于商品住宅开发项目，部分其他用途类型的开发项目也可能采用开发—销售模式。这种业务模式下的现金流出包括土地成本、建造成本、开发费用（管理费用、销售费用和财务费用）、税金及附加；现金流入是销售收入。各项成本费用支出和销售收入发生的方式（一次支出、分期支出、在某个时间段内等额支出等；一次获得、分期获得）和发生的时点，通常与开发项目的开发建设计划及销售计划安排相关。此模式下的典型现金流量图如图 4-3所示。

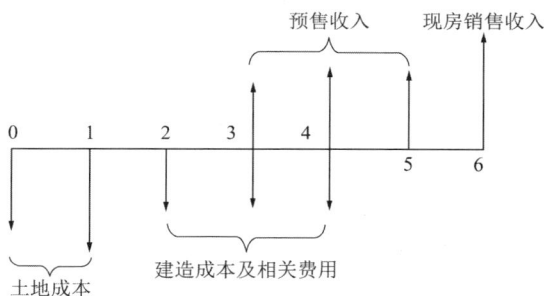

图 4-3　开发—销售模式下的现金流量图

（二）开发—持有出租—出售模式现金流分析

开发—持有出租—出售模式主要适用于写字楼、零售物业、高级公寓等收益性房地产项目。部分政策性租赁住宅、普通商品住宅也可采用这种模式。这种业务模式下的现金流出包括土地成本、建造成本、开发费用（管理费用、销售费用和财务费用）、运营成本和转售税费；现金流入是出租收入和持有期末的转售收入。各项开发过程的成本费用发生方式（一次支出、分期支出、在某个时间段内等额支出等）和发生的时点，与项目开发建设计划安排相关。运营期间的出租收入、运营成本支出可按季度、半年或年度发生（视持有期长短确定）。此模式下的典型现金流量图如图 4-4 所示。

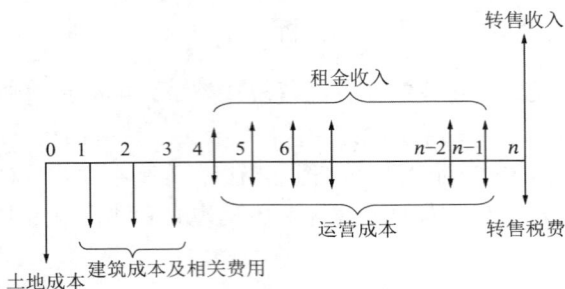

图 4-4   开发—持有出租—出售模式下的现金流量图

（三）购买—持有出租—出售模式现金流分析

有些房地产企业购买新建成的收益性房地产，然后持有并出租经营，并在未来的某个时点将物业转售出去，形成了购买—持有出租—出售模式。这种模式通常为大型房地产企业所采用，房地产投资信托基金也常采用这种模式，投资者可享受出租收入和物业增值收益。这种业务模式下的现金流出包括购买成本和购买税费、装修费用、运营成本和转售税费，现金流入包括出租收入和持有期末的转售收入。此模式下的典型现金流量图如图 4-5 所示。

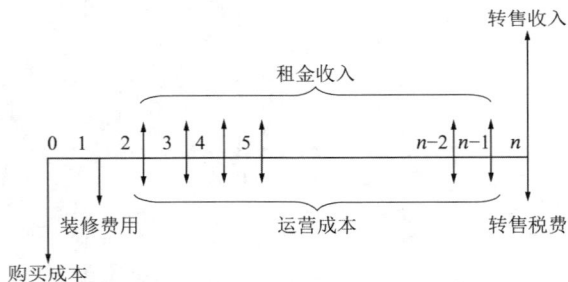

图 4-5   购买—持有出租—出售模式下的现金流量图

（四）购买—更新改造—出售模式现金流分析

也有部分房地产企业擅长购买旧有住宅或收益性物业，通过更新改造甚至改变物业用途后再出售，形成了购买—更新改造—出售模式。这种业务模式下的现金流出包括购买成本（含购买价格和购买税费）、更新改造成本和转售税费，现金流入主要指转售收入，此模式下的典型现金流量图如图 4-6 所示。

（五）购买—更新改造—出租—出售模式现金流分析

将更新改造后的收益性房地产持有并出租经营，并在持有经营一段时间后，根据市场状况和企业财务状况将其转售出去，也是部分房地产企业常采用的业务模式,即购买—更新改造—出售—出售模式。这种业务模式下的现金流出包括购买成本、更新改造成本、运营成本和转售税费;现金流入包括出租收入和持有期末的转售收入。此模式下的典型现金流量图如图 4-7 所示。

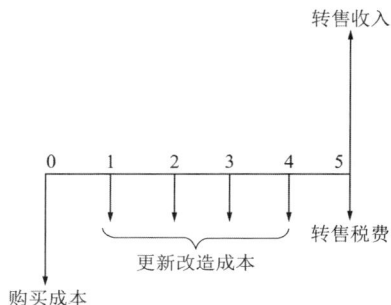

图 4-6　购买—更新改造—出售
　　　　模式下的现金流量图

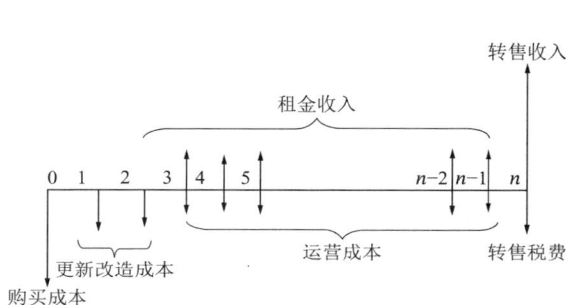

图 4-7　购买—更新改造—出租—出售
　　　　模式下的现金流量图

第四节　资金时间价值

房地产开发投资过程中的大小投资活动,从发生、发展到结束,都有一个时间上的延续过程。因此,在投资分析的过程中必须考虑资金的时间价值。

一、资金时间价值的含义及影响因素

（一）资金时间价值的含义

对于投资者来说,资金的投入与收益的获得往往构成时间上有先后的现金流量序列,客观地评价房地产开发投资项目的经济效果或对不同投资方案进行经济比较时,不仅要考虑支出和收入的数额,还必须考虑每笔现金流量发生的时间,以某一个相同的时点为基准,把不同时点上的支出和收入折算到同一个时点上,才能得出正确的结论。

在不同的时间付出或得到同样数额的资金在价值上是不等的。即资金的价值会随时间发生变化。今天可以用来投资的一笔资金,即使不考虑通货膨胀因素,也比将来可获得的同样数额的资金更有价值。因为当前可用的资金能够立即用来投资并带来收益,而将来才可取得的资金则无法用于当前的投资,也无法获得相应的收益。

因此,同样数额的资金在不同时点上具有不同的价值,而不同时间发生的等额资金在价值上的差别称为资金的时间价值。这一点,可以从将货币存入银行,或是以银行借款为例来说明。如果现在将 1 000 元存入银行，一年后得到的本利和为 1 060 元，经过 1 年而增加的 60 元，就是在 1 年内让出了 1 000 元货币的使用权而得到的报酬。也就是说，这 60 元是 1 000 元在 1 年中的时间价值。对于资金的时间价值，可以从两个方面理解：一方面是，随着时间的推移，资金的价值会增加，这种现象叫资金增值。在市场经济条件下，资金伴随着生产与交换的进行不断运动，生产与交换活动会给投资者带来利润，表现为资金的增值。从投资者的角度来看，资金的增值特性使其具有时间价值。另一方面是，资金一旦用于投资，就不能用于即期消费。牺牲即期消费是为了能在将来得到更多的消费，个人储蓄的动机和国家积累的目的都是如此。从消费者的角度来看，资金的时间价值体现为放弃即期消费的损失所应得到的补偿。

在技术经济分析中，对资金时间价值的计算方法与银行利息的计算方法相同。实际上，银行利息也是一种资金时间价值的表现方式，利率是资金时间价值的一种标志。

由于资金存在时间价值，就无法直接比较不同时点上发生的现金流量。因此，要通过一系列的换算，在同一时点上进行对比，才能符合客观的实际情况。这种考虑了资金时间价值的经济分析方法，提高了方案评价和选择的科学性与可靠性。

（二）影响资金时间价值的主要因素

资金时间价值的大小，取决于多方面的因素。从投资的角度来看主要有：①投资利润率，即单位投资所能取得的利润；②通货膨胀率，即对因货币贬值造成的损失所应得到的补偿；③风险因素，即对因风险可能带来的损失所应获得的补偿。

二、利息与利率

（一）利息

利息是指占用资金所付出的代价或放弃资金使用权所得到的补偿。如果将一笔资金存入银行，这笔资金就称为本金。经过一段时间之后，储户可在本金之外再得到一笔利息，这一过程可表示为：

$$F_n = P + I_n \tag{4-8}$$

式中，F_n——本利和；

　　P——本金；

　　I_n——利息。

下标 n 表示计算利息的周期数。计息周期是指计算利息的时间单位，如"年""季度""月"或"周"等，通常采用的时间单位是年。

（二）利率

利率是在单位时间（一个计息周期）内所得的利息额与借贷金额（即本金）之比，一般以百分数表示。用 i 表示利率，其表达式为：

$$i = \frac{I_1}{P} \times 100\% \qquad\qquad (4\text{-}9)$$

式中，I_1——一个计息周期的利息。

式(4-9)表明，利率是单位本金经过一个计息周期后的增值额。

利率又分为基础利率、同业拆放利率、存款利率、贷款利率等类型。基础利率是投资者所要求的最低利率，一般使用无风险的国债收益率作为基础利率的代表。同业拆放利率指银行同业之间的短期资金借贷利率。同业拆放有两个利率，拆进利率表示银行愿意借款的利率；拆出利率表示银行愿意贷款的利率。同业拆放中大量使用的利率是伦敦同业拆放利率（LIBOR），指在伦敦的第一流银行借款给伦敦的另一家第一流银行资金的利率。我国对外筹资成本即是在 LIBOR 的基础上加一定百分点。从 LIBOR 变化出来的，还有新加坡同业拆放利率（SIBOR）、纽约同业拆放利率（NIBOR）、中国香港同业拆放利率（HIBOR）等。

从宏观角度考察利率的经济功能，包括了积累资金、调整信用规模、调节国民经济结构、抑制通货膨胀和平衡国际收支等功能。

（三）利率的影响因素和贷款市场报价利率

1. 利率的影响因素

利率的影响因素，主要包括以下六个方面：

（1）平均利润率。利息是利润的一部分，因此利率高低首先由利润率高低决定，但决定利率高低的利润率并不是单个企业的利润率，而是一定时期内一国的平均利润率。

（2）借贷资本的供求关系。利率是由在金融市场上借贷资本的供求双方协商确定的，当借贷资本供给大于需求时利率就下降，需求大于供给时利率就上升。

（3）货币政策。中央银行若实行扩张的或积极的货币政策，利率就会下降；若实行稳健的货币政策，利率就会保持基本稳定；若实行紧缩的货币政策，利率就会上涨。

（4）国际利率水平。国际金融市场上主要经济体利率下降，会带动其他主要经济体同时降低其利率水平或抑制其利率上涨的速度。

（5）通货膨胀率和预期通货膨胀率。通货膨胀会导致利率上升，通货紧缩会导致利率下降。

（6）汇率。外汇汇率上升，本币贬值时，外汇的预期回报率下降，国内居民对外汇的需求就会下降，对本币的需求就会增加，从而使得国内利率水平上升。

2. 贷款市场报价利率

贷款市场报价利率（Loan Prime Rate，LPR）是指由各报价行根据其对最优质客户执行的贷款利率，按照公开市场操作利率加点形成的方式报价，由中国人民银行授权全国银行间同业拆借中心计算得出并发布的利率。各银行实际发放的贷款利率可根据借款人的信用情况，考虑抵押期限、利率浮动方式和类型等要素，在贷款市场报价利率基础上加减点确定。

LPR 报价行目前由 18 家商业银行组成，报价行于每月 20 日（遇节假日顺延）9 时前，按公开市场操作利率（主要指中期借贷便利利率）加点形成的方式，向全国银行间同业拆借中心报价。全国银行间同业拆借中心按去掉最高和最低报价后算术平均的方式计算得出贷款市场报价利率。

目前，LPR 包括 1 年期和 5 年期以上两个期限品种。例如，2020 年 10 月 20 日 LPR 报价为 1 年期 3.85%、5 年期以上 4.65%；《中国房贷市场报告》显示的 2020 年 10 月全国个人住房贷款平均利率首套为 5.24%、二套为 5.55%、加权平均为 5.36%，相当于分别加点 59、90 和 71（各银行和不同城市有差异）。

三、单利计息与复利计息

利息的计算有单利计息和复利计息。

（一）单利计息

单利计息是仅按本金计算利息，利息不再生息，其利息总额与借贷时间成正比。单利计息时的利息计算公式为：

$$I_n = P \times n \times i \tag{4-10}$$

n 个计息周期后的本利和为：

$$F_n = P \times (1 + i \times n) \tag{4-11}$$

我国个人储蓄存款和国库券的利息就是以单利计息的，计息周期为"年"。

（二）复利计息

复利计息，是指对于某一计息周期来说，按本金加上先前计息周期所累计的利息进行计息，即"利息再生利息"。按复利方式计算利息时，利息的计算公式为：

$$I_n = P\left[(1+i)^n - 1\right] \tag{4-12}$$

n 个计息周期后的本利和为：

$$F_n = P \times (1 + i)^n \tag{4-13}$$

式(4-13)的推导过程为：

第 1 个计息周期后的复本利和：$F_1 = P \times (1 + i)^1$；

第 2 个计息周期后的复本利和：$F_2 = P \times (1 + i) + P \times (1 + i) \cdot i = P \times (1 + i)^2$；

第 3 个计息周期后的复本利和：$F_3 = P \times (1 + i)^2 + P \times (1 + i)^2 \cdot i = P \times (1 + i)^3$；

……

第 n 个计息周期后的复本利和：$F_n = P \times (1 + i)^{n-1} + P \times (1 + i)^{n-1} \cdot i = P \times (1 + i)^n$。

我国房地产开发贷款和住房抵押贷款等都是按复利计息的。由于复利计息比较符合资金在社会再生产过程中运动的实际状况，所以在投资分析中，一般采用复利计息。

复利计息还有间断复利和连续复利之分。如果计息周期为一定的时间区间（如年、季、月等），并按复利计息，称为间断复利；如果计息周期无限期缩短，称为连续复利。从理论上讲，资金在不停地运动，每时每刻都在通过生产和流通领域增值，因而应该采用连续复利计息，但是在实际使用中都采用较为简便的间断复利计息方式计算。

四、名义利率与实际利率

（一）名义利率与实际利率的概念

在以上讨论中，都是以年为计息周期的，但在实际经济活动中，计息周期有年、季度、月、周、日等，即计息周期可以短于一年。这样就出现了不同计息周期的利率换算问题，当利率标明的时间单位与计息周期不一致时，就出现了名义利率和实际利率的区别。

名义利率是指一年内多次计息时给出的年利率，它等于实际计息周期利率与一年内计息周期数的乘积。很显然，名义利率忽略了一年内前面各期利息再生的因素，即忽略了"利滚利"。实际利率是指一年内多次计息时，年末终值比年初值的增长率。

例如，某笔年利率为 6%、按月等额还本付息的住房抵押贷款，其计算月还款额的月利率为 0.5%。此时，年利率 6% 称为"名义利率"，但因为是每月计算一次利息，所以借款人每年还本付息中实际支付给银行的利息，即实际利率会超过 6%。

再以存款为例。如某笔储蓄存款的存款额为 1 000 元，年利率为 12%，期限为一年。如果分别以一年 1 次计息、一年 4 次按季计息、一年 12 次按月计息，则一年后的本利和分别为：

一年 1 次计息：$F = 1\,000 \times (1 + 12\%) = 1\,120$（元）

一年 4 次计息：$F = 1\,000 \times (1 + 3\%)^4 = 1\,125.51$（元）

一年 12 次计息：$F = 1\,000 \times (1 + 1\%)^{12} = 1\,126.83$（元）

这里的 12%，对于一年一次计息情况既是实际利率又是名义利率；3%和 1%称为周期利率。由上述计算可知：

$$名义利率 = 周期利率 \times 每年的计息周期数 \tag{4-14}$$

对于一年计息 4 次和 12 次来说，12%就是名义利率，而一年计息 4 次时的实际利率 $= (1 + 3\%)^4 - 1 = 12.55\%$；一年计息 12 次时的实际利率 $= (1 + 1\%)^{12} - 1 = 12.68\%$。

（二）名义利率与实际利率的关系式

设名义利率为r，若年初借款为P，在一年中计算利息m次，则每一计息周期的利率为$\frac{r}{m}$，一年后的本利和F_1为：

$$F_1 = P \times \left(1 + \frac{r}{m}\right)^m \tag{4-15}$$

其中利息I为：

$$I = F - P = P\left(1 + \frac{r}{m}\right)^m - P \tag{4-16}$$

故实际利率i与名义利率r的关系式为：

$$i = \frac{F - P}{P} = \frac{P\left(1 + \dfrac{r}{m}\right)^m - P}{P} = \left(1 + \frac{r}{m}\right)^m - 1 \tag{4-17}$$

通过上述分析和计算，可以得出名义利率与实际利率存在着下述关系：

（1）实际利率比名义利率更能反映资金的时间价值。

（2）名义利率越大，计息周期越短，实际利率与名义利率的差异就越大。

（3）当每年计息周期数$m = 1$时，名义利率与实际利率相等。

（4）当每年计息周期数$m > 1$时，实际利率大于名义利率。

（5）当每年计息周期数$m \to \infty$时，名义利率r与实际利率i的关系为：$i = e^r - 1$

当然，对名义利率和实际利率及其相互关系，还可以从是否剔除了通货膨胀因素的影响来区分。这种情况下，名义利率是包含了通货膨胀因素的利率；实际利率是名义利率剔除通货膨胀因素影响后的真实利率。假如名义利率为r、实际利率为i、通货膨胀率为R_d，则三者的关系为：

$$i = [(1 + r)/(1 + R_d)] - 1 \tag{4-18}$$

第五节　资金等效值与复利计算

在房地产投资项目经济评价中，资金等效值是一个十分重要的概念。运用这个概念，可以把在不同时点发生的资金换算成同一时点的等值资金进行分析比较。

一、资金等效值的概念

资金等效值是指在考虑时间因素的情况下，不同时点发生的绝对值不等的资金可能具有相同的价值。也可以解释为"与某一时间点上一定金额的实际经济价值相等的另一时间点上的价值"。在以后的讨论中，把等效值简称为等值。

例如，现在借入 100 元，年利率是 5%，一年后要还的本利和为 105 元。这就是说，现在的 100 元与一年后的 105 元虽然绝对值不等，但它们是等值的，即其实际经济价值相等。

通常情况下，在资金等效值计算的过程中，人们把资金运动起点时的金额称为现值，把资金运动结束时与现值等值的金额称为终值或未来值，而把资金运动过程中某一时间点上与现值等值的金额称为时值。

二、复利计算公式

（一）常用符号

在考虑资金时间因素的复利计算中，常用的符号包括 P、F、A、G、s、n 和 i，各符号的含义是：

P——现值；

F——终值（未来值）；

A——连续出现在各计息周期末的等额支付金额，简称年值；

G——每一时间间隔收入或支出的等差变化值；

s——每一时间间隔收入或支出的等比变化值；

n——计息周期数；

i——每个计息周期的利率。

在考虑资金时间因素的复利计算中，通常都要使用 i 和 n 以及 P、F 和 A 中的两项。比较不同投资方案的经济效果时，常常换算成 P 值或 A 值，也可换算成 F 值来进行比较。

（二）一次支付的现值与终值公式

一次支付的现金流量图如图 4-8 所示。如果在时点 $t = 0$ 时的资金现值为 P，并且利率i已定，则复利计息n个计息周期后的终值F的计算公式为：

$$F = P \times (1+i)^n \tag{4-19}$$

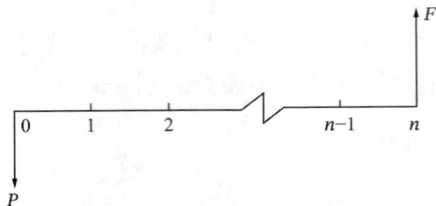

图 4-8   一次支付现金流量图

式(4-19)中的$(1+i)^n$称为"一次支付终值系数"。

当已知终值F和利率i时，很容易得到复利计息条件下现值P的计算公式：

$$P = \frac{F}{(1+i)^n} \tag{4-20}$$

式(4-20)中的$\frac{1}{(1+i)^n}$称为"一次支付现值系数"。

（三）等额序列支付的现值与终值公式

等额序列支付的典型例子是等额本息方式还款的抵押贷款。这种还款方式下，现金流量图上的每一个计息周期期末都有一个等额支付金额A（图 4-9）。此时，其现值可以这样确定：把每一个A看作是一次支付中的F，用一次支付复利计算公式求其现值，然后相加，即可得到所求的现值。计算公式是：

$$P = \sum_{t=1}^{n} \frac{A}{(1+i)^t} \tag{4-21}$$

利用等比数列求和公式可得：

$$P = A\frac{(1+i)^n - 1}{i(1+i)^n} = \frac{A}{i}\left[1 - \frac{1}{(1+i)^n}\right] \tag{4-22}$$

式(4-22)中的$\frac{(1+i)^n-1}{i(1+i)^n}$称为"等额序列支付现值系数"。

由上式可以得到，当现值P和利率i为已知时，求复利计息的等额序列支付年值A的计算公式：

$$A = P\frac{i(1+i)^n}{(1+i)^n - 1} = \frac{Pi}{1 - \frac{1}{(1+i)^n}} \tag{4-23}$$

式(4-23)中的$\frac{i(1+i)^n}{(1+i)^n-1}$称为"等额序列支付资金回收系数"。

如果将等额序列支付年值公式变形为以下形式，则可以理解为等额本息还款的过程中，Pi 为第一个计息周期结束偿还的利息部分，$\dfrac{Pi}{(1+i)^n-1}$ 则为同期偿还的本金部分，相对于资金出借人或投资人而言，这两部分分别是投资回报和投资回收。

$$A = Pi + \frac{Pi}{(1+i)^n - 1} \tag{4-24}$$

通过一次支付的终值公式和等额序列支付的现值和年值公式，可以推出已知 F 的情况下求 A，或在已知 A 的情况下求 F 的公式。这种情况下可以理解为，为了在若干年后能够获取储存基金 F，则需要在每年末存储的等额资金量为 A，现金流量图如图 4-10 所示。因为前面已经有了 P 和 A 之间的关系，且已经知道了 P 和 F 之间的关系，所以很容易就可以推导出 F 和 A 之间的关系。计算公式为：

$$A = F\frac{i}{(1+i)^n - 1} \tag{4-25}$$

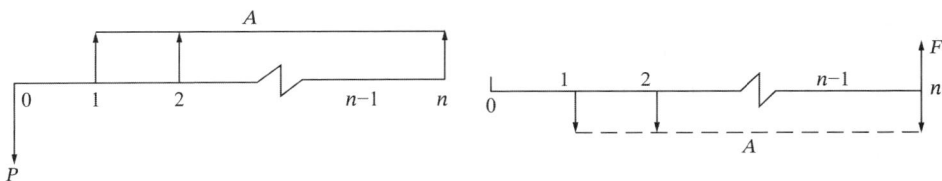

图 4-9　等额序列支付的现金流量图（一）　图 4-10　等额序列支付的现金流量图（二）

式(4-25)中的 $\dfrac{i}{(1+i)^n-1}$ 称为"等额序列支付储存基金系数"。

通过式(4-25)，可以很容易地推导出：

$$F = A\frac{(1+i)^n - 1}{i} \tag{4-26}$$

式(4-26)中的 $\dfrac{(1+i)^n-1}{i}$ 称为"等额序列支付终值系数"。

（四）等差序列支付的现值与年值公式

等差序列是一种等额增加或减少的现金流量序列，即这种现金流量序列的收入或支出每年以相同的数量发生变化。例如物业的维修费用往往随着房屋及其附属设备的陈旧程度而逐年增加，物业的租金收入通常随着房地产市场的发展逐年增加等。逐年增加的收入或费用，虽然不能严格地按线性规律变化，但可根据多年资料，整理成等差序列以简化计算。

如果以 G 表示收入或支出的年等差变化值，第一年的现金收入或支出的流量为 A_1，则第 t 年年末现金收入或支出的流量为 $A_1 + (t-1)G$，现金流量图如图 4-11 所示。

计算等差序列现值的公式为：

$$P = \sum_{t=1}^{n} \frac{A_1 + (t-1)G}{(1+i)^t} \tag{4-27}$$

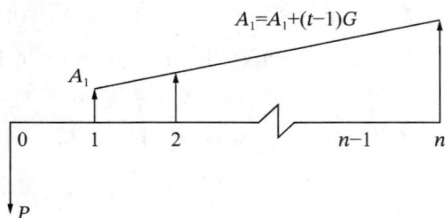

图 4-11   等差序列支付的现金流量图

利用等比数列求和公式等运算可得：

$$P = A_1 \frac{(1+i)^n - 1}{i(1+i)^n} + \frac{G}{i}\left[\frac{(1+i)^n - 1}{i(1+i)^n} - \frac{n}{(1+i)^n}\right] \tag{4-28}$$

式 (4-28) 中的 $\frac{1}{i}\left[\frac{(1+i)^n-1}{i(1+i)^n} - \frac{n}{(1+i)^n}\right]$ 称为"等差序列现值系数"。

若要将等差现金流量序列换算成等额年值 A，则公式为：

$$A = A_1 + G\left[\frac{1}{i} - \frac{n}{(1+i)^n - 1}\right] \tag{4-29}$$

式 (4-29) 中的 $\left[\frac{1}{i} - \frac{n}{(1+i)^n-1}\right]$ 称为"等差序列年费用系数"。

（五）等比序列支付的现值与年值公式

等比序列是一种等比例增加或减少的现金流量序列，即这种现金流量序列的收入或支出每年以一个固定的比例发生变化。例如，建筑物的建造成本每年以 10% 的比例逐年增加、房地产的价格或租金水平、运营费用每年以 5% 的速度逐年增加等。

如果以等比系数 s 表示收入或支出每年变化的百分率，第一年的现金收入或支出的流量为 A_1，则第 t 年年末现金收入或支出的流量为 $A_t = A_1(1+s)^{t-1}$，现金流量图如图 4-12 所示。

计算等比序列现值的公式为：

$$P = \sum_{t=1}^{n} \frac{A_1(1+s)^{t-1}}{(1+i)^t} \tag{4-30}$$

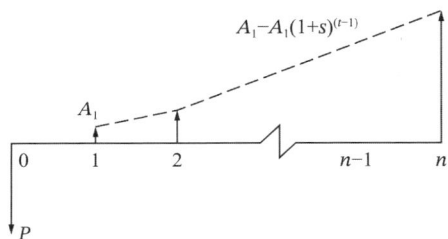

图 4-12　等比序列支付的现金流量图

利用等比数列求和公式等运算可得：

$$\begin{cases} P = \dfrac{A_1}{i-s}\left[1-\left(\dfrac{1+s}{1+i}\right)^n\right] & i \neq s \\ nA_1/(1+i) & i = s \end{cases} \qquad (4\text{-}31)$$

式(4-31)中的 $\dfrac{1}{i-s}\left[1-\left(\dfrac{1+s}{1+i}\right)^n\right]$ 称为"等比序列现值系数"。

若要将等比现金流量序列换算成等额年值 A，当 $i \neq s$ 时，公式为：

$$A = A_1 \dfrac{i}{i-s}\left[1-\dfrac{(1+s)^n-1}{(1+i)^n-1}\right] \qquad (4\text{-}32)$$

式(4-32)中的 $\dfrac{i}{i-s}\left[1-\dfrac{(1+s)^n-1}{(1+i)^n-1}\right]$ 称为"等比序列年费用系数"。

为了减少书写上述复利系数时的麻烦，可采用一种标准表示法来表示以上公式中的各种系数。这种标准表示法的一般形式为 $(X/Y,i,n)$。斜线前的 X 表示所求的是什么，斜线后的 Y、i、n 表示已知的是什么。例如 F/P 表示"已知 P 求 F"，而 $(F/P,10\%,25)$ 表示一个系数，这个系数若与现值 P 相乘，便可求得按年率为 10% 复利计息时 25 年后的终值 F。表 4-5 汇总了上述 10 个复利系数的标准表示法，以及系数用标准表示法表示的复利计算公式。

复利系数标准表示法及复利计算公式汇总表　　　表 4-5

系数名称	标准表示法	所求	已知	公式
一次支付现值系数	$(P/F,i,n)$	P	F	$P = F(P/F,i,n)$
一次支付终值系数	$(F/P,i,n)$	F	P	$F = P(F/P,i,n)$
等额序列支付现值系数	$(P/A,i,n)$	P	A	$P = A(P/A,i,n)$
等额序列支付资金回收系数	$(A/P,i,n)$	A	P	$A = P(A/P,i,n)$
等额序列支付储存基金系数	$(A/F,i,n)$	A	F	$A = F(A/F,i,n)$

系数名称	标准表示法	所求	已知	公式
等额序列支付终值系数	$(F/A,i,n)$	F	A	$F = A(F/A,i,n)$
等差序列现值系数	$(P/G,i,n)$	P	G，A_1	$P = A_1(P/A,i,n) + G(P/G,i,n)$
等差序列年费用系数	$(A/G,i,n)$	A	G，A_1	$A = A_1 + G(A/G,i,n)$
等比序列现值系数	$(P/s,i,n)$	P	s，A_1	$P = A_1(P/s,i,n)$
等比序列年费用系数	$(A/s,i,n)$	A	s，A_1	$A = A_1(A/s,i,n)$

三、复利计算公式的应用

复利计算公式在房地产投资分析与评估中的应用非常普遍，尤其是在房地产抵押贷款、房地产开发项目融资活动中，经常涉及利息计算、月还款额计算等问题。下面通过例题，来介绍复利计算公式在房地产投资分析中的应用情况。

【例 4-1】已知某笔贷款的年利率为 6%，借贷双方约定按季度计息，则该笔贷款的实际利率是多少？

【解】已知 $i = 6\%$，$m = 12/3 = 4$，则该笔贷款的实际利率为：

$$i = \left(1 + \frac{r}{m}\right)^m - 1 = (1 + 6\%/4)^4 - 1 = 6.14\%$$

【例 4-2】某房地产开发企业向银行贷款 2 000 万元，期限为 3 年，年利率为 8%，若该笔贷款的还款方式为期间按季度付息、到期后一次偿还本金，则开发企业为该笔贷款支付的利息总额是多少？如果计算先期支付利息的时间价值，则贷款到期后开发企业实际支付的利息又是多少？

【解】已知：$P = 2\,000$ 万元，$n = 3 \times 4 = 12$，$i = 8\%/4 = 2\%$，则：

开发企业为该笔贷款支付的利息总额为：

$$I = P \times i \times n = 2\,000 \times 2\% \times 12 = 480 \text{（万元）}$$

计算先期支付利息的时间价值，则到期后开发企业实际支付的利息为：

$$P\left[(1 + i)^n - 1\right] = 2\,000\left[(1 + 2\%)^{12} - 1\right] = 536.48 \text{（万元）}$$

或者按每季度支付的利息终值计算，则到期后开发企业实际支付的利息为：

$$F = A\frac{(1 + i)^n - 1}{i} = 2\,000 \times 2\% \times \frac{(1 + 2\%)^{12} - 1}{2\%} = 536.48 \text{（万元）}$$

【例 4-3】某家庭预计在今后 10 年内的月收入为 16 000 元，如果其中的 30% 可用于支付住房抵押贷款的月还款额，年贷款利率为 6%，则该家庭有偿还能力的最大抵押贷款申请额是多少？

【解】

已知：该家庭每月可用于支付抵押贷款的月还款额 $A = 16\,000 \times 30\% = 4\,800$（元）；

月贷款利率 $i = 6\%/12 = 0.5\%$，计息周期数 $n = 10 \times 12 = 120$（月）

则该家庭有偿还能力的最大抵押贷款额为：

$$P = \frac{A}{i}\left[1 - \frac{1}{(1+i)^n}\right] = \frac{4\,800}{0.5\%}\left[1 - \frac{1}{(1+0.5\%)^{120}}\right] = 43.24 \text{（万元）}$$

【例4-4】某家庭以抵押贷款的方式购买了一套价值为80万元的住宅，首付款为房价的30%，其余房款用抵押贷款支付。如果抵押贷款的期限为10年，按月等额偿还，年贷款利率为6%，则月还款额为多少？如果该家庭30%的收入可以用来支付抵押贷款月还款额，则该家庭须月收入多少，才能购买上述住宅？

【解】

已知：抵押贷款额 $P = 80 \times 70\% = 56$（万元）；

月贷款利率 $i = 6\%/12 = 0.5\%$，计息周期数 $n = 10 \times 12 = 120$（月）

则该项贷款的月还款额为：

$$A = \frac{Pi}{1 - 1/(1+i)^n} = \frac{560\,000 \times 0.5\%}{1 - 1/(1+0.5\%)^{120}} = 6\,217.4 \text{（元）}$$

该家庭能够购买上述住宅的家庭月收入应为：

$$6\,217.4/30\% = 20\,724.7 \text{（元）}$$

【例4-5】某购房者拟向银行申请60万元的住房抵押贷款，银行根据购房者未来收入增长的情况，为他安排了等比递增还款抵押贷款。若年抵押贷款利率为6.6%，期限为15年，购房者的月还款额增长率为0.5%，则该购房者第10年最后一个月份的月还款额是多少？

【解】

已知：$P = 60$（万元），$s = 0.5\%$，$n = 15 \times 12 = 180$（月），$i = 6.6\%/12 = 0.55\%$

则抵押贷款首次月还款额为：

$$A_1 = \frac{P \times (i - s)}{1 - \left(\frac{1+s}{1+i}\right)^n} = \frac{600\,000 \times (0.55\% - 0.5\%)}{1 - \left(\frac{1+0.5\%}{1+0.55\%}\right)^{180}} = \frac{300}{1 - 0.9144} = 3\,504.67 \text{（元）}$$

第10年最后一个月的还款额 A_{120} 为：

$$A_{120} = A_{1\times} \times (1+s)^{t-1} = 3\,504.67 \times (1 + 0.5\%)^{120-1} = 6\,344.50 \text{（元）}$$

【例4-6】某家庭拟购买一套面积为 100m^2 的住宅，单价为 $7\,000$ 元/m^2，首付款为房价的25%，其余申请公积金和商业组合抵押贷款。已知公积金和商业贷款的利率分别为 4.2% 和 6.6%，期限均为 15 年，公积金贷款的最高限额为 20 万元。则该家庭申请组合抵押贷款后，采用等额还款的最低月还款额是多少？

【解】

已知：$P = 7\,000 \times 100 \times (1 - 25\%) = 525\,000$（元），$P_1 = 200\,000$（元），$P_2 = 525\,000 - 200\,000 = 325\,000$（元），$n = 15 \times 12 = 180$（月），$i_1 = 4.2\%/12 = 0.35\%$，$i_2 = 6.6\%/12 = 0.55\%$

则等额偿还公积金和商业贷款的月还款额为：

$$A_1 = \frac{P_1 i_1}{1 - 1/(1 + i_1)^n} = \frac{200\,000 \times 0.35\%}{1 - 1/(1 + 0.35\%)^{180}} = 1\,499.5 \ (\text{元})$$

$$A_2 = \frac{P_2 i_2}{1 - 1/(1 + i_2)^n} = \frac{325\,000 \times 0.55\%}{1 - 1/(1 + 0.55\%)^{180}} = 2\,849.01 \ (\text{元})$$

组合贷款的月还款额为：

$$A = A_1 + A_2 = 1\,499.5 + 2\,849.01 = 4\,348.51 \ (\text{元})$$

【例 4-7】某家庭以 8\,000 元/m² 的价格，购买了一套建筑面积为 120m² 的住宅，银行为其提供了 15 年期的住房抵押贷款，该贷款的年利率为 6%，抵押贷款价值比率为 70%。如该家庭在按月等额还款 5 年后，于第 6 年初一次提前偿还了贷款本金 16 万元，剩余偿还年限不变，则从第 6 年开始的抵押贷款月还款额是多少？

【解】

已知：$P = 8\,000 \times 120 \times 70\% = 672\,000$（元），$P' = 160\,000$（元），$n = 15 \times 12 = 180$（月），

$$n' = (15 - 5) \times 12 = 120 \ (\text{月}), \ i = i' = 6\%/12 = 0.5\%$$

则正常情况下抵押贷款的月还款额为：

$$A = \frac{Pi}{1 - 1/(1 + i)^n} = \frac{672\,000 \times 0.5\%}{1 - 1/(1 + 0.5\%)^{180}} = 5\,670.72 \ (\text{元})$$

第 6 年年初一次偿还本金 16 万元后，在第 6 年到第 15 年内减少的月还款额为：

$$A' = \frac{P'i'}{1 - 1/(1 + i')^{n'}} = \frac{160\,000 \times 0.5\%}{1 - 1/(1 + 0.5\%)^{120}} = 1\,776.32 \ (\text{元})$$

从第 6 年开始的抵押贷款月还款额为：

$$A - A' = 5\,670.72 - 1\,776.32 = 3\,894.4 \ (\text{元})$$

【例 4-8】某家庭以 7\,000 元/m² 的价格，购买了一套建筑面积为 80m² 的住宅，银行为其提供了 15 年期的住房抵押贷款，该贷款的年利率为 6%，抵押贷款价值比率为 70%，月等额还款金额占借款总额的比例即月还款常数为 0.65%。则抵押贷款到期后，该家庭应向银行一次性偿还的剩余本金金额是多少？

【解】

已知：$P = 7\,000 \times 80 \times 70\% = 392\,000$（元），月还款常数 $\alpha = 0.65\%$，

$n = 15 \times 12 = 180$（月），$i = 6\%/12 = 0.5\%$

则不考虑月还款常数时抵押贷款的月还款额为：

$$A = \frac{Pi}{1 - 1/(1+i)^n} = \frac{392\,000 \times 0.5\%}{1 - 1/(1+0.5\%)^{180}} = 3\,307.92 \text{（元）}$$

实际月还款额为：$\alpha P = 0.65\% \times 392\,000 = 2\,548$（元）

借款人每月欠还的本金为：$A' = A - \alpha P = 3\,307.92 - 2\,548 = 759.92$（元）

抵押贷款到期后，该家庭应向银行一次性偿还的剩余本金金额为：

$$F = A' \frac{(1+i)^n - 1}{i} = 759.92 \times \frac{(1+0.5\%)^{180} - 1}{0.5\%} = 220\,998.6 \text{（元）}$$

【例 4-9】 某人拟以 500 万元的价格购入一预售楼盘的部分写字楼面积用于出租经营。已知前三年楼价款付款比例分别为 15%、25% 和 60%，第四年即可开始出租，当年的毛租金收入为 100 万元，经营成本为 20 万元，且预计在此后的 16 年内毛租金收入和经营成本的平均上涨率均为 12%，贴现率为 16%。如果本写字楼投资项目在整个经营期间内的其他收入和支出情况如下表所示，试计算该投资项目的净现金流量，画出净现金流量图并计算出项目净现金流量的现值之和（设投资和经营期间的收支均发生在年初）。

单位：万元

年份	4	5	6-18	19	20
转售收入					1 600
转售成本					150
装修费用	60				200

【解】

（1）求出净现金流量：

单位：万元

年末	0	1	2	3	4	t	18	19
现金流入				100	$100(1+12\%)^1$	$100(1+12\%)^{t-3}$	$100(1+12\%)^{15}$	$1\,600 + 100$ $(1+12\%)^{16}$
现金流出	75	125	300	80	$20(1+12\%)^1$	$20(1+12\%)^{t-3}$	$20(1+12\%)^{15}$	$150 + 200 + 20$ $(1+12\%)^{16}$
净现金流量	−75	−125	−300	20	$80(1+12\%)^1$	$80(1+12\%)^{t-3}$	$80(1+12\%)^{15}$	$1\,250 + 80$ $(1+12\%)^{16}$

（2）画出净现金流量图：

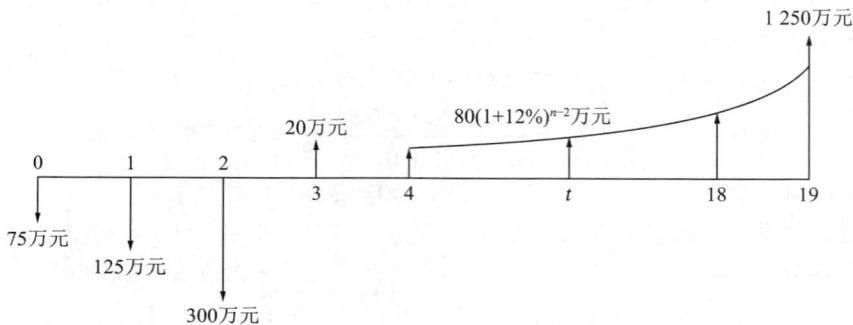

（3）计算项目净现金流量的现值之和：

$$P = \sum_{t=0}^{n}(CI - CO)(1+i)^{-t} = -75 + \frac{-125}{1+16\%} + \frac{-300}{(1+16\%)^2} +$$

$$\frac{20}{(1+16\%)^3} + \frac{80(1+12\%)}{16\% - 12\%}\left[1 - \left(\frac{1+12\%}{1+16\%}\right)^{16}\right] \times$$

$$\frac{1}{(1+16\%)^3} + \frac{1250}{(1+16\%)^{19}} = 298.16 \text{（万元）}$$

复 习 思 考 题

1. 何谓房地产投资？房地产投资的类型有哪些？

2. 房地产投资有哪些形式？

3. 房地产投资有哪些特点？为什么？

4. 会计假设包括哪些内容？

5. 如何理解会计基础、权责发生制和收付实现制？

6. 会计信息处理包括哪些环节？

7. 会计有哪六大要素？它们之间存在怎样的关系？

8. 会计报表的主表分别反映哪些方面的财务状况？如何理解各报表的内容及结构？

9. 会计报表有哪些作用？

10. 会计报表有哪些类型？

11. 何谓现金流量？

12. 如何绘制现金流量图？其基本规则有哪些？

13. 房地产投资活动有哪几种典型的业务模式？其现金流量图分别有哪些特点？

14. 当房地产企业将开发建成的房地产项目部分出售、部分出租时，其现金流量图会出现哪些变化？

15. 如何理解资金时间价值的概念？影响资金时间价值的因素有哪些？

16. 利率有哪些具体类型？

17. 影响利率水平高低的因素有哪些？这些因素是如何影响利率水平的？

18. 名义利率和实际利率的关系如何？

19. 何谓资金等效值？

20. 复利计算公式在房地产投资中有哪些方面的应用？

第五章　房地产项目经济评价与可行性研究

房地产项目经济评价与可行性研究是投资决策的重要依据。经济评价是可行性研究的重要组成部分。通过对房地产项目投入产出的各种经济因素进行调查研究和多项指标的计算，对项目的经济合理性、财务可行性和抗风险能力作出全面的分析、预测和评价。房地产项目可行性研究是指在投资决策前，对与项目有关的市场、资源、工程技术、经济、社会等方面进行全面地分析论证和评价，从而判断项目技术上是否可行，经济上是否合理，并对多个方案进行优选的科学方法。

第一节　房地产项目经济评价

房地产项目经济评价对提高投资决策的科学化水平，优化投资结构，减少和规避投资风险，提高投资效益，具有重要作用。

一、经济评价概述

（一）经济评价的含义

按评价角度的不同，房地产项目经济评价可分为财务评价和国民经济评价。房地产项目财务评价是在国家现行财税制度和价格体系的前提下，从项目的角度出发，计算项目范围内的财务效益和费用，分析项目的盈利能力和清偿能力，评价项目在财务上的可行性；房地产项目国民经济评价是在合理配置社会资源的前提下，从国家经济整体利益的角度出发，计算项目对国民经济的贡献，分析项目的经济效率、效果和对社会的影响，评价项目在宏观经济上的合理性。本章介绍的是房地产项目的财务评价。

（二）经济评价的主要内容

经济评价内容的选择，应根据项目性质、项目目标、项目投资者、项目财务主体以及项目对经济与社会的影响程度等具体情况确定。对于费用效益计算比较简单、建设期和运营期比较短、不涉及进出口平衡等的一般项目,如果财务评价的结论能够满足投资决策需要,可不进行国民经济评价;对于关系公共利益、国家安全和市场不能有效配置资源的经济和社会发展的项目,除应进行财务评价外,还应进行国民经济评价;对于特别重大的建设项目应辅以区域经济与宏观经济影响分析方法进行国民经济评价。

建设项目经济评价的深度,应根据项目决策工作不同阶段的要求确定。建设项目可行性研究阶段的经济评价,应系统分析、计算项目的效益和费用,通过多方案经济比选推荐最佳方案,对项目建设的必要性、财务可行性、经济合理性、投资风险等进行全面地评价。项目规划、机会研究、项目建议书阶段的经济评价可适当简化。

建设项目经济评价必须保证评价的客观性、科学性、公正性,坚持定量分析与定性分析相结合、以定量分析为主,以及动态分析与静态分析相结合、以动态分析为主的原则。

(三)效益和费用识别

对于房地产开发投资活动来说,投资、成本、销售或出租收入、税金、利润等经济量,是构成房地产开发投资项目现金流量的基本要素,也是进行投资分析和财务评价最重要的基础数据。

1. 投资

广义的投资是指人们有目的的经济行为,即将一定的资源投入某项计划,以获取所期望的报酬。所投入的资源可以是资金,也可以是土地、人力、技术、管理经验或其他资源。

一般工业生产活动中的投资,包括固定资产投资和流动资金两部分。固定资产投资是指用于建造或购置建筑物、构筑物和仪器设备等固定资产的投资。固定资产投资在项目投产以后,随着固定资产在使用过程中的磨损和贬值,其价值逐渐以折旧的形式计入产品成本,并通过产品销售以货币形式回到投资者手中。流动资金是指项目投产前预先垫付,在投产后用于购买原材料、燃料动力、备品备件,支付工资和其他费用以及被在制品、半成品、制成品占用的周转资金。流动资金在每个生产周期完成一次周转,在整个项目寿命周期内始终被占用,直到项目寿命周期末,全部流动资金才能退出生产与流通,以货币资金形式被收回。

2. 成本

成本是指人们为达成一事或取得一物所必须付出或已经付出的代价。就工业投资项目而言,其投产后便开始了产品的生产经营活动,产品的生产与销售伴随着活劳动与物化劳动的消耗,产品的成本就是这种劳动消耗的货币表现。产品生产经营活动中的成本包括生产成本和期间费用两部分，前者指发生在产品生产过程中的费用，后者指在产品生产和销售过程中发生的管理费用、财务费用和销售费用。生产成本加上相应的期间费用称为产品的完全成本。

影响产品成本高低的因素很多。对于同一种产品来说，不同的生产技术方案、不同的生产规模、不同的生产组织方式、不同的技术水平与管理水平、不同的物资供应与产品销售条件、不同的自然环境等，都可能导致产品成本的不同。

投资分析中使用的成本概念与企业财务会计中使用的成本概念不完全相同，主要表现在两个方面：①财务会计中的成本是对生产经营活动中实际发生费用的记录，各种影响因素的作用是确定的，所得到的成本数据是唯一的，而投资分析中使用的成本有许多是对拟实施项目未来将要发生的费用的预测和估算，各种影响因素的作用是不确定的，不同的实施方案会有不同的成本数据；②在投资分析中，根据分析计算的需要还要列入一些财务会计中没有的成本概念（如机会成本、沉没成本、不可预见费用等），这些成本的经济含义及所包含的内容与财务会计中的成本不完全一样。

3. 房地产投资分析中的投资与成本

在房地产投资分析中，房地产开发经营活动的投资与成本，与一般工业生产活动有较大差异。从房地产直接投资形式来看，其投资与成本有如表 5-1 所示的特点。

房地产投资项目中投资与成本的特点　　　　表 5-1

投资形式	经营方式	投资	成本
开发投资	出售	开发建设投资	开发产品成本
	出租	开发建设投资	营业成本、运营费用
置业投资	出售	购买投资、装修及更新改造投资	开发产品成本
	出租	购买投资、装修及更新改造投资、经营资金	营业成本、运营费用

对于"开发—销售"模式下的房地产开发项目而言，开发商所投入的开发建设投资大部分形成了建筑物或构筑物等以固定资产形式存在的开发产品，开发商通过项目开发过程中的预售或建成后的销售活动，转让了这些固定资产的所有权或使用权，所以开发过程中所形成的开发企业固定资产，大多数情况下很少甚至是零，开发建设投资基本上都一次性地转移到房地产产品成本中去了，房地产开发总投资基本等于总成本费用。

对于"开发—持有出租—出售"模式下的房地产开发项目而言，开发商所投入的开发建设投资在开发项目竣工投入使用后转为固定资产投资，接下来的出租经营活动又会产生营业成本和运营费用(含维修保养费用),并通过房地产租赁收入得以回收。

　　房地产置业投资采用"购买—更新改造—出售"模式时,其投资与成本特点与"开发—销售"模式相似。如果采用"购买—持有出租"或"购买—装修改造—持有出租—出售"模式时,其投资与成本特点与"开发—持有出租—出售"模式相似。

　　1)开发项目总投资

　　开发项目总投资包括开发建设投资和经营资金。开发建设投资是指在开发期内完成房地产产品开发所需投入的各项费用;经营资金是指开发企业用于日常经营的周转资金。开发建设投资在开发建设过程中形成以出售和出租为目的的开发产品成本和以自营为目的的固定资产和其他资产。从投资估算的角度,开发项目总投资构成如图 5-1 所示。

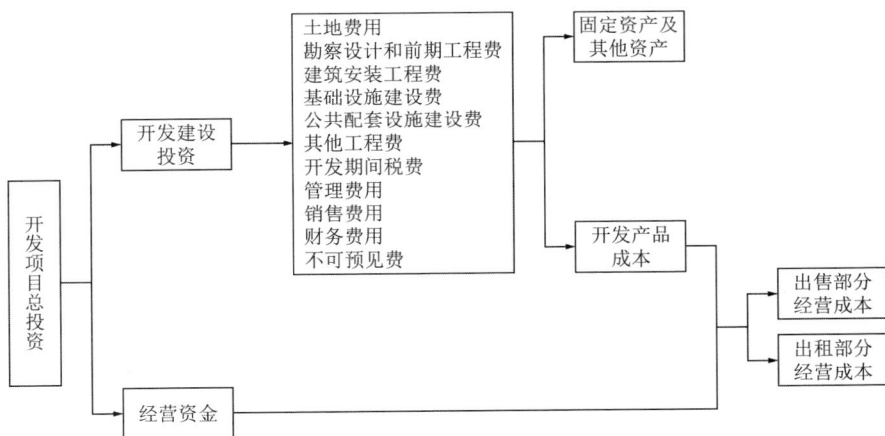

图 5-1　房地产开发项目总投资的构成

　　2)开发产品成本

　　开发产品成本是指房地产开发项目建成时,按照国家有关财务和会计制度,转入房地产产品的开发建设投资。当房地产开发项目有多种产品(如居住、办公、商业、停车场等)时,可以通过开发建设投资的合理分摊,分别估算每种产品的产品成本。

　　3)营业成本

　　营业成本是指房地产产品出售、出租时,将开发产品成本按照国家有关财务和会计制度结转的成本。主要包括:土地转让成本、商品房销售成本、配套设施销售成本和房地产出租营业成本。对于分期收款的房地产开发项目，房地产投资的营业成本通常按当期销售面积占全部销售面积的比率，计算本期应结转的营业成本。房地产出租过程中的营业成本，通常包括固定资产折旧、土地使用权等无形资产摊销。

4）期间费用

开发投资项目的期间费用是指企业行政管理部门为组织和管理开发经营活动而发生的销售费用、管理费用和财务费用。房地产开发项目用于销售时，期间费用为计入开发建设投资中的管理费用、财务费用和销售费用，不另行计算；房地产开发项目用于出租或自营时，开发期的期间费用计入开发建设投资，经营期的期间费用计入运营费用；房地产置业投资项目的期间费用计入运营费用。

5）运营费用

运营费用是指用于出租或经营的房地产在出租经营过程中的成本费用支出，包括期间费用（销售费用、管理费用、财务费用）、税金及附加、物业服务费、大修基金等。

4. 营业收入

营业收入又称经营收入，是指向社会出售、出租开发商品或自营时的货币收入，包括销售收入、出租收入和自营收入。销售收入＝销售房屋建筑面积×房屋销售单价，出租收入＝出租房屋建筑面积×房屋租金单价，自营收入＝营业额－营业成本－自营中的商业经营风险回报。营业收入是按市场价格计算的，房地产开发投资企业的产品（房屋）只有在市场上被出售、出租或自我经营，才能成为给企业或社会带来效益的有用的劳动成果。因此，营业收入比企业完成的开发工作量（完成投资额）更能反映房地产开发投资项目的真实经济效果。

5. 利润

利润是企业经济目标的集中表现，企业进行房地产开发投资的最终目的是获取开发或投资利润。房地产开发投资者不论采用何种直接的房地产投资模式，其营业收入扣除营业成本、期间费用和增值税、税金及附加后的盈余部分，称为投资者的营业利润，这是房地产企业新创造价值的一部分，要在全社会范围内进行再分配。营业利润中的一部分由国家以所得税的方式无偿征收，作为国家或地方的财政收入；另一部分留给企业，作为其可分配利润、企业发展基金、职工奖励及福利基金、储备基金等。根据财务核算与分析的需要，企业利润可分为毛利润、营业利润、利润总额、净利润和可分配利润五个层次。

1）毛利润

毛利润＝营业收入－营业成本－增值税和税金及附加－土地增值税　　（5-1）

$$毛利润率 = 毛利润/营业收入(\%) \tag{5-2}$$

$$营业收入 = 销售收入 + 出租收入 + 自营收入 \tag{5-3}$$

$$销售收入 = 土地转让收入 + 商品房销售收入 + 配套设施销售收入 \tag{5-4}$$

$$出租收入 = 房屋出租租金收入 + 土地出租租金收入 \tag{5-5}$$

2）营业利润

$$营业利润 = 毛利润 - 期间费用(开发投资) \tag{5-6}$$

$$营业利润 = 毛利润 - 运营费用(出租经营) \tag{5-7}$$

$$期间费用 = 销售费用 + 管理费用 + 财务费用 \tag{5-8}$$

$$运营费用 = 期间费用 + 运营期间税费 + 物业服务管理费 + 大修基金 \tag{5-9}$$

3）利润总额（税前利润）

$$利润总额 = 营业利润 + 营业外收支净额 \tag{5-10}$$

$$营业外收支净额 = 投资收益 + 补贴收入 + 营业外收入 - 营业外支出 \tag{5-11}$$

4）净利润（税后利润）

$$净利润 = 利润总额 - 所得税 \tag{5-12}$$

$$净利润率 = 净利润/营业收入(\%) \tag{5-13}$$

5）可分配利润

$$可分配利润 = 税后利润 - (法定盈余公积金 + 法定公益金 + 未分配利润) \tag{5-14}$$

6. 税金

税金是国家或地方政府依据法律对有纳税义务的单位或个人征收的财政资金。国家或地方政府的这种筹集财政资金的方式叫税收。税收是国家凭借政治权力参与国民收入分配和再分配的一种方式，具有强制性、无偿性和固定性的特点。税收不仅是国家和地方政府获得财政收入的主要渠道，也是国家或地方政府对各项经济活动进行宏观调控的重要杠杆。

目前我国房地产开发投资须缴纳的主要税种有：

1）增值税

根据国家有关规定，房地产业涉及增值税的征收范围，一是，房地产企业销售自己开发的房地产项目；二是，房地产企业出租自己开发的房地产项目（包括商铺、写字楼、公寓等）。一般纳税人销售不动产、提供不动产租赁服务，其适用税率为 9%。小规模纳税人销售不动产、提供不动产租赁服务，不按适用税率征税，而是按征收率 3% 缴纳增值税。

2）税金及附加

税金及附加包括企业经营活动中发生的消费税、城市维护建设税、资源税、教育费附加和地方教育附加及房产税、城镇土地使用税、车船使用税、印花税等相关税费。其中：①城市维护建设税，以纳税人实际缴纳的增值税税额为计税依据，征收率为 7%，与增值税同时缴纳。②教育费附加是对缴纳增值税和消费税的单位和个人征收的一种附加费，以纳税人实际缴纳的增值税和消费税税额为计税依据，征收率为 3%，地方教育附加征收率为 2%，均与增值税同时缴纳。③房产税是投资者拥有房地产时应缴纳的一种财产税。城镇土地使用税和房产税在企业所得税前列支。④城镇土地使用税是房地产开发投资企业在开发经营过程中占用国有土地应缴纳的一种税，视土地等级、用途、按占用面积征收。

3）土地增值税

根据《中华人民共和国土地增值税暂行条例》和《中华人民共和国土地增值税暂行条例实施细则》的规定，从 1994 年 1 月 1 日起，转让国有土地使用权、地上的建筑物及其附着物并取得收入的单位和个人，应当缴纳土地增值税。土地增值税按照纳税人转让房地产所取得的增值额，按 30%～60% 的累进税率计算征收。增值额为纳税人转让房地产所取得的收入减除规定扣除项目金额后的余额。规定的扣除项目包括取得土地使用权所支付的金额，开发土地的成本、费用、新建房及配套设施的成本、费用，旧房及建筑物的评估价格，与转让房地产有关的税金，以及财政部规定的其他扣除项目。

4）企业所得税

企业所得税是对实行独立经济核算的房地产开发投资企业，按其应纳税所得额征收的一种税。企业每一纳税年度的收入总额，减除不征税收入、免税收入、各项扣除以及允许弥补的以前年度亏损后的余额，为应纳税所得额。所得税应纳税额 ＝ 应纳税所得额 × 适用税率 － 减免税额 － 抵免税额。房地产开发投资企业所得税税率为 25%。

7. 房地产投资经济效果的表现形式

1）置业投资

对置业投资来说，房地产投资的经济效果主要表现在租金收益、物业增值或股权增加等方面。租金通常表现为月租金收入，而增值和股权增加效果则既可在处置（转让）物业时实现，也可在以针对物业的再融资行为中实现（如申请二次抵押贷款）。

置业投资经济效果的好坏受市场状况和物业特性变化的影响。个人或企业进行置业投资的目的是要获得预期的经济效果，这些预期经济效果在没有成为到手的现金流量之前，仅仅是一个模糊的期望。因此，置业投资经济效果的三种表现形式仅能说明投资者可获得的利益类型，在没有转换为一个特定时间点的现金流量之前，经济效果是无法定量描述或量测的。

2）开发投资

房地产开发投资的经济效果主要表现为销售收入，其经济效果的大小则用开发利润、成本利润率、投资收益率等指标来衡量。

二、经济评价指标

（一）投资回收与投资回报

房地产投资的收益，包括投资回收和投资回报两个部分。投资回收是指投资者对其所投入资本的回收，投资回报是指投资者所投入的资本在经营过程中所获得的报酬。例如，金融机构在向居民提供抵押贷款时，借款人在按月等额的还款中，一部分是还本，另一部分是付息；对于金融机构来说，借款人的还本部分就是其贷款（投资）的回收部分，借款人的付息部分就是其贷款（投资）的回报部分。

利用等额序列支付的年值与现值之间的关系，公式为：

$$A = P\frac{i(1+i)^n}{(1+i)^n - 1} = P \cdot i + \frac{P \cdot i}{(1+i)^n - 1} \tag{5-15}$$

式(5-15)中的 $P \cdot i$ 就是投资者投入资本 P 后所获得的投资回报，此时投资回报率为 i；而 $\frac{P \cdot i}{(1+i)^n - 1}$ 就是投资者的投资回收，$\frac{i}{(1+i)^n - 1}$ 是投资者提取折旧的一种方法，即储存基金法。如果将 $\frac{P \cdot i}{(1+i)^n - 1}$ 作为年值，则其折算到项目期末的终值正好等于 P，这正好反映了一个简单再生产的过程。

投资回收和投资回报对投资者来说都是非常重要的，投资回收通常是用提取折旧的方式获得，而投资回报常常表现为投资者所获得的或期望获得的收益率或利息率。就房地产开发投资来说，投资回收主要是指开发商所投入的总开发成本的回收，而其投资回报则主要表现为开发利润。

（二）经济评价指标体系

房地产开发投资项目经济评价的目的，是考察项目的盈利能力和清偿能力。

盈利能力指标是用来考察项目盈利能力水平的指标，包括静态指标和动态指标两类。其中，静态指标是在不考虑资金的时间价值因素影响的情况下，直接通过现金流量计算出来的经济评价指标。静态指标的计算简便，通常在概略评价时采用。动态指标是考虑了资金的时间价值因素的影响，要对发生在不同时间的收入、费用计算资金的时间价值，将现金流量进行等值化处理后计算出来的经济评价指标。动态评价指标能较全面地反映投资方案整个计算期的经济效果，适用于详细可行性研究阶段的经济评价和计算期较长的投资项目。

清偿能力指标是指考察项目计算期内偿债能力的指标。除了投资者重视项目的偿债能力外，为项目提供融资的金融机构更加重视项目偿债能力的评价结果。

应该指出的是，由于房地产开发投资项目与房地产置业投资项目的效益费用特点不同，在实际操作中，两种类型投资项目的经济评价指标体系略有差异（表5-2）。

房地产投资项目经济评价指标体系　　　　表 5-2

项目类型	盈利能力指标		清偿能力指标
	静态指标	动态指标	
房地产开发投资	成本利润率 销售利润率 投资利润率 静态投资回收期	财务内部收益率 财务净现值 动态投资回收期	借款偿还期 利息备付率 资产负债率
房地产置业投资	投资利润率 资本金利润率、资本金净利润率 现金回报率、投资回报率 静态投资回收期	财务内部收益率 财务净现值 动态投资回收期	借款偿还期 偿债备付率 资产负债率 流动比率 速动比率

（三）全部投资和资本金评价指标的差异

房地产投资活动中全部投资的资金来源，通常由资本金（又称权益投资）和借贷资金（又称债务投资）两部分组成。投资者利用借贷资金进行投资，或在投资过程中使用财务杠杆的主要目的，是为了提高资本金的投资收益水平。由于投资者使用借贷资金投资时必须支付借贷资金的资金成本或财务费用（利息、融资费用和汇兑损失），因此只有当房地产投资项目全部投资的平均收益水平高于投资者必须支付的借贷资金成本水平时，投资者使用借贷资金才能够提高资本金的收益水平，即财务杠杆对投资者资本金的收益是正向的放大作用。

例如，某房地产投资项目所需的总投资为 100 万元，项目全部投资的收益率为 15%，如果借贷资金的财务费用水平为 10%，则投资者就可以通过融入借贷资金，来减少资本金的投入，提高资本金的收益水平。假如总投资中的 80 万元来自借贷资金，则这 80 万元借贷资金所产生的收益 12 万元扣除财务费用 8 万元后所剩余的 4 万元，就属于投资者的收益，将这部分收益加到 20 万元资本金收益中去，则资本金的总收益就达到了 7 万元，其收益率水平就放大到了 35%。假如项目全部投资的收益率低于 10%，或借贷资金的成本高于 15%，则投资者就必须用资本金投资的部分收益来支付借贷资金的部分资金成本，大大降低其资本金的投资收益水平。

从上面的例子可以看出，投资者在进行投资决策时，必须要计算项目全部投资的收益指标，以便与市场上类似投资项目的收益水平和借贷资金的资金成本水平进行比较，就是否投资、是否使用财务杠杆进行决策。投资者还要计算资本金投资的收益指标，以量测资本金投资收益水平及判断是否满足自己的投资收益目标要求或期望。此外，当资本金投入由多个投资者共同参与时，由于各投资者在项目投资经营过程中所扮演的角色不同，通常按是否参与管理、是否优先获得分红或利润分配等来决定各自的出资比例和持股比例，所以不同投资者所投入资本金的收益水平也会存在差异，有时还需要计算不同投资者的资本金收益水平。

综上，在进行房地产投资分析时，通常需要根据投资项目的特点、投资分析深度的要求和投资决策者的实际需要，分别计算全部投资、资本金、各投资方资本金的经济评价指标。

（四）通货膨胀的影响

对通货膨胀或通货紧缩程度的预期，影响投资者对未来投资收益的预测和适当收入或收益率的选择。在通货膨胀的情况下，现金的购买力肯定会下降，因此投资者往往提高对名义投资回报率（或收益率，下同）的预期，以补偿购买力的损失。即投资者要提高期望投资回报率以抵消通货膨胀的影响，因为投资者所希望获得的始终是一个实际的投资回报率。

从理论上来说，全部期望投资回报率应该包含所有预期通货膨胀率的影响。因此，预期收益率通常随着对通货膨胀率预测的变化而变化。当折现率不包含对通货膨胀的补偿时，房地产投资收入现金流的折现值才是一个常数。

由于通货膨胀率和收益率经常是同时变动，因此很难找到一个特定的折现率来准确反映当前的市场状态，尽管人们一直在追求这样一个目标，以使得该折现率的选择与对市场的预期、通货膨胀率、收益率相协调。应该注意的是，房地产投资分析人员进行投资分析工作的关键是模拟典型投资者对未来市场的预期，而没必要花很多精力去寻找准确可靠的收益率和通货膨胀率。

还应说明的是，通货膨胀和房地产增值是两回事。通货膨胀往往首先导致资金和信用规模以及总体价格水平的上升，并进一步导致购买力下降；而房地产的增值往往是由需求超过供给从而导致房地产价值上升造成的。通货膨胀和房地产的增值对未来的钱来说有类似的影响，但对折现率的影响不同。通货膨胀导致折现率提高，因为投资者希望提高名义投资回报率以抵消通货膨胀带来的价值损失；增值则不影响折现率，除非与物业投资有关的风险因素发生变化。

在实际投资分析工作中，考虑到通货膨胀可能产生的影响，在估计未来收益现金流时，可以允许未来年份营业收入以及运营成本随着通货膨胀分别有所增加，这样就可以消除通货膨胀因素对分析结果准确性的部分影响，使分析结果更加接近真实。如果在收益现金流估算过程中没有考虑通货膨胀的影响，则可在选择折现率时适当考虑（适当调低折现率估计）。

三、动态盈利能力指标及其计算

（一）财务净现值

财务净现值（$FNPV$），是指项目按行业的基准收益率或设定的目标收益率i_c，将项目计算期内各年的净现金流量折算到投资活动起始点的现值之和，是房地产开发项目财务评价中的一个重要经济指标。房地产投资项目计算期的选取规则如表 5-3 所示。

房地产投资项目计算期选取规则   表 5-3

项目类型		计算期（开发经营期）界定
开发投资	出售	为项目开发期与销售期之和。开发期是从购买土地使用权开始到项目竣工验收的时间周期，包括准备期和建造期；销售期是从正式销售（含预售）开始到销售完毕的时间周期；当预售商品房时，开发期与销售期有部分时间重叠
	出租或自营	为开发期与经营期之和。经营期为预计出租经营或自营的时间周期；以土地使用权剩余年限和建筑物经济使用寿命中较短的年限为最大值；为计算方便，也可视分析精度的要求，取 10～20 年
置业投资		为经营准备期和经营期之和。经营准备期为开业准备活动所占用的时间，从获取物业所有权（使用权）开始，到出租经营或自营活动正式开始截止；经营准备期的时间长短，与购入物业的初始装修状态等因素相关

基准收益率是净现值计算中反映资金时间价值的基准参数，是导致投资行为发生所要求的最低投资报酬率，称为最低要求收益率（$MARR$）。决定基准收益率大小的因素主要是资金成本和项目风险。

财务净现值的计算公式为：

$$FNPV = \sum_{t=0}^{n} (CI - CO)_t (1 + i_c)^{-t}$$

$$= \sum_{t=0}^{n} CI_t (1 + i_c)^{-t} - \sum_{t=0}^{n} CO_t (1 + i_c)^{-t} \tag{5-16}$$

式中，$FNPV$——项目在起始时间点的财务净现值；

i_c——基准收益率或设定的目标收益率；

CI——现金流入量；

CO——现金流出量；

$(CI - CO)_t$——项目在第t年的净现金流量；

　　　　$t = 0$——项目开始进行的时间点；

　　　　n——计算期，即项目的开发或经营周期（年、半年、季度或月）。

　　如果 $FNPV$ 大于或等于 0，说明该项目的盈利能力达到或超过了基准收益率的要求，因而在财务上是可以接受的。如果 $FNPV$ 小于 0，则项目不可接受。

　　【例 5-1】某投资者以总价 1 000 万元购买了一商铺用于出租经营，第 2 年便可出租。该投资者设计了一个计算期为 15 年的投资计划：在出租经营的前 5 年，年租金以 5% 的递增率递增，首期年租金为 200 万元，年经营成本的递增率按 3% 递增，首期年经营成本为 40 万元。在此后的经营期内，年租金和年经营成本均以递增期内最后一年的数据为基数保持不变。若该投资者要求的目标的收益率为 10%，试计算该投资项目的净现值（设投资和经营期间的收支均发生在年初。计算结果保留小数点后两位）。

　　【解】

　　已知：$P_1 = 1\ 000$ 万元，$s_1 = 5\%$，$s_2 = 3\%$，$i = 10\%$，

　　$A_1 = 200$ 万元，$C_1 = 40$ 万元，$n_1 = 5$，$n = 14$（收支均发生在年初）

　　（1）计算递增期内最后一年的年租金收入和年经营成本

　　$A_5 = A_1(1 + s_1)^{n_1-1} = 200 \times (1 + 5\%)^4 = 243.10$（万元）

　　$C_5 = C_1(1 + s_2)^{n_1-1} = 40 \times (1 + 3\%)^4 = 45.02$（万元）

　　（2）计算递增期后每年的净租金收入

　　$A' = A_5 - C_5 = 243.10 - 45.02 = 198.08$（万元）

　　（3）计算递增期内的净现金流量的现值

$$P_2 = \frac{A_1}{i - s_1}\left[1 - \left(\frac{1 + s_1}{1 + i}\right)^{n_1}\right] - \frac{C_1}{i - s_2}\left[1 - \left(\frac{1 + s_2}{1 + i}\right)^{n_1}\right]$$

$$= \frac{200}{10\% - 5\%}\left[1 - \left(\frac{1 + 5\%}{1 + 10\%}\right)^5\right] - \frac{40}{10\% - 3\%}\left[1 - \left(\frac{1 + 3\%}{1 + 10\%}\right)^5\right]$$

$$= 830.12 - 160.10 = 670.02$$（万元）

　　（4）计算递增期后的净现金流量的现值

$$P_3 = \frac{A'}{i}\left[1 - \frac{1}{(1 + i)^{n-n'}}\right] \times (1 + i)^{-n'} = \frac{198.08}{10\%}\left[1 - \frac{1}{(1 + 10\%)^{14-5}}\right] \times$$

　　$(1 + 10\%) - 5 = 1\ 140.75 \times (1 + 10\%)^{-5} = 708.32$（万元）

　　（5）计算该投资项目净现金流量的净现值

　　$P = P_2 + P_3 - P_1 = 670.02 + 708.32 - 1\ 000 = 378.34$（万元）

　　（二）财务内部收益率

　　财务内部收益率（$FIRR$），是指项目在整个计算期内，各年净现金流量现值累

计等于零时的折现率，是评估项目营利性的基本指标。其计算公式为：

$$\sum_{t=0}^{n}(CI - CO)_t(1 + FIRR)^{-t} = 0 \tag{5-17}$$

财务内部收益率的经济含义是在项目全寿命周期内项目内部未收回投资每年的净收益率。同时意味着，到项目计算期终了时，所有投资可以被完全收回。

财务内部收益率可以通过内插法求得，即先按目标收益率或基准收益率求得项目的财务净现值，如为正，则采用更高的折现率使净现值为接近于零的正值和负值各一个，最后用内插法公式求出。

内插法公式为：

$$FIRR = i_1 + \frac{NPV_1}{NPV_1 + |NPV_2|} \times (i_2 - i_1) \tag{5-18}$$

式中，i_1——当净现值为接近于零的正值时的折现率；

　　　i_2——当净现值为接近于零的负值时的折现率；

　　NPV_1——采用低折现率时净现值的正值；

　　NPV_2——采用高折现率时净现值的负值。

式(5-18)中i_1和i_2之差不应超过1%～2%，否则，折现率i_1、i_2和净现值之间不能近似于线性关系，从而使所求得的内部收益率失真（图5-2）。

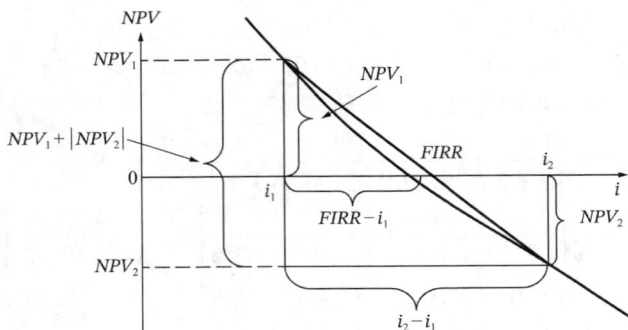

图 5-2　计算$FIRR$的试算内插法图示

一般来说，内部收益率表明了项目投资所能支付的最高贷款利率。将所求出的内部收益率与行业基准收益率或目标收益率i_c比较，当$FIRR$大于或等于i_c时，则认为项目在财务上是可以接受的；当$FIRR$小于i_c时，则项目不可接受。

当投资项目的现金流量具有一个内部收益率时，其财务净现值函数NPV_i如图5-3所示。当i值小于$FIRR$时，对于所有的i值，NPV都是正值；当i值大于$FIRR$时，对于所有的i值，NPV都是负值。

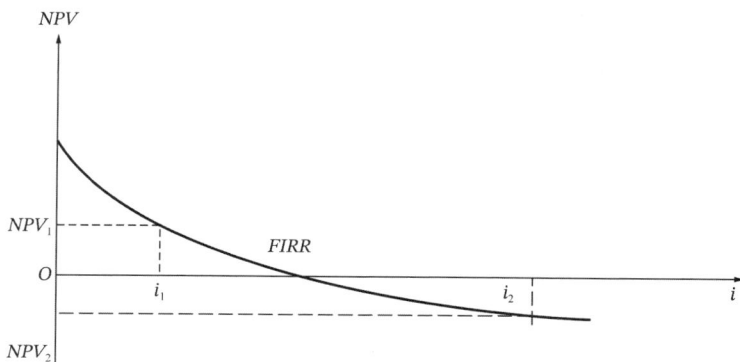

图 5-3　净现值与折现率的关系

值得注意的是，求解 *FIRR* 的理论方程应有 *n* 个解，这也就引发了对项目内部收益率唯一性的讨论。研究表明：对于常规项目（净现金流量的正负号在项目寿命期内仅有一次变化），*FIRR* 有唯一实数解；对于非常规项目（净现金流量的正负号在项目寿命期内有多次变化），计算 *FIRR* 的方程可能有多个实数解。因为项目的 *FIRR* 是唯一的，如果计算 *FIRR* 的方程有多个实数解，须根据 *FIRR* 的经济含义对计算出的实数解进行检验，以确定是否能用 *FIRR* 评价该项目。

【例 5-2】某房地产开发企业以 800 万元/亩的价格获得一宗占地面积为 150 亩的住宅建设用地，土地交易契税税率为 4%，购地费用在第 1 年初一次性支付。项目的总建筑面积为 20 万 m²，其中住宅建筑面积为 15 万 m²，可销售面积为 14 万 m²，销售均价为 15 000 元/m²；长租公寓建筑面积为 5 万 m²，可出租面积为 4.5 万 m²，不包括室内装修的建造成本为 3 800 元/m²。住宅为毛坯房，长租公寓为全装修房，装修成本为 1 800 元/m²。建造成本第 1 年投入总建造成本的 60%，第 2 年投入 40%；长租公寓的室内装修成本在第 2 年投入总装修成本的 40%，第 3 年投入 60%。住宅销售的增值税按销售收入的 3% 预征，税金及附加按增值税预征额的 10% 计。住宅的销售计划为：第 1 年销售 40%，第 2 年销售 60%。长租公寓每期的签约期为 10 年，年租金为 1 000 元/m²，于每年初交纳，第 4 年初便可入住，包括增值税在内的经营成本及税费为租金收入的 20%，假设出租率为 100%。计算到第 1 个租赁期期满时，该项目投资的内部收益率（建造成本、装修成本、销售收入发生在年末）。

【解】

第 1 年初土地购置费：$800 \times 150 \times (1 + 4\%) = 124\,800$（万元）

第 1 年末销售收入：$14 \times 40\% \times 15\,000 = 84\,000$（万元）

建造成本：$20 \times 3\,800 \times 60\% = 45\,600$（万元）

增值税及附加：$84\,000 \times 3.3\% = 2\,772$（万元）

净现金流量：$84\,000 - 45\,600 - 2\,772 = 35\,628$（万元）

第 2 年末销售收入：$14 \times 60\% \times 15\,000 = 126\,000$（万元）

建造成本：$20 \times 3\,800 \times 40\% = 30\,400$（万元）

装修成本：$5 \times 1\,800 \times 40\% = 3\,600$（万元）

增值税及附加：$126\,000 \times 3.3\% = 4\,158$（万元）

净现金流量：$126\,000 - 30\,400 - 3\,600 - 4\,158 = 87\,842$（万元）

第 3～12 年末净租金收入：$4.5 \times 1\,000 \times 80\% = 3\,600$（万元）

第 3 年末装修成本：$5 \times 1\,800 \times 60\% = 5\,400$（万元）

令 $i_1 = 6\%$

$$NPV_1 = -124\,800 - \frac{5\,400}{(1+6\%)^3} + \frac{35\,628}{1+6\%} + \frac{87\,842}{(1+6\%)^2} +$$

$$\frac{3\,600}{6\%}\left[1 - \frac{1}{(1+6\%)^{10}}\right] \div (1+6\%)^2 = 6\,038.07$$

令 $i_2 = 8\%$

$$NPV_2 = -124\,800 - \frac{5\,400}{(1+8\%)^3} + \frac{35\,628}{1+8\%} + \frac{87\,842}{(1+8\%)^2} +$$

$$\frac{3\,600}{8\%}\left[1 - \frac{1}{(1+8\%)^{10}}\right] \div (1+8\%)^2 = -73.03$$

$$FIRR = 6\% + \frac{6\,038.07}{6\,038.07 + 73.03} \times 2\% = 7.98\%$$

【例 5-3】某公司购买了一栋写字楼用于出租经营，该项目所需的投资和经营期间的年净收入情况如表 5-4 所示。如果当前房地产市场上写字楼物业的投资收益率为 18%，试计算该投资项目的财务净现值和财务内部收益率，并判断该投资项目的可行性。如果在 10 年经营期内年平均通货膨胀率为 5%，则公司投入该项目资本的实际收益率是多少？

年净收入情况　　　　　　　　　　　　　　表 5-4

单位：万元

年份	0	1	2	3	4	5	6	7	8	9	10
购买投资	24 450										
净租金收入		4 500	4 700	5 000	5 100	4 900	5 100	5 300	4 900	4 800	4 300
净转售收入											16 000

【解】

（1）在不考虑通货膨胀的情况下，计算项目实际现金流量的财务净现值和财务内部收益率（或称表面收益率），计算过程如表 5-5 所示：

财务内部收益率计算表　　　　　　表 5-5

单位：万元

年份	净现金流量	$i_c = 18\%$		$i_c = 19\%$	
		净现值	累计净现值	净现值	累计净现值
0	−24 550	−24 550	−24 550	−24 550	−24 550
1	4 500	3 813.56	−20 736.44	3 781.51	−20 768.49
2	4 700	3 375.47	−17 360.97	3 318.97	−17 449.51
3	5 000	3 043.15	−14 317.82	2 967.08	−14 482.43
4	5 100	2 630.52	−11 687.30	2 543.21	−11 939.22
5	4 900	2 141.84	−9 545.46	2 053.34	−9 885.88
6	5 100	1 889.20	−7 656.26	1 795.93	−8 089.96
7	5 300	1 663.80	−5 992.46	1 568.36	−6 521.59
8	4 900	1 303.59	−4 688.87	1 218.49	−5 303.10
9	4 800	1 082.19	−3 606.68	1 003.04	−4 300.06
10	20 300	3 878.61	271.93	3 564.73	−735.34

从表 5-5 的计算可以得出，该投资项目的财务净现值为 271.93 万元，项目的财务内部收益率或名义收益率的计算可以通过内插法计算得到：

$$FIRR = 18\% + 1\% \times 271.93/[271.93 - (-735.34)] = 18.27\% > 18\%$$

由于该项目的财务净现值大于零，财务内部收益率大于写字楼平均投资收益率水平，因此该项目可行。

（2）计算项目实际收益率：

实际收益率 R_r、名义收益率 R_a 和通货膨胀率 R_d 之间的关系为：

$$(1 + R_a) = (1 + R_r)(1 + R_d)$$

将 $R_a = 18.27\%$　$R_d = 5\%$ 代入上式计算可得

$$(1 + 18.27\%) = (1 + R_r)(1 + 5\%)$$

求解得 $R_r = 12.64\%$

因此，该项目投资的实际收益率为 12.64%。

（三）动态投资回收期

动态投资回收期（P_b），是指当考虑现金流折现时，项目以净收益抵偿全部投资所需的时间，是反映开发项目投资回收能力的重要指标。对房地产投资项目来说，动态投资回收期自投资起始点算起，累计净现值等于零或出现正值的年份即为投资回收终止年份，其计算公式为：

$$\sum_{t=0}^{P_b} (CI - CO)_t (1 + i)^{-1} = 0 \tag{5-19}$$

式中，P_b——为动态投资回收期

动态投资回收期以年表示，其详细计算公式为：

$$P_b = (累计净现金流量现值开始出现正值期数 - 1) +$$
$$\frac{上期累计净现金流量现值的绝对值}{当期净现金流量现值} \tag{5-20}$$

式(5-20)得出的是以计算周期为单位的动态投资回收期，应该再把其换算成以年为单位的动态投资回收期，其中的小数部分也可以折算成月数，以年和月表示，如3年零9个月或3.75年。

在项目财务评价中，动态投资回收期（P_b）与基准回收期（P_c）相比较，如果$P_b \leqslant P_c$，则开发项目在财务上是可以接受的。动态投资回收期指标一般用于评价开发完结后用来出租经营或自营的房地产开发项目，也可用来评价置业投资项目。

【例5-4】某投资项目的现金流量如表5-6所示，如果投资者的目标收益率为12%，求该投资项目的动态投资回收期。

现金流量表　　　　　　　　　　　　　表5-6
单位：万元

年份	0	1	2	3	4	5	6
现金流入		500	600	800	800	800	800
现金流出	2 600						
净现金流量	2 600	500	600	800	800	800	800

【解】因为目标收益率为12%，计算各年净现金流量的折现值如表5-7所示。

现金流量的折现值　　　　　　　　　　表5-7
单位：万元

年份	0	1	2	3	4	5	6
现金流入		500	600	800	800	800	800

续表

现金流出	2 600					
净现金流量	−2 600	500	600	800	800	800	800
净现金流量折现值（12%）	−2 600	446.43	478.32	569.42	508.41	453.94	405.30
累计净现金流量折现值	−2 600	−2 153.57	−1 675.25	−1 105.25	−597.42	−143.48	+261.82

因为项目在第 6 年累计净现金流量折现值出现正值，所以该项目的动态投资回收期为：

$P_b = ($累计净现金流量现值开始出现正值期数 $- 1) +$

$$\frac{\text{上期累计净现金流量现值的绝对值}}{\text{当期净现金流量现值}}$$

$$= (6 - 1) + \frac{|-143.48|}{405.30} = 5.354 （年）$$

四、静态盈利能力指标及其计算

（一）成本利润率

成本利润率（RPC），是指开发利润占总开发成本的比率，是初步判断房地产开发项目财务可行性的一个经济评价指标。成本利润率的计算公式为：

$$RPC = \frac{GDV - TDC}{TDC} \times 100\% = \frac{DP}{TDC} \times 100\% \tag{5-21}$$

式中，RPC——成本利润率；

　　GDV——项目总开发价值；

　　TDC——项目总开发成本；

　　DP——开发利润。

计算项目总开发价值时，如果项目全部销售，则等于总销售收入扣除销售税费后的净销售收入；当项目用于出租时，为项目在整个持有期内净营业收入和净转售收入的现值累计之和。

项目总开发成本是开发项目在开发经营期内实际支出的成本，包括土地费用、勘察设计和前期工程费、建筑安装工程费、基础设施建设费、公共配套设施建设费、其他工程费、开发期间税费、管理费用、销售费用、财务费用、不可预见费等。

计算房地产开发项目的总开发价值和总开发成本时，可依据评估时的价格水平进行估算，因为在大多数情况下，项目的收入与成本支出受市场价格水平变动的影响大致相同，使项目收入的增长基本能抵消成本的增长。

开发利润实际是对开发商所承担的开发风险的回报。成本利润率一般与目标利润率进行比较，超过目标利润率，则该项目在经济上是可接受的。目标利润率水平的高低，与项目所在地区的市场竞争状况、项目开发经营期长度、开发项目的物业类型以及贷款利率水平等相关。一般来说，对于一个开发期为 2 年的商品住宅开发项目，其目标成本利润率约为 25%～35%。

成本利润率是开发经营期的利润率，不是年利润率。成本利润率除以开发经营期的年数，也不等于年成本利润率，因为开发成本在开发经营期内逐渐发生，而不是在开发经营期开始时一次性投入。

（二）销售利润率

销售利润率是衡量房地产开发项目单位销售收入盈利水平的指标。销售利润率的计算公式为：销售利润率 = 销售利润/销售收入 × 100%。其中：销售收入为销售开发产品过程中取得的全部价款，包括现金、现金等价物及其他经济利益；销售利润等于开发项目销售收入扣除总开发成本、销售税费，在数值上等于计算成本利润率时的开发商利润。

【例 5-5】某房地产开发商以 5 000 万元的价格获得了一宗占地面积为 4 000m² 的土地，50 年的使用权，建筑容积率为 5.5，建筑覆盖率为 60%，楼高 14 层，1 至 4 层建筑面积均相等，5～14 层为塔楼（均为标准层），建造费用为 3 500 元/m²，专业人员费用为建造费用预算的 8%，其他工程费为 460 万元，管理费用为土地费用、建造费用、专业人员费用和其他工程费之和的 3.5%，市场推广费、销售代理费分别为销售收入的 0.5%、3.0%，增值税和税金及附加为销售收入的 5.5%，预计建成后售价为 12 000 元/m²。项目开发周期为 3 年，建造期为 2 年，土地费用于开始一次性投入，建造费用、专业人员费用、其他工程费和管理费用在建造期内均匀投入；年贷款利率为 12%，按季度计息，融资费用为贷款利息的 10%。试计算项目总建筑面积、标准层每层建筑面积和开发商可获得的成本利润率与销售利润率分别是多少？假设项目为老项目，增值税使用简易计税方法计税。

【解】

（一）项目总开发价值

1. 项目总建筑面积：$4\,000 \times 5.5 = 22\,000$（m²）

2. 标准层每层建筑面积：$(22\,000 - 4\,000 \times 60\% \times 4)/10 = 1\,240$（m²）

3. 项目总销售收入：$22\,000 \times 12\,000 = 26\,400$（万元）

4. 增值税和税金及附加：$26\,400 \times 5.5\% = 1\,452$（万元）

5. 项目总开发价值：$26\,400 - 1\,452 = 24\,948$（万元）

（二）项目总开发成本

1. 土地费用：5 000 万元

2. 建造费用：$22\,000 \times 3\,500 = 7\,700$（万元）

3. 专业人员费用（建筑师、结构、造价、机电、监理工程师等费用）

$$7\,700 \times 8\% = 616（万元）$$

4. 其他工程费：460 万元

5. 管理费用：$(5\,000 + 7\,700 + 616 + 460) \times 3.5\% = 482.16$（万元）

6. 财务费用

（1）土地费用利息：

$$5\,000 \times \left[(1 + 12\%/4)^{3\times4} - 1\right] = 2\,128.80（万元）$$

（2）建造费用、专业人员费用、其他工程费、管理费用利息：

$$(7\,700 + 616 + 460 + 482.16) \times \left[(1 + 12\%/4)^{(2/2)\times4} - 1\right] = 1\,161.98（万元）$$

（3）融资费用：$(2\,128.80 + 1\,161.98) \times 10\% = 329.08$（万元）

（4）财务费用总计：$2\,128.80 + 1\,161.98 + 329.08 = 3\,619.86$（万元）

7. 销售费用（市场推广及销售代理费）：

$$26\,400 \times (0.5\% + 3.0\%) = 924（万元）$$

8. 项目总开发成本：

$$5\,000 + 7\,700 + 616 + 460 + 482.16 + 3\,619.86 + 924 = 18\,802.02（万元）$$

（三）开发利润（销售利润）：$24\,948 - 18\,802.02 = 6\,145.98$（万元）

（四）成本利润率：$6\,145.98 / 18\,802.02 \times 100\% = 32.69\%$

（五）销售利润率：$6\,145.98 / 26\,400 \times 100\% = 23.28\%$

应当指出的是，当项目建成后用于出租经营时，由于经营期限很长，计算开发成本利润率就显得意义不大，因为开发成本利润率中没有考虑经营期限的因素。此时可通过计算项目投资动态盈利能力指标，来评价项目的经济可行性。

【例 5-5】中所使用的评价方法在评估实践中经常使用，但存在两个缺点，即成本支出和营业收入的时间分布没有弹性；计算过程主要依靠"最好的估计"这种单一的情况，没有体现开发过程中隐含的许多不确定性因素。通过采用现金流评估法可以弥补上述第一个缺点，因为这种方法能使资金流出和流入的时间分布与开发建设过程中实际发生的租售收入和开发费用更加接近。下面将【例 5-5】用现金流评估法再进行一次评估。

【例 5-6】假定【例 5-5】中各项主要开发成本的投入比例分配如表 5-8 所示，专业人员费用、其他工程费和管理费用的投入时间，可结合经验或惯例自行设定。试用现金流法对该项目进行评估。

主要开发成本的投入比例分配表　　　　　　　　表 5-8

时间	2004 年				2005 年				2006 年				总计
费用项目	1 季度	2 季度	3 季度	4 季度	1 季度	2 季度	3 季度	4 季度	1 季度	2 季度	3 季度	4 季度	
土地费用	50%	16%	16%	18%									100%
建造费用					5%	8%	12%	15%	15%	18%	15%	12%	100%

【解】

用现金流法进行开发项目评估的过程如表 5-9 所示：

现金流法进行开发项目评估　　　　　　　　表 5-9

单位：万元

时间	2004 年				2005 年				2006 年				总计
费用项目	1 季度	2 季度	3 季度	4 季度	1 季度	2 季度	3 季度	4 季度	1 季度	2 季度	3 季度	4 季度	
土地费用	2 500	800	800	900									5 000
建造费用					385	616	924	1 155	1 155	1 386	1 155	924	7 700
专业人员费用					30.8	49.3	73.9	92.4	92.4	110.9	92.4	73.9	616
其他工程费				100							360		460
管理费用	40.2	40.2	40.2	40.2	40.2	40.2	40.2	40.2	40.2	40.2	40.2	40.2	482.2
合计	2 540.2	840.2	840.2	1 040.2	456.2	705.2	1 038.1	1 287.6	1 287.6	1 537.1	1 287.6	1 397.9	14 258.2
季度末累计值 a	2 540.2	3 456.6	4 400.5	5 572.7	6 195.9	7 087.3	8 338.0	9 875.7	11 459.6	13 340.5	15 028.3	16 877.0	
利息（利率 12%）	76.2	103.7	132.0	167.2	185.9	212.6	250.1	296.3	343.8	400.2	450.8	506.3	3 125.1
季度末累计值 b	2 616.4	3 560.3	4 532.5	5 739.9	6 381.8	7 299.9	8 588.1	10 172.0	11 803.4	13 740.7	15 479.1	17 383.3	
融资费用 10%	120.2				192.3								312.5

续表

时间	2004 年				2005 年				2006 年				总计
费用项目	1 季度	2 季度	3 季度	4 季度	1 季度	2 季度	3 季度	4 季度	1 季度	2 季度	3 季度	4 季度	
销售费用			10	20	20	60	80	90	90	120	204	230	934
开发成本总计	2 736.6	934.9	982.2	1 227.4	854.2	978.1	1 368.2	1 673.9	1 721.4	2 057.3	1 942.4	2 134.2	18 619.8

结合【例 5-5】和表 5-9 中的相关计算结果，可以得出如下结论：

（1）总开发成本：18 619.8 万元

（2）项目总销售收入：26 400 万元

（3）增值税和税金及附加：1 452 万元

（4）总开发价值：24 948 万元

（5）开发利润：24 948 - 18 619.8 = 6 328.2（万元）

（6）开发成本利润率：6 328.2/18 619.8 × 100% = 33.99%

从【例 5-6】可以看出，当建设进行到 2005 年第 4 季度末时，时间正好是建设期的中点，但建设费用仅投入了 40%。

经过大量的调查研究发现，对于建安成本，在工程开始时其费用的增长是缓慢的，当达到合同工期的 60% 时，这种增长达到峰值，工程造价累计曲线类似于"S"形（图 5-4）。对于一个典型的项目来说，40% 的建安成本发生在建设期的中部，而不是过去假设的 50%，和计算开发成本利润率时假设的，工程进行到一半，建筑安装工程费的支出也达到一半，显然有较大差异。

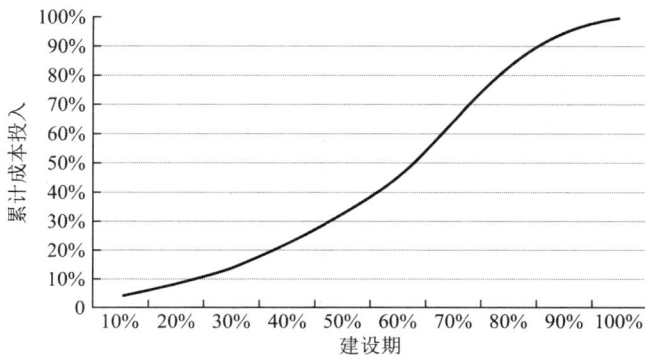

图 5-4 工程造价累计曲线

　　随着一些规模较大的房地产开发公司和组织的不断出现，以及开发项目的复杂程度不断提高（例如成片开发或大型房地产开发项目中，工程的一部分已经出售而另一部分还未完工），人们往往要考虑使用更为精确完善的现金流法进行评估。

　　【例5-6】中所使用的现金流法对于下面几种类型的开发项目评估尤其有效：

　　（1）居住小区综合开发项目。开发商为保证资金的正常运转，往往先建成一部分出售，然后利用出售所获得的收益，投资后一部分项目的开发，即所谓滚动开发。这样，当一部分住宅楼建成出售时或出售前，另一部分才开始动工，所以，投入项目后一部分的现金流量收支情况相当复杂。由于现金流评估法是把每期的现金流量分别按其实际数量和发生的时间予以考虑的，因此在评估这类项目时不需作任何假设，就可较为客观地得出评估结论。

　　（2）商业区开发项目。随着城市现代化建设的发展，城市商业区的开发项目已不仅局限于建设各种大型商业零售中心，还要求这些商业零售中心具有完备的附属设施，如多层停车楼、写字楼、餐饮中心、文化娱乐和休闲场所等。这类项目规模大、形式多样、功能复杂、开发周期长，因此，一个商业区开发项目可能会分阶段开发，某些部分可能在其他部分建成之前投入使用。这类项目现金收支情况也很复杂，适合用现金流评估法评估。

　　（3）工业开发项目。一些工业开发项目，如经济开发区中的标准厂房、仓库等，也同样存在着部分厂房或仓库先期建成后出租时，另外一些厂房或仓库正处在施工阶段的情况。更复杂的是，一些厂房或仓库不是以出租形式，而是将其出售给使用者，这样就会有较大的现金收支情况出现。同时，开发项目中的另一部分场地，当其基础设施建成后，可能按租约出租，这样就会导致开发项目中的一部分现金流量较少，但比前一部分发生的时间更早一些。这类开发项目的详细评估，只能采用现金流评估法。

　　另外，新区开发和旧城改造项目，所需时间长，资金需求量大，而且来源于各种渠道，现金流量收支情况也很复杂，更需要用现金流法进行评估。

　　但有一点需要说明的是，现金流评估法的精确性依赖于评估中所涉及的有关数据的准确性。例如，当开发过程中现金流量发生的时间数量不能完全肯定时，用现金流评估法，就要作某种假定，这可能会使评估结果的准确性降低。

　　需要指出的是，根据房地产开发企业财务报表（利润表）计算的销售毛利润率、净利润率，是反映报告期内企业经营效果的盈利能力指标。

　　（三）投资利润率

　　投资利润率分为开发投资的投资利润率和置业投资的投资利润率。

开发投资的投资利润率是指开发项目年平均利润额占开发项目总投资的比率。

置业投资的投资利润率是指项目经营期内一个正常年份的年利润总额或项目经营期内年平均利润总额与项目总投资的比率，这是考察项目单位投资盈利能力的静态指标。对经营期内各年的利润变化幅度较大的项目，应计算经营期内年平均利润总额与项目总投资的比率。

投资利润率的计算公式为：

$$投资利润率 = \frac{年利润总额或年平均利润总额}{项目总投资} \times 100\% \qquad (5\text{-}22)$$

投资利润率可以根据利润表中的有关数据计算求得。在财务评价中，将投资利润率与行业平均利润率对比，以判别项目单位投资盈利能力是否达到本行业的平均水平。

（四）资本金利润率

资本金利润率，是指项目经营期内一个正常年份的年利润总额或项目经营期内年平均利润总额与资本金的比率，反映了投入项目的资本金的盈利能力。资本金是投资者为房地产投资项目投入的权益资本。资本金利润率的计算公式为：

$$资本金利润率 = \frac{年利润总额或平均利润总额}{资本金} \times 100\% \qquad (5\text{-}23)$$

（五）资本金净利润率

资本金净利润率，是指项目经营期内一个正常年份的年税后利润总额或项目经营期内年平均税后利润总额与资本金的比率，反映了投入项目的资本金的盈利能力。其计算公式为：

$$资本金净利润率 = \frac{年税后利润总额或平均税后利润总额}{资本金} \times 100\% \qquad (5\text{-}24)$$

【例 5-7】已知某房地产投资项目的购买投资为 4 500 万元，流动资金为 500 万元。如果投资者投入的权益资本为 1 500 万元，经营期内年平均利润总额为 650 万元、年平均税后利润总额为 500 万元。试计算该投资项目的投资利润率、资本金利润率、资本金净利润率。

【解】

$$(1)投资利润率 = \frac{年利润总额或年平均利润总额}{项目总投资} \times 100\%$$

$$= \frac{650}{4\ 500 + 500} \times 100\% = 13.0\%$$

(2)资本金利润率 $= \dfrac{\text{年利润总额或平均利润总额}}{\text{资本金}} \times 100\%$

$$= \dfrac{650}{1\,500} \times 100\% = 43.3\%$$

(3)资本金净利润率 $= \dfrac{\text{年税后利润总额或平均税后利润总额}}{\text{资本金}} \times 100\%$

$$= \dfrac{500}{1\,500} \times 100\% = 33.3\%$$

（六）静态投资回收期

静态投资回收期（P_b'），是指当不考虑现金流折现时，项目以净收益抵偿全部投资所需的时间。一般以年表示，对房地产投资项目来说，静态投资回收期自投资起始点算起。其计算公式为：

$$\sum_{t=0}^{P_b'} (CI - CO)_t = 0 \tag{5-25}$$

式中，P_b'——静态投资回收期。

静态投资回收期可以根据财务现金流量表中累计净现金流量求得，其详细计算公式为：

$$P_b' = (\text{累计净现金流量开始出现正值期数} - 1) +$$
$$\dfrac{\text{上期累计净现金流量的绝对值}}{\text{当期净现金流量}} \tag{5-26}$$

从式(5-26)得出的是以计算周期为单位的静态投资回收期，应该再把其换算成以年为单位的静态投资回收期，其中的小数部分也可以折算成月数，以年和月表示，如 3 年零 9 个月或 3.75 年。

（七）现金回报率

现金回报率和投资回报率，都是房地产置业投资过程中，投资者量测投资绩效的指标，反映了置业投资项目的盈利能力。

现金回报率是指房地产置业投资中，每年所获得的现金报酬与投资者初始投入的权益资本的比率。该指标反映了初始现金投资或首付款与年现金收入之间的关系。现金回报率有税前现金回报率和税后现金回报率。其中，税前现金回报率等于营业利润（净经营收入）扣除还本付息后的净现金流量除以投资者的初始现金投资；税后现金回报率等于税后净现金流量除以投资者的初始现金投资。

例如，某商业店铺的购买价格为 60 万元，其中 40 万元由金融机构提供抵押贷款，余款 20 万元由投资者用现金支付。如果该项投资的营业收入扣除运营费用和抵押贷款还本付息后的年净现金流量为 2.8 万元，则该项投资的税前现金回报率为：2.8/20 × 100% = 14%；如果该项投资年税后净现金流量为 2.2 万元，则该项投资的税后现金回报率为：2.2/20 × 100% = 11%。

现金回报率指标非常简单明了，它与资本化率不同，因为资本化率通常不考虑还本付息的影响；与一般意义上的回报率也不同，因为该回报率可能是税前的，也可能是税后的。

（八）投资回报率

投资回报率是指房地产置业投资中，每年所获得的净收益与投资者初始投入的权益资本的比率。相对于现金回报率来说，投资回报率中的收益包括了还本付息中投资者所获得的物业权益增加的价值，还可以考虑将物业升值所带来的收益计入投资收益。投资回报率计算过程中采用的现金收益，通常为税后现金收益。投资回报率与资本金净利润率的差异，主要在于其考虑了房地产投资的增值收益和权益增加收益。该指标反映了初始权益投资与投资者实际获得的收益之比。

在不考虑物业增值收益时，

$$投资回报率 = \frac{(税后现金流量 + 投资者权益增加值)}{权益投资数额} \tag{5-27}$$

当考虑物业增值收益时，

$$投资回报率 = \frac{(税后现金流量 + 投资者权益增加值 + 物业增值收益)}{权益投资数额} \tag{5-28}$$

五、清偿能力指标及其计算

房地产投资项目的清偿能力，主要是考察计算期内项目各年的财务状况及偿还到期债务的能力。

（一）利息

按年计息时，为简化计算，假定借款发生当年均在年中支用，按半年计息，其后年份按全年计息；还款当年按年末偿还，按全年计息。每年应计利息的近似计算公式为：

$$每年应计利息 = \left(年初借款本息累计 + \frac{本年借款额}{2}\right) \times 贷款利率 \tag{5-29}$$

还本付息的方式包括以下几种：

（1）一次性还本利息照付：借款期间每期仅支付当期利息而不还本金，最后一期归还全部本金并支付当期利息；

（2）等额还本利息照付：规定期限内分期归还等额的本金和相应的利息；

（3）等额还本付息：在规定期限内分期等额摊还本金和利息；

（4）一次性偿付：借款期末一次偿付全部本金和利息；

（5）"气球法"：借款期内任意偿还本息，到期末全部还清。

（二）借款偿还期

借款偿还期是指在国家规定及房地产投资项目具体财务条件下，项目开发经营期内使用可用作还款的利润、折旧、摊销及其他还款资金偿还项目借款本息所需要的时间。房地产置业投资项目和房地产开发之后进行出租经营或自营的项目，需要计算借款偿还期。房地产开发项目用于销售时，不计算借款偿还期。

借款偿还期的计算公式为：

$$I_d = \sum_{t=1}^{P_d} R_t \tag{5-30}$$

式中，　I_d——项目借款还本付息数额（不包括已用资本金支付的建设期利息）；

　　　　P_d——借款偿还期（从借款开始期计算）；

　　　　R_t——第 t 期可用于还款的资金（包括：利润、折旧、摊销及其他还款资金）。

借款偿还期可用资金来源与运用表或借款还本付息计算表直接计算，其详细计算公式为：

$$P_d = (借款偿还后开始出现盈余期数 - 开始借款期数) +$$

$$\left(\frac{上期偿还借款额}{当期可用于还款的资金额} \right) \tag{5-31}$$

上述计算是以计算周期为单位，实际应用中应注意将其转换成以年为单位。当借款偿还期满足贷款机构的要求期限时，即认为项目是有清偿能力的。

（三）流动比率

流动比率是反映企业或项目各年偿付流动负债能力的指标。其计算公式为：

$$流动比率 = \frac{流动资产总额}{流动资产负债} \times 100\% \tag{5-32}$$

流动比率越高，说明营运资本（即流动资产减流动负债的余额）越多，对债权人而言，其债权就越安全。通过这个指标可以看出每百元流动负债由几百元流动资产来抵偿，故又称偿债能力比率。在国际上银行一般要求这一比率维持在200%以上，因此人们称之为"银行家比率"或"二对一比率"。

对房地产开发企业或项目来说，200%并不是最理想的流动比率。因为房地产开发项目所需开发资金较多，且本身并不拥有大量的资本金，其资金一般来源于长、短期借款。此外，房地产开发项目通常采取预售期房的方式筹集资金。这些特点使得房地产开发项目的流动负债数额较大，流动比率相对较低。

（四）利息备付率

利息备付率（Interest Coverage Ratio，ICR），指项目在借款偿还期内各年用于支付利息的税息前利润（EBIT）与当期应付利息费用（PI）的比值，又称利息保障倍数。其计算公式为：

$$利息备付率(ICR) = \frac{税息前利润(EBIT)}{当期应付利息费用(PI)} \tag{5-33}$$

式中，税息前利润（EBIT）为利润总额与计入总成本费用的利息费用之和，当期应付利息（PI）指计入总成本费用的全部利息。利息备付率通常按年计算，也可以按整个借款期计算。

利息备付率表示使用项目利润偿付利息的保障倍数。对于一般商用房地产投资项目，商业银行通常要求该指标值介于 2～2.5 之间。当利息备付率小于 2 时，表示项目没有足够的资金支付利息，付息能力保障程度不足，存在较大的偿债风险。

在商用房地产金融与投资中，通常不计算利息备付率指标，因为商用房地产抵押贷款通常要求借款人在各年度既付息又还本，所以主要计算偿债备付率指标以考察其还本付息的能力。当需要计算利息备付率时，通常简化为：利息备付率 = 净运营收入/应付利息费用。

（五）偿债备付率

偿债备付率（Debt Coverage Ratio，DCR），指项目在借款偿还期内各年用于还本付息的资金与当期应还本付息金额的比值，表示可用于还本付息的资金偿还借款本息的保障倍数。一般情况下偿债备付率的计算公式为：

$$偿债备付率 = \frac{可用于还本付息资金}{当期应还本付息金额} \tag{5-34}$$

可用于还本付息资金，包括可用于还款的折旧和摊销、在成本中列支的利息费用、可用于还款的利润以及管理人员超绩效指标奖金等。当期应还本付息金额包括当期应还贷款本金及计入成本费用的利息，国际上通常还加上应付的租金支出。当考虑所得税因素影响时，国内计算偿债备付率的方法是：[息税前利润加折旧和摊销（EBITDA）− 所得税（Tax）]/当期应还本付息金额；国际上的计算方法是：EBITDA/(利息支出 + 所得税预提)。

在商用房地产金融与投资中，偿债备付率是用于判断物业净运营收入的现金流是否能够支撑其债务负担的重要指标。其计算公式通常简化为：

$$偿债备付率 = \frac{净运营收入}{还本付息金额} \tag{5-35}$$

偿债备付率通常按年计算。偿债备付率对于一般商用房地产投资项目而言，商业银行一般要求的偿债备付率指标介于 1.15～1.35 之间。当指标小于 1.15 时，表示当期资金来源不足以偿付当期债务，需要通过短期借款来偿还已到期的债务。

【例 5-8】某房地产开发企业向银行借贷一笔借款偿还期为 4 年的贷款，若各年的相关财务数据如表 5-10 所示，所得税率为 25%，试计算各年的利息备付率和偿债备付率。

财务数据

表 5-10

单位：万元

年份	1	2	3	4
税息前利润	8 600	12 500	13 200	21 140
当前应付利息	4 500	4 120	3 800	3 130
折旧费	3 200	3 200	3 200	3 200
摊销费	700	700	700	700
偿还本金	10 538	11 120	12 330	14 136

【解】

将表 5-10 给出的数据，编制成表 5-11，并在表中给出计算结果

利息备付率和偿债备付率计算（单位：万元）

表 5-11

年份	1	2	3	4
税息前利润	8 600	12 500	13 200	21 140
当期应付利息	4 500	4 120	3 800	3 130
税前利润（1−2）	4 100	8 380	9 400	18 010
所得税（25%）（3×25%）	1 025	2 095	2 350	4 502.5
税后利润（3−4）	3 075	6 285	7 050	13 507.5
折旧费	3 200	3 200	3 200	3 200
摊销费	700	700	700	700
偿还本金	10 538	11 120	12 330	14 136
还本付息总额（2+8）	15 038	15 240	16 130	17 266
利息备付率（1/2）	191.1%	303.4%	347.4%	675.4%

续表

年份	1	2	3	4
还本付息资金来源（1＋6＋7）	12 500	16 400	17 100	25 040
偿债备付率 11/9	0.83	1.08	1.06	1.45

（六）资产负债率

资产负债率是反映企业或项目各年所面临的财务风险程度及偿债能力的指标，属长期偿债能力指标，反映债权人所提供的资金占全部资产的比例，即总资产中有多大比例是通过借债来筹集的，可以用来衡量企业或项目在清算时保护债权人利益的程度。其计算公式为：

$$资产负债率 = \frac{负值合计}{资产合计} \times 100\% \tag{5-36}$$

资产负债率高，则企业或项目的资本金不足，对负债的依赖性强，在经济萎缩或信贷政策有所改变时，应变能力较差；资产负债率低则企业或项目的资本金充裕，企业应变能力强。房地产开发属于资金密集型经济活动，且普遍使用较高的财务杠杆，所以房地产开发企业或项目的资产负债率一般较高。

（七）速动比率

速动比率是反映项目快速偿付流动负债能力的指标。其计算公式为：

$$速动比率 = \frac{流动资产总额 - 存货}{流动负债总额} \times 100\% \tag{5-37}$$

该指标属短期偿债能力指标。反映了企业或项目流动资产总体变现或近期偿债的能力，因此必须要在流动资产中扣除存货部分，因为存货变现能力差，至少也需要经过销售和收账两个过程，且会受到价格下跌、损坏、不易销售等因素的影响。一般而言，房地产开发项目的存货占流动资产的大部分，其速动比率较低，不会达到100%。

资产负债率、流动比率、速动比率指标，通常结合房地产开发经营企业的资产负债表进行计算，反映房地产开发经营企业的清偿能力。对于大型综合性开发经营企业，通常不需要针对其具体的房地产开发项目或投资项目编制资产负债表，也就很少计算房地产开发投资项目的资产负债率、流动比率、速动比率指标。但对于仅开发或投资一个项目的房地产项目公司而言，企业和项目融为一体，此时计算企业的资产负债率、流动比率和速动比率指标，同时也就反映了房地产开发或投资项目的清偿能力。

【例5-9】从某房地产企业（项目公司）的资产负债表上，可以得到如下项目信息：负债合计为 3 000 万元，资产合计为 5 000 万元，流动资产和流动负债分别为 2 500 万元和 1 250 万元，存货为 1 500 万元。试计算该房地产投资项目的资产负债率、流动比率和速动比率。

【解】

(1)资产负债率 $= \dfrac{负债合计}{资产合计} \times 100\% = \dfrac{3\,000}{5\,000} \times 100\% = 60\%$

(2)流动比率 $= \dfrac{流动资产总额}{流动负债总额} \times 100\% = \dfrac{2\,500}{1\,250} \times 100\% = 200\%$

(3)速动比率 $= \dfrac{流动资产总额 - 存货}{流动负债总额} \times 100\% = \dfrac{2\,500 - 1\,500}{1\,250} \times 100\% = 80\%$

第二节　房地产投资项目不确定性分析

房地产项目经济评价所采用的数据大部分来自预测和估算，具有一定程度的不确定性，为分析不确定性因素变化对评价指标的影响，估计项目可能承担的风险，应进行不确定性分析和风险分析，提出项目风险的预警、预报和相应的对策，为投资决策服务。

一、不确定性与风险分析概述

（一）不确定性的概念

通过对房地产投资项目盈利性指标和清偿性指标的测算和分析，可以对项目在经济上是否可行做出评价与判断。这种评价和判断实际上是建立在两个基础上：一是，项目评价的技术经济变量（如投资、成本、产量、价格等）所采用的数据大部分来自于估算和预测；二是，设定这些估算和预测的技术经济变量数据在项目的计算期内是确定的。但是，投资是一个过程，房地产投资又是一个相对较长的过程。在这个过程中，项目中的技术经济变量受政治、文化、社会因素、经济环境、资源与市场条件、技术发展情况等因素的影响，使得项目的技术经济变量处在随着时间、地点、条件的改变而不断变化的不确定之中。同时，项目经济评价所采用的数据一般都带有不确定性，再加上人们主观预测能力的局限性，对这些技术经济变量的估算与预测也不可避免地产生误差，从而使投资方案经济效果的预期值与实际值之间不可避免地出现误差。这种情况统称为房地产投资项目的风险与不确定性。

　　不确定性对房地产投资项目带来的直接后果就是使投资项目经济效果的实际值与预测值相偏离，从而使得基于预测做出的投资决策带有风险。为了分析不确定因素对经济评价指标的影响，应根据投资项目的具体情况，分析各种外部条件变化或估算和预测数据误差对投资项目经济效果的影响程度，估计项目可能承担不确定性的风险及其承受能力，确定项目在经济上的可靠性。因此，不确定性分析可以表述为：通过对项目投资环境变化以及项目自身特点的预测与认识，分析投资项目各个技术经济变量（不确定性因素）的变化情况及其变化对投资项目经济效益的影响，以估计投资项目对各种不确定性因素变化的承受能力，进一步确认投资项目在财务和经济上的可靠性，这个过程称为不确定性分析。

　　这里所说的不确定性分析包含了不确定性分析和风险分析两项内容。这两者是紧密联系而又有所区别的。其区别在于不确定性分析无法判断未来各种结果发生的可能性（概率），风险分析可以判断和测算出未来可能发生的各种结果的概率。在这里，把以上两种分析方法统称为不确定性分析，包括盈亏平衡分析、敏感性分析和风险分析。盈亏平衡分析只用于财务效益分析，敏感性分析和风险分析可用于财务效益分析和国民经济效益分析。

　　（二）不确定性产生的原因

　　在现实的投资活动中，一个投资项目未来的投资结果总是与人们的预期有偏差的，不确定性是投资项目固有的内在特性。导致这一特点产生的原因是复杂多样的，站在投资者的角度，可以把产生不确定的原因分为来自于投资项目本身的不确定性和来自于项目所处环境的不确定性两大来源。

　　1. 项目本身的不确定性来源

　　（1）项目组织内部。项目组织内部的不确定性主要来自组织内部结构选择不合理，指挥或沟通渠道不畅，部门之间协调不力等。

　　（2）项目定位及设计。房地产投资项目在项目定位、产品定价及价格定价上的失误和设计方案的不合理都将使投资项目的不确定性程度增大，从而加大投资项目的风险。

　　（3）资金筹措方式与来源。房地产投资项目具有资金密集型特点。项目的投资由投资者负责筹措，筹措的方式与来源形式多样，相应的资金筹措的不确定性和风险也多种多样。

　　（4）合同条款的错误与混乱。房地产投资项目在整个投资运行的过程中，涉及一系列的合同与协议；而合同条款的错误与混乱会导致双方当事人发生重大争执，往往是索赔发生的根源，均会导致对项目的损害。

　　（5）工程价款估算或结算错误。这是房地产投资项目较为普遍存在的问题，可能是由于资料的占有不全、统计预测方法不当所引起的；也可能因时间、资金以及其他未知因素限制。此外，存在大量的不能定量计算的因素和不确定性的简化和假定，也会给项目带来较大的不确定性和风险。

（6）物资采购和供货时间。房地产开发投资项目涉及大量物资采购，在物资采购的过程中，存在环节多、不确定因素多等问题，如质量、价格、运输等；此外，供货时间的推迟也会导致工期的拖延。

2. 外部环境的不确定性来源

（1）政府的政策和规定的变化。房地产投资对政府的政策和规定变化是极为敏感的。我国正处于经济改革和政治改革的深化阶段，由于国内外政策形势和经济形势的影响以及国家经济政策、财政政策、金融政策的变化，会给投资项目带来不可预见和不可控的影响。

（2）市场环境的变化。市场环境包含众多不确定性因素产生的来源，如供求关系的变化、购买力水平的变化、人们对房地产预期的变化、市场波动等，都将对投资项目产生重要的影响。

（3）通货膨胀和信贷风险。通货膨胀对房地产投资影响是很大的，承包商会因为建设期内的通货膨胀导致重大损失，开发商也会因建设期内贷款利率的提高而蒙受损失。

（4）技术和工艺的变革。技术和工艺的变革可能使得原来拟定的生产工艺和技术路线在项目建设和实施过程中发生变化，从而改变了原始的预测数据。

（5）不可抗力。不可抗力是指由于火灾、风灾或其他偶然发生的自然灾害等因素对投资项目产生的影响。

（三）房地产投资项目的主要不确定性因素

不确定性因素是指那些对投资项目的经济效益产生影响的技术经济变量，对房地产投资来说，主要的不确定性因素有以下八个方面。

1. 土地费用

土地费用是房地产投资项目经济评价中的一个重要计算参数。我国目前经营性土地的使用权均采取招、拍、挂的形式出让。在经济评价中对土地费用的估算值往往会与实际成交时支付的土地费用发生偏差。

2. 建筑安装工程费

在进行房地产开发投资项目经济评价时，要对建安工程费做详细的估算。但在做出估算到获得土地使用权之后到进行建筑工程招标尚需经历一段时间，而在这一段时间内，建筑材料和劳动力价格水平可能会发生变化，而使得标价与前面所做估算价之间产生偏差。

3. 租售价格

租金收入和销售收入是房地产开发项目现金流量的重要组成部分，也是重要的不确定性因素。影响房地产商品租金和售价的因素众多且变化复杂，因此要准确地估算未来房地产市场上的租金和售价水平往往是很困难的。

4. 开发周期

房地产开发投资项目的开发周期大体上由前期、建造期和租售期三个阶段组成，在前期阶段，要进行征地、拆迁、安置、补偿工作，要进行项目的规划设计、方案审批，还要办理市政基础设施使用申请等一系列手续，以及安排建筑工程的招标工作等。而这当中每一个环节的变化不仅会使项目的规模、布局、设计等发生变化，还将导致整个开发周期的变化。

在建造阶段，由于某些特殊因素的影响，如恶劣气候、施工中遇到特殊地质构造或发现文物、资金不能按时到位、施工中因合同等原因引起的法律纠纷等都将引起施工工期的延长。

在租售阶段也可能因社会经济状况、市场供求状况、居民购买力等因素的变化而延长或缩短租售期。

总之，开发周期会因各阶段情况的变化而使得项目的实际开发周期与对项目做经济评价时预测的开发周期发生偏差。

5. 融资成本

融资成本的高低是由贷款利率决定的，贷款利率的变化对许多财务评价指标都有影响。房地产投资项目的资金来源中，借贷资金是一个主要的来源。政府宏观政策的变化及经济运行情况的变动都可能引起贷款利率的变化，从而影响项目的融资成本的变动。

6. 空置率

空置率是准备出租但没有出租出去的建筑面积占全部可出租面积的比例。对于经营型房地产开发项目和房地产置产投资项目，空置率的估计对有效毛租金收入的估算非常重要。在单位租金不变的情况下，空置率提高，导致有效毛租金收入减少；空置率降低，会使有效毛租金收入提高。空置率的变化受宏观社会经济环境、市场供求关系、租户支付租金的能力等因素的影响。所以，在对房地产投资项目进行经济评价时，准确地估算某类房地产产品的空置率也是困难的。

7. 经营成本

经营成本是经营型房地产开发投资项目和房地产置业投资项目在经营期内维持正常经营所支付的费用。经营成本构成较为复杂，且处于经常性的变化之中，使得对经营成本的估算值和实际发生值之间常常产生偏差。

8. 投资收益率

投资收益率是影响财务评价结果最主要的因素之一，其稍有变动，就可能对评价结果产生重大影响。由于开发周期内市场行情的变化、参照项目与评价项目之间的差异、评价人员自身的局限性等因素，都有可能导致对投资项目进行经济评价时选用的投资收益率与将来项目实际的投资收益率之间产生偏差。

另外，房地产开发项目的可出售面积、房地产置业投资项目的权益投资比率等也是房地产投资的不确定性因素。房地产投资过程中的以上这些不确定性因素对房地产投资的经济效益都将产生影响。因此，有必要对各不确定性因素的变化情况，以及这些变化对投资者的经济效益有何影响、影响程度怎样，进行详细的分析，以减少投资项目的风险。

（四）房地产投资项目不确定性分析的意义

不确定性分析是房地产投资决策的重要依据，对投资者来说，不确定性分析的意义主要体现在两个方面。

1. 不确定性分析有助于投资决策的科学化

对房地产投资项目进行不确定性分析，就是要分析哪些是投资项目主要的不确定性因素，这些因素在什么范围内变化，这些因素的变化将对项目的经济效益产生什么影响、影响程度如何。通过对这些不确定性因素的综合分析，可以对投资方案作进一步的分析判断，以评价投资方案的可行性；可以在一定程度上避免决策失误所带来的巨大损失。因此，为了有效减少不确定性因素对项目经济效果的影响，提高项目的风险抗御能力，提高项目投资决策的科学性和可靠性，不仅要对投资项目进行确定性分析，还必须对投资项目进行不确定性分析。

2. 不确定性分析有助于加强项目的风险管理和控制

通过对投资项目的不确定性分析，可以使投资者认识到投资项目的主要不确定性因素来源于何处，将对投资项目产生多大的影响，从而采取有针对性的措施，在风险来临的时候不会束手无策，可以从容应对，以减少风险损失。

二、线性盈亏平衡分析

（一）盈亏平衡分析的概念及基本原理

各种不确定因素（如投资、成本、销售量、产品价格、项目寿命期等）的变化会影响投资方案的经济效果，当这些因素的变化达到某一临界值时，就会影响方案的取舍。找出投资项目的这个临界点，判断投资方案对不确定性因素变化的承受能力，可以为决策提供依据。要找到这个临界点，就必须研究投资项目在产量、成本和利润之间的关系。或者说，通过对投资项目产量、成本和利润关系的分析，找出投资项目经济效益在某一范围内的临界值，这一分析过程就是盈亏平衡分析。因此，投资项目的盈亏平衡分析是在一定市场、生产能力及经营管理条件下，通过对其产品产量、成本、利润互相关系的分析，判断投资项目对市场需求变化适应能力的一种不确定性分析方法。

盈亏平衡分析又称为量本利分析，在投资项目的经济评价中应用较广泛，不仅可以预测分析投资项目的保本点（利润为零时），还可以用来预测分析投资项目在某一利润上的临界点；不仅可以对单个方案进行分析，还可用于对多个方案进行比较。盈亏平衡分析有线性盈亏平衡分析和非线性盈亏平衡分析。对于房地产投资项目一般只进行线性盈亏平衡分析。

盈亏平衡分析的基本原理是：根据成本总额对产量的依存关系，全部成本可以分解为固定成本和变动成本两部分。在一定期间把成本分解成固定成本和变动成本两部分后，再同时考虑收入和利润，建立关于成本、产销量和利润三者关系的数学模型，进而对这一数学模型进行分析。这个数学模型的一般表达形式为：

$$利润 = 销售收入 - 总成本 - 税金 \tag{5-38}$$

（二）固定成本与变动成本的分解

1. 固定成本和变动成本的概念

根据成本总额对产量的依存关系，把投资项目的总成本分解为固定成本和变动成本是进行线性盈亏平衡分析的基础。

1）固定成本

凡成本总额在一定时期和一定的产量范围内，不随产量变化而变化的成本，称为固定成本。固定成本的总额不随产量的增减而变化，但就单位产品中的固定成本而言，则与产量的增减成反比例变动。在实践中，固定成本还可以根据其支出数额是否能改变，进一步细分为酌量性固定成本和约束性固定成本。从长期角度看，不存在任何固定成本，固定成本不受产量变动影响是有前提条件的，即产量在一定范围内变动，如果产量超过这一范围，固定成本就会发生跳跃性的变动。

2）变动成本

凡成本总额与生产量总数成正比例增减变动关系的成本，称为变动成本。变动成本的总额随生产量总数的变动而成正比例变动，但就单位产品变动成本而言，则不随产量的变化而变化。也就是说，单位产品的变动成本是固定不变的。

根据成本习性把投资项目的全部成本分为固定成本和变动成本两大类，是控制投资项目经济活动的前提条件。但在实际工作中，往往有许多成本明细项目同时兼有变动成本和固定成本两种不同性质，它们虽然也随产量的变动而变动，但不成比例，如运输费、加班工人工资、维修费等，对于这些成本不能简单地归入变动成本或固定成本，因而可称为"混合成本"，也有人称之为"半变动成本"。对于"混合成本"，在进行线性盈亏平衡分析时，必须采用不同的方法，将其中的变动成本和固定成本两种因素分解出来，再分别划入两种成本中去。通过这种处理，投资项目的总成本就等于固定成本与变动成本之和。

2. 固定成本与变动成本分解的方法

固定成本和变动成本的划分必须结合具体分析的问题来确定，其确定的方法主要有以下几种：

1）费用分解法

费用分解法就是把投资项目的成本构成按科目一一列出，然后对成本进行逐项分析，分别确定哪些成本项目属于固定成本，哪些属于变动成本，再把它们分别汇总后得出总固定成本和总变动成本。如对于以开发量为变量的房地产开发投资项目中，固定资产折旧、土地购置费等属于固定成本；规划设计费、建筑工程费、公共设施配套费等属于变动成本。采用这种方法有时很难把各成本项目严格地划分为固定成本和变动成本。这就需要项目评估者根据所掌握的知识和经验，把各成本项目准确地划分成固定成本和变动成本。

2）高低点法

高低点法是一种经验法，即以一定时期内，同类项目产量最高和最低两个时期的成本数据为样本，通过求出单位变动成本来推算固定成本和变动成本。其计算公式为：

$$V = \frac{C_{\max} - C_{\min}}{X_{\max} - X_{\min}} \tag{5-39}$$

式中，　　V——单位变动成本；

$C_{\max}$、$C_{\min}$——最高和最低时期的成本额；

$X_{\max}$、$X_{\min}$——最高和最低时期的产量。

求出单位变动成本后，就可以推算出总变动成本和总固定成本，即：

总变动成本 ＝ 单位变动成本 × 产量

总固定成本 ＝ 总成本 － 总变动成本

3）回归分析法

采用一元回归方程：$y = a + bx$来描述成本和产量之间的线性关系，根据回归法的基本原理，得出计算公式为：

$$V = \frac{N\sum x \cdot c - \sum x \cdot \sum c}{N\sum x^2 - (\sum x)^2} \tag{5-40}$$

$$C_F = \frac{\sum c - V\sum x}{N} \tag{5-41}$$

式中，V——单位变动成本；

　　C_F——总固定成本；

　　x——每个时期的产量；

　　c——每个时期的总成本额；

　　N——统计的样本数。

由于回归分析考虑了各统计期的数据，比只考虑最高、最低点数据的高低点法更合理，更准确些。

（三）线性盈亏平衡分析方法

1. 线性盈亏平衡分析的假设条件

所谓线性盈亏平衡分析是指项目的收益与成本都是产量的线性函数。投资项目盈亏平衡分析的目的就是通过分析产品产量、成本和项目盈利能力之间的关系找出投资项目盈利与亏损在产量、产品价格、单位产品成本等方面的界限，以判断在各种不确定性因素作用下项目的风险情况。盈亏平衡点就是指项目既不盈利又不亏损、销售收入等于生产经营成本之点。

对投资项目进行线性盈亏平衡分析，不仅要求销售收入和成本为产量的线性函数，还要符合下列假定条件。

（1）产量等于销售量，即当年生产的产品当年销售出去。对房地产投资项目来说，就是开发的房地产产品全部销售出去或全部出租出去。

（2）产量变化，单位变动成本不变，从而总成本费用是产量的线性函数。对房地产投资项目来说，就是在开发经营期内，单位变动成本不变。

（3）产量变化，产品售价不变，从而销售收入是销售量的线性函数。对房地产投资项目来说，就是单位租售价格在产品租售期间保持不变。

（4）在所分析的产量范围内，总固定成本保持不变。

（5）按单一产品计算，当生产多种产品，应换算为单一产品，不同产品的生产负荷率的变化应保持一致。对房地产投资项目来说，就是指同时开发几种不同类型的房地产产品时，应将其组合折算成一种产品。

（6）所采用的数据均为正常年份（即达到设计能力生产期）的数据。

2. 盈亏平衡点的计算

线性盈亏平衡分析就是要计算出项目的盈亏平衡点以分析项目承受不确定性因素变动的能力，盈亏平衡点的计算主要有两种方法：图解法和数学计算法。

1）图解法

根据上述假定条件，投资项目的销售收入、成本费用与产品产量之间存在如下关系：

$$B = p \cdot Q \tag{5-42}$$

$$C = C_F + V \cdot Q \tag{5-43}$$

式中，B——销售收入；

　　　p——单位产品价格（不含税）；

　　　Q——产品销售量；

　　　C——总成本费用；

　　　C_F——总固定成本；

　　　V——单位产品变动成本。

　　将上两式表示在同一坐标图上，就得出线性盈亏平衡分析图（图5-5）。从图中可以看出，当产量在 $0 < Q < Q^*$ 范围内时，B曲线位于C曲线之下，此时处于亏损状态；而当产量在$Q > Q^*$范围时，B曲线位于C曲线之上，此时处于盈利状态。因此，B曲线（销售收入曲线）与C曲线（总成本费用曲线）的交点BEP（盈亏平衡点）对应的产量Q^*，就是盈亏平衡点产量。

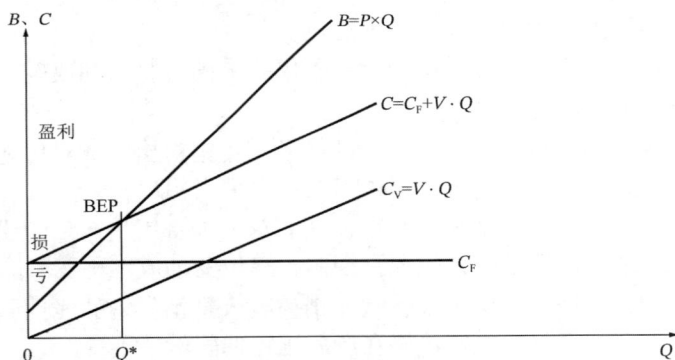

图 5-5　线性盈亏平衡分析图

2）数学计算法

　　由以上分析可知，总销售收入为总成本费用、税金与利润之和。

　　设：B为销售收入；C为生产总成本；R为利润；C_F为总固定成本；C_V为总变动成本（$C_V = V \cdot Q$）；V为单位产品的变动成本；P为产品单位价格；Q为生产量或销售量；T为单位产品的税金。则计算公式为：

$$B = C + R + T \cdot Q \tag{5-44}$$

$$P \cdot Q = C_F + V \cdot Q + T \cdot Q + R \tag{5-45}$$

由上式可以推导出以下盈亏平衡点的计算公式：

①用产量（生产量或销售量）表示的盈亏平衡点$BEP(Q)$：

令式中利润$R = 0$，则有：

$$P \cdot Q_0 = C_F + V \cdot Q_0 + T \cdot Q_0$$

解之得：

$$BEP(Q) = \frac{C_F}{P - V - T} \tag{5-46}$$

② 用销售单价表示的盈亏平衡点 $BEP(P)$：

同理，令式中 $R = 0$，则有：

$$BEP(P) = \frac{C_F}{Q} + V + T \tag{5-47}$$

③ 用生产能力利用率表示的盈亏平衡点 $BEP(\%)$：

用生产能力利用率表示的盈亏平衡点是指盈亏平衡点销售量占企业正常销售量的比重。所谓正常销售量，是指正常市场和正常开工情况下，企业的销售数量，也可以用销售金额来表示。其计算公式为：

$$BEP(\%) = \frac{BEP(Q)}{Q} = \frac{C_F}{(P - V - T) \times Q} \tag{5-48}$$

④ 用销售额表示的盈亏平衡点销售额 $BEP(B)$：

当企业或投资项目的产品为多种产品时，可以用销售额来表示盈亏平衡点。其计算公式为：

$$BEP(B) = \frac{P \cdot C_F}{P - V - T} \tag{5-49}$$

⑤ 用单位产品的变动成本表示的盈亏平衡点 $BEP(V)$：

当生产量在一定的范围内总固定成本不变，则用单位变动成本表示的盈亏平衡点，其计算公式为：

$$BEP(V) = P - T - \frac{C_F}{Q} \tag{5-50}$$

（四）盈亏平衡的评价原则

盈亏平衡点的值不管是用产量表示，还是用生产能力利用率表示；不管是用销售单价表示，还是用销售额表示，都是越低越好，$BEP(V)$ 除外。首先，盈亏平衡点的值低，则项目抗风险能力强，则项目达到较低的年产量就可保本，当由于生产条件和市场需求发生变化而引起年产量减少，项目达不到设计生产能力时，项目可较大限度地承受由此带来的风险。其次，盈亏平衡点的值低，说明项目能取得较好的经济效益。从盈亏平衡点的计算公式［式(5-50)］可知，盈亏平衡点的值低，说明项目单位产品售价高，单位产品成本低，显然项目盈利能力大。从图 5-5 也可看出，盈亏平衡点的值越低，盈利区域越大，亏损越小。再次，盈亏平衡点值低，说明项目生命力强，有较高的竞争能力。盈亏平衡点低，在产品滞销、竞争激烈时，只要生产销售相对较少量的产品，就能保本，使项目能生存下去。

线性盈亏平衡分析方法简单明了，但这种方法在应用中也有一定的局限，主要表现在实际的生产经营过程中，收益和支出与产品产量之间的关系往往并不是呈线性关系，而必须是在一系列假定条件约束下才是线性关系的。

【例 5-10】某房地产开发企业以每亩 300 万元的价格购买了一宗占地面积为 100 亩，建筑容积率为 1.5 的居住用地使用权。根据市场调研，预计该项目建成后，每平方米售价为 6 500 元；建安工程费为 1 600 元/m²；前期费用为 400 万元；基础设施费为 900 万元；配套设施费为 620 万元；管理费用为 160 万元；财务费用为 300 万元；销售税费为销售收入的 5.5%。求该开发项目的保本开发面积、保本销售单价和实现利润 8 000 万元的开发面积。

【解】据题意分析，在该项目的成本费用构成中，除建安工程费和销售税金外，其余所有费用都可以看成是该项目的固定成本费用。

（1）计划开发面积：$Q = 100 \times 666.67 \times 1.5 = 100\ 000$（m²）

（2）总固定成本：

$$C_F = 300 \times 100 + 400 + 900 + 620 + 160 + 300 = 32\ 380\ （万元）$$

（3）单位产品可变动成本：$V = 1600$ 元/m²，$T = P \times 5.5\%$

（4）预计销售均价：$P = 6\ 500$ 元/m²

（5）保本开发面积：

据：$BEP(Q) = \dfrac{C_F}{P - V - T}$

$$= \dfrac{323\ 800\ 000}{6\ 500 - 1\ 600 - 6\ 500 \times 5.5\%}$$

$$= 71\ 283\ （m²）$$

（6）保本销售均价：

据：$BEP(P) = \dfrac{C_F}{Q} + V + T$

$$= \dfrac{323\ 800\ 000}{100\ 000} + 1\ 600 + BEP(P) \times 5.5\%$$

则　$BEP(P) = \dfrac{4\ 838}{1 - 5.5\%} = 5\ 119.6$（元/m²）

（7）获取开发利润 8 000 万元的开发面积：

令获取开发利润 $R = 8\ 000$ 万元的开发面积为 Q_1，则有：

$$Q = \dfrac{C_F + R}{P - V - T} = \dfrac{323\ 800\ 000 + 80\ 000\ 000}{6\ 500 - 1\ 600 - 6\ 500 \times 5.5\%}$$

$$= 88\ 894(m²)$$

三、单因素敏感性分析

（一）敏感性分析的含义及作用

1. 敏感性分析的含义

投资项目的不确定性因素虽然多而复杂，但并不是每一个不确定性因素对投资项目经济效果的影响程度都相同。如果一个不确定性因素的变动引起了项目经济效果很大幅度的变化，就说明投资项目经济效果的变动对这个不确定性因素是敏感的；反之，如果引起变动的幅度很小，就说明它是不敏感的。敏感性分析是指在确定性分析的基础上，通过进一步分析，预测项目主要不确定性因素的变化对项目评价指标（如FIRR、FNPV等）的影响，从中找出敏感因素，分析评价指标对该因素的敏感程度，并分析该因素达到临界值时项目的承受能力。

敏感性分析是侧重于对最敏感的关键因素（不利因素）及其敏感程度进行分析。通常是分析单个因素变化，必要时也可分析两个或多个不确定性因素的变化。项目对某种不确定性因素的敏感程度，可表示为该因素按一定比例变化时引起项目指标的变动幅度（通常是列表表示）；也可表示为评价指标达到临界点（如财务内部收益率等于基准收益率；财务净现值为零等）时，某个因素允许变化的最大幅度，即临界点。

2. 敏感性分析的作用

敏感性分析的作用主要表现：①可以使决策者了解不确定性因素对项目经济效益指标的影响，从而提高决策的准确性和科学性；②可以启发投资项目经济评价工作人员对那些较为敏感的因素重新进行分析研究，以提高预测的可靠性；③可以研究各种不确定性因素变动对投资项目经济效果的影响范围和程度，了解投资项目的风险根源和风险大小；④可以筛选出若干最为敏感的因素，对它们集中力量研究、重点调研，尽量降低因素的不确定性，进而减少投资项目风险；⑤可以判定不确定性因素在什么范围内变化能使投资项目的经济效益情况最好；在什么范围变化时，投资项目的经济效益情况最差等这类最乐观和最悲观的边界条件或边界数值。

（二）单因素敏感性分析的方法

单因素敏感性分析是假设各不确定性因素之间相互独立，每次只考察一个不确定性因素的变化，其他不确定性因素保持不变，以考察这个不确定性因素的变化对投资项目经济指标的影响程度和敏感程度。单因素敏感性分析是敏感性分析的基本方法。房地产投资项目的敏感性分析中，通常都要求进行单因素敏感性分析。对房地产投资项目进行单因素敏感性分析时，一般按以下步骤进行：①确定用于敏感性分析的财务评价指标；②选择需要分析的不确定性因素；③逐个分析所选择的不确定性因素的波动程度及其对分析指标可能带来的增减变化情况；④确定敏感性因素；⑤进一步分析。

下面通过例题说明单因素敏感性分析的具体方法。

【例 5-11】某投资者拟以 300 万元购买一商业店面用于出租经营。该投资者的经营计划为：整个投资经营期为 10 年，到第 10 年末将该店面转让。通过对市场的分析预测，该店面每年平均租金收入为 80 万元，年经营成本为 20 万元，该店面第 2 年便可出租，每年初一次性收取年租金，到第 10 年末，该店面的净转售收入为 380 万元，若投资者要求的目标收益率为 10%，假设经营成本为年初支出，试对该投资方案进行经济评价并进行敏感性分析。

【解】

1. 对该投资方案进行经济评价

根据题意绘制该投资方案的现金流量图，如图 5-6 所示：

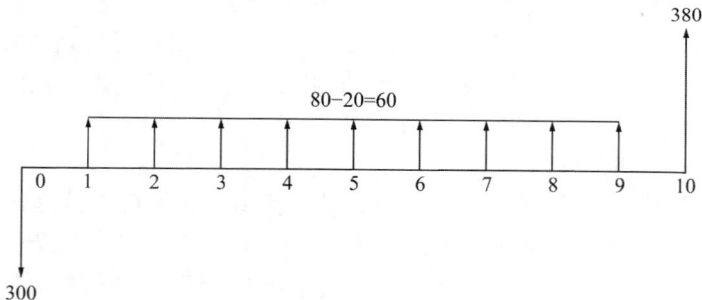

图 5-6 现金流量图（单位：万元）

根据现金流量图计算该投资方案的财务净现值：

$$FNPV_0 = \frac{60}{10\%}\left[1 - \frac{1}{(1+10\%)^9}\right] + \frac{380}{(1+10\%)^{10}} - 300 = 192.05 \text{（万元）}$$

因为 $FNPV_0$（10%）= 192.05（万元）> 0，所以该投资方案是可行的。

2. 对投资方案进行单因素敏感性分析步骤如下：

（1）选取评价指标。选择财务净现值为该投资方案的评价指标。

（2）选取不确定性因素并设定其变动幅度。根据该投资方案的特点，取定三个不确定性因素：投资额、年租金收入和年经营成本，并令其逐一在初始值的基础上按±10%、±20%的变化幅度变动。

（3）逐一计算各不确定性因素的变动对财务净现值的变动并将结果列成敏感性分析表。

对投资额的变动情况计算如下：

当投资额增加 10% 时，投资额为 $300 \times (1 + 10\%) = 330$ 万元，则此时财务净现值为：

$$FNPV_1 = \frac{60}{10\%}\left[1 - \frac{1}{(1 + 10\%)^9}\right] + \frac{380}{(1 + 10\%)^{10}} - 330$$
$$= 162.05 \text{（万元）}$$

当年租金收入减少 10% 时，年租金收入为 $80(1 - 10\%) = 72$（万元），年净收益为 $72 - 20 = 52$（万元），则此时财务净现值为：

$$FNPV_2 = \frac{52}{10\%}\left[1 - \frac{1}{(1 + 10\%)^9}\right] + \frac{380}{(1 + 10\%)^{10}} - 300$$
$$= 145.98 \text{（万元）}$$

其他各不确定性因素变化的计算参照上述计算过程，将计算结果汇总于表 5-12。

单因素变化对财务净现值（FNPV）大小的变化　　　　表 5-12

单位：万元

变化因素	变化幅度						
	−20%	−10%	0	10%	20%	平均 + 1%	平均 − 1%
投资额	252.05	222.05	192.05	162.05	132.05	−1.56%	1.56%
年租金收入	99.91	145.98	192.05	238.12	284.20	2.40%	−2.40%
年经营成本	215.07	203.57	192.05	180.53	169.01	−0.6%	0.6%

（4）计算财务净现值对各不确定性因素的敏感度系数

敏感度系数是指项目评价指标变化的百分率与不确定性因素变化的百分率之比。敏感度系数高，表示项目对该不确定因素敏感程度高，计算公式为：

$$S_{AF} = \frac{\Delta A/A}{\Delta F/F}$$

式中，S_{AF}——评价指标 A 对不确定性因素 F 的敏感度系数；

$\Delta F/F$——不确定性因素 F 的变化率；

$\Delta A/A$——不确定性因素 F 发生 ΔF 变化时，评价指数 A 的相应变化率。

当 $S_{AF} > 0$ 时，表示项目评价指标 A 与不确定性因素 F 同方向变化；当 $S_{AF} < 0$ 时，表示项目评价指标 A 与不确定性因素 F 反方向变化。$|S_{AF}|$ 较大者敏感度系数高。

对投资额的敏感度系数：

$$E_1 = \frac{\dfrac{222.05 - 192.05}{192.05} \times 100\%}{-10\% - 0} = -1.56$$

对年租金收入的敏感度系数：

$$E_2 = \frac{\dfrac{145.98 - 192.05}{192.05} \times 100\%}{-10\% - 0} = 2.40$$

对年经营成本的敏感度系数：

$$E_3 = \frac{\dfrac{203.57 - 192.05}{192.05} \times 100\%}{-10\% - 0} = -0.6$$

通过计算各不确定性因素的敏感度系数可知，财务净现值对年租金收入的变动最为敏感，其次是对购买店面的投资较为敏感，对年经营成本的敏感度最弱。年租金收入每下降 1%，财务净现值下降 2.4%。

（5）临界点分析

临界点分析可以通过敏感性分析图进行，如图 5-7 所示，临界点即当财务净现值为零时，该项目不盈不亏，而此时，年租金收入的下降幅度为 41.7%，投资额的增加幅度为 64.0%。

其实临界点的近似值可以直接由表中计算出来。要使原方案的财务净现值为零，实际上就是使原方案财务净现值下降幅度为 100%，年租金收入每下降 1%，财务净现值下降 2.4%，则当年租金收入下降 $\dfrac{100/2.4}{100} = 41.67\%$ 时，财务净现值为零。同样可得，当投资额增加 $\dfrac{100/1.56}{100} = 64.10\%$ 时，财务净现值为零，年经营成本增加 $\dfrac{100/0.6}{100} = 166.67\%$ 时，财务净现值为零。

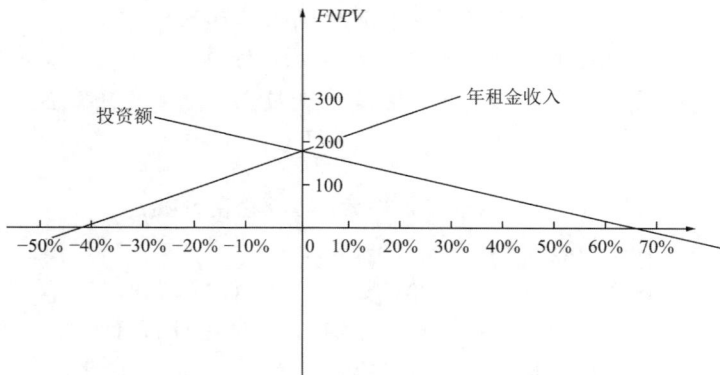

图 5-7　单因素敏感性分析图

四、风险分析

（一）房地产投资风险的含义

一般认为，风险是对未来行为的决策及客观条件的不确定性而可能引致后果与预定的目标之间发生的多种负偏离的综合。这种负偏离是指在特定的客观条件下，在特定的时期内，某一实际结果与预期结果可能发生的偏离或差异的程度，差异程度越大，风险就越大。房地产投资风险是指从事房地产投资而造成的不利结果和损失的可能性大小，这种不利结果和损失包括所投入的资本的损失与预期收益没达到的损失。

从投资的角度看，房地产投资风险不但存在着风险损失，同时也存在着风险报酬，尽管风险报酬不是一种现实的报酬，是一种可能的、未来的报酬，或者说是一种只有在风险目标实现之后才能获得的报酬。但正是由于风险报酬的存在，才使得房地产投资者在风险损失与风险报酬之间进行权衡，并在决策的过程中在两者之间寻求到一个平衡点。这正是房地产投资项目风险分析的过程。

（二）房地产投资风险的特征

房地产投资风险的特征是房地产风险的本质及其规律的表现。正确认识房地产投资风险的特征，对于建立和完善风险控制和管理机制，减少风险损失，提高房地产投资效率具有重要意义。

房地产投资风险的特征主要表现为：

（1）客观性。房地产投资风险的客观性是指房地产投资风险是客观存在的，不以人的意志为转移。因为引起投资风险的各种不确定性因素是客观存在的，如自然灾害风险、通货膨胀风险、市场供求风险、政策性风险等。要进行房地产投资，就必然要与外界的政治、经济环境发生联系，必然要面对风险。房地产投资风险的客观性要求投资者采取正确的态度，承认风险和正视风险，并要积极应对风险。

（2）不确定性。风险的主要特征是不确定，即难以预知。虽然可以知道某种风险因素未来发生的概率，但却不能预知这一风险在未来什么时候一定会发生。这种难以预知的特性就造成了房地产投资风险的不确定性。

（3）潜在性。房地产投资风险不仅具有随机性，同时其也附着在房地产经营中的某些确定事物中间，并通过它们的发生而起作用。从房地产投资的规律看，房地产风险具有潜在性，并不是显现在表面的东西。但是，这并不是说风险是不可认识的，人们可以根据以往发生的类似事件的统计资料，经过分析，对某种风险发生的概率及其造成的经济损失程度作出客观判断。因此，潜在性是风险存在的基本形式。认识风险的潜在性特征，对于预防风险具有重要意义。

（4）可测性。不确定性是风险的本质，但这种不确定性并不是指对客观事物的全然无知。人们可以根据以往发生的一系列类似事件的统计资料，经过分析，对某种投资风险发生的频率及其造成的经济损失程度作出主观上的判断，从而对可能发生的风险进行预测和衡量。风险的测量过程就是对风险的分析过程，这对风险的控制和防范，决策和管理具有举足轻重的影响。

（5）相关性。相关性是投资者面临的风险与其投资行为及决策是紧密相连的。同一风险事件对不同的投资者会产生不同的风险；同一投资者由于其决策或采用的策略不同，会面临不同的风险结果。

房地产投资风险分析一般包括风险识别、风险估计、风险评价和风险应对四个环节。

（三）房地产投资风险识别

1. 风险识别的概念

风险识别是风险分析的第一步，也是最基础的一步，只有全面、正确地识别投资项目所面临的风险，风险估计和风险评价才能进行，风险决策才有意义。风险识别是运用系统论的方法对投资项目进行全面考察、综合分析，找出潜在的各种风险因素，并对各种风险进行比较和分类，确定各因素间的相关性和独立性，判断其发生的可能性及对项目的影响程度，按其重要性进行排队，或赋予权重。据此，可以对风险识别做出概念性的描述：风险识别是指在风险事故发生之前，人们运用各种方法系统地、连续地认识所面临的各种风险以及分析风险事故发生的潜在原因的过程。因此，风险识别过程包含两个环节：一是，感知风险，即通过各种方法了解和认识投资项目将面临哪些客观存在的风险；二是，分析风险，即在感知风险的基础上，进一步分析引起风险事故的各种潜在因素，即造成风险事故的主要原因。

2. 房地产投资风险识别的目的和特点

通过房地产投资风险识别，可以了解房地产投资项目将面临的各种风险和致损因素，其目的主要有两个：一是，为房地产投资风险估计和风险评价奠定基础；二是，为选择最佳的风险应对方案提供依据。

房地产投资风险识别的特点可以概括为：系统性、连续性和制度性。系统性是指房地产投资项目的风险识别不能局限在投资过程的某个阶段、某个环节中，而是要把投资项目作为一个完整的系统，并识别这个完整系统所具有的全部风险。连续性是因为房地产投资过程相对较长，面临的投资环境是处于不断变化之中，风险的质和量也在不断地发生变化，若非连续性的工作，就很难及时地发现投资项目所面临的潜在风险。制度性是指房地产投资风险分析作为一项科学的管理活动本身要有组织、有制度。

3. 房地产投资风险的类型

掌握房地产投资风险的类型是进行房地产投资风险识别的基础。按照不同的分类原则，从不同的角度，可以有不同的风险分类。按风险来源，可分为系统风险和非系统风险。

（1）房地产投资的系统风险是指对整个市场内所有房地产投资项目都产生影响的、投资者无法避免或消除的风险。主要包括下列几种：

① 通货膨胀风险

通货膨胀风险又称购买力风险，是指投资完成后所收回的资金与初始投入的资金相比，购买力降低给投资者带来的风险。所有的投资均有一定的时间周期，房地产投资通常周期较长，所以只要存在通货膨胀因素，投资者就要面临通货膨胀风险。以固定租金方式出租房地产的租期越长，投资者所承担的购买力风险就越大。由于通货膨胀风险直接降低投资者的实际收益率，房地产投资者非常重视此风险因素的影响，并通过适当调整其要求的最低收益率来降低该风险对实际收益率的影响。

② 市场供求风险

市场供求风险是指投资所在地区房地产市场供求关系的变化给投资者带来的风险。房地产市场的供需关系处于不断的变化之中，而供需关系的变化将导致房地产价格的波动，如可以表现为租金收入的变化和房地产价值的变化，这种变化会使得房地产投资的实际收益偏离预期收益。尤其是当市场内结构性过剩达到一定程度时，房地产投资者将面临房地产空置或积压的严峻局面，导致资金占压严重。

③ 周期风险

周期风险是指房地产市场的周期波动给投资者带来的风险，正如经济周期的存在一样，房地产市场也存在周期波动或景气循环现象。房地产市场周期波动可分为复苏与发展、繁荣、危机与衰退、萧条四个阶段。当房地产市场从繁荣阶段进入危机与衰退阶段，进而进入萧条阶段时，房地产市场将出现持续时间较长的房价下降、交易量锐减、新开发建设规模收缩等情况，给房地产投资者造成损失。

④ 变现风险

变现风险是指投资者急于将房地产商品转换为现金时由于折价而导致资金损失的风险。房地产属于非货币财产，具有独一无二，价值量大的特性，销售过程复杂，其拥有者很难在短期内将房地产兑换成现金。因此，当投资者由于偿还债务或其他原因急于将房地产兑换为现金时，就有可能使投资蒙受折价损失。

⑤ 利率风险

利率风险是指由于市场利率提高而给投资者带来的损失。利率的调升会对房地产投资者产生两方面的影响：一是，导致房地产实际价值的折损，利用升高的利率对现金流折现，会使投资项目的财务净现值减少，甚至出现负值；二是，会加大投资者的债务负担，增加财务费用。另外，利率提高还会抑制房地产市场的需求，导致房地产价格下降。

⑥ 政策风险

政府有关房地产投资的土地供给政策、税费政策、住房政策、价格政策、金融政策、环保政策等，均对房地产投资者收益目标的实现产生巨大影响，从而给投资者带来风险。避免这种风险最有效的方法，是选择政府鼓励的、有效益保证的或有税收优惠政策的项目进行投资。

⑦ 政治风险

房地产的不可移动性，使房地产投资者面临着政治风险。政治风险主要由政变、战争、经济制裁、罢工、骚乱等因素造成。政治风险一旦发生，不仅会直接给建筑物造成损害，而且会引起一系列其他风险，是对房地产投资者危害最大的一种风险。

⑧ 或然损失风险

或然损失风险是指如火灾、风灾或其他偶然发生的自然灾害引起的对房地产投资者造成的损失。

（2）房地产投资的非系统风险，是指只对市场内个别房地产投资项目产生影响，投资者个体可以设法避免或通过投资组合方法消除的风险。主要包括下列几种。

① 收益现金流风险

收益现金流风险是指房地产投资项目的实际收益现金流未达到预期目标要求的风险。无论是房地产开发投资还是房地产业置产投资，都面临着收益现金流风险。对于开发投资者来说，未来房地产市场销售价格，开发建设成本和市场吸纳能力等的变化，都会对开发商的收益产生巨大影响；而对置业投资者来说，未来租金水平和房屋空置率的变化、房地产毁损造成的损失、投资收益率的变化、房地产转售收入等，也会对投资者的收益产生巨大影响。

② 资本价值风险

资本价值在很大程度上取决于预期收益现金流和可能的未来经营成本水平。然而，即使收益和经营成本都不发生变化，资本价值也会随着收益率的变化而变化。这种变化使得预期资本价值与现实资本价值之间产生差异，即导致资本价值的风险，并在很大程度上影响置业投资的效率。

③ 比较风险

比较风险又称机会成本风险，是指投资者将资金投入房地产项目后，失去了其他投资机会，同时也失去了相应的可能收益时，给投资者带来的风险。

④ 时间风险

时间风险是指房地产投资中与时间和时机选择因素相关的风险。时间风险的含义不仅表现为选择合适的时机进入市场，还表现为对房地产持有时间的长短、房地产持有过程中对房地产重新进行装修或更新改造时机的选择、房地产转售时机的选择以及转售过程所需要时间的长短等。

⑤ 持有期风险

持有期风险是指与房地产投资持有时间相关的风险。一般来说，投资项目的寿命周期越长，可能遇到的影响项目收益的不确定性因素就越多，投资者对不确定性的把握就越难，因此，置业投资的实际收益和预期收益之间的差异是随着持有期的延长而加大的。

实际上，由于房地产投资的复杂性，其中的风险也是多种多样的。一种风险是系统风险还是非系统风险，也不是绝对的、一成不变的。所以，在分析房地产投资风险时，要结合具体的投资项目、具体的投资者进行具体的分析。

4. 房地产投资风险识别的主要方法

风险识别应根据项目的特点选用适当的方法。常用的方法有问卷调查，专家调查法和情景分析等。在房地产投资风险识别的具体操作中，一般通过问卷调查或专家调查法完成。

1）专家调查法

对房地产投资风险识别和评价可采用专家调查法。专家调查法也称为德尔菲法，是一种通过匿名方式反复征求专家意见，以最终取得一致性意见的风险识别方法。主要适用于一些原因比较复杂、影响比较重大的房地产投资分析识别问题。专家调查法简单、易操作，凭借分析者（包括可行性研究人员和决策者等）的经验对项目各类风险因素及风险程度进行估计。专家调查法可以通过发函、开会或其他形式向专家进行调查，对项目风险因素、风险发生的可能性及风险对项目的影响程度进行评定，将多位专家的经验集中起来形成分析结论。由于比一般的经验识别法更具客观性，因此，专家调查应用较为广泛。该方法的具体步骤如下：

① 拟定调查表。为了对具体的房地产投资项目进行风险识别，应先结合房地产投资项目的特色拟定"风险因素专家调查表"（表5-13）。在表中拟定一些风险因素，列成调查提纲，同时对所分析的房地产投资项目的背景资料要给予适当的提供，以便专家掌握项目的特点，了解项目的概况，作出客观的判断，但要注意，

所列的风险因素要明确，避免因素间的重复交叉。

风险因素专家调查表 表 5-13

序号	风险因素名称	出现的可能性				出现后对项目影响程度			
		高	强	适度	低	高	强	适度	低

②选择调查对象，即选择专家。选择的专家能否胜任，是专家调查法成败的关键。一般应选择熟悉房地产行业和所评估的风险因素、专业工作年限较长、有预见能力和分析能力、并有一定声望、客观公正的专家，同时也可吸收一些相关领域的专家。为了减少主观性，选择的专家应有一定的数量，一般应在 10～20 位。

③寄发调查表反复征询和反馈。调查方式一般采用通信法，将拟定好的调查表寄发给已选定的专家，请他们回答，第一轮调查表由专家填好后寄回，调查组织者将各种不同意见进行综合整理，并列出经过加工后的新调查提纲，再一次反馈给各专家、征求他们的新意见。这种征询过程的顺序是：征询—答复—反馈—再征询。如此反复征询三至五轮，使得意见渐趋一致。在调查中，专家只与调查组织者有联系。调查表最后一轮的回收率达到 60%以上，调查就算是成功的。

④调查报告。调查组织者将最后一轮征询答案的中位数作为预测结果，写出综合性的调查报告。

2）情景分析法

情景是一个投资项目或某个房地产企业未来状态的描述，或者按年代的梗概进行的描述。其研究的重点是：当某种因素变化时，整个情况会怎么样？会有什么危险发生？就像电影的一幕幕场景一样，供人们研究比较。运用这种方法可以帮助识别在房地产投资中引起危险的关键因素及其影响程度，其具体应用分为筛选、监测和诊断三个步骤。

情景分析法适用于：提醒房地产投资者注意某种措施或政策可能引起的风险或危险的后果；建议需要进行监测的房地产投资风险范围；研究某种关键性因素对未来房地产投资决策过程的影响。

3）问卷调查

问卷调查也称访问法，是房地产投资风险识别的一种常用方法。该方法是通过预先设计好的问卷调查表，通过答卷、谈话、电话等方式，获悉被调查者对问卷上所提出的问题的看法，并综合分析这些看法，得出对问题的初步结论的识别方法。科学设计调查表和有效地运用访问技巧是此方法成败的关键。

问卷调查表反映投资者的决策思想，是风险决策中最关心、最想得到的信息来源之一。问卷调查表的设计一般分为五个步骤来完成：一是，根据房地产开发企业的经营战略和投资项目的特点，明确列出调查表所需要收集的信息是什么；二是，按照所需要收集的信息，设计问题，并确定每个问题的次序；三是，选择一些调查者作调查表的初步测试，请他们先做题，然后召开座谈会或个别谈话征求意见；四是，按照测试结果，对调查表进行必要的修改；最后得出正式调查表。

在设计调查表时要注意以下事项：一是，调查表中设计的问题要简短明了，一目了然；二是，每一个问题只包含一项内容；三是，在问题中，不要使用专门术语，概念要通俗易懂；四是，每个问题的选择答案不要过多，问题的含义不要模棱两可，一个问题只代表一件事；五是，要注意问题提出的方式。有些问题可以直接问，有些问题应间接提问。

（四）房地产投资风险估计及评价

虽然把房地产投资风险估计和风险评价划分为房地产投资风险分析过程的两个不同阶段，但在实际分析的过程中，这两个阶段通常联系在一起，其分析的步骤一般为：①列出需要进行概率分析的不确定性因素；②选择投资项目风险分析的财务指标；③分析确定每个不确定性因素发生的概率；④计算在概率条件下财务评价指标的累积概率，并确定临界点发生的概率。

1. 房地产投资风险估计

房地产投资风险估计是在房地产投资风险识别的基础上，通过定量分析的方法测度风险发生的可能性及对项目的影响程度。

1）房地产投资风险估计与概率

风险估计可分为主观概率估计和客观概率估计。主观概率估计是指人们根据自己的知识和经验，以及对事件的了解和认识，对预测对象未来发生可能性的大小做一个主观估计值。客观概率估计是根据大量的实验数据，用统计的方法计算某一风险因素发生的可能性，它是不以人的主观意志为转移的客观存在的概率。客观概率计算需要足够多的试验数据作支持。在房地产投资项目的经济评价和可行性研究阶段，风险估计最常用的方法是主观概率估计。下面只对主观概率估计进行简单介绍。

主观概率与客观概率一样有以下两个重要特性：

第一，所有可能发生的事件E_i中每一个事件发生的概率值$P(E_i)$应大于或等于0，小于或等于1。即 $0 \leqslant P(E_i) \leqslant 1$（$i = 1, 2, \cdots, n$）

第二，各种可能发生概率的总和必须等于 1，即 $\sum\limits_{i=1}^{n} P(E_i) = 1$

通常采用主观概率进行预测的方法有以下两种：

① 当预测对象仅有一个可能发生的事件时，直接进行主观概率预测。综合参加预测人员意见的公式为：

$$P = \frac{\sum\limits_{i=1}^{n} P_i}{N} \tag{5-51}$$

式中，P——某一事件的主观概率预测值；

$\quad\quad P_i$——第 i 个预测人员对该事件的主观概率预测值；

$\quad\quad N$——参加预测的人员数。

② 当预测对象有多个可能发生的事件时，常用概率密度函数和累积概率分布函数来描述主观概率。

假定预测对象有 m 个可能发生的事件 E_1、$E_2 \cdots E_m$；$P(E_i)$ 为各事件发生的概率，将这一组概率 $P(E_i)$，$i = 1,2 \cdots m$，称为概率密度函数，常用图 5-8 和表 5-14 给予描述。

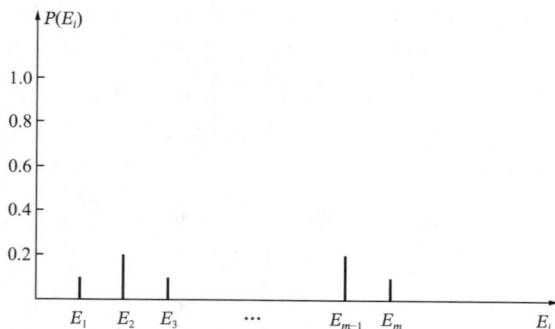

图 5-8　概率密度函数分布图

概率密度函数分布表　　　　　　　　　　　　　表 5-14

可能发生的事件	E_1	E_2	E_3	$\cdots$	E_{m-1}	E_m
发生概率	$P(E_1)$	$P(E_2)$	$P(E_3)$	$\cdots$	$P(E_{m-1})$	$P(E_m)$

累积概率分布函数为：

$$F(E_i) = \sum\limits_{j=1}^{i} P(E_i)(j = 1,2,3,\cdots) \tag{5-52}$$

在向一组参加预测的人员或专家调查时，通常是以调查表的形式征集专家们对 m 个可能发生事件提出主观概率，然后运用算术平均数或加权平均数的方法，对同一事件综合专家们的意见，最后，得出一组专家集体提出的主观概率值，即平均概率密度函数和累积概率分布函数。平均概率密度函数可以预测各事件发生的可能性；累积概率分布函数则可以预测某一范围内事件发生的可能性。把平均概率密度函数和累积概率函数绘出图形，就可以清楚地看到主观概率的预测值。

【例 5-12】某研究机构通过市场研究认为，某城市明年商品住房销售均价的增长幅度有如表 5-15 所示的 8 种可能。为了判断房价涨幅每一种可能性的概率，该机构选聘了 10 位专家进行主观概率统计，并请每位专家将个人的看法填入表 5-15 中，注意 $\sum_{i=1}^{8} P(E_i) = 1$。

调查表样例　　　　　　　　　　　　　表 5-15

房价增长	E_1	E_2	E_3	E_4	E_5	E_6	E_7	E_8
增长幅度（%）	5.0	5.5	6.0	6.5	7.0	7.5	8.0	8.5
主观概率估计值								

【解】各位专家根据上表分别作出判断后，将各位专家的调查结果汇总如表 5-16 所示。

主观概率调查表汇总　　　　　　　　　表 5-16

编号	房价增长							
	E_1	E_2	E_3	E_4	E_5	E_6	E_7	E_8
	5.0	5.5	6.0	6.5	7.0	7.5	8.0	8.5
	专家增幅							
1	0.00	0.00	0.05	0.05	0.30	0.40	0.10	0.10
2	0.00	0.05	0.05	0.10	0.30	0.30	0.10	0.10
3	0.05	0.00	0.00	0.20	0.20	0.40	0.10	0.05
4	0.00	0.00	0.10	0.10	0.40	0.30	0.10	0.00
5	0.00	0.00	0.05	0.10	0.20	0.20	0.40	0.05
6	0.05	0.00	0.20	0.30	0.30	0.10	0.05	0.00
7	0.00	0.05	0.10	0.05	0.40	0.10	0.20	0.10
8	0.00	0.00	0.05	0.05	0.20	0.30	0.40	0.00

续表

编号	房价增长							
	E_1	E_2	E_3	E_4	E_5	E_6	E_7	E_8
	5.0	5.5	6.0	6.5	7.0	7.5	8.0	8.5
	专家增幅							
9	0.00	0.00	0.10	0.30	0.30	0.30	0.00	0.00
10	0.00	0.00	0.10	0.05	0.50	0.20	0.10	0.05
平均$P(E_i)$	0.01	0.01	0.08	0.13	0.31	0.26	0.155	0.045
平均$F(E_i)$	0.01	0.02	0.10	0.23	0.54	0.80	0.955	1.00

根据表中数据，绘出房价增幅概率密度函数图和房价增幅累积概率分布函数图，如图 5-9、图 5-10 所示。

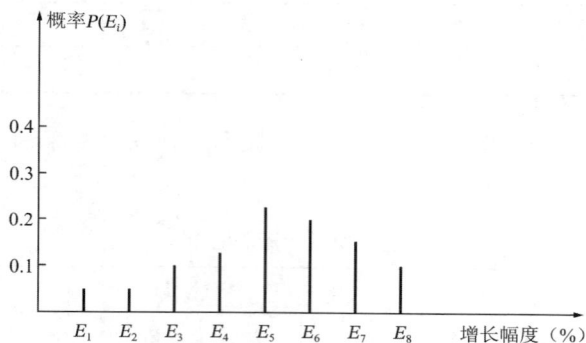

图 5-9 房价增幅概率密度函数图

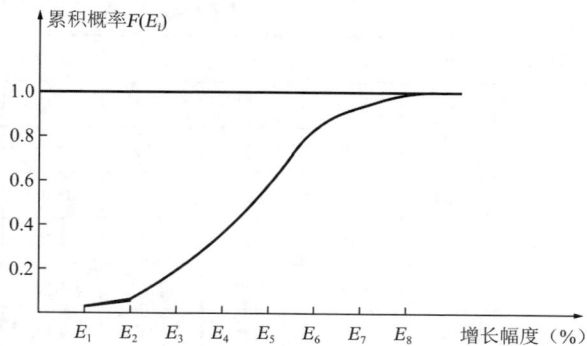

图 5-10 房价增幅累积概率分布函数图

　　概率密度函数图表示的是房价各种增长幅度发生的可能性。如增长幅度可能性最大的是7%，其相应的主观概率值为31%。

　　累积概率分布函数图表明房价增幅在不同范围内的可能性，如房价增幅低于5%或高于8.5%是不可能的，即增长幅度等于或低于8.5%的可能性是100%；增长幅度等于或低于7.5%的可能性是80%；增长幅度在6%～8%之间的可能性是85.5%等。在缺乏或没有历史统计资料的情况下。主观概率估计是帮助人们进行风险估计的一种有效工具，在运用主观概率估计时要注意以下三个问题：一是，对于主观概率，由于各人的知识、经验及看法不一样，所以不同的人对同一事件发生的概率可能会有不同的主观估计值。因此，在用主观概率预测时，要选取较多的人员或专家进行主观估计判断，并综合各位参加预测人员的意见；二是，主观概率预测是先由参加预测的人员对所预测事件发生的概率作出主观估计值，然后计算出估计值的统计平均值，并以此作为对事件预测的结论；三是，主观概率预测通常与调查研究预测等结合使用，调查人员应根据调查目的预先制作相应的调查表。

　　2）房地产投资风险的测度

　　在基础数据不确定的前提下，房地产投资项目经济评价分析中计算得到的各项评价指标都是不确定的，都是随机变量，因此可以用概率论的知识来测度投资风险的大小。下面介绍几个主要的测度风险大小的指标。

　　① 期望值。期望值是随机变量可能值的加权平均值，即各种可能值的概率分布中心，通常用数学期望值来描述，其一般公式为：

$$E = \sum_{i=1}^{n} X_i P_i \tag{5-53}$$

式中，E——随机变量的期望值；

　　　X_i——随机变量第i个可能值；

　　　P_i——随机变量取X_i的概率；

　　　n——随机变量可能值的个数。

　　显然，随机变量的数学期望值是随机变量可能取值的以相应概率为权数的加权平均值。由于基础经济数据的不确定性，作为随机变量，他们可以取若干个可能值，在进行风险分析时，总是用基础数据的期望值去计算房地产投资项目的评价指标（如净现值、内部收益率、利润等），由于计算得到的评价指标也是随机变量，通常也用评价指标的期望值去评价项目的财务可行性和经济合理性。

　　如果随机变量是利润、净现值、内部收益率等盈利性指标，则其期望值称为损益期望值，这是在综合考察了项目的损失和收益后的可能净效益值。

　　② 标准差。各项评价指标的不确定，意味着作为随机变量，可以取不同的可能

值，在这种情况下，可依据评价指标的期望值作为项目实施后的预期值，以决定项目的取舍。由于期望值只评价指标各可能取值的加权平均值，而非评价指标的实际值，评价指标的实际取值只能取各可能值中的一个。因此，用评价指标的期望值来决定项目的取舍时，会由于评价指标的实际取值有可能偏离期望值而使项目产生风险。项目的风险大小可以用评价指标的标准差来测度。标准差大，意味着评价指标各可能取值偏离期望值的离散程度大，概率分布密度程度低，评价指标的不确定性程度大，项目的风险大；反之，标准差小，项目的风险小。标准差的计算公式为：

$$\sigma = \sqrt{\sum_{i=1}^{n}(X_i - E)^2 \cdot P_i} \tag{5-54}$$

式(5-54)中，σ 表示随机变量的标准差，其他符号的含义同前文。

③ 变异系数。变异系数也称投资风险度，等于标准差与期望值之比。用标准差来测度投资项目风险时，可能会出现投资成本较高，预期现金流量较大的投资方案，通常会比投资成本较小的投资方案有较大的标准差，但其风险并不比投资方案小的风险大，只有在两个方案的期望值相等或相近的情况下，利用标准差来测定风险的大小才有意义。用变异系数来测定相对风险的大小可以弥补标准差的不足。所以，标准差是用来测度比较"绝对风险"的，变异系数是用来测度和比较"相对风险"的。变异系数的计算公式为：

$$V = \frac{\sigma}{E} \tag{5-55}$$

式(5-55)中，V 为变异系数，其他符号的含义同前文。

变异系数越大，方案风险也越大，反之，方案风险越小。

【例5-13】某房地产开发公司欲在某城市投资一房地产项目，该项目有两个投资方案：一是，投资兴建一写字楼；二是，投资兴建一商业大厦。建成后，两方案均以出租的方式经营，经市场研究和预测，这两种投资方案的年净收益率和市场状况如表5-17所示。试通过计算这两个方案年净收益率的标准差和变异系数，比较这两个投资方案的风险大小。

投资方案收益率和市场状况表   表 5-17

投资方案	年净收益率（%）			市场状况概率		
	需求旺 X_1	需求一般 X_2	需求弱 X_3	需求旺 P_1	需求一般 P_2	需求弱 P_3
一	30	20	8	0.3	0.5	0.2
二	40	18	10	0.2	0.7	0.1

【解】

（1）计算两个方案年净收益率的期望值：

$$E_1 = 30 \times 0.3 + 20 \times 0.5 + 8 \times 0.2 = 20.6\%$$
$$E_2 = 40 \times 0.2 + 18 \times 0.7 + 10 \times 0.1 = 21.6\%$$

（2）计算两个方案年净收益率的标准差：

$$\sigma_1 = \sqrt{(30-20.6)^2 \times 0.3 + (20-20.6)^2 \times 0.5 + (8-20.6)^2 \times 0.2} = 7.64\%$$
$$\sigma_2 = \sqrt{(40-21.6)^2 \times 0.2 + (18-21.6)^2 \times 0.7 + (10-21.6)^2 \times 0.1} = 19.0\%$$

（3）计算两个方案年净收益率的变异系数

$$V_1 = \frac{7.64\%}{20.6\%} = 0.37; \quad V_2 = \frac{19.0\%}{21.6\%} = 0.88$$

通过计算比较结果，方案一的投资风险度为 0.37，方案二的投资风险度为 0.88，因此，投资方案二，即投资兴建一商业大厦的风险比兴建一写字楼的风险程度高，且风险程度大约是兴建写字楼的 2.4 倍。

2. 房地产投资风险评价

房地产投资风险评价是对投资项目风险进行综合分析，是依据风险对项目经济目标的影响程度进行项目风险分级排序的过程。是在项目风险识别和估计的基础上，通过建立项目风险的系统评价模型，列出各种风险因素发生的概率及概率分布，确定可能导致的损失大小，从而找出该项目的关键风险，确定项目的整体风险水平，为如何处置这些风险提供科学依据。以经济指标的累计概率、标准差、变异系数的判别标准为：①投资项目的财务内部收益率大于等于基准收益率的累计概率值越大，风险越小；标准差越小，风险越小；变异系数越小，风险越小。②投资项目的财务净现值大于等于零的累计概率值越大，风险越小；标准差越小，风险越小；变异系数越小，风险越小。

（五）房地产投资风险应对

通过对房地产投资风险的识别、估计和评价后找出的关键风险因素，对项目的成败具有重大影响，需要采取相应的应对措施，尽可能降低风险的不利影响，实现预期效益。房地产投资风险应对的主要方法有：

（1）风险自留。风险自留是指房地产投资者以自身的财力来负担未来可能的风险损失。风险自留可以包括两个方面的内容：承担风险和自保风险。承担风险和自保风险都是房地产投资者以自己的财力来补偿风险损失，区别在于后者需要建立一套正式的实施计划和一笔特别的损失储备或者基金；而前者则无需建立这种计划和基金，当损失发生时，直接将损失摊入成本。有些风险虽然也会带来经济损失，但由于损失规模较小，对房地产经营者影响不大，在此情况下可以采用承担风险的方法加以处理。承担风险要考虑企业的财务承受能力。自保风险用于处理那些损失较大的房地产风险，由于风险带来的损失较大，无法直接摊入成本。

（2）风险转移。风险转移是指房地产投资者以某种方式将风险损失转给他人承担。风险转移是房地产经营者处理风险的一种重要方法。对于任何一个房地产投资者而言，因其财务能力有限，故其自留风险的能力也有限。在房地产投资活动中，有些房地产风险可能会给投资者带来灾难性的损失，以房地产投资者自身的财务根本无法承担，因此，房地产投资者必须采用风险转移方法将房地产风险转移出去。房地产风险的转移可采用多种方法，如参加保险、租赁等。

（3）风险组合。这种方法是将那些类似的但不会同时发生的风险集中起来考虑，从而能较为准确地预测未来风险损失发生的状况，并使这一组合中发生风险的损失部分，能得到其他未发生风险损失且取得风险收益的部分补偿。例如，房地产投资者分别将资金投入住宅与办公楼，如果投入住宅的部分遭受损失，而投入办公楼的部分可能不但没有遭受损失，反而获得较高的收益，则投入办公楼部分的收益就可以补偿投资于住宅遭受的损失。

（4）风险预防。风险预防是投资者在房地产投资风险发生前采取某些具体措施以消除或减少引致风险损失的各项风险因素，实现降低风险损失的概率，同时达到减小风险损失程度的作用。风险预防是房地产投资风险管理中最适用的一种方法，在整个房地产开发过程中的各个阶段都有广泛的应用价值。风险预防一般有以下一些主要措施：①防止危险因素的产生；②减少已存在的危险因素并对其进行监控；③对风险因素进行时间和空间上的隔离；④加强投资方保护能力；⑤稳定、修复和更新受损对象；⑥风险预防的评价；⑦对下一步的预防目标进行审核和规划。

（5）风险规避。风险规避是指房地产投资者通过房地产投资风险的识别和估计，发现某项房地产投资活动可能带来巨大的风险损失时，事先就避开风险源或改变投资方式，主动放弃或拒绝实施这些可能导致风险损失的投资活动，以消除风险隐患。这是一种相对最为彻底的处理手段，是一种完全自给自足型的风险管理技术，有效的回避措施可以在房地产投资风险事件发生之前完全消除其给投资者造成某种损失的可能，而不再需要实施其他风险管理措施。

第三节　房地产投资项目方案比选

房地产投资项目方案比选是寻求合理的经济和技术方案的必要手段，也是项目经济评价的重要内容。房地产投资项目经济评价中宜对互斥方案和可转化为互斥方案的方案进行比选。

一、房地产投资项目方案比选概述

（一）方案比选的含义

房地产投资类型多样，特点各异。对投资者来说，在同一个时期可能有多个房地产投资项目或投资机会可供选择，对同一个房地产投资项目也会有多种投资方案，如果投资者资金有限，他就不可能去把握所有的项目或机会，必然存在着如何选择项目或机会、如何选择投资方案以使有限的资金得到最有效的利用的问题。从比选的层面上看，房地产投资项目的比选有两个层面：一是，项目间的比选，即投资机会的比选；二是，同一项目的投资方案比选。在房地产投资中，同一个投资项目可以有多种不同的投资方案，如对房地产开发投资，对同一宗地，可以建商场、写字楼、公寓等；对房地产置业投资，对购买的房地产可以出租经营，也可以自行经营。在这多种投资方案中，投资者同样存在着比较与选择的问题。房地产投资项目比选，对投资者来说是十分重要的。

（二）投资方案之间的关系类型

要正确评价项目方案的经济性，仅凭对单个项目方案评价指标的计算及判别是不够的，还必须了解方案之间的相互关系，从而按照方案之间的相互关系确定合适的评价方法和指标，为最终做出正确的投资决策提供科学依据。

所谓方案类型是指一组备选方案之间所具有的相互关系。从大类上看，方案之间存在三种关系：独立关系、互斥关系和相互关系。具体来说，投资项目经济关系的类型主要有以下几种：

1. 独立型方案

独立型方案是指方案间互不干扰，即一个方案的执行不影响另一方案的执行，在选择方案时可以任意组合，直到资源得到充分利用为止。更严格地讲，独立方案的定义是：若方案间加法法则成立，则这些方案是彼此独立的。例如，现有 A、B 两个方案（假设投资期为一年），仅向 A 方案投资，其投资额为 200 万元，收益为 260 万元；仅向 B 方案投资时，投资额为 300 万元，收益为 375 万元。若以 500 万元同时向两个方案投资，收益正好为 635 万元，则说明这两个方案间加法法则成立，即 A、B 两个方案是相互独立的。

2. 互斥型方案

互斥型方案是指在若干备选方案中，选择其中一个方案，则其他方案就必然是被排斥的一组方案。因此，方案之间具有排他性。例如，对在某一确定的地块上有建商场、办公楼、公寓等方案，此时选择其中任何一个方案的同时，其他方案就无法实施，方案具有排他性，因此这些方案之间的关系就是互斥的。互斥型方案还可按以下因素进行分类：

（1）按服务寿命长短的不同，投资方案可分为：相同服务寿命的方案，即参与对比或评价方案的服务寿命均相同；不同服务寿命的方案，即参与对比或评价方案的服务寿命均不相同；无限长寿命的方案，即参与对比或评价方案可视为无限长寿命的工程，如大型水坝、运河工程等。

（2）按规模不同，投资方案可分为：相同规模的方案，即参与对比或评价的方案具有相同的产出量和容量，在满足相同功能数量方面的要求具有一致性和可比性；不同规模的方案，即参与对比或评价的方案具有不同的产出量或容量，在满足相同功能数量方面的要求不具有一致性和可比性。

3. 混合型方案

混合型方案是上述独立型与互斥型的混合结构。具体来说，在一定条件下，混合型方案是指项目方案群有两个层次，高层次是若干个相互独立的方案，而在每个独立方案中又存在若干个互斥的方案。例如，某房地产开发公司欲购买三宗土地进行房地产开发，而每一个项目分别有几个方案，如 A 地块有 A_1、A_2 两个互斥方案，B 地块有 B_1、B_2 两个互斥方案，C 地块有 C_1、C_2、C_3 三个互斥方案。但由于资金有限，需要选择能使资金得到充分运用的方案，这时，该公司便面临着混合方案的选择问题。

4. 互补型方案

互补型方案是指方案之间存在技术经济互补关系的一组方案。某一方案的接受有助于其他方案的接受，方案之间存在着相互补充的关系。根据方案之间相互依存的关系，互补方案可能是对称的，也可能是非对称的经济互补关系。例如建一个大型非港口电站，必须同时建设铁路、电厂，它们无论在建成时间、建设规模上都要彼此适应，缺少其中任何一个项目，其他项目就不能正常运行，因此它们之间是对称的经济互补关系。而如建造一座建筑物 A 和增加一个空调系统 B，建筑物 A 本身是有用的，增加空调系统 B 后使建筑物 A 更有用，但采用方案 A 并不一定要采用方案 B，这时 A 与 B 之间是非对称的经济互补关系。

5. 现金流量相关型方案

现金流量相关型方案是指在一组方案中，方案之间不完全互斥，也不完全相互依存，但任何一个方案的取舍会导致其他方案现金流量的变化。例如，某跨江项目考虑两个建设方案，一个是建桥方案 A，另一是轮渡方案 B，两个方案都是收费的，此时，任何一个方案的实施或放弃都会影响另一方案的现金流量。

6. 组合—互斥型方案

组合—互斥型方案是指在若干可采用的独立方案中，如果有资源约束条件

（如受资金、劳动力、材料、设备及其他资源拥有量限制），则只能从中选择一部分方案实施，可以将其组合为互斥型方案。例如，现有独立方案 A、B、C、D，它们所需要的投资分别为 1 000 万元、600 万元、400 万元、300 万元。当资金总额限量为 1 000 万元时，除 A 方案具有完全的排他性，其他方案可以互相结合。这样，可能选择的方案共有：A、B、C、D、B＋C、B＋D、C＋D 七个组合方案。因此，当受某种资源约束时，独立方案可以组成各种组合方案，这些组合方案之间是互斥和排他的。

在方案评价前，弄清各方案之间属于何种类型是非常重要的，因为方案类型不同，其评价方法、选择和判断的尺度就不同。如果方案类型划分不当，则会带来错误的评价结果。独立型方案的比选可分为两种情况，当各投资项目相互独立，若资金对所有项目不构成约束，只要分别计算各项目的 $FNPV$ 或 $FIRR$，选择所有 $FNPV \geqslant 0$ 或 $FIRR \geqslant i_c$ 的项目即可；若资金不足以分配到全部 $FNPV \geqslant 0$ 的项目时，即形成所谓的资金约束条件下的定量分配问题时，可以通过对独立方案比选的互斥化，把独立型方案转化为互斥型方案，再采用互斥方案比选的方法进行。同样，对于混合型方案的比选问题，也可以通过对混合型方案的互斥化，将混合型项目方案组合成互斥型方案群，然后根据互斥型方案比选的方法进行方案比选。因此，这里所介绍的方案比选只针对互斥型方案或可以转化为互斥型方案的比选方法。

（三）投资方案比选的作用

投资方案比选的作用主要体现在以下几个方面：一是，有利于把握最佳的投资机会和选择最优的投资方案，使投资者有限的资金得到相对安全和有效的利用；二是，有利于提高决策者科学决策的能力，避免或减少投资决策中的失误；三是，有利于增强房地产企业市场竞争的能力。

二、计算期相同的互斥方案比选

在对互斥方案进行评价时，经济效果评价包含了两部分的内容：一是，考虑各个方案自身的经济效果，即进行绝对效果检验，用经济效果评价标准（如 $FNPV \geqslant 0$，$FIRR \geqslant i_c$）检验方案自身的经济性，称为"绝对（经济）效果检验"，凡通过绝对效果检验的方案，就认为其在经济效果上是可以接受的，否则就应予以拒绝；二是，考察哪个方案相对最优，称为"相对（经济）效果检验"。一般先以绝对经济效果方法筛选方案，然后以相对经济效果方法优选方案。

互斥型方案进行比选时，必须具备以下的可比性条件：①被比较方案的费用及效益计算口径一致；②被比较方案具有相同的计算期；③被比较方案现金流量具有相同的时间单位。如果以上条件不能满足，各个方案之间不能进行直接比较，必须经过一定转化后方能进行比较。

（一）净现值比较法

当互斥型方案寿命期相等时，在已知各投资方案的收益与费用的前提下，直接计算出各方案的净现值，将这些净现值进行比较，以净现值较大的方案为最优方案。除用净现值法进行比选外，还可用净年值、净将来值等指标进行方案比选。

（二）净现值率比较法

净现值率法说明了投资方案单位投资所获得的净效益。用净现值率进行比较时，以净现值率较大的方案为优。在投资资金受到强制约束的情况下，一般宜采用净现值率法。

净现值率（NPVR）是净现值与投资现值之比，其计算公式是：

$$NPVR = \frac{NPV}{I_P}$$
(5-56)

式中，$NPVR$——净现值率；

NPV——净现值；

I_P——方案的全部投资现值。

采用净现值率法对方案比选的结果与采用净现值法的结果可能会不一致。这是由于，净现值率法是从单位投资收益的角度进行方案比选的，净现值法是从投资总额收益的角度进行方案比选。由于两种方法评价的角度不同，所以评价的结论就可能不同。

【例5-14】某投资者欲购买一商业店铺用于出租经营，现有A、B、C三个投资方案，经市场调研预计各方案的初始投资、年净经营收入和净转售收入如表5-18所示。各投资方案的计算期均为8年，基准收益率$i_c = 10\%$。试进行方案比选。

投资方案的现金流量表　　　　　　　　　　表5-18

单位：万元

投资方案	初始投资	年净经营收入	净转售收入
	0	1～7	8
A	200	40	260
B	300	55	380
C	400	70	420

【解】

（1）用净现值法：

这种方法就是将包括期初投资额在内的各期净现金流量换算成现值的比较方法。各方案的净现值NPV_A、NPV_B、NPV_C计算如下：

$$NPV_A = \frac{40}{10\%}\left[1 - \frac{1}{(1+10\%)^7}\right] + \frac{260}{(1+10\%)^8} - 200 = 116.03（万元）$$

$$NPV_B = \frac{55}{10\%}\left[1 - \frac{1}{(1+10\%)^7}\right] + \frac{380}{(1+10\%)^8} - 300 = 145.03（万元）$$

$$NPV_C = \frac{70}{10\%}\left[1 - \frac{1}{(1+10\%)^7}\right] + \frac{420}{(1+10\%)^8} - 400 = 136.72（万元）$$

通过比较，B方案为最优方案，即相当于现时点产生的超额利润值为145.03万元（已排除了10%的机会成本）。B方案的净现值比A方案多29万元，比C方案多8.31万元。

（2）用净将来值法：

这种方法就是将每年的净收益和初始投资额换算到计算期的终点，计算出各投资方案的净将来值NFV_A、NFV_B、NFV_C，计算过程如下：

$$NFV_A = 40 \times \left[\frac{(1+10\%)^7 - 1}{10\%}\right] \times (1+10\%) + 260 - 200(1+10\%)^8$$
$$= 248.72（万元）$$

$$NFV_B = 55 \times \left[\frac{(1+10\%)^7 - 1}{10\%}\right] \times (1+10\%) + 380 - 300(1+10\%)^8$$
$$= 310.89（万元）$$

$$NFV_C = 70 \times \left[\frac{(1+10\%)^7 - 1}{10\%}\right] \times (1+10\%) + 420 - 400(1+10\%)^8$$
$$= 293.07（万元）$$

通过计算比较可知，还是B方案最有利。

（3）用净年值法：

这种方法就是将期初投资额乘以等额资金回收系数，再将其折算成等额年值即可。但在本案例中，由于第8年末有净转售收益，在计算期应把净转售收益分解为等额的年净收益和剩余部分，将剩余部分折现到期初，求出与期初投资额的代数和，再将其代数和折算成等额年值。各投资方案的净年值NAV_A、NAV_B、NAV_C，具体计算如下：

$$NAV_A = 40 - \left[200 - \frac{260-40}{(1+10\%)^8}\right] \times \left[\frac{10\%(1+10\%)^8}{(1+10\%)^8-1}\right] = 21.75 \text{（万元）}$$

$$NAV_B = 55 - \left[300 - \frac{380-55}{(1+10\%)^8}\right] \times \left[\frac{10\%(1+10\%)^8}{(1+10\%)^8-1}\right] = 27.19 \text{（万元）}$$

$$NAV_C = 70 - \left[400 - \frac{420-70}{(1+10\%)^8}\right] \times \left[\frac{10\%(1+10\%)^8}{(1+10\%)^8-1}\right] = 25.63 \text{（万元）}$$

通过计算可见，依然是 B 方案最有利。

从以上计算看出，不论采用什么方法都是 B 方案最有利，C 方案次之，最不利的方案是 A 方案。

（4）用净现值率法：

计算各方案的净现值率，具体计算如下：

$$NPVR（10\%）_A = \frac{116.03}{200} = 0.58015 = 58.02\%$$

$$NPVR（10\%）_B = \frac{145.03}{300} = 0.48343 = 48.34\%$$

$$NPVR（10\%）_C = \frac{136.72}{400} = 0.3418 = 34.18\%$$

经比较可知 A 方案为最优方案。

（三）差额投资内部收益率比较法

差额投资内部收益率是两个方案各年净现金流量差额的现值之和等于零时的折现率。其表达式为：

$$\sum_{t=1}^{n}\left[(CI-CO)_2 - (CI-CO)_1\right]_t(1+\Delta IRR)^{-t} = 0 \tag{5-57}$$

式中，$(CI-CO)_2$——投资大的方案的年净现金流量；

$(CI-CO)_1$——投资小的方案的年净现现金流量；

ΔIRR——差额投资内部收益率；

n——项目计算期。

采用ΔIRR指标对方案进行比选的方法，称为差额投资内部收益率法。其计算步骤为：

（1）把各投资方案按照初始投资递增次序进行排列，即按初始投资从小到大的顺序排列。在进行方案排列时，通常要设一个投资额为零的方案，即零投资方案。之所以要设零投资方案，是因为，有时所有可供选择的方案在经济上均是不可取的，但是在方案比选时，总能选出一个相对较优的方案，而这选出的相对较优的方案实际上也是不可取的。为了防止此类情况的发生，把投资额为零的方案，也作为一种方案来考虑。

（2）选择初始投资最少的方案为临时的最优方案。通常是先把零投资方案作为临时最优方案（设各投资方案的初始投资从小到大的排列顺序依次为A_0、A_1、A_2、$A_3 \cdots A_n$，其中A_0为零投资方案）。

（3）计算差额投资（$A_1 - A_0$）方案的差额投资内部收益率$\Delta IRR_{A_1-A_0}$。若$\Delta IRR_{A_1-A_0} \geqslant i_c$（$i_c$为基准收益率），则去掉$A_0$方案，把$A_1$方案视为临时最优方案；再计算差额投资（$A_2 - A_1$）方案的差额投资内部收益率$\Delta IRR_{A_1-A_0}$，若$\Delta IRR_{A_1-A_0} \geqslant i_c$，则去掉$A_1$方案，$A_2$方案成为临时最优方案，依此分别计算各方案的差额内部收益率；若$\Delta IRR_{A_1-A_0} < i_c$，则去掉$A_1$方案，$A_0$方案成为临时最优方案，再计算差额投资（$A_2 - A_0$）方案的差额内部收益率$\Delta IRR_{A_2-A_0}$，若$\Delta IRR_{A_2-A_0} < i_c$，则去掉$A_2$方案，仍以$A_0$方案为临时最优方案，依次分别计算各方案的差额内部收益率。

（四）差额净现值比较法

对于互斥方案，利用不同方案的差额现金流量来计算分析的方法，称为差额净现值法。设 A、B 为投资额不等的互斥方案，A 方案比 B 方案投资大，两方案的差额净现值可由下式求出：

$$
\begin{aligned}
\Delta NPV &= \sum_{t=0}^{n} \left[(CI_A - CO_A)_t - (CI_B - CO_B)_t \right](1 + i_c)^{-t} \\
&= \sum_{t=0}^{n} (CI_A - CO_A)_t (1 + i_c)^{-t} - \sum_{t=0}^{n} (CI_B - CO_B)_t (1 + i_c)^{-t} \\
&= NPV_A - NPV_B
\end{aligned}
\tag{5-58}
$$

其分析过程是：首先计算两个方案的净现金流量之差，然后分析投资大的方案相对于投资小的方案所增加的投资在经济上是否合理，即差额净现值是否大于零。若$\Delta NPV \geqslant 0$，表明增加的投资在经济上是合理的，投资大的方案优于投资小的方案；反之，则说明投资小的方案是更经济的。

当有多个互斥方案进行比较时，为了选出最优方案，需要各个方案之间进行两两比较。当方案很多时，这种比较就显得很繁琐。在实际分析中，可采用简化方法来减少不必要的比较过程。对于需要比较的多个互斥方案，首先将它们按投资额的大小顺序排列，然后从小到大进行比较，每比较一次就淘汰一个方案，其方法与差额投资内部收益率法是一样的。

必须注意的是，差额净现值只能用来检验差额投资的效果，或者说是相对效果。差额净现值大于零只表明增加的投资是合理的，并不表明全部投资是合理的。因此，在采用差额净现值法对方案进行比较时，通常也先设有一个零投资方案，并先假设零投资方案为临时最优方案，然后一一进行比较。另外，由于评价角度不同,用差额净现值法对互斥方案比选的结论也往往与用净现值率法比选的结论不一致。

【例 5-15】某房地产投资项目有三个互斥方案,其现金流量如表 5-19 所示,试用投资差额内部收益率法进行方案比选,基准收益率为 15%。

投资方案的现金流量表　　　　　　　　　　　　　　表 5-19

单位: 万元

年末	方案		
	A₁	A₂	A₃
0	−5 000	−10 000	−8 000
1~10	1 400	2 500	1 900

【解】步骤 1,先把各方案按初始投资额从小到大的顺序排列(表 5-20),并增加一个零投资方案 A。

投资方案排序现金流量表　　　　　　　　　　　　表 5-20

单位: 万元

年末	方案			
	A₀	A₁	A₃	A₂
0	0	−5 000	−8 000	−10 000
1~10	0	1 400	1 900	2 500

步骤 2,选择初始投资最少的方案作为临时的最优方案。这里把零投资方案作为临时最优方案。

步骤 3,求差额投资方案($A_1 − A_0$)的内部收益率$\Delta IRR_{A_1-A_0}$。

因为 A_0 为零投资方案,所以 A_1 方案与 A_0 方案净现金流量相减,得到的差额投资方案的现金流量在数值上仍为 A_1 方案的现金流量,求 $\Delta IRR_{A_1-A_0}$。

当 $i_c = 15\%$ 时,

$$NPV = \frac{1\,400}{15\%}\left[1 - \frac{1}{(1+15\%)^{10}}\right] - 5\,000 = 2\,026.28\text{（万元）}$$

令 $i_1 = 24\%$

$$NPV_1 = \frac{1\,400}{24\%}\left[1 - \frac{1}{(1+24\%)^{10}}\right] - 5\,000 = 154.60\text{（万元）}$$

令 $i_2 = 25\%$

$$NPV_2 = \frac{1\,400}{25\%}\left[1 - \frac{1}{(1+25\%)^{10}}\right] - 5\,000 = -1.30\text{（万元）}$$

$$\Delta IRR_{A_1-A_0} = 24\% + \frac{154.6}{154.6 + |-1.30|} \times (25\% - 24\%) = 24.99\%$$

由于差额投资内部收益率$\Delta IRR_{A_1-A_0} = 24.99\% > i_c = 15\%$，所以划掉$A_0$方案，$A_1$方案成为临时最优方案。然后取$A_3$方案同$A_1$方案比较。用$A_3$方案的净现金流量减去$A_1$方案的净现金流量，得到（$A_3 - A_1$）新方案的现金流量表（表5-21）。求$\Delta IRR_{A_3-A_1}$。

（A_3–A_1）方案现金流量表　　表5-21

单位：万元

年末	方案		
	A_1	A_3	$A_3 - A_1$
0	−5 000	−8 000	−3 000
1~10	1 400	1 900	500

令$i_1 = 10\%$，则（$A_3 - A_1$）方案的净现值NPV_1为：

$$NPV_1 = \frac{500}{10\%}\left[1 - \frac{1}{(1+10\%)^{10}}\right] - 3\,000 = 72.28\text{（万元）}$$

令$i_2 = 11\%$，则

$$NPV_2 = \frac{500}{11\%}\left[1 - \frac{1}{(1+11\%)^{10}}\right] - 3\,000 = -55.38\text{（万元）}$$

则$\Delta IRR_{A_3-A_1} = 10\% + \frac{72.28}{72.28 + 55.38} \times (11\% - 10\%) = 10.57\%$

因为$\Delta IRR_{A_3-A_1} = 10.57\% < i_c = 15\%$，所以划掉$A_3$，$A_1$仍为临时最优方案。最后用$A_2$方案与$A_1$方案比较，求差额投资内部收益率$\Delta IRR_{A_2-A_1}$。（$A_2 - A_1$）方案的现金流量表如表5-22所示。

（A_2–A_1）方案现金流量表　　表5-22

单位：万元

年末	方案		
	A_1	A_2	$A_2 - A_1$
0	−5 000	−10 000	−5 000
1~10	1 400	2 500	1 100

令$i_1 = 17\%$，则（$A_2 - A_1$）方案的净现值NPV_1为：

$$NPV_1 = \frac{1\,100}{17\%}\left[1 - \frac{1}{(1+17\%)^{10}}\right] - 5\,000 = 124.46（万元）$$

令 $i_2 = 18\%$，则

$$NPV_2 = \frac{1\,100}{18\%}\left[1 - \frac{1}{(1+18\%)^{10}}\right] - 5\,000 = -56.51（万元）$$

则 $\Delta IRR_{A_2-A_1} = 17\% + \dfrac{124.46}{124.46+50.51} \times (18\% - 17\%) = 17.71\%$

因为 $\Delta IRR_{A_2-A_1} = 17.69\% < i_c = 15\%$，故方案 A_2 优于 A_1 方案。由于所有的方案都比较过，A_2 方案就是最优方案。

三、计算期不同的互斥方案比选

对于计算期不同的互斥方案进行比选，同样要求方案间具有可比性。满足这一要求需要解决两个方面的问题：一是，设定一个合理的共同分析期（计算期）；二是，给计算期不等于寿命期的方案选择合理的方案接续假定或者残值回收假定。

（一）年值法

年值法是指投资方案在计算期的收入及支出，按一定的折现率换算为等值年值，用以评价或选择方案的一种方法。在对计算期不同的互斥方案进行比选时，特别是参加比选的方案数目较多时，年值法是最为简便的方法。年值法使用的指标有净年值与费用年值。

1. 净年值法

净年值法就是通过计算各比较方案净效益的等额年值（NAV）进行比较，以年值较大的方案为优。净年值的表达式可以通过以下方式来表达。

设 m 个互斥方案，其计算期分别为 $n_1, n_2, n_3, \cdots, n_m$，方案 j（$j = 1,2,3,\cdots,m$）在其计算期内的净年值为：

$$NAV_j = NAV_j(A/P, i_c, n_j)$$

$$= \sum_{t=0}^{n_j}(CI_j - CO_j)_t(P/F, i_c, t)(A/P, i_c, n_j) \tag{5-59}$$

2. 费用年值法

在有些情况下，各互斥方案之间的效益基本相同或有时各方案之间具有相同的效用，但其效益都很难量化，这时可用费用年值法进行方案比选。费用年值法是把不等额年费用折算成等额年费用值进行比较，等额年费用值较低的方案为较优方案。各方案通用的等额年费用表达式为：

$$AC = \left[\sum_{t=1}^{n}(I - C - S - W)_t(P/F, i_c, t)\right](A/P, i_c, n) \tag{5-60}$$

式中，AC——投资方案的等额年费用；

　　　　I——年全部投资费用（包括固定资产投资和流动资金）；

　　　　C——年经营成本；

　　　　S——计算期末回收的固定资产余值；

　　　　W——计算期末回收的流动资金；

$(P/F, i_c, t)$——复利现值系数；

$(A/P, i_c, n)$——资金回收系数。

　　用年值法进行计算期不同的互斥型方案比选，实际上隐含着这样一种假定：各备选方案在其寿命结束时（计算期末）均可按原方案重复实施或以原方案经济效果水平相同的方案接续。因为一个方案无论重复实施多少次，其年值是不变的，所以年值法实际上假定了各方案可以无限多次重复实施。在这一假定前提下，年值法以"年"为时间单位比较各方案的经济效果，从而使计算期不同的互斥方案间具有可比性。

　　（二）现值法

　　当互斥方案的计算期不同时，一般情况下，各方案的现金流量在各自的计算期内的现值不具有可比性。如果要使用现值指标进行方案比选，必须设定一个共同的计算期。共同计算期设定的方法通常有最小公倍数法和年值折现法。

　　1. 最小公倍数法

　　最小公倍数法也称为方案重复法，是以各备选方案计算期的最小公倍数作为方案比选的共同计算期，并假设各个方案均在这样一个共同的计算期内重复进行，即各备选方案在其计算期结束后，均按与其原方案计算期内完全相同的现金流量系列周而复始地循环下去直至共同的计算期。在此基础上，计算出各个方案的净现值，以净现值最大的方案为最优方案。

　　2. 年值折现法

　　年值折现法是按某一共同的分析期（计算期）将各备选方案的年值折现得到用于方案比选的现值。这种方法实际上是年值法的一种变形，隐含着与年值法相同的接续方案假定。设方案 j（$j = 1,2,3,\cdots,m$）寿命期（计算期）为 n_j，共同分析期为 N，按年值折现法，方案 j 净现值的计算公式为：

$$NPV_j = \left[\sum_{t=0}^{n_j} (CI_j - CO_j)_t (P/F, i_c, t) \right] (A/P, i_c, n)(P/A, i_c, N) \tag{5-61}$$

　　用年值折现法求净现值时，共同分析期 N 取值的大小不会影响方案比选结果，在实际运用中，N 的取值通常不大于最长的方案计算期，不小于最短的方案计算期。

用上述方法计算出的净现值用于计算期不同的互斥型方案评价的判别准则是：净现值最大且非负的方案为最优可行方案；对于仅有或仅需计算费用现金流的互斥方案，可比照上述方法计算费用现值进行比选，判别准则是：费用现值最小的方案为最优可行方案。

【例 5-16】现有互斥方案 A、B、C，各方案的现金流量如表 5-23 所示，试在基准收益率为 10% 的条件下选择最优方案。

A、B、C 方案的现金流量　　　　　　　　表 5-23

方案	投资额 （万元）	年经营收入 （万元）	年经营成本 （万元）	年净收益 （万元）	寿命期（计算期） （年）
A	300	115	29	86	5
B	360	145	37	108	6
C	450	189	47	142	8

【解】由于各方案的计算期不同，故采用净年值法进行比选。

解法一：各方案的年净收益在表中已分别计算出来，由于各年的年净收益相等，所以其净年值只要将初始投资额乘以等额序列支付资金回收系数，求出初始投资在计算期内每年的等额支付额，然后用年净收益减去这个等额支付额即可。计算如下：

$$NAV_A = -300 \times \left[\frac{10\%(1+10\%)^5}{(1+10\%)^5 - 1} \right] + 86 = 6.86 （万元）$$

$$NAV_B = -360 \times \left[\frac{10\%(1+10\%)^6}{(1+10\%)^6 - 1} \right] + 108 = 25.34 （万元）$$

$$NAV_C = -450 \times \left[\frac{10\%(1+10\%)^8}{(1+10\%)^8 - 1} \right] + 142 = 57.65 （万元）$$

由于 $NAV_C > NAV_B > NAV_A$，故方案 C 为最优方案。

解法二：利用公式求各方案的净年值：

$$NAV_A = \left\{ -300 + \frac{86}{10\%} \left[1 - \frac{1}{(1+10\%)^5} \right] \right\} \times \frac{10\%(1+10\%)^5}{(1+10\%)^5 - 1} = 6.86 （万元）$$

$$NAV_B = \left\{ -360 + \frac{108}{10\%} \left[1 - \frac{1}{(1+10\%)^6} \right] \right\} \times \frac{10\%(1+10\%)^6}{(1+10\%)^6 - 1} = 25.34 （万元）$$

$$NAV_C = \left\{ -450 + \frac{142}{10\%} \left[1 - \frac{1}{(1+10\%)^8} \right] \right\} \times \frac{10\%(1+10\%)^8}{(1+10\%)^8 - 1} = 57.65 （万元）$$

由于 $NAV_C > NAV_B > NAV_A$，故方案 C 为最优方案。

第四节　房地产开发项目可行性研究

建设项目可行性研究是在项目投资决策前对有关建设方案、技术方案或生产经营方案进行的技术经济论证。是在进行必要调查的基础上，通过市场分析、技术分析和财务分析，对投资项目的技术可行性和经济合理性进行的综合评价。

一、可行性研究概述

（一）可行性研究的含义和目的

房地产开发项目可行性研究是在房地产开发项目（以下简称项目）投资决策前，分析论证项目目标实现可能性的科学方法。具体地讲，就是在项目投资决策前，对与项目有关的社会、经济和技术等方面情况进行深入细致的研究；对拟定的各种建设方案或技术方案进行认真的技术经济分析、比较和论证；对项目产生的经济、社会、环境效益进行科学的预测和评价。在此基础上，综合研究项目的技术先进性和适用性、经济合理性，以及建设的可能性和可行性，由此提出项目是否应该投资和如何投资等结论性意见，为投资者最终决策提供可靠的、科学的依据，并作为开展下一步工作的基础。

可行性研究的根本目的是减少或避免投资决策的失误，提高项目的经济、社会和环境效益。

房地产开发是一项综合性经济活动，投资额大，建设周期长，涉及面广。要想使项目达到预期的经济效果，必须先做好可行性研究工作，才能使项目的许多重大经济技术问题得以明确，形成解决方案，得出合理结论，使投资者的决策建立在科学而不是经验或感觉的基础上。

（二）可行性研究的作用

1. 申请项目核准备案的依据

为了充分发挥市场配置资源的基础性作用，确立企业在投资活动中的主体地位，保护投资者的合法权益，营造有利于各类投资主体公平、有序竞争的市场环境，促进生产要素的合理流动和有效配置，优化投资结构，提高投资效益，推动经济协调发展和社会全面进步，政府对企业投资的管理制度改革日益深化。

按照"谁投资、谁决策、谁收益、谁承担风险"的原则，并最终建立起市场引导投资、企业自主决策、银行独立审贷、融资方式多样、中介服务规范、宏观调控有效的新型投资体制，国家改革了企业投资项目审批制度，并从 2004 年下半年开始，对于企业不使用政府投资建设的项目，一律不再实行审批制，区别不同情况实行核准制和备案制，政府仅对重大项目和限制类项目从维护社会公共利益的角度进行核准。《北京市政府核准的投资项目目录（2018年本）》中，与房地产投资相关的项目包括：土地一级开发及收购储备项目；保障性住房及共有产权商品房项目（包括公共租赁住房项目、安置房（含棚改安置房）项目、共有产权商品房项目，以及历史遗留的经济适用房项目、限价房项目、危改项目等）、棚户区改造和环境整治及绿化隔离地区产业项目；商品住宅项目；酒店、写字楼等大型公建项目；会展设施项目、大型仓储、商业设施项目（含大型购物中心、批发市场、集贸市场、超市、大卖场），物流基地、物流中心项目。主题公园项目和旅游项目也属于政府核准项目。

按照核准制的要求，开发企业应就拟开发建设项目编制项目申请报告，报送项目核准机关申请核准。项目核准批复文件，是办理土地使用、资源利用、城乡规划、安全生产、设备进口和减免税确认等手续的主要依据。项目核准申请报告的主要内容，包括项目申报单位情况、拟建项目情况、拟选建设用地与相关规划、资源利用和能源耗用分析、生态环境影响分析、经济和社会效果分析等，都是项目可行性研究工作要明确或研究解决的问题。

2. 项目投资决策的依据

一个房地产开发投资项目，需要投入大量的人力、财力和物力，很难凭经验或感觉进行投资决策。因此需要通过投资决策前的可行性研究，明确该项目的建设地址、规模、建设内容与方案等在技术上是否可行、在法律上是否允许。还要研究项目竣工后能否找到适当的购买者、承租人或使用者，判断项目的市场竞争力，计算项目投资的绩效或经济效果等。通过这些分析研究工作，得出项目应不应该建设、如何建设以及哪种建设方案能取得最佳的投资效果等，并以此作为项目投资决策的依据。

3. 筹集建设资金的依据

房地产开发商基本上都需要就其拟开发的房地产项目进行权益和/或债务融资。开发商要想吸引机构或个人投资者参与其拟开发项目投资，作为项目发起人和一般责任合伙人，必须要给这些潜在的有限责任合伙人提供项目可行性研究报告，以帮助其了解拟开发项目的投资收益水平和所面临的风险。银行等金融机构通常把可行性研究报告作为项目申请开发贷款的先决条件，需要对项目可行性研究报告进行全面、细致的分析评估，并据此完成房地产开发项目贷款评估报告之后，才能确定是否给予贷款。

4. 开发企业与有关各部门签订协议、合同的依据

项目所需的建筑材料、协作条件以及供电、供水、供热、通信、交通等很多

方面，都需要与有关部门协作。这些供应的协议、合同都需根据可行性研究报告进行商谈。有关技术引进和建筑设备进口必须在项目核准工作完成后，才能根据核准文件同国外厂商正式签约。

5. 下阶段规划设计工作的依据

在可行性研究报告中，对项目的地址、规模、建筑设计方案构想、主要设备选型、单项工程结构形式、配套设施和公共服务设施的种类、建设速度等都进行了分析和论证，确定了原则，推荐了建设方案。可行性研究报告完成后，规划设计工作就可据此进行，不必另作方案比较选择和重新论证。

（三）可行性研究的依据

可行性研究的依据主要有下列方面：

（1）国家相关法律法规。

（2）国民经济和社会发展规划、国土空间规划或城乡规划与土地利用规划、住房建设规划以及行业发展规划。

（3）国家宏观调控政策、产业政策、行业准入标准。

（4）城乡规划行政主管部门出具的规划意见。

（5）《国有建设用地使用权出让合同》或国有建设用地使用权证书，自然资源行政主管部门出具的项目用地预审意见或国有土地使用权出让文件。

（6）环境保护行政主管部门出具的环境影响评价文件的审批意见。

（7）交通行政主管部门出具的交通影响评价文件的意见。

（8）自然、地理、气象、水文地质、经济、社会等基础资料。

（9）有关工程技术方面的标准、规范、指标、要求等资料。

（10）国家规定的相关经济参数和指标。

（11）项目备选方案的土地利用条件、规划设计条件以及备选规划设计方案等。

（12）可行性研究所需要的其他相关依据。

（四）可行性研究的工作阶段

可行性研究是在投资前期所做的工作，分为四个工作阶段，每个阶段的内容逐步由浅到深。

1. 投资机会研究

该阶段的主要任务是对项目或投资方向提出建议，即在一定的区域和市场范围内，以土地资源供给和空间市场需求的调查预测为基础，寻找最有利的投资机会。

投资机会研究分为一般投资机会研究和特定项目的投资机会研究。前者又分三种，地区研究、空间子市场研究和以利用土地资源为基础的研究，目的是指明具体的投资方向；后者是要选择确定项目的投资机遇，将项目意向变为概略的投资建议，使投资者可据以决策。

投资机会研究的主要内容包括：地区情况、经济政策、资源条件、劳动力状况、社会条件、地理环境、市场情况、项目建成后对社会的影响等。投资机会研究相当粗略，主要依靠笼统的估计而不是依靠详细的分析。该阶段投资估算的精确度为30%，研究费用一般占总投资的0.2%~0.8%。如果投资机会研究认为是可行的，就可以进行下一阶段的工作。

2. 初步可行性研究

初步可行性研究亦称"预可行性研究"，是在投资机会研究的基础上，进一步对项目建设的可能性与潜在效益进行论证分析。主要解决的问题包括：

（1）分析投资机会研究的结论，在详细资料的基础上做出是否投资的决定；

（2）是否有进行详细可行性研究的必要；

（3）有哪些关键问题需要进行辅助研究。

在初步可行性研究阶段，需对以下内容进行粗略的审查：项目所在地区的社会经济情况、项目地址及其周围环境、市场供应与需求、项目规划设计方案、项目进度、项目销售收入与投资估算、项目财务分析等。

所谓辅助研究是对项目的一个或几个重要方面进行专题研究，用作初步可行性研究和详细可行性研究的先决条件，或用以支持这两项研究。例如，开发商拟开发绿色住宅时，就可能需要对绿色住宅技术及其应用进行专题研究，包括绿色住宅技术、技术可获得性及其成本、国家相关鼓励或优惠政策、市场对绿色住宅的认可程度和支付意愿等。初步可行性研究阶段投资估算的精度可达到20%，所需费用约占总投资的0.25%~1.5%。

3. 详细可行性研究

即通常所说的可行性研究。详细可行性研究是项目投资决策的基础，是在综合分析项目经济、技术、环境等可行性后作出投资决策的关键步骤。

这一阶段对开发建设投资估算的精度在10%，所需费用为：小型项目约占总投资的1.0%~3.0%，大中型复杂的工程约占0.2%~1.0%。

4. 项目评估与决策

按照国家有关规定，政府对《政府核准的投资项目目录》以内的企业投资项目实行核准制度，对《政府核准的投资项目目录》以外的企业投资项目实行备案制度。国家、省市或区县政府投资主管部门在对项目进行核准或备案时，开发建设单位必须提交《项目申请报告》。未取得政府核准文件的，不得开工建设。

政府对企业投资项目进行核准的过程，实际上是由投资管理部门组织，或授权给有资质的工程咨询或投资咨询机构或有关专家，代表国家对开发建设单位提交的项目可行性研究报告进行全面审核和再评估的过程。项目决策，通常包括国家投资管理部门组织的项目核准评估和企业内部投资决策人员的评估。

项目核准评估的工作重点，除审查项目是否具备相应的开发建设条件外，还要确保项目符合以下要求：①符合国家法律法规；②符合国家及项目所在地国民经济和社会发展规划、国土空间规划或城乡规划与土地利用规划以及行业发展规划；③符合国家宏观调控政策、产业政策、行业准入标准；④符合当地区域布局和产业结构调整的要求；⑤符合土地、水、能源的合理开发和有效利用要求，有利于促进环境保护和改善生态环境；⑥符合自然文化遗产、文物保护的有关政策，主要产品未对国内市场形成垄断，未影响国家及本市经济安全；⑦符合社会公众利益，未对项目建设地及周边地区的公众利益产生重大不利影响。而企业内部的评估工作，则主要是审查项目的经济可行性。

二、可行性研究的内容与步骤

不同的房地产开发项目，可行性研究的重点内容和研究步骤可能不完全相同，但从研究逻辑上看，房地产开发项目可行性研究在内容和步骤上有一定的共性。

（一）可行性研究的内容

房地产开发项目的性质、规模和复杂程度不同，可行性研究的内容也不尽相同，各有侧重，一般应包括以下主要内容：

1. 项目概况

具体内容包括：项目名称、开发建设单位；项目的地理位置，如项目所在城市、区和街道，项目周围主要建筑物等；项目所在地周围的环境状况，主要从工业、商业及相关行业现状及发展潜力、项目建设的时机和自然环境等方面说明项目建设的必要性和可行性；项目的性质及主要特点；项目开发建设的社会、经济意义；可行性研究工作的目的、依据和范围。

2. 开发项目用地现状调查

具体内容包括：开发项目用地所处区位和具体位置，用地范围与四至情况，地质和土壤条件，土地面积和规划用途，包括上水管线、雨水管线、污水管线、热力管线、燃气管线、电力和电信管线等主要市政管线的现状，以及当前土地开发状况和地上物状况，场地平整状况等。对于政府拟出让的开发项目用地，政府相关土地出让机构通常在国有土地使用权出让文件中，对开发项目用地的现状进行了比较详细的介绍，也提供了必要的现状与规划图纸，但仍然需要可行性研究人员亲临现场进行查勘，以确保对用地现状的描述符合实际。

3. 市场分析和建设规模的确定

具体内容包括：市场供给现状分析及预测，市场需求现状分析及预测，市场交易的数量与价格分析及预测，服务对象分析，租售计划的制订，项目建设规模的确定。

4. 规划设计方案的选择

（1）市政规划方案选择。市政规划方案的主要内容包括各种市政设施的布置、来源、去路和走向，大型商业房地产开发项目重点要规划安排好交通组织和共享空间等。

（2）项目构成及平面布置。

（3）建筑规划方案选择。建筑规划方案的内容主要包括各单项工程的占地面积、建筑面积、层数、层高、房间布置、各种房间的数量、建筑面积等。附规划设计方案详图。

5. 资源供给条件分析

主要内容包括：建筑材料的需要量、采购方式和供应计划，施工力量的组织计划，项目施工期间的动力、水等供应方案，项目建成投入生产或使用后的水、电、热力、煤气、交通、通信等供应条件。

6. 环境影响评价

主要内容包括：建设地区的环境现状，主要污染源和污染物，项目可能引起的周围生态变化，设计采用的环境保护标准，控制污染与生态变化的初步方案，环境保护投资估算，环境影响的评价结论和环境影响分析，存在问题及建议。

7. 项目开发组织机构和管理费用的研究

主要内容包括：拟定项目的管理体制、机构设置及管理人员的配备方案，拟定人员培训计划，估算年管理费用支出情况。

8. 开发建设计划的编制

（1）前期开发计划。包括从项目创意、可行性研究、获取土地使用权、委托规划设计、取得开工许可证直至完成开工前准备等一系列工作计划。

（2）工程建设计划。包括各个单项工程的开、竣工时间，进度安排，市政工程的配套建设计划等。

（3）建设场地的布置。

（4）施工队伍的选择。

9. 项目经济及社会效益分析

（1）项目总投资估算。包括开发建设投资和经营资金两部分。

（2）项目投资来源、筹措方式的确定。

（3）开发成本估算。

（4）销售成本、经营成本估算。

（5）销售收入、租金收入、经营收入和其他营业收入估算。

（6）财务评价。分析计算项目财务净现值、财务内部收益率、投资回收期和利润率、借款偿还期等经济效果指标，对项目进行财务评价。

（7）国民经济评价。对于工业开发区等大型房地产开发项目，还需运用国民经济评价方法计算项目经济净现值、经济内部收益率等指标，对项目进行国民经济评价。

（8）风险分析。一方面，结合政治形势、国家方针政策、经济发展趋势、市场周期、自然等方面因素的可能变化，进行定性风险分析；另一方面，采用盈亏平衡分析、敏感性分析、概率分析等分析方法进行定量风险分析。

（9）项目环境效益、社会效益及综合效益评价。

10. 结论及建议

（1）运用各种数据从技术、经济、财务等方面论述项目的可行性，并推荐最佳方案。

（2）存在的问题及相应的建议。

（二）可行性研究的步骤

可行性研究按以下五个步骤进行。

1. 接受委托

在项目建议被批准之后，开发商即可委托咨询评估机构对项目进行可行性研究。双方签订合同协议，明确规定可行性研究的工作范围、目标意图、进度安排、费用支付办法及协作方式等内容。承担单位接受委托时，应获得项目建议书和有关项目背景介绍资料，搞清楚委托者的目的和要求，明确研究内容，制订计划，并收集有关的基础资料、指标、规范、标准等基本数据。

2. 调查研究

主要从市场调查和资源调查两方面进行。市场调查应查明和预测市场的供给和需求量、价格、竞争能力等，以便确定项目的经济规模和项目构成。资源调查包括建设地点、项目用地、交通运输条件、外围基础设施、环境保护、水文地质、气象等方面的调查，为下一步规划方案设计、技术经济分析提供准确的资料。

3. 方案选择和优化

根据项目建议书的要求，结合市场和资源调查，在收集到的资料和数据的基础上，构造若干个可供选择的开发方案，进行反复方案论证和比较，会同委托单位或部门明确方案选择的重大原则问题和优选标准，采用技术经济分析的方法，评选出合理的方案。研究论证项目在技术上的可行性，进一步确定项目规模、构成、开发进度。

4. 财务评价和综合评价

经上述分析后所确定的最佳方案，在估算项目投资、成本、价格、收入等基础上，进行详细财务评价和综合评价。研究论证项目在经济上的合理性和盈利能力，进一步提出资金筹措建议和项目实施总进度计划。

5. 编制可行性研究报告

经过上述分析与评价，即可编制详细的可行性研究报告，推荐一个以上的可行方案和实施计划，提出结论性意见、措施和建议，供决策者作为决策依据。

三、房地产开发项目策划与基础参数选择

房地产开发项目可行性研究的一个重要目的，就是在法律上允许、技术上可能的前提下，通过系统的项目策划，形成和优选出比较具体的项目开发经营方案，并获得满足投资收益目标要求的尽可能高的经济回报。在编制项目可行性研究报告的过程中，项目策划、构造可供评价比较的开发经营方案，选择相关基础参数，是可行性研究中定量分析的基础。

（一）房地产开发项目策划

以房地产市场分析及拟开发项目分析为基础，就可以形成项目的策划方案，用以指导后续开发投资活动。房地产开发项目策划方案，通常包括如下内容。

1. 区位分析与选择

房地产开发项目的区位分析与选择，包括地域分析与选择和具体地点的分析与选择。地域分析与选择是战略性选择，是对项目宏观区位条件的分析与选择，主要考虑项目所在地区的政治、法律、经济、文化教育、自然条件等因素。具体地点的分析与选择，是对项目坐落地点和周围环境、基础设施条件的分析与选择，主要考虑项目所在地点的交通、城乡规划、土地取得代价、基础设施完备程度以及地质、水文、噪声、空气污染等因素。

2. 开发内容和规模的分析与选择

房地产项目开发内容和规模的分析与选择，应在符合国土空间规划或城乡规划的前提下按照最高最佳利用原则，选择最佳的用途和最合适的开发规模，包括建筑总面积、建设和装修档次、平面布置等。

3. 开发时机的分析与选择

房地产项目开发时机的分析与选择，应考虑开发完成后的市场前景，再倒

推出应获取开发场地和开始建设的时机，并充分估计办理前期手续和征地拆迁的难度等因素对开发进度的影响。大型房地产开发项目可考虑分期开发（滚动开发）。

4. 合作方式的分析与选择

房地产项目开发合作方式的分析与选择，主要应考虑开发商自身在土地、资金、开发经营专长、经验和社会关系等方面的实力或优势程度，并从分散风险的角度出发，对独资、合资、合作（包括合建）、委托开发、代建等开发合作方式进行选择。

5. 融资方式与资金结构的分析与选择

房地产项目融资方式与资金结构的分析与选择，主要是结合项目开发合作方式设计资金结构，确定合作各方在项目资本金中所占的份额，并通过分析可能的资金来源和经营方式，对项目所需的短期和长期资金的筹措做出合理的安排。

6. 产品经营方式的分析与选择

房地产产品经营方式的分析与选择，主要是考虑近期利益和长远利益的兼顾、资金压力、自身的经营能力以及市场的接受程度等，对出售（包括预售）、出租（包括预租、短租或长租）、自营等经营方式进行选择。

（二）构造评价方案

构造评价方案，是在项目策划的基础上，构造出可供评价比较的具体开发经营方案。项目是否分期进行以及如何分期、项目拟建设的物业类型及不同物业类型的比例关系、建筑面积的规模和物业档次、合作方式与合作条件、拟投入资本金的数量和在总投资中的比例、租售与自营的选择及各自在总建筑面积中的比例等，都需要在具体的评价方案中加以明确。

如果允许上述影响评价方案构造的因素任意组合，则会出现非常多的备选方案。在实际操作过程中，通常按照项目是否分期与开发经营方式，有时还会考虑物业类型的匹配结构，构造 2～4 个基本评价方案。对于其他因素的影响规律，则可以通过敏感性分析把握。表 5-24 是某商业综合房地产开发项目经济评价的备选方案。

某商业综合房地产开发项目经济评价的备选方案　　　　表 5-24

建设内容与经营方式是否分期开发	写字楼、公寓	写字楼、商场
	销售	出租
不分期	评价方案一	评价方案三
分 2 期	评价方案二	评价方案四

（三）选择基础参数

经济评价中的基础参数，包括以下几个方面的指标。

1. 时间类参数

包括开发活动的起始时间点，开发经营期、开发期、准备期、建设期、出售期、出租及经营期的起始时间点以及持续时间长度，经济评价工作的计算周期（年、半年、季度或月，视项目开发经营期的长短和研究精度的要求，灵活选择）。

2. 融资相关参数

包括房地产开发贷款的贷款利率，资本金投入比例（通常为总投资的20%~35%），预售收入用于后续开发建设投资的比例。

3. 收益相关指标包括出租率或空置率，运营费用占毛收入比率。

4. 评价标准类指标包括基准收益率、目标成本利润率、目标投资利润率、目标投资回报率等指标。

四、房地产开发项目投资与收入估算

对房地产开发项目经济合理性的评价，主要是通过对开发项目的投资与收入估算，以此为基础计算出该开发项目的经济评价指标。

（一）投资估算

房地产开发项目投资估算的范围，包括土地费用、勘察设计和前期工程费、房屋开发费、其他工程费、开发期间税费、管理费用、销售费用、财务费用、不可预见费。各项费用的构成复杂、变化因素多、不确定性大，尤其是由于不同建设项目类型的特点不同，其费用构成有较大的差异。

1. 土地费用

土地费用是指取得开发项目用地所发生的费用。开发项目取得土地使用权有多种方式，所发生的费用各不相同。主要有以下几种：划拨土地的征收补偿费、出让土地的出让价款、转让土地的土地转让费、租用土地的土地租用费、股东投资入股土地的投资折价。

1）征收补偿费

征收补偿费分为：集体土地征收费用和城市国有土地上房屋征收补偿费用。集体土地征收费用主要包括：土地补偿费、安置补助费、农村村民住宅和其他地上附着物和青苗的补偿费、安排被征地农民的社会保障费用、耕地占用税、耕地开垦费；城市国有土地上房屋征收补偿费用主要包括：被征收房屋价值的补偿，因征收房屋造成的搬迁、临时安置的补偿，因征收房屋造成的停产停业损失的补偿等。

2）土地出让价款

土地出让价款是国家以土地所有者的身份，将土地使用权在一定年限内让与土地使用者，并由土地使用者向国家支付的土地使用权出让价款。以出让方式取得熟地土地使用权时，土地出让价款由国有土地使用权出让金、土地开发成本和土地增值收益或溢价构成，政府出让土地时的底价通常以出让金和土地开发成本为基础确定，土地增值收益或溢价为开发商在土地出让市场竞买时所形成的交易价格与出让底价的差值；以出让方式获得城市毛地土地使用权时，土地出让价款由土地使用权出让金和城市建设配套费构成，获得此类土地使用权的开发商，需要进行房屋征收补偿和土地开发活动，并相应支付城市房屋征收补偿费用。值得说明的是，2007 年 9 月 8 日国土资源部《关于加大闲置土地处置力度的通知》（国土资电发〔2007〕36 号）明确规定实行建设用地使用权"净地"出让，出让前，应处理好土地的产权、补偿安置等经济法律关系，完成必要的通水、通电、通路、土地平整等前期开发，防止土地闲置浪费。

土地出让价款的数额由土地所在城市、地区、地段、土地用途、使用条件及房地产市场状况等多方面因素决定。由于各地已经普遍采用招标拍卖挂牌方式公开出让国有土地使用权，因此土地出让价款可以运用市场比较法，通过类似土地交易价格的比较调整来获得。对于缺少市场交易价格的区域或土地类型，可以参照相关城市制定的基准地价加以适当调整确定。

此外，政府出让经营性用地的国有土地使用权时，往往还附加一些受让条件，例如配建一定比例的政策性住房（包括共有产权住房、公共租赁住房和限价商品住房等）或其他配套用房或设施，对这种配建的房屋或设施，政府可能以事先规定的价格回购，或者由开发商无偿提供给政府或相关单位。此时开发商除了要支付土地出让价款外，还要分担配建房屋的部分或全部成本。这部分附加成本虽然可计入后续的房屋开发费，但实际上属于开发商的土地费用支出。

3）土地转让费

土地转让费是指土地受让方向土地转让方支付的土地使用权的转让费。依法通过土地出让或转让方式取得的土地使用权在一定条件下可以转让给其他合法使用者。土地使用权转让时，地上建筑物及其他附着物的所有权随之转让。由于土地转让活动通常以转让公司股权的方式进行，被转让的土地上往往也已经进行了一定程度的开发建设活动，因此土地转让费的估算相对复杂，通常需要房地产估价人员协助。

4）土地租用费

土地租用费是指土地租用方向土地出租方支付的费用。以租用方式取得土地使用权可以减少项目开发的初期投资，但仅在部分工业开发项目和公共租赁住房项目用地上有少量实践，在竞争性较为激烈的商品房项目开发中极为少见。

5）土地投资折价

开发项目土地使用权可以来自开发项目的一个或多个投资者的直接投资。在这种情况下，不需要筹集现金用于支付土地使用权的获取费用，但一般需要将土地使用权评估作价。

应当注意的是，土地费用中，除了包括上述直接费用外，还应包括土地购置过程中所支付的税金和相关费用。例如：开发商通过招拍挂方式获取土地使用权时，需要缴纳契税；开发商在参与土地招拍挂出让竞投时，需要支付前期市场及竞投方案分析研究费用、竞投保证金利息、手续费用等土地竞投费用。

2. 勘察设计和前期工程费

勘察设计和前期工程费主要包括开发项目的前期规划、设计、可行性研究、水文地质勘测以及"三通一平"等土地开发工程费支出。

项目的规划、设计、可行性研究所需的费用支出一般可按项目总投资的一个百分比估算。一般情况下，规划设计费为建筑安装工程费的 3%左右，可行性研究费占项目总投资的 1%～3%，水文地质勘探所需的费用可根据所需工作量结合有关收费标准估算，一般为设计概算的 0.5%左右。

"三通一平"等前期工程费用，主要包括地上原有建筑物、构筑物拆除费用、场地平整费用和通水、电、路的费用。因为政府新出让的土地大多具备了基本建设条件，所以这些费用的估算，可根据实际工作量，参照有关计费标准估算。

3. 房屋开发费

房屋开发费包括建筑安装工程费、基础设施建设费和公共配套设施建设费。

1）建筑安装工程费

建筑安装工程费是指建造房屋建筑物所发生的建筑工程费用（结构、建筑、特殊装修工程费）、设备采购费用和安装工程费用（给水排水、电气照明、空调通风、弱电、电梯、其他设备的采购及安装等）等。

当房地产项目包括多个单项工程时，应对各个单项工程分别估算建筑安装工程费用。

2）基础设施建设费

基础设施建设费是指建筑物 2m 以外和项目红线范围内的各种管线、道路工程的建设费用。主要包括：自来水、雨水、污水、燃气、热力、供电、电信、道路、绿化、环卫、室外照明等设施的建设费用，各项设施与市政设施干线、干管、干道等的接口费用。一般按实际工程量估算。

3）公共配套设施建设费

公共配套设施建设费是指居住小区内为居民服务配套建设的各种非营利性的公共配套设施（或公建设施）的建设费用。主要包括居委会、派出所、托儿所、幼儿园、公共厕所、停车场等。一般按规划指标或实际工程量估算。

在可行性研究阶段，房屋开发费中各项费用的估算，可以采用单元估算法、单位指标估算法、工程量近似匡算法、概算指标法、概预算定额法，也可以根据类似工程经验进行估算。具体估算方法的选择，应视资料的可获得性和费用支出的情况而定。比较常用的方法有以下几种：

（1）单元估算法

单元估算法是指以基本建设单元的综合投资乘以单元数得到项目或单项工程总投资的估算方法。如以每间客房的综合投资乘以客房数估算一座酒店的总投资、以每张病床的综合投资乘以病床数估算一座医院的总投资等。

（2）单位指标估算法

单位指标估算法是指以单位工程量投资乘以工程量得到单项工程投资的估算方法。一般来说，土建工程、给水排水工程、照明工程可按建筑平方米投资计算，采暖工程按耗热量（kJ/h）指标计算，变配电安装按设备容量（kVA）指标计算，集中空调安装按冷负荷量（kJ/h）指标计算，供热锅炉安装按每小时产生蒸汽量（m³/h）指标计算，各类围墙、室外管线工程按长度（m）指标计算，室外道路按道路面积（m²）指标计算等。

（3）工程量近似匡算法

工程量近似匡算法采用与工程概预算类似的方法，先近似匡算工程量，配上相应的概预算定额单价和取费，近似计算项目投资。

（4）概算指标法

概算指标法采用综合的单位建筑面积和建筑体积等建筑工程概算指标计算整个工程费用。常使用的估算公式是：直接费＝每平方米造价指标×建筑面积，主要材料消耗量＝每平方米材料消耗量指标×建筑面积。

4. 其他工程费

其他工程费主要包括临时用地费和临时建设费、工程造价咨询费、总承包管理费、合同公证费、工程质量监督费、工程监理费、竣工图编制费、工程保险费等杂项费用。这些费用一般按当地有关部门规定的费率估算。

5. 开发期间税费

房地产开发项目投资估算中应考虑项目开发期间所负担的各种税金和地方政府或有关部门征收的费用。主要包括：固定资产投资方向调节税（现暂停征收）、市政支管线分摊费、城镇土地使用税、分散建设市政公用设施建设费、绿化建设费、人防工程费等。各项税费应根据当地有关法规标准估算。

6. 管理费用

管理费用是指开发商为组织和管理开发经营活动而发生的各种费用。主要包括：管理人员工资、职工福利费、办公费、差旅费、折旧费、修理费、工会经费、职工教育经费、社会保险费、董事会费、咨询费、审计费、诉讼费、排污费、技术转让费、技术开发费、无形资产摊销、开办费摊销、业务招待费、坏账损失、存货盘亏、毁损和报废损失以及其他管理费用。

管理费用可按项目总投资的 3%～5%估算。如果开发商同时开发若干个房地产项目，管理费用应在各个项目间合理分摊。

7. 销售费用

销售费用是指开发商在销售房地产产品过程中发生的各项费用，以及专设销售机构或委托销售代理的各项费用。销售费用一般包括销售前期费、销售推广费、交易手续费、销售代理费和其他费用。销售前期费是与销售相关的一些前期费用，主要包括不能出售的样板房装饰费用、售楼处建造与装饰费用、样板房和售楼处的物业维护费等。销售推广费是与销售相关的媒体广告费、广告制作费、展位费及展台搭建费、户外发布费、围墙彩绘费、宣传费、灯箱制作费、展板制作费和楼书印刷费等。交易手续费是开发商出售或出租商品房时需交纳的交易手续费用，以及支付的网上备案服务费等。销售代理费是开发商委托代理公司进行销售所支付的佣金。

单独设立销售机构的费用也计入销售费用。包括销售人员工资、奖金、福利费、差旅费，销售机构的折旧费、修理费、物料消耗费、广告宣传费、代理费、销售服务费及销售许可证申领费等。

8. 财务费用

财务费用是指企业为筹集资金而发生的各项费用，主要为借款或债券的利息，还包括金融机构手续费、融资代理费、承诺费、外汇汇兑净损失以及企业筹资发生的其他财务费用。利息的计算，可参照金融市场利率和资金分期投入的情况按复利计算；利息以外的其他融资费用，可按利息的一定比例（如 10%）估算。

9. 不可预见费

不可预见费根据项目的复杂程度和前述各项费用估算的准确程度，以上述各项费用之和的 3%～7%估算。

当开发项目竣工后采用出租或自营方式经营时，还应估算项目经营期间的运营费用。运营费用通常包括：人工费，公共设施设备运行费、维修及保养费，绿地管理费，卫生清洁与保安费用，维修与保养费，办公费，保险费，房产税，广告宣传及市场推广费，租赁代理费，不可预见费。

（二）资金使用计划

开发项目应根据可能的建设进度和将会发生的实际付款时间和金额，编制资金使用计划表。在项目可行性研究阶段，可以年、半年、季度、月为计算期单位，按期编制资金使用计划。编制资金使用计划，应考虑各种投资款项的付款特点，要充分考虑预收款、欠付款、预付定金以及按工程进度付款的具体情况。表 5-25 为房地产开发项目资金使用计划表的示例。

房地产开发项目资金使用计划表　　表 5-25
单位：万元

时间 费用项目		合计	开发经营期					
			1	2	3	4	…	*n*
1	土地费用							
1.1 1.2	土地出让价款 税金及土地竞投费用							
2	勘察设计和前期工程费							
2.1 2.2 2.3	可行性研究费 勘察设计费 三通一平费							
3	房屋开发费							
3.1 3.2 3.3	建筑安装工程费 基础设施建设费 公共配套设施建设费							
4	其他工程费用							
5	开发期税费							
6	管理费用							
7	销售费用							
8	财务费用							
9	不可预见费							
	合计							

（三）收入估算与资金筹措

1. 收入估算

估算房地产开发项目的收入，首先要制订切实可行的租售计划（含销售、出租、自营等计划）。租售计划的内容通常包括：拟租售物业的类型、时间和相应的数量，租售价格，租售收入及收款方式。租售计划应遵守政府有关租售和经营的规定，并与开发商的投资策略相配合。

1）租售方案

租售物业的类型与数量，要结合项目可提供的物业类型、数量来确定，并要考虑租售期内房地产市场的可能变化对租售数量的影响。对于一个具体的项目而言，此时必须明确出租面积和出售面积的数量及其与建筑物的对应关系，在整个租售期内每期（年、半年、季度、月）拟销售或出租的物业类型和数量。综合用途的房地产开发项目，应按不同用途或使用功能划分。

2）租售价格

租售价格应在房地产市场分析的基础上确定，一般可选择在位置、规模、功能和档次等方面可比的交易实例，通过对其成交价格的分析与修正，最终得到项目合理的租售价格。也可以参照房地产开发项目产品定价的技术和方法，确定租售价格。

租售价格的确定要与开发商市场营销策略一致，在考虑政治、经济、社会等宏观环境对物业租售价格影响的同时，还应对房地产市场供求关系进行分析，考虑已建成的、正在建设的以及潜在的竞争项目对拟开发项目租售价格的影响。

开发商对租售价格有预期的，应对其预期价格与市场合理租售价格的偏离程度进行分析。偏高的预期可能导致租售进度延后，甚至难以在合理期限内完成租售计划。

3）租售收入

房地产开发项目的租售收入等于可租售面积的数量乘以单位租售价格。对于出租的情况，还应考虑空置期（项目竣工后暂时找不到租户的时间）、空置率（未租出建筑面积占可出租的总建筑面积的百分比）和免租期（出租人给予承租人的在租赁期间内免除房租的期限）对租金收入的影响。租售收入估算，要计算出每期（年、半年、季度、月）所能获得的租售收入，并形成租售收入计划。租售收入的估算，可借助表 5-26 和表 5-27 所提供的格式进行。

销售收入与经营税金及附加估算表

表 5-26

单位：万元

序号	项目	合计	开发经营期				
			1	2	3	...	n
1	销售收入						
1.1	可销售面积（m²）						
1.2	单位售价（元/m²）						
1.3	销售比例（%）						

续表

序号	项目	合计	开发经营期				
			1	2	3	...	n
2	经营税金及附加						
2.1 2.2 2.3 ...	增值税 城市维护建设税 教育费附加						

出租收入及经营税金估算表 表 5-27

单位：万元

序号	项目	合计	开发经营期				
			1	2	3	...	n
1	租金收入						
1.1 1.2 1.3	出租面积（m²） 单位租金（元/m²） 出租率（%）						
2	经营税金及附加						
2.1 2.2 2.3 ...	增值税 城市维护建设税 教育费附加						
3	净转售收入						
3.1 3.2 3.3	转售价格 转售成本 转售税金						

4）收款方式

收款方式的确定，应考虑当地房地产交易的付款习惯，确定分期付款的期数及各期付款的比例。

2. 资金筹措

资金筹措计划，要以房地产开发项目资金使用计划和销售收入计划为基础，确定资金的来源和相应的数量。项目的资金来源通常有资本金、预租售收入及借贷资金三种渠道。为了满足项目的资金需求，可优先使用资本金，之后考虑使用可投入的预租售收入，最后仍然不满足资金需求时，可安排借贷资金。图 5-11 为资金筹措计划原理示意图。

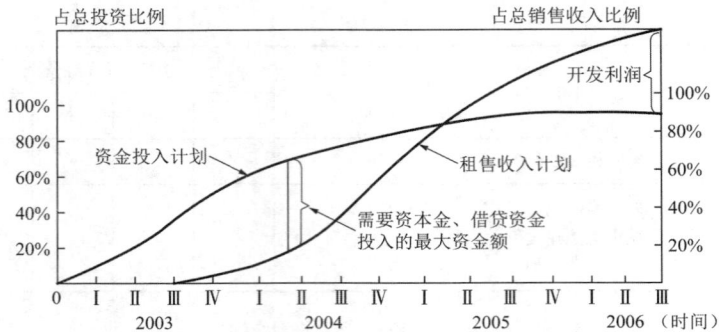

图 5-11　资金筹措计划原理示意图

　　在资金使用计划和资金筹措计划的基础上，可以编制投资计划与资金筹措表（表 5-28）。

投资计划与资金筹措表

表 5-28
单位：万元

序号	项目	开发经营期					合计
		1	2	3	…	n	
1	项目总投资						
1.1 1.2	开发建设投资 经营资金						
2	资金筹措						
2.1 2.2 2.3 2.4 2.5	资本金 借贷资金 预售收入 预租收入 其他收入						

五、房地产开发项目财务报表的编制

（一）基本报表

1. 现金流量表

　　现金流量表反映房地产项目开发经营期内各期（年、半年、季度、月）的现金流入和现金流出，用以计算各项动态和静态评价指标，进行项目财务盈利能力分析。按投资计算基础的不同，现金流量表分为：

　　1）项目投资现金流量表

　　项目投资现金流量表也称全部投资现金流量表，是以全部投资作为计算基础，

或者说不区分投资资金来源，在假定全部投资为自有资金的条件下，用以计算全部投资所得税前及所得税后的内部收益率、净现值及投资回收期等经济指标。由于把所有的投资看成是自有资金，所以表中没有"还本付息"一栏。编制该表的目的是考察项目全部投资的盈利能力，为各个投资方案（无论其资产来源及利息多少）进行比较、建立共同基础。其表格形式如表5-29所示。

房地产项目投资现金流量表　　　　　　**表 5-29**

单位：万元

序号	项目	合计	计算期				
			1	2	3	…	n
1	现金流入						
1.1	销售收入						
1.2	租金收入						
1.3	自营收入						
1.4	净转售收入						
1.5	其他收入						
1.6	回收固定资产余值						
1.7	回收经营资金						
2	现金流出						
2.1	开发建设投资						
2.2	经营资金						
2.3	运营费用						
2.4	修理费用						
2.5	增值税						
2.6	土地增值税						
2.7	其他税金及附加						
3	所得税前净现金流量						
4	所得税前累计净现金流量						
5	所得税前净现金流量折现值						
6	所得税前累计折现净现金流量						
7	所得税						
8	所得税后净现金流量						

序号	项目	合计	计算期				
			1	2	3	…	n
9	所得税后累计净现金流量						
10	所得税后净现金流量折现值						
11	所得税后累计折现净现金流量						

计算指标：
①项目投资财务内部收益率（%）（所得税前）
②项目投资财务内部收益率（%）（所得税后）
③项目投资财务净现值（所得税前）（$i_c=$　%）
④项目投资财务净现值（所得税后）（$i_c=$　%）
⑤静态投资回收期（年）（所得税前、所得税后）
⑥动态投资回收期（年）（所得税前、所得税后）

注：①调整所得税为以息前利润为基数计算的所得税，区别于"利润与利润分配表""项目资本金流量表"和"财务计划现金流量表"中的所得税；②该表适用于独立法人的房地产开发项目（项目公司）；③开发建设投资中应注意不包含财务费用；④在运营费用中应扣除财务费用、折旧费和摊销费。

2）资本金现金流量表

资本金现金流量表，也称为自有资金现金流量表，是站在投资者的角度，以投资者的出资额为计算基础，把借款本金偿还和利息支付作为现金流出，用以计算资本金的内部收益率、净现值等经济指标的表格。编制该表的目的是考察项目自有资金的盈利能力。项目资本金现金流量表的现金流入项目与表5-29相同，现金流出项目则有所不同，其表格形式如表5-30所示。

房地产项目资本金现金流量表　　　　表5-30

单位：万元

序号	项目	合计	计算期				
			1	2	3	…	n
1	现金流入						
1.1	销售收入						
1.2	租金收入						
1.3	自营收入						
1.4	净转售收入						
1.5	其他收入						
1.6	长期借款						

续表

序号	项目	合计	计算期				
			1	2	3	...	n
1.7	短期借款						
1.8	回收固定资产余值						
1.9	回收经营资金						
2	现金流出						
2.1	开发建设投资						
2.2	借款本金偿还						
2.3	借款利息支付						
2.4	经营资金						
2.5	运营费用						
2.6	修理费用						
2.7	其他税金及附加						
2.8	增值税						
2.9	土地增值税						
3	所得税前净现金流量						
4	税前累计净现金流量						
5	税前净现金流量折现值						
6	税前累计折现净现金流量						
7	所得税						
8	所得税后净现金流量						
9	税后累计净现金流量						
10	税后净现金流量折现值						
11	税后累计折现净现金流量						

计算指标：
①资本金财务内部收益率（%）（所得税前、所得税后）
②资本金财务净现值（所得税前、所得税后）（$i_c =$ %）
③动态投资回收期（年）
④静态投资回收期（年）

注：①项目资本金包括用于建设投资、建设期利息和流动资金的资金。②对外商投资项目，现金流出中应增加职工奖励及福利基金科目。③该表适用于独立法人的房地产开发项目（项目公司）。

3）投资各方现金流量表

投资各方现金流量表是以投资者各方的出资额作为计算基础，用以计算投资各方的内部收益率、财务净现值等盈利性指标，编制的目的在于反映投资者各方投入资本的盈利能力。其表格形式如表 5-31 所示。

房地产投资各方现金流量表　　　　　　　　　　　　　　表 5-31

单位：万元

序号	项目	合计	计算期				
			1	2	3	…	n
1	现金流入						
1.1	应得利润						
1.2	资产清理分配						
1.3	回收固定资产余值						
1.4	回收经营资金						
1.5	净转售收入						
1.6	租赁费收入						
1.7	技术转让或使用收入						
1.8	其他现金流入						
2	现金流出						
2.1	开发建设投资出资额						
2.2	经营资金出资额						
2.3	租赁资产支付						
2.4	其他现金流出						
3	净现金流量						

计算指标：
①投资各方财务内部收益率（%）
②投资各方财务净现值（$i_c = $　%）

注：该表适用于独立法人的房地产开发项目（项目公司）。

应用表 5-31 时要注意：①投资各方现金流量表既适用于内资企业，也适用于外商投资企业；既适用于合资企业，也适用于合作企业；②表中的现金流入是指出资方因该项目的实施将实际获得的各种收入；现金流出是指出资方因该项目的实施将实际投入的各种支出。表中科目应根据项目具体情况调整，"应得利润"是指投资者由项目获取的利润。"资产清理分配"是指对有明确的合营期限或合资期限的项目，在期满时对资产余值按股比或约定比例的分配。"租赁费收入"是指出资方将自己的资产租赁给项目使用所获得的收入，此时应将资产价值作为现金流出，列为租赁资产支出科目。"技术转让或使用收入"是指出资方将专利或专有技术转让或允许该项目使用所获得的收入。

2. 财务计划现金流量表

该表反映房地产项目开发经营期内各期的资金盈余或短缺情况，用于选择资金筹措方案，制订适宜的借款及偿还计划。表 5-32 显示了房地产开发投资项目资金来源与运用表的典型形式。

房地产投资财务计划现金流量表　　表 5-32

单位：万元

序号	项目	合计	计算期				
			1	2	3	…	n
1	资金来源						
1.1	销售收入						
1.2	租金收入						
1.3	自营收入						
1.4	资本金						
1.5	长期借款						
1.6	短期借款						
1.7	回收固定资产余值						
1.8	回收经营资金						
1.9	净转售收入						
2	资金运用						
2.1	开发建设投资						
2.2	购房投资						
2.3	经营资金						
2.4	运营费用						
2.5	修理费用						

续表

序号	项目	合计	计算期				
			1	2	3	⋯	n
2.6	其他税金及附加						
2.7	增值税						
2.8	土地增值税						
2.9	所得税						
2.10	应付利润						
2.11	借款本金偿还						
2.12	借款利息支付						
3	盈余资金						
4	累计盈余资金						

注：该表适用于独立法人的房地产开发项目。

3. 利润表

该表反映房地产项目开发经营期内各期的利润总额、所得税及各期税后利润的分配情况，用以计算投资利润率、资本金利润率及资本金净利润率等评价指标。

在估算所得税时，应注意开发商发生的年度亏损，可以用下一年度的税前利润弥补；下一年度税前利润不足弥补的，可以在 5 年内延续弥补；5 年内不足弥补的，用税后利润弥补。在实际操作中，房地产开发项目的所得税，采用了按销售收入一定比例预征的方式，即无论项目整体是否已经盈利，只要实现了销售收入，就按其一定比例预征收所得税。

税后利润的分配顺序，首先是弥补企业以前年度的亏损，然后是提取法定盈余公积金，之后是可向投资者分配的利润。表 5-33 显示了房地产开发投资项目损益表的典型形式。

房地产投资项目利润表 表 5-33

单位：万元

序号	项目	合计	计算期				
			1	2	3	⋯	n
1	营业收入						
1.1	销售收入						

续表

序号	项目	合计	计算期				
			1	2	3	…	n
1.2	租金收入						
1.3	自营收入						
2	营业成本						
2.1	商品房销售成本						
2.2	出租房经营成本						
3	运营费用						
4	修理费用						
5	其他税金及附加						
6	增值税						
7	土地增值税						
8	利润总额						
9	所得税						
10	税后利润						
10.1	盈余公积金						
10.2	应付利润						
10.3	未分配利润						

计算指标：
①投资利润率（%）
②投资利税率（%）
③资本金利润率（%）
④资本金净利润率（%）

注：该表适用于独立法人的房地产开发项目。

4. 资产负债表

资产负债表反映企业一定日期全部资产、负债和所有者权益的情况。在对房地产开发项目进行独立的财务评价时，不需要编制资产负债表。但当房地产开发经营公司开发或投资一个新的房地产项目时，通常需要编制该企业的资产负债表，以计算资产负债率、流动比率、速动比率等反映企业财务状况和清偿能力的指标。表 5-34 显示了房地产开发投资项目公司资产负债表的典型形式。

　　基本财务报表按照独立法人房地产项目（项目公司）的要求进行科目设置；非独立法人房地产项目基本财务报表的科目设置，可参照独立法人项目进行，但应注意费用与效益在项目上的合理分摊。

房地产项目资产负债表　　　　表 5-34

单位：万元

序号	项目	合计	计算期				
			1	2	3	⋯	n
1	资产						
1.1	流动资产总额						
1.1.1	货币资金						
1.1.2	应收账款						
1.1.3	预付账款						
1.1.4	存货						
1.1.5	其他						
1.2	在建工程						
1.3	固定资产净值						
1.4	无形及其他资产净值						
2	负债及所有者权益（2.4＋2.5）						
2.1	流动负债总额						
2.1.1	短期贷款						
2.1.2	应付账款						
2.1.3	预收账款						
2.1.4	其他						
2.2	建设投资借款						
2.3	流动资金借款						
2.4	负债小计（2.1＋2.2＋2.3）						
2.5	所有者权益						
2.5.1	资本金						
2.5.2	资本公积						
2.5.3	累积盈余公积金						

续表

序号	项目	合计	计算期				
			1	2	3	...	n
2.5.4	累积未分配利润						

计算指标：
①资产负债率（%）
②流动比率（%）
③速动比率（%）

（二）辅助报表

辅助报表包括项目总投资估算表、开发建设投资估算表、经营成本估算表、土地费用估算表、前期工程费估算表、基础设施建设费估算表、建筑安装工程费用估算表、公共配套设施建设费估算表、开发期税费估算表、其他费用估算表、销售收入与增值税及附加估算表、出租收入与增值税及附加估算表、自营收入与增值税及附加估算表、投资计划与资金筹措表和借款还本付息估算表。

上述辅助报表中，项目总投资估算表、开发建设投资估算表、经营成本估算表、投资计划与资金筹措表和借款还本付息估算表为最主要的辅助报表。表 5-35～表 5-36 为这些辅助报表的典型形式。

1. 项目总投资估算表

在房地产投资项目经济评价中，对项目总投资的估算是十分必要的，是编制现金流量表的主要辅助报表。表 5-35 是房地产开发投资项目的总投资估算表的形式。

房地产投资项目总投资估算表　　　　表 5-35

单位：万元

序号	项目	合计	计算期				
			1	2	3	...	n
1	开发建设投资						
1.1	土地费用						
1.1.1	土地出让金						
1.1.2	城市建设配套费						
1.1.3	拆迁安置补偿费						
1.1.4	购买土地使用权手续费及税金						

序号	项目	合计	计算期				
			1	2	3	…	n
1.2	开发成本						
1.2.1	前期工程费						
1.2.1.1	规划设计费						
1.2.1.2	项目可行性研究费						
1.2.1.3	地质勘探测绘费						
1.2.1.4	"三通一平"费						
1.2.2	建筑安装工程费						
1.2.2.1	结构工程费						
1.2.2.2	装修工程费						
1.2.2.3	机电设备及安装工程费						
1.2.3	基础设施费						
1.2.3.1	附属工程费						
1.2.3.2	室外工程费						
1.2.4	公共配套设施费						
1.2.4.1	代建市政道路						
1.2.4.2	代市政绿化						
1.2.4.3	人行天桥及地下通道						
1.2.5	行政性收费						
1.2.6	开发间接费						
1.3	开发费用						
1.3.1	管理费用						
1.3.2	销售费用						
1.3.2.1	广告宣传及市场推广费						
1.3.2.2	销售代理费						
1.3.2.3	销售手续费						
1.3.3	财务费用						
1.3.3.1	土地费用及相关管理费利息						

续表

序号	项目	合计	计算期				
			1	2	3	⋯	n
1.3.3.2	开发成本与相应管理费利息						
1.3.3.3	融资费用						
1.4	开发期税费						
1.5	其他费用						
1.6	不可预见费						
2	经营资金						
3	项目总投资						
3.1	开发产品成本						
3.2	固定资产投资						
3.3	经营资金						

注：项目建成开始运营时，固定资产投资将形成固定资产、无形资产与递延资产。

2. 借款还本付息估算表

房地产投资项目的资金来源构成中，借贷资金往往占有较大的比重，因此对项目的借款还本付息能力的评价显得十分重要。借款还本付息估算表是反映项目在借款偿还期内借款支用、还本付息和可用于还款的资金来源情况，用以计算项目清偿能力的指标，分析项目清偿能力的表格。借款还本付息估算表的形式如表 5-36 所示。

借款还本付息估算表 表 5-36

单位：万元

序号	项目	合计	计算期				
			1	2	3	⋯	n
1	借款还本付息						
1.1	期初借款本息累计						
1.2	本金						
1.3	利息						
1.4	本期借款						

续表

序号	项目	合计	计算期				
			1	2	3	…	n
1.5	本期应计利息						
1.6	本期还本						
1.7	本期付息						
2	借款偿还资金来源						
2.1	利润						
2.2	折旧费						
2.3	摊销费						
2.4	其他还款资金						
计算指标	利息备付率（%）						
	偿债备付率（%）						

注：本表适用于独立法人的房地产开发项目（项目公司）。非独立法人的房地产开发项目可参照本表使用，同时应注意开发企业开发建设投资、经营资金、运营费用、所得税、债务等合理分摊。

（三）财务报表的编制

1. 编制现金流量表要注意的问题

在编制房地产项目投资现金流量表时，特别是在编制房地产项目投资现金流量表和房地产项目资本金现金流量表时，要注意以下几个问题。

（1）净现金流量（项目的未来收益）是项目当年现金流入与现金流出的代数和，根据需要可以计算所得税前净现金流量，也可以计算所得税后净现金流量。在房地产投资项目可行性研究中，通常是计算税前现金流量。

（2）在可行性研究中，一般建设项目的计算期包括建设期和生产经营期，但房地产投资项目有所不同。出售型房地产开发投资项目，对投资者来说属于短期投资，因此只有建设期而没有经营期；经营型房地产开发投资项目，既有建设期也有经营期；房地产置业投资项目，一般来说不存在建设期，只有经营期和持有期，购买处于预售阶段期房的除外。因此，对于出售型房地产开发项目，其计算期是从项目建设开始到房地产产品全部售完为止所经历的时间；对于经营型房地产开发投资项目，其计算期是从项目建设开始到项目转售或经济寿命结束所经历的时间；对于房地产置业投资项目，其计算期是从购买时点开始到项目转售或经济寿命结束所经历的时间。

（3）由于房地产直接投资有多种形式。因此，在填报具体项目的现金流量表时，不仅要区别全投资现金流量表和自有资金现金流量表，还要区别出售、出租、自营等，这也是房地产投资项目与一般建设项目的不同之处。如在出售型房地产开发投资项目中，其经营成本已包含在项目的投资与成本费用之内，故该项目内容在现金流出项目中可以不填列，在现金流入中也就没有"回收经营资金"项目，"运营费用"和"修理费"也很少发生，所以也可不填列，由于这类投资不存在固定资产余值的回收，故现金流入栏目中可以不设"回收固定资产余值"科目。但上述这些科目的现金流量在房地产置业投资项目中却有发生。

2. 编制财务计划现金流量表要注意的问题

（1）表 5-32 是从项目的资金平衡角度出发的，所以表中把用于项目的全部资金来源都看作是现金流入，包括借贷资金和资本金投入，而在现金流量表中把资金投入看作是现金流出，这是从投资者的角度出发的。

（2）从资金平衡的角度看，并不要求盈余资金栏中的每一年都出现正值（表示资金有盈余），而是要求从投资开始至各年累计的盈余资金不小于零。否则，将可能出现资金链断裂。因此，房地产投资项目资金平衡的重点是表中的"累计盈余资金"。

（3）不同投资类型的房地产项目，表 5-32 中的某些科目有所不同，这与现金流量表填报时要注意项目的性质、类型、特点等具体情况一样。

六、可行性研究报告的撰写

可行性研究报告作为房地产投资项目可行性研究结果的体现，是申请立项、贷款以及和有关各部门签订协议、合同时的必备资料。每个可行性研究报告必须说明研究什么、为什么研究、得出什么结论和凭什么得出这些结论。可行性研究报告通常由开发商委托房地产评估、咨询机构来撰写。

（一）可行性研究报告的基本构成

在正式写作前，先要筹划可行性研究报告应包括的内容。一般来说，一份正式的可行性研究报告应包括封面、摘要、目录、正文、附表和附图 6 个部分。

1. 封面

要能反映评估项目的名称、为谁所作、谁作的研究以及报告写作的时间。

2. 摘要

用简洁的语言，介绍项目所处地区的市场情况、项目本身的情况和特点、研究的结论。摘要的读者对象是没有时间看详细报告但又对项目的决策起决定性作用的人，所以摘要的文字要字斟句酌，言必达意，避免有废词冗句。

3. 目录

如果可行性研究报告较长，最好要有目录，以使读者能方便地了解可行性研究报告所包括的具体内容以及前后关系，使之能根据自己的兴趣快速地找到其所要阅读的部分。

4. 正文

这是可行性研究报告的主体，一般要按照逻辑顺序，从总体到细节循序进行。要注意的是，报告的正文也不要太繁琐。报告的厚度并非取得信誉的最好方法，重要的是尽可能简明地回答未来读者所关心的问题。对于一般的可行性研究报告，通常包括的具体内容有：项目总说明、项目概况、投资环境研究、市场研究、项目地理环境和附近地区竞争性发展项目、规划方案及建设条件、建设方式与进度安排、投资估算及资金筹措、项目基础数据的预测和选定、项目经济效益评价、风险与不确定性分析、结论与建议 12 个方面。项目可行性研究报告如用于向国家相关管理部门办理立项报批手续，还应包括环境分析、能源消耗及节能措施、项目公司组织机构等方面的内容。因此，报告的正文中应包括哪些内容，要视研究的目的和未来读者所关心的问题来具体确定，没有固定不变的模式。

5. 附表

对于正文中不便插入的较大型表格，为了使读者便于阅读，通常将其按顺序编号后附于正文之后。按照在可研报告中出现的顺序，附表一般包括：项目工程进度计划表、财务评价的基本报表和辅助报表、敏感性分析表。当然，有时在投资环境分析、市场研究、投资估算等部分的表格也可以附表的形式出现在报告中。

6. 附图

为了辅助文字说明，使读者很快建立起空间的概念，通常要有一些附图。这些附图一般包括：项目位置示意图、项目规划用地红线图、建筑设计方案平面图、项目所在城市国土空间规划示意图、项目用地附近的土地利用现状图和项目用地附近竞争性项目分布示意图等。有时附图中还会包括可研报告中的一些数据分析图，如直方图、饼图、曲线图等。

有时报告还应包括一些附件，如国有土地使用证、建设用地规划许可证、建设工程规划许可证、建设工程施工许可证、销售（预售）许可证、审定设计方案通知书、建筑设计方案平面图、机构营业执照、经营许可证等。这些附件通常由开发商或委托评估方准备，与可研报告一同送有关读者。

（二）可行性研究报告正文的写作要点

按照前述报告正文中应包含的内容，现将写作要点介绍如下。

1. 项目总说明

在项目总说明中，应着重就项目背景、项目主办者或参与者、项目研究的目的、项目研究报告编制的依据及有关说明等向读者予以介绍。

2. 项目概况

在项目概况中，应重点介绍项目的合作方式和性质、项目所处的地址、项目拟建规模和标准、项目所需市政配套设施的情况及获得市政建设条件的可能性、项目建成后的服务对象。

3. 投资环境研究

主要包括当地总体社会经济情况、城市基础设施状况、土地使用制度、当地政府的金融和税收等方面的政策、政府鼓励投资的领域等。

4. 市场研究

按照所研究项目的特点，分别就当地与项目相关的土地市场、居住物业市场、写字楼物业市场、零售商业物业市场、酒店市场、工业物业市场等进行分析研究。市场研究的关键是占有大量的第一手市场信息资料，通过列举市场交易实例，令读者信服报告对市场价格、供求关系、发展趋势等方面的理解。

5. 项目地理环境和附近地区竞争性发展项目

这一部分主要应就项目所处的地理环境（邻里关系）、项目用地的现状（熟地还是生地、需要哪些前期土地开发工作）和项目附近地区近期开工建设或筹备过程中的竞争性发展项目予以分析说明。竞争性发展项目的介绍十分重要，能帮助开发商做到知己知彼，正确地为自己所发展的项目进行市场定位。

6. 规划方案及建设条件

主要介绍项目的规划建设方案和建设过程中市政建设条件（水、电、路等）是否满足工程建设的需要。在介绍规划建设方案的过程中，可行性研究报告撰写者最好能根据所掌握的市场情况，就项目的规模、档次、建筑物装修标准和功能面积分配等提出建议。

7. 建设方式及进度安排

项目的建设方式是指建设工程的发包方式。发包方式的差异往往会带来工程质量、工期、成本等方面的差异，因此，可行性研究报告有必要就建设工程的承发包方式提出建议。这一部分中还应就建设进度安排、物料供应（主要建筑材料的需要量）做出估计或估算，以便为投资估算做好准备。

8. 投资估算及资金筹措

这一部分的主要任务是就项目的总投资进行估算，并按项目进度安排情况做出投资使用计划和资金筹措计划。项目总投资的估算，应包括项目投资概况、估算依据、估算范围和估算结果，一般投资估算结果汇总中应包括土地费用、勘察设计和前期工程费、房屋开发费、其他工程费、开发期间税费、管理费用、销售费用、财务费用、不可预见费。投资使用计划实际是项目财务评价过程中有关现金流出的主要部分，应该分别就开发建设投资和建设投资利息分别列出。资金筹措计划主要是就项目投资的资金来源进行分析，包括资本金、贷款和预售（租）收入三个部分。需要特别指出的是，当资金来源中包括预售（租）收入时，还要和后面的销售（出租）收入计划配合考虑。

9. 项目基础数据的预测和选定

这一部分通常包括销售收入、成本及税金和利润分配三个部分。要测算销售收入，首先要根据项目设计情况确定按功能分类的可销售或出租面积的数量；再依市场研究结果确定项目各部分功能面积的租金或售价水平；然后再根据工程建设进度安排和开发商的市场销售策略，确定项目分期的销售或出租面积及收款计划；最后汇总出分期销售收入、成本和税金部分，一是，要对项目的开发建设成本、流动资金、销售费用和投入运营后的经营成本进行估算；二是，对项目需要缴纳的税费种类及其征收方式和时间、税率等做出说明，以便为后面的现金流分析提供基础数据。利润分配，主要反映项目的获利能力和可分配利润的数量，属于项目营利性分析的内容。

10. 项目经济效益评价

这是可行性研究报告中最关键的部分，在这里，要充分利用前述各部分的分析研究结果，对项目的经济可行性进行分析。这部分的内容，一般包括现金流量分析、资金来源与运用分析，以及贷款偿还能力分析。现金流量分析，要从全部投资和资本金两个方面对反映项目经济效益的财务内部收益率、财务净现值和投资回收期进行分析测算；资金来源与运用分析，主要是就项目自身资金收支平衡的能力进行分析评价；贷款偿还能力分析，主要是就项目的贷款还本付息情况做出估算，用以反映项目在何时开始、从哪项收入中偿还贷款本息，以及所需的时间长度，以帮助开发商安排融资计划。

11. 风险与不确定性分析

一般包括盈亏平衡分析和敏感性分析，有时还要进行概率分析。分析的目的，是就项目面临的主要风险因素（如建造成本、售价、租金水平、开发期、贷款利率、可建设建筑面积等）的变化对项目财务评价指标（如财务内部收益率、财务净现值和投资回收期等）的影响程度进行定量研究；对当地政治、经济、社会条件可能变化的影响进行定性分析。

其中，盈亏平衡分析主要是求取项目的盈亏平衡点，以说明项目的安全程度；敏感性分析则要说明影响项目经济效益的主要风险因素（如总开发成本、售价、开发建设周期和贷款利率等）在一定幅度内变化时，对全部投资和资本金的财务评价指标的影响情况。

敏感性分析一般分为单因素敏感分析和多因素敏感分析（两种或两种以上因素同时变化）。敏感性分析的关键是找出对项目影响最大的敏感性因素和最可能、最乐观、最悲观的几种情况，以便项目实施过程中及时采取对策并进行有效的控制。

概率分析目前在我国应用尚不十分普遍，因为概率分析所需要依据的大量市场基础数据目前还很难收集。但精确的概率分析在西方发达国家的应用日渐流行，因为概率分析能通过模拟市场可能发生的情况，就项目获利的数量及其概率分布、最可能获取的收益及其可能性大小给出定量的分析结果。

12. 可行性研究的结论

可行性研究的结论，主要是说明项目的财务评价结果，表明项目是否具有较理想的盈利能力（是否达到了同类项目的社会平均收益率标准）、较强的贷款偿还能力及自身平衡能力和抗风险能力，以及项目是否可行。

（三）房地产投资项目可行性研究报告编制的工作步骤

由于不同的房地产投资项目具有不同的特点，不同的研究人员在报告编制的过程中也有自己的思维方式，所以，房地产投资项目可行性研究报告的编制并无固定不变的模式和程序。但从一般的逻辑关系上看，可行性研究报告的编制大致按下列步骤进行。

1. 资料的收集与整理统计

资料的收集与整理统计是可行性研究报告编制的第一步工作，也是至关重要的工作。资料收集的充分与否、准确与否直接关系到最后的分析结论。资料的收集分为文字资料和数据资料两大类。文字资料包括相关的法律法规、经济和社会发展规划、城市总体规划、产业发展规划、相关的技术规范、规程等；数据资料包含面较广，如反映国民经济发展的指标及数据，反映城市经济及城市建设的数据，反映区域内人口变动的数据，反映城镇居民生活水平和购买力水平的数据，反映房地产市场供需及价格走势的数据等。一般的做法是先列出所需的资料和相关数据的清单，按清单逐一收集。当数据收集后，要进行分类整理，剔除不合理的数据，并对数据进行统计分析，编制成各种表格和图形，进行初步的分析和判断。

2. 项目规划方案的设计

初步确定项目的规划方案，根据所掌握的市场情况，就项目的构成、规模、档次、户型比例、建筑物装修标准、功能面积分配、公建配套以及环境建设标准等提出方案。

3. 项目进度安排

项目的规划方案初步确定后，要对项目的进度作出安排。在可行性研究报告中，对项目进度安排通常选用横道图的方式来表达。对于规模较大的房地产投资项目除了对项目进度要进行安排之外，还要对项目的分期建设进度作出安排，这为后面的资金安排作好准备。

4. 项目总投资费用估算

项目总投资费用估算包括项目投资概况、估算依据、估算范围和估算结果。在估算过程中，不仅要估算项目总的投资费用额，而且要按项目进度安排情况做出投资分年度使用计划，为后面的资金筹措计划做准备。

5. 项目的租售计划及价格预测

在本步骤中，要制订项目的租售计划及安排，预测项目租售的价格。分别列出在不同的阶段项目租售的产品构成、面积、价格以及资金的回收额等。

6. 项目资金筹措计划

资金筹措计划主要是就项目投资的资金来源进行分析，包括资本金、预售（租）收入和借贷资金。通常用"资金来源与运用表"表示。

7. 基本报表的编制及经济指标计算

通过上述步骤后，便可以着手编制项目的基本报表，并计算各经济指标，在经济指标计算的过程中，对基准收益率的确定要根据市场状况及项目的特点合理确定。基准收益率确定的合理与否直接关系到经济评价的结果，这是要特别注意的。

8. 对经济评价指标的检验

在各经济指标计算出来之后，要对各指标进行检验，判断各经济指标的合理性和可信性。若不合理，要重新对上述各步骤进行检查，并作出合理的重新调整。

9. 不确定性分析和风险分析

在对各经济指标进行检验后，要对投资项目作进一步不确定性分析和风险分析。主要包括：盈亏平衡分析，通过此项分析说明项目的安全程度；敏感性分析，通过此项分析说明影响投资项目的主要不确定性因素（如总成本、售价、贷款利率等）在一定幅度内变化时，对经济指标的影响程度；概率分析，通过这项分析（如净现值大于零的概率）说明项目的抗风险能力。

10. 可行性研究报告的结构设计

在完成了上述步骤之后，研究人员对投资项目的可行性研究已经有了总体上的认识，可以开始编制可行性研究报告，但在正式编写报告前，必须对报告的总体结构进行设计，即编制报告的写作大纲，使各部分内容逻辑连贯。

11. 可行性研究报告的编写

在可行性研究报告的结构设计完成后，即可按大纲的要求编写可行性研究报告。

以上所述的房地产投资项目可行性研究报告编制步骤是从编写的逻辑关系上来说的。当然，在实际编制的过程中，有些步骤是结合在一起的，而不是截然分开的。同时，以上各步骤是针对报告编写过程的，这一过程是建立在报告编制人员对市场进行了认真的调查研究和对项目的充分认识基础上进行的。

复 习 思 考 题

1. 简述经济评价的含义。

2. 经济评价的主要内容是什么？

3. 房地产投资分析中的投资与成本包含的主要形式有哪些？有什么特点？

4. 目前我国房地产开发投资须缴纳的税种主要有哪些？

5. 投资回收与投资回报有何区别？

6. 房地产直接投资主要的静态盈利指标、动态盈利指标、清偿能力指标分别有哪些？

7. 基准收益率的含义是什么？

8. 简述财务内部收益率的经济含义。

9. 成本利润率和销售利润率有何区别？

10. 现金回报率的含义是什么？

11. 房地产投资的利息备付率和偿债备付率如何计算？

12. 房地产投资项目不确定性分析的基本概念是什么？

13. 简述不确定性产生的原因。

14. 房地产投资项目的不确定性因素主要有哪些？

15. 房地产投资项目不确定性分析的意义主要体现在哪些方面？

16. 线性盈亏平衡分析的概念和基本原理是什么？

17. 什么是固定成本和变动成本？固定成本与变动成本的分解方法主要有哪些？

18. 线性盈亏平衡分析的假设条件有哪些？

19. 各盈亏平衡点如何计算？

20. 盈亏平衡的评价原则是什么？

21. 敏感性分析的含义和作用是什么？

22. 单因素敏感性分析有哪些步骤？

23. 简述房地产投资风险的含义。

24. 房地产投资风险有哪些主要特征？

25. 房地产投资风险识别包含哪些主要内容？

26. 房地产投资风险的主要类型有哪些？

27. 房地产投资风险识别的主要方法有哪些？

28. 房地产投资风险估计的含义是什么？

29. 房地产投资风险评价的判别标准主要有哪些？

30. 房地产投资风险应对有哪些主要方法？

31. 房地产投资项目方案比选的含义是什么？

32. 投资方案之间有哪些关系类型？

33. 计算期相同的互斥方案比选有哪些主要方法？

34. 计算期不同的互斥方案比选有哪些主要方法？

35. 可行性研究的含义是什么？

36. 可行性研究的主要目的是什么？

37. 可行性研究可分为哪几个工作阶段？

38. 房地产开发项目可行性研究的主要内容包含哪些？

39. 房地产开发项目的基本报表有哪些？编制时应注意哪些问题？

40. 房地产开发项目可行性研究报告正文写作的要点是什么？

41. 房地产投资项目可行性研究报告编制的工作步骤有哪些？